博碩文化

博碩文化

專家洞察力

Maxim Lapan 著．劉立民 譯

博碩文化

動手做
深度強化學習

Deep Reinforcement
Learning Hands-On

實作現代強化學習方法：
深度 Q 網路、值迭代、策略梯度、TRPO、AlphaGo Zero…

Packt>

動手做
深度強化學習

作　　者：Maxim Lapan
譯　　者：劉立民
責任編輯：盧國鳳

董 事 長：蔡金崑
總 編 輯：陳錦輝

出　　版：博碩文化股份有限公司
地　　址：221 新北市汐止區新台五路一段112號10樓A棟
　　　　　電話(02) 2696-2869　傳真(02) 2696-2867

郵撥帳號：17484299　戶名：博碩文化股份有限公司
博碩網站：http://www.drmaster.com.tw
讀者服務信箱：dr26962869@gmail.com
訂購服務專線：(02) 2696-2869 分機 238、519
（週一至週五 09:30 ～ 12:00；13:30 ～ 17:00）

版　　次：2019 年 11 月初版一刷

建 議 零 售 價：新台幣 690 元
Ｉ Ｓ Ｂ Ｎ：978-986-434-430-7
律 師 顧 問：鳴權法律事務所 陳曉鳴律師

本書如有破損或裝訂錯誤，請寄回本公司更換

國家圖書館出版品預行編目資料

動手做深度強化學習 / Maxim Lapan著；劉立民譯. --
新北市：博碩文化, 2019.11
　　面；　公分
譯自：Deep reinforcement learning hands-on

ISBN 978-986-434-430-7(平裝)

1.機器學習

312.831　　　　　　　　　　　　　　　108015732

Printed in Taiwan

博碩 粉絲團　　歡迎團體訂購，另有優惠，請洽服務專線
　　　　　　　(02) 2696-2869 分機 238、519

作者簡介

Maxim Lapan 是一位深度學習的愛好者,也是一位獨立研究人員。他有 15 年的工作經驗,身分是「軟體開發人員」與「系統架構師」,參與的專案從低階的 Linux 核心驅動程式開發,到在數千台伺服器上執行的「分散式應用程式」的「設計」與「性能優化」。憑藉著在大數據、機器學習以及大型平行分散式 HPC 和非 HPC 系統方面的豐富工作經驗,他能用「簡單的句子」與「生動的範例」來解釋複雜事物的關鍵重點。目前他最感興趣的領域是深度學習的實務應用,例如:「深度自然語言處理」和「深度強化學習」。

Maxim 和他的家人住在莫斯科,俄羅斯聯邦,他在以色列新創公司擔任資深 NLP 開發人員。

我要感謝我的家人:妻子 Olga 和三個孩子 Ksenia、Julia 和 Fedor,感謝他們的耐心與支持。寫這本書的這段日子裡,充滿了挑戰,沒有你們,本書就不可能完成,謝謝!Julia 和 Fedor 為 MiniWoB 收集了許多樣本(第 13 章,Web 導航),並測試 Connect4 代理人的執行效能(第 18 章,AlphaGo Zero),謝謝你們出色的表現。

我還要感謝技術檢閱者 Oleg Vasilev 和 Mikhail Yurushkin,謝謝他們為本書內容提供了寶貴的意見和建議。

檢閱者簡介

Basem O. F. Alijla 在 2015 年取得馬來西亞 USM 的智慧系統博士學位。他目前是巴勒斯坦 IUG 大學軟體開發系的助理教授。他發表過許多篇期刊論文和國際會議的技術報告論文。他目前的研究興趣包括最佳化、機器學習和數據探勘。

Oleg Vasilev 是一位具有資訊科學和數據工程背景的專業人士。他畢業於莫斯科 NRU HSE 大學的應用數學與資訊學程，主修是分散式系統。他是 Git 課程 Practical_RL 和 Practical_DL 的工作人員，在 HSE 和 YSDA 大學授課。Oleg 的工作經歷包括之前在 Yandex 的 Dialog Systems Group 擔任數據科學家。他目前在一個教育組織 GoTo Lab 擔任基礎設施管理的副總裁，並在 Digital Contact 擔任軟體工程師。

我要感謝我的導師 Alexander Panin（**@justheuristic**）為我打開機器學習世界的大門。我也非常感謝幫助我掌握資訊科學的其他俄羅斯研究人員：Pavel Shvechikov，Alexander Grishin，Valery Kharitonov，Alexander Fritzler，Pavel Ostyakov，Michail Konobeev，Dmitrii Vetrov 和 Alena Ilyna。我還要感謝朋友和家人對我的支持。

Mikhail Yurushkin 擁有應用數學博士學位。他的研究領域是高效能計算和最佳化編譯器的開發。他曾參與最先進的最佳化平行編譯器系統的開發。Mikhail 在俄羅斯，頓河畔羅斯托夫的 SFEDU 大學中擔任高級講師。他教授進階 DL 課程、電腦視覺和 NLP。Mikhail 在跨平台原生 C ++ 開發、機器學習和深度學習等方面有超過 7 年的工作經驗。現在他是 ML ／ DL 領域的獨立顧問。

譯者簡介

劉立民 副教授、紐澤西理工學院資訊博士（1999）。目前任教於世新大學資訊管理學系；世新大學資訊管理學系主任。學術生涯迄今發表二十餘篇期刊論文，研究領域包括：人工智慧、語意網、演算法、影像處理等等。

目錄

前言

本書的主題是強化學習（Reinforcement Learning），這是機器學習的一個子領域，它著重於「如何從複雜的環境中學習最佳行為」的一般性和挑戰性問題。而學習的過程僅由「獎勵值」與「從環境中取得的觀察」來驅動。這是一個通用的學習形式，可以應用在製作「會玩遊戲的程式」，也可以應用在處理最佳化複雜製程的許多真實世界問題。

由於強化學習具有靈活性與普遍性，這個領域現在發展得非常迅速，吸引了大量研究人員的關注，試圖改進現有的方法或是創造出新的方法，它也吸引了許多想以最有效率的方式來解決問題的資訊相關從業人員。

本書的撰寫是為了填補強化學習方法中所明顯缺乏的「實作資訊」和「結構化資訊」。一方面，世界各地有許多關於強化學習的研究正在進行，幾乎每天都會有新的研究論文發表，而大部分的深度學習國際會議，如 NIPS 或 ICLR，都致力於強化學習方法的研發。世界上有幾個大型研究群組致力於機器人學、醫學，以及多代理人系統中的強化學習方法應用。我們可以方便地取得這些最新的研究資訊，但是它們相當專業、也過於抽象化，在沒有認真努力的情況下，是無法理解的。而在強化學習的應用實務面來說，情況恐怕還更加糟糕，因為在研究論文中，「數學的份量」一般都非常多，多半會以「高度抽象化的方式」來陳述。如何從研究論文中所介紹的方法，跨出一步，來解決真實世界的實際問題，並不是那麼簡單、直觀的。於是，那些「對該領域感興趣、但是沒有深厚數學和研究底蘊」的人，很難能夠直觀地理解這些研究論文和會議演講中的方法和想法。強化學習的各個面向中，有一些非常好的部落格，其中許多文章包含可以用來說明觀念的範例，但是由於格式的限制，部落格中的文章多半僅能描述一種或兩種方法，而無法呈現總體、完整的觀念，也無法顯示不同方法之間的相關性。而我試圖用這本書來解決這些問題。

本書的另一個面向是強化學習的實務。每種方法都有它特別適用的環境，從非常簡單到非常複雜的環境。我盡量讓書本中的範例清晰易懂，這要歸功於功能強大的 PyTorch 和它友善的表示法。另一方面，範例的複雜度和需求規格是針對強化學習的玩家所設計的，解決這些範例都不需要使用到大量的計算資源，例如：GPU 叢集或是功能強大的工作站。我相信本書的設計，會讓這個強化學習的旅程充滿樂趣，而且是令人興奮的；相

較於那些設計給研究團體成員或是大型 AI 公司員工的教材，本書會有更廣泛的讀者群。但是，本書仍然是在介紹「深度強化學習」，因此強烈建議你使用 GPU。本書中大約一半的範例，在 GPU 上執行它們的話，能夠明顯地提升速度。除了強化學習中所使用的「中等大小的經典範例環境」，例如：Atari 遊戲或連續控制問題，本書另有三個章節（第 8、12 和 13），其中包含了「規模更大的專案」，它們說明了如何將強化學習方法應用於「更複雜的環境」，並解決「更複雜的任務」。這些例子雖然與真實世界的專案「在大小上」仍有一段距離（解說真實世界的問題，本身就足以成為獨立的一本書），但是處理「更大一點的問題」，則可以說明強化學習這種「範式」，是如何應用在「與常見的測試基準不同」的問題之上的。

另外，關於本書前三部分的範例，讀者需要注意的是，我盡可能地讓範例「各自獨立」，並在開源程式碼儲存庫中完整地顯示它們。有時候這會讓部分程式片段重複出現（例如，訓練迴圈在大多數的方法中都非常相似），但我相信讓你有能力可以直接跳到你想要閱讀、學習的地方，來避免重複閱讀類似的程式碼。本書中的所有範例都可以在 **Github** 上找到：**https://github.com/PacktPublishing/Deep-Reinforcement-Learning-Hands-On**，你可以分享它們，使用它們來做實驗，也歡迎你貢獻你的成果。

本書是寫給誰的

本書的目標讀者，是具有一些基本的機器學習知識，而且對了解強化學習這個領域有興趣的人。讀者應該熟悉 Python 程式語言以及深度學習和機器學習的基本知識。如果讀者對於統計和機率有一定理解的話，會是一個利多，但是它們對於理解本書的大部分內容來說，並不是絕對必要的。

本書涵蓋

「第 1 章，什麼是強化學習？」，介紹強化學習的想法和主要的模型。

「第 2 章，OpenAI Gym」，使用開源函式庫 Gym 來向讀者介紹強化學習的實務面向。

「第 3 章，使用 PyTorch 來做深度學習」，快速介紹 PyTorch 函式庫。

「第 4 章，交叉熵法」，向您介紹強化學習最簡單的方法之一，讓您體會一下什麼是強化學習法和強化學習問題。

「**第 5 章**，表格學習與貝爾曼方程式」，介紹基於值的強化學習方法群。

「**第 6 章**，深度 Q 網路」，說明 DQN 方法，它是簡單「基於值方法」的擴展，可以解決複雜的環境。

「**第 7 章**，DQN 擴充」，詳細介紹 DQN 方法的現代擴展，以便提高它在複雜環境中的穩定性和收斂性。

「**第 8 章**，以強化學習法來做股票交易」，將 DQN 方法應用於股票交易，它是本書的第一個實務專案。

「**第 9 章**，策略梯度－另一個選項」，介紹基於策略學習法，它是另一類的強化學習方法。

「**第 10 章**，行動－評論者方法」，它說明強化學習法中最被廣泛使用的方法之一。

「**第 11 章**，非同步優勢行動－評論者」，具有平行通訊環境的「行動－評論者方法」，可以用來提高穩定性和收斂性。

「**第 12 章**，以強化學習法訓練聊天機器人」，是本書的第二個專案，顯示如何應用強化學習法來解決自然語言處理問題。

「**第 13 章**，Web 導航」，是另一個大型實務專案，它使用 MiniWoB 任務集將強化學習法應用於網頁導航上。

「**第 14 章**，連續行動空間」，使用連續行動空間和各種方法來描述環境的細節。

「**第 15 章**，信賴域策略－ TRPO、PPO 與 ACKTR」，介紹如何以信賴域策略方法群來解決連續行動空間問題。

「**第 16 章**，強化學習中的黑箱優化」，本章介紹以非顯性方式來使用梯度的另一組方法。

「**第 17 章**，超越無模型方法－想像」，使用最近關於強化學習法中有關「想像」的研究結果，介紹基於模型的強化學習方法。

「第 18 章，AlphaGo Zero」，說明 AlphaGo Zero 方法並應用它來解決 Connect Four 遊戲。

如何充分運用這本書

本書中的所有章節皆使用了相似的結構，來描述各種強化學習的方法：首先，我們討論方法的動機、其理論的基礎，以及背後的直覺。然後我們會檢視方法的各種範例，如何應用於不同的環境，並提供完整的原始碼。因此，你可以用不同方式來使用這本書：

1. 想快速熟悉這些方法中的某些方法，讀者可以只閱讀相關章節的簡介部分，或章節內的相關部分。
2. 為了更深入了解方法的實作方式，讀者可以閱讀程式碼和註解。
3. 想要深入理解某種方法（我相信這是最好的學習方法），讀者應該試著以本書提供的原始碼作為參考點，重新實作該方法，並使其運作。

無論是何種情況，我都希望這本書對你有幫助！

下載範例程式檔案

您可以由您的帳戶下載本書的範例程式碼，網址：http://www.packtpub.com。如果您是在其他地方購買此書，則可以訪問網址：http://www.packtpub.com/support，經過註冊之後，我們會將相關文件直接 email 給您。

您可以用以下步驟下載程式碼：

1. 在 http://www.packtpub.com 登錄或註冊。
2. 點選 **SUPPORT** 選項。
3. 點擊 **Code Downloads & Errata**。
4. 在 **Search**（搜索框）中輸入書名，然後按照螢幕上的說明進行操作。

文件下載之後，請確認您是使用以下最新版本的解壓縮工具來解壓縮檔案：

- Windows 上使用 WinRAR 或 7-Zip

- Mac 上使用 Zipeg、iZip 或 UnRarX
- Linux 上使用 7-Zip 或 PeaZip

本書的程式碼是由 **GitHub** 託管，可以在如下網址找到：**https://github.com/PacktPublishing/ Deep-Reinforcement-Learning-Hands-On**。在 https://github.com/PacktPublishing/， 我們還提供了豐富的其他書籍的程式碼和影片。讀者可以去查看一下！

下載本書的彩色圖片

我們還提供您一個 PDF 檔案，其中包含本書使用的彩色螢幕截圖／彩色圖表，可以在此下載：**https://static.packt-cdn.com/downloads/DeepReinforcementLearningHandsOn_ ColorImages.pdf**。

本書排版格式

在這本書中，你會發現許多不同種類的排版格式。

程式碼（`CodeInText`）：在文本中的程式碼、資料庫表格名稱、資料夾名稱、檔案名稱、副檔名、路徑名稱、網址、用戶的輸入和 Twitter 帳號名稱，會以如下方式呈現。舉例來說：「`get_observation()` 方法應該回傳代理人在目前環境下的觀察值。」

程式碼區塊，會以如下方式呈現：

```
def get_actions(self):
    return [0, 1]
```

當我們希望你將注意力集中到程式碼中特定部分的時候，相關的元素或項目將以粗體字呈現：

```
def get_actions(self):
    return [0, 1]
```

任何命令列輸入或輸出，以如下方式呈現：

```
$ xvfb-run -s "-screen 0 640x480x24" python 04_cartpole_random_monitor.py
```

粗黑字體：專有名詞和重要字眼會以粗黑字體顯示。你在螢幕上看到的字串，如主選單或對話視窗當中的字串，也會以粗黑字體顯示。例如：「在實踐中，這是某種程式碼，它實作了某種**策略（policy）**。」

讀者回饋

我們始終歡迎讀者的回饋。

一般回饋：請寄送電子郵件到 feedback@packtpub.com，並請在郵件的主題中註明書籍名稱。如果您對本書的任何方面有疑問，請發送電子郵件至 questions@packtpub.com。

勘誤表：雖然我們已經盡力確保內容的正確準確性，錯誤還是可能會發生。若您在本書中發現錯誤，請向我們回報，我們會非常感謝您。勘誤表網址為 http://www.packtpub.com/submit-errata，請選擇您購買的書籍，點擊 **Errata Submission Form**，並輸入您的勘誤細節。

盜版警告：如果您在網際網路上以任何形式發現任何非法複製的本公司產品，請立即向我們提供網址或網站名稱，以便我們尋求補救措施。請透過 copyright@packtpub.com 與我們聯繫，並提供相關的連結。

如果您有興趣成為作者：如果您具有專業知識，並對寫作和貢獻知識有濃厚興趣，請參考：http://authors.packtpub.com。

讀者評論

請留下您對本書的評論。當您使用並閱讀完這本書時，何不到本公司的官網留下您寶貴的意見？讓廣大的讀者可以在本公司的官網看到您客觀的評論，並做出購買決策。讓 Packt 可以了解您對我們書籍產品的想法，並讓 Packt 的作者可以看到您對他們著作的回饋。謝謝您！

有關 Packt 的更多資訊，請造訪 packtpub.com。

1

什麼是強化學習？

強化學習是機器學習的一個子領域，它被用於解決「隨著時間的推移，如何自動學習最佳化決策」的問題。在許多科學界和工程領域中，這種最佳化問題是非常一般且常見的問題。

在這個不斷變化的世界中，一個即使看起來像是簡單的靜態輸入／輸出問題，若是以更大的視野去看它們的話，也會變成一個充滿變數的問題。例如，假設您在處理一個簡單的監督式學習問題：將「寵物狗」和「寵物貓」的圖片做分類。您可以收集訓練數據集，並使用您最喜歡的深度學習工具實作分類器，訓練一段時間之後，模型顯示了出色的性能。太好了？的確！在將它部署並執行一段時間之後，您在某個海濱度假勝地放鬆的時候，您忽然發現，寵物狗的髮型時尚已經有所改變，且用之前的分類器來做查詢時，發現大多數的圖片現在被錯誤分類，因此您需要更新您的訓練圖片數據，並再次重複之前的過程。這樣好嗎？當然不好！

前面的例子說明，即使是簡單的「**機器學習**」（Machine Learning，**ML**）問題，也包含了隱藏的時間維度，這個維度經常被大家忽略，但它的確可能成為生產線系統上的一個問題。

「**強化學習**」（Reinforcement Learning，**RL**）就是一種將這個額外維度（通常是時間，但不一定要是時間）納入學習方程式之中的一種方法，這使得它更接近於人類對人工智慧的認知。在本章中，我們將介紹以下的內容：

- 「強化學習」與「機器學習」中的「監督式學習」和「非監督式學習」的相關性與差異
- 「強化學習」的主要形式是什麼，以及它們是如何相互關聯的
- 「強化學習」的理論基礎：「馬可夫決策過程」（Markov decision processes）

學習－監督式、非監督式與強化學習

你可能熟悉「監督式學習」（supervised learning）的觀念；「監督式學習問題」是最重要、也是最有名的「機器學習」問題。這種問題基本上是：給定一組已知結果的樣本，你如何自動建立一個將「某些輸入」對映到「某個輸出」的函數？這聽起來似乎很簡單，但實務上則包含了很多棘手的問題，而在最近幾年，電腦在處理這些問題上才剛剛取得一些成功。真實世界中有很多「監督式學習」的問題範例，包括：

- **文本分類**（**Text classification**）：這封電子郵件是不是垃圾信件？
- **影像分類與物件定位**（**Image classification and object location**）：這個影像是否包含一隻貓、狗或是其他的東西？
- **迴歸問題**（**Regression problems**）：提供了氣象感應器所取得的資訊，那麼明天的天氣會是如何呢？
- **情緒分析**（**Sentiment analysis**）：以這篇評論而言，這位客戶的滿意程度是什麼？

這些問題本質上可能看起來是不相同的，但它們有著相同的想法：我們有許多輸入和其正確輸出的樣本，我們想要電腦學習，在未來的時候，面對「從未見過的輸入資料」時，可以產生適當的輸出。「監督式學習」這個名稱來自於我們是從「已知輸出的樣本」中學習。在真實世界裡面，那些無所不知的主管（監督者），可以提供樣本的明確標籤（正確分類）。

另一個極端情況是所謂的「非監督式學習」（unsupervised learning）；我們的假設是這些給定的數據中，並沒有標籤（正確分類結果）。「非監督式學習」的主要目標是從手邊的數據集中，學習一些隱藏結構。這種學習方法的一個常見例子是：數據「集群」（clustering）。當我們的演算法試圖將樣本數據聚集成一個群組的時候，就會發生以上說明的情況；「集群」可以顯示隱藏在數據中的關係。

另一種越來越受歡迎的「非監督式學習法」是「**生成對抗網路**」（Generative Adversarial Networks，**GANs**）。在這種方法中，我們有兩個相互競爭的類神經網路，其中的一個網路產生「**假數據**」（fake data）來矇騙第二個網路，而第二個網路的主要工作則是：從我們的數據集樣本中，分離出人工產生的「假數據」。隨著時間的推移，它們會對自己的工作越來越熟練，進而找出隱藏在數據集中細微的特定模式。

「強化學習」則是介於「監督式學習」和「非監督式學習」之間的第三種方法。一方面，它會使用許多成熟的「監督式學習演算法」，例如：「隨機梯度下降法」和「反傳

遞演算法」，用它們製作函數所逼近的「深度類神經網路」，來學習數據的模式。而另一方面，「強化學習」通常會以不同的方式來應用它們。

在本章接下來的兩個小節當中，我們將會探索「強化學習法」的具體細節，我們會以嚴格的數學形式來介紹「強化學習」的假設和抽象化。在這裡，為了將「強化學習」與「監督式學習」和「非監督式學習」進行比較，我們會用一個不太正式、但更符合直覺的方式來描述。

想像一下，假設您身處某個「環境」（environment）之中，有一個能夠代表您採取行動的「代理人」（agent）。迷宮中的機器鼠就是一個很好的例子；但是我們也可以想像，一架自動駕駛的直升機試圖翻滾，或一個西洋棋程式學習如何擊敗一位高段棋王。在這裡，我們將會用機器鼠範例來做說明。

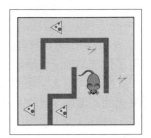

圖 1.1：在迷宮中的機器鼠

這個範例的「環境」是一個迷宮，在某些地方有食物，某些地方有電。機器鼠可以採取諸如：向左轉動、向右轉動和向前移動等「行動」（action）。並且機器鼠隨時都可以「觀察」（observation）到迷宮的完整狀態，從而決定它可能採取的「行動」。機器鼠會盡可能地多收集食物，同時盡量避免被電擊。這些食物和電擊信號是「環境」對「代理人」的「獎勵」（reward），作為對「代理人」行為的額外回饋。「獎勵」是「強化學習」中一個非常重要的關念，我們將在本章後面討論它。就目前而言，了解「代理人」的最終目標是盡量獲得最多的「總獎勵」就夠了。在我們的特定範例中，機器鼠可能會受到電擊，以便達到有食物的地方；這對於機器鼠來說，會比停留在原地，但是什麼也得不到，來得更好。

我們不會想將關於「環境」的知識或是在每個特定情況之下機器人的最佳回應「寫死」在程式之中，因為這會耗費大量的精力，而且稍微改變一下迷宮的樣態，就可能變得完全無用了。我們想做的是：用一套神奇的方法，它可以讓我們的機器人自己學習如何避免被電擊，並盡可能地多收集食物。

「強化學習」正是這個神奇的工具，與「監督式學習」和「非監督式學習」方法不同。它不像「監督式學習」會有事先定義好的標籤。沒有人會將機器人看到的影像標註為「好」或是「壞」，或者提供機器鼠最佳的轉向方式。

然而，我們也不是像「非監督式學習」一樣什麼都看不到，因為我們有一個「獎勵系統」。收集食物可以帶來「正回饋」，被電擊則會帶來「負回饋」，或者在什麼都沒發生的情況下，可以獲得「中立」的獎勵。透過觀察這些「獎勵」並將它們與採取的行動相關聯，我們的「代理人」可以更好地移動、收集更多食物，並減少被電擊的次數。

當然，「強化學習」的普遍性和靈活性是需要付出代價的。「強化學習」被認為是比「監督式學習」和「非監督式學習」更具挑戰性的領域。讓我們快速地討論一下，是什麼讓「強化學習」變得這麼棘手。

首先要注意的是，「強化學習」中的「觀察」取決於「代理人」的行為，某種程度而言，這是他們行為的**結果**（result）。如果你的「代理人」決定做了沒效率的行動，那麼觀察結果就不會告訴你「它們犯了什麼錯誤」，應該採取哪些措施來改進結果（「代理人」將一直得到「負回饋」）。如果「代理人」頑固地一直犯錯，那麼「觀察」就會產生錯誤的印象，也就無法獲得更大的「獎勵」（生活就是這麼的痛苦！），但這可能是完全錯誤的結論。在「機器學習」的術語中，它可以被描述為**具有非 i.i.d. 的數據**。縮寫 **i.i.d.** 代表「**獨立且同分佈**」（independent and identically distributed），它是大多數「監督式學習方法」的前提。

第二件讓「代理人」的日子變得複雜的事是：它們不僅需要「**運用**」（exploit）它們所學到的「策略」（policy），還需要積極地「**探索**」（explore）環境，因為誰也不知道，透過不同的行動方式，會不會顯著地改善我們得到的結果。問題是，過多的「探索」也可能會嚴重地降低「獎勵」（更不用說「代理人」實際上可能會**忘記**他們之前所學到的東西了），因此某種程度上，我們需要在這兩種活動之間找到平衡。這種「探索／運用」兩難（exploration/exploitation dilemma）是「強化學習」中一個還沒有完全被解決的基本問題。

人們經常會面臨這樣的選擇：我應該去一個熟悉的地方吃晚餐，還是去試試這間新的高級餐廳？你應該多久換一次工作？你應該學習一個新領域，還是繼續在你所熟悉的領域中工作？這些問題都沒有絕對的正確答案。

第三個複雜因子在於「獎勵」可能會因「行動」而嚴重地延後發生。在西洋棋的情境下，它可能是遊戲中棋子的一個強勢移動，因而改變了雙方目前的平衡態勢。在學習過

程中,我們需要事先、及早發現可能發生這種慘況的盤面,但要透過時間的推移和不斷移動的棋子來學習這種能力,可能是一件非常棘手的工作。

然而,儘管存在著這些障礙和複雜性,「強化學習」近年來已經取得了巨大的進展,不論在研究領域上或是在實際應用上,它都變得越來越活躍。

感興趣了嗎?讓我們來看看「強化學習」的細節,看看它的形式和遊戲規則吧。

強化學習的形式和關係

每個科學和工程領域都有它們自己的假設和限制。在上一節中,我們討論的「監督式學習」,它的假設是「我們事先知道」正確、成對的「輸入-輸出」。如果您沒有數據的標籤,對不起,您需要先弄清楚如何獲得數據標籤,或是嘗試使用其他的方法。這個假設不會使「監督式學習」變得更好或更壞,它可能只是不適用於處理您的特定問題。認識並理解各種方法的遊戲規則是非常重要的,因為它可以避免我們浪費大量時間。當有人試圖以創新的方式挑戰規則時,的確可能得到理論上或實務上的重大突破。當然,要做到這一點,首先應該知道這些特定方法的限制。

當然,「強化學習」也存在這樣的形式,現在是時候來介紹它們了,因為本書的其餘部分,將從不同角度去分析它們。您可以從下圖中看到「強化學習」的兩個主要成分:「**代理人**」(Agent)和「**環境**」(Environment)及其它們之間的溝通管道,即**行動**(Actions)、**獎勵**(Reward)和**觀察**(Observations):

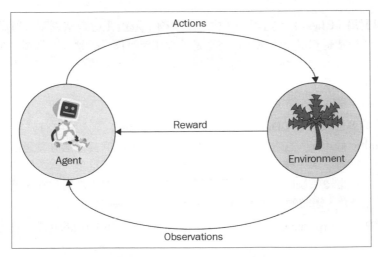

圖 1.2:「強化學習中的實體」與它們之間的溝通方式

獎勵

首先來討論的是「獎勵」（reward）的觀念。在「強化學習」中，它只是一個我們不定期從「環境」中獲得的數值。它可以是正的，也可以是負的，無論大小。它終究只是一個數字。「獎勵」存在的目的是在告訴我們的「代理人」它表現得如何。我們沒有定義「代理人」獲得「獎勵」的頻率；它可以是每一秒一次或總共只有一次，儘管一般是在「每個固定時段」或「每次環境互動之後」都會獲得「獎勵」，但這只是為了方便起見的一種做法。在一個總共只會有一次「獎勵」的系統中，除了最後一個「獎勵」以外，所有取得的其他「獎勵」都會是零。

正如我前面所說，「獎勵」的目的是為「代理人」提供有關於它成功與否的回饋，這是「強化學習」中一個重要的核心事項。基本上，「**強化**」一詞來自這樣的一個事實，即「代理人」會根據它獲得的「獎勵」，以更積極或更消極的方式來強化其行為。「獎勵」是**區域性**的，這意味著，它反映了「代理人」最近活動的成功性，而不是「代理人」到目前為止所取得的所有成功。當然，因為某些行動而獲得了巨大獎勵，並不代表下一秒鐘你不會因為先前的決定，而面臨嚴重的後果。這就像搶銀行一樣：在你考慮整體後果之前，搶銀行看起來的確是個好主意。

「代理人」試圖實現的是：累積（accumulated）其一連串行動的最大回報。為了讓你能更直觀地了解什麼是「獎勵」，讓我們列出一些具體的例子和它們的「獎勵」吧：

- **金融交易（Financial trading）**：一定數量的利潤就是股市交易者買賣股票的「獎勵」。
- **西洋棋對局（Chess）**：這裡例子中，「獎勵」是指在遊戲結束時，對局的結果：勝利、失敗或是和局。當然，這完全是看你如何解釋「獎勵」。例如，在與西洋棋王的比賽中取得和局的結果，對我來說也是一個巨大的成就。在實務上，我們必需明確地指出什麼是「獎勵值」，而且它有可能會以一個相當複雜的方式來呈現。例如，在西洋棋對局的情境下，「獎勵」可以與對手的實力成正比。
- **大腦中的多巴胺系統（Dopamine system in a brain）**：大腦中有一部分（邊緣系統，limbic system）每次要產生多巴胺時，會向大腦的其他部分發送信號。較高濃度的多巴胺可以讓人產生愉悅感，這強化了該系統認為這是一個「好的」活動。不幸的是，以邊緣系統所認為是好的東西來看（食物、繁衍後代和支配感），這個系統是非常老舊、過時的。當然，這是完全不同的一個議題。
- **電腦遊戲（Computer games）**：遊戲通常會向玩家提供明顯的回饋，它可能是被殺

死的敵人數量或是所得到的分數。請注意，在這個例子中，「獎勵」已經被累積起來，因此遊戲的「強化學習獎勵」應該是得分的衍生物，例如，每次殺死新敵人時為 +1，而在所有其他時間設為 0。

- **網路瀏覽（Web navigation）**：目前存在著許多具有很高實用價值的問題，也就是如何自動地將網路上的資訊擷取出來。搜索引擎試圖以一種通用的方式來解決這個問題，但有時候為了取得你在尋找的特殊數據，你需要填寫一些網路表單、瀏覽一系列網路連結，或者完成驗證碼，而搜索引擎很難做到這一點。對這些工作有一種基於「強化學習」的解決方法，其中的「獎勵」就是你需要獲得的資訊或是結果。

- **類神經網路架構搜尋（Neural network architecture search）**：「強化學習」已經成功地被應用在「類神經網路架構最佳化」這個領域之中；這個工作是經由調整網路的層數、增加額外的連接，或是更改類神經網路架構中的其他參數，來讓某些數據集的「最佳性能指標」可以獲得改善。在這種情境之下的「獎勵」是性能（「準確性」或「類神經網路預測準確程度」的其他衡量指標）。

- **訓練小狗（Dog training）**：如果你曾經嘗試訓練一隻小狗，你應該知道當小狗每次做出你命令的動作時，你需要給牠一些美味的食物作為「獎勵」（但也不能一次給太多）。當牠沒有遵從你的指令時，必須給牠一些懲罰（負面獎勵），這也是很常見的，雖然最近的研究顯示這並不會像「正面獎勵」一樣有效。

- **學校中的分數（School marks）**：我們都有這樣的經驗！學校的分數就是一種「獎勵」制度，可以讓學生得到他們學習狀況的回饋。

從前面的例子中可以看到，「獎勵」的觀念是「代理人」表現的一種指標，在我們日常生活中可以找到或應用於許多實際問題之上。

代理人

「代理人」（agent）是一個透過執行某些「行動」，然後進行觀察，最後接收「獎勵」，以這種方式來與環境互動的人或物。在大多數實際的「強化學習」情境中，「代理人」是一個我們製作的軟體，它應該能以一種「多少有些效率的方式」來解決一些問題。在我們前面介紹的六個例子中，它們的「代理人」如下面的說明：

- **金融交易（Financial trading）**：一個交易系統或交易人員，它們能做出關於下單的決定。
- **西洋棋對局（Chess）**：一個人類棋士或是電腦程式。
- **大腦中的多巴胺系統（Dopamine system in a brain）**：大腦本身，大腦根據五官的

感知數據，由大腦自己來決定它是好的經歷還是壞的經歷。

- **電腦遊戲（Computer games）**：喜歡玩遊戲的玩家或電腦程式（Andrey Karpathy 曾在他的推文中說過：『我們應該讓 AI 完成所有的工作，好讓我們自己有時間玩電動玩具，但是事實上卻是我們人類在工作，而同一時間 AI 卻在玩遊戲！』）

- **網路瀏覽（Web navigation）**：可以告訴網路瀏覽器應該點選哪一個超連結、如何移動滑鼠，或者應該輸入什麼文字到網頁中的一個軟體程式。

- **類神經網路架構搜尋（Neural network architecture search）**：可以控制現在正在被評估的「類神經網路架構」的一個軟體程式。

- **訓練小狗（Dog training）**：你心愛的小狗。

- **學校（School）**：學生。

環境

「環境」（environment）是指所有「代理人」以外的一切事物。從最一般的意義來說，它是宇宙中扣除「代理人」之後剩餘的部分，但這樣解釋有點過了頭，真的要去計算的話，甚至超過了未來電腦的計算能量，所以我們通常使用直觀的解釋來認識「環境」。

「環境」在「代理人」的外面，而「代理人」與「環境」的溝通被限制在：「獎勵」（從環境獲得）、「行動」（由「代理人」執行並提供給「環境」）和「觀察」（「代理人」從「環境」接收到的除了「獎勵」以外的一些資訊）。我們已經介紹過「獎勵」了，所以現在讓我們來說明一下「行動」和「觀察」。

行動

「行動」（action）是「代理人」可以在環境中執行的操作。「行動」可以是遊戲規則所允許的移動（如果是在打電動的話），也可以是做作業（在學校的情境下）。它們可以很簡單，例如：向前移動一個位置；也可以很複雜，例如：在明天早上完成填寫報稅的表格。

在「強化學習」中，「行動」可以分成兩種類型：離散型（discrete）或連續型（continuous）。離散行動是指「代理人」可以採取的「行動」是一個有限且互斥的行為集合，例如：向左或向右移動。連續行動則具有一定的附加價值，例如：汽車的操控，包含車輪旋轉的角度和方向。不同的角度可能會讓下一秒鐘導致不同的結果，所以單單只說「旋轉車輪」是絕對不夠的。

觀察

「代理人」可以取得資訊的第二個管道是對「環境」的「觀察」（observation），第一個管道當然是「獎勵」。您可能會想要知道，為什麼我們需要另外一個獨立於「獎勵」的資料來源呢？答案很簡單。「觀察」是「環境」向「代理人」所提供的資訊，它說明周圍發生的事情。「觀察」可能與「馬上會得到的獎勵」息息相關（例如，當我們看到銀行通知顯示『您已收到付款』的時候）。「觀察」甚至可以包括一些模糊的或形式上很混淆的「獎勵」資訊，例如：電動玩具螢幕上的得分數字。得分數字只是一些像素，但是我們可以將它們轉換為「獎勵值」；這樣的轉換以現在的深度學習技術來處理，並不是什麼太大的問題。

另一方面，「獎勵」不應該被視為次要的或者是不重要的資訊：「獎勵」是推動「代理人」學習的主要力量。如果「獎勵」是錯誤的、包含大量雜訊的，或者是偏離了主要目標，那麼訓練就有可能是以錯誤的方式在進行。

區分「環境狀態」和「觀察結果」也很重要。「環境狀態」可能擴大解釋成包括宇宙中的每一個原子，當然這樣一來會讓我們無法測量「環境」中所有的資訊內容。即使將「環境狀態」限制得很小，在大多數的情況之下，我們仍然無法獲得完整的資訊，或者是說我們的測量結果通常包含了太多雜訊。雖然這是完全正常的，而且事實上「強化學習」的發明，就是為了處理這種情況。讓我們再一次使用前面的例子來說明「環境」和「觀察」的差異，加強我們的直觀認知：

- **金融交易（Financial trading）**：這裡的「環境」是整個金融市場以及會影響它的一切。例如：新聞、政治與經濟的條件、天候、食物供應是否充足和 Twitter 上推文的趨勢，會影響金融市場的事項多得不勝枚舉。即使你今天決定待在家裡，也有可能會間接地影響世界金融體系。然而，我們的「觀察」僅限於股票價格、新聞等。由於我們無法取得絕大部分的「環境狀態」，這使得交易變成一項相對複雜的工作。

- **西洋棋對局（Chess）**：這裡的「環境」是你的棋盤與你的對手，包括對手的下棋技巧、情緒、心理狀態、選擇的戰術等等。「觀察」是你所看到的盤面（目前棋子的位置），但是我相信，若是真的要掌握某些遊戲，我們必須要了解心理學的知識，要能看穿對手的心情，這些都能增加你勝出的機會。

- **多巴胺系統（Dopamine system）**：這裡的「環境」是你的大腦、神經系統、器官的

狀態和你能感知到的整個世界。「觀察」是大腦內部的狀態和來自感知器官的訊號。

- **電腦遊戲（Computer games）**：在這裡的例子中，「環境」是你電腦的狀態，包括所有記憶體和磁碟中的數據。在網路連線遊戲的情境中，「環境」還要包括其他電腦以及電腦之間所有的連線與網路基礎設施。「觀察」則是螢幕的像素和聲音，大概就是這些資訊。螢幕像素的資訊量其實不小（中等尺寸的一個螢幕圖像就包含 1024×768 個像素），整個「環境狀態」的資訊肯定會更大。

- **網路瀏覽（Web navigation）**：這裡的「環境」是「網際網路」，包括我們的電腦和網路伺服器之間所有的網路基礎設施，這是一個包含數以百萬計、不同元件的龐大系統。「觀察」通常則是指目前網路瀏覽器所載入的網頁。

- **類神經網路架構搜尋（Neural network architecture search）**：這個例子中的「環境」非常單純，包括執行特定「類神經網路評估」的工具以及用於計算效能指標的數據集。與網際網路相比，這個例子看起來像一個小玩具環境。「觀察」的定義可能不同，包括關於測試的資訊，例如：「損失的收斂動態」（loss convergence dynamics），或從評估步驟中獲得的其他指標。

- **訓練小狗（Dog training）**：這裡的「環境」是你的小狗（包括小狗難以察覺的內心反應、情緒和生活經歷）以及牠周圍的一切，包括其他小狗或是一隻藏在灌木叢中的貓。「觀察」則是你的感官和記憶。

- **學校（School）**：這裡的「環境」是學校本身、教育系統、社會和文化遺產。「觀察」則與小狗的訓練相同：學生的感官和記憶。

以上是我們對這些術語的定義，我們將在本書其餘的部分中，以這樣的定義來使用它們。我想你已經注意到「強化學習模型」是非常靈活、通用的，它可以應用在各種情境之上。在深入研究「強化學習模型」的細節之前，讓我們先來看看「強化學習」與其他學科的關聯性。

有許多其他領域與「強化學習」有關。與「強化學習」最相關的學科如下圖所示（摘自 David Silver 的「強化學習」課程：http://www0.cs.ucl.ac.uk/staff/d.silver/web/Teaching.html），其中包括六大領域，這些領域的方法是高度重疊的，當中某些特定主題與「做決策」（decision making）相關（顯示在中間的灰色圓圈內）。而這些有相關但又明顯不同領域的交集，就是「強化學習」；「強化學習」就是這樣地具有通用性和靈活性，不同的領域都可以從「強化學習」中獲利：

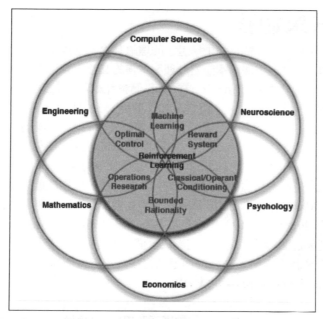

圖 1.3：應用「強化學習」的不同領域

- **機器學習（Machine learning，ML）**：做為「機器學習」的一個子領域，「強化學習」從「機器學習」中借用了許多機制、技巧和技術。基本上，「強化學習」的目標是了解「代理人」在給予不完美的觀察數據時，應該要如何回應。
- **工程（Engineering，特別是最佳化控制）**：它有助於經由採取一系列最佳行動來獲得最佳結果。
- **神經科學（Neuroscience）**：以多巴胺系統為例，我們已經證明人腦與「強化學習」模型是密切相關的。
- **心理學（Psychology）**：心理學是研究在各種條件之下的人類行為，例如：人們會如何回應和適應，這與「強化學習」非常類似。
- **經濟學（Economics）**：其中一個重要的主題是，如何在不完美的知識和真實世界的變化條件下，得到最大的獎勵。
- **數學（Mathematics）**：與理想化系統一起工作，在作業研究這個領域中，它致力於找尋並達到最佳的條件。

馬可夫決策過程

本章的這個部分，我們會介紹「強化學習」的理論基礎，這樣才可以繼續學習用於解決「強化學習問題」的其他方法。本節對於理解本書的其餘部分來說非常重要，它可以確保您真的瞭解什麼是「強化學習」。首先，我們會介紹剛剛討論過的專有名詞（「獎勵」、「代理人」、「行動」、「觀察」和「環境」）的數學表示法和它們的符號。其次，基於這樣的基礎，我們會介紹**強化學習語言**的「二階表示」（second-order notions），包括：「狀態」（state）、「回合」（episode）、「歷史」（history）、「價值」（value）和「增益」（gain），這些觀念將在本書後面的部分被重複地用來描述不同的方法。最後，我們會像俄羅斯套娃玩具一樣，以剝洋蔥的方式來說明「馬可夫決策過程」（Markov decision processes）：我們會先介紹最簡單的情況，**馬可夫過程**（Markov Process，**MP**），它也被稱為「馬可夫鏈」（Markov chain），然後用「獎勵」來延伸這個情況，這會把它變成一個「馬可夫獎勵過程」（Markov reward processes）。然後將「行動」加到這個想法之中，這就會成為所謂的「**馬可夫決策過程**」（Markov decision processes，**MDP**）。

「馬可夫過程」和「馬可夫決策過程」被廣泛應用於資訊科學和其他工程領域。因此，閱讀本章不僅對於理解「強化學習」很有幫助，對於學習其他主題也是非常有用。

如果您已經熟悉「馬可夫決策過程」，那麼您可以快速地瀏覽一下本章，看一下術語的定義，因為稍後我們會使用到它們。

馬可夫過程

讓我們從馬可夫家族中最簡單的單元開始吧：「**馬可夫過程**」，也被稱為「**馬可夫鏈**」。想像一下，在您面前有個您只能做「觀察」的系統。您「觀察」到的是「**狀態**」，系統可以根據動態學的基本定律，在狀態之間做切換。而您無法影響系統，只能被動地觀察「狀態」的變化。

系統所有的可能「狀態」可以形成一組「**狀態空間**」（state space）。在「馬可夫過程」中，這組狀態必須是有限的（但是它可以非常大，來降低這個限制的影響）。您的「觀察」會形成「一系列的狀態」或「**鏈**」（這就是為什麼「馬可夫過程」也被稱為「馬可夫鏈」）。例如，考慮某個城市的一個簡單天氣模型，我們可以「觀察」當天是**晴天**或**下雨**，這也是我們的「狀態空間」。隨著時間的推移，一系列的「觀察」形成了「一系列的狀態」，例如：〔晴天，晴天，多雨，晴天…〕，它們也就是所謂的「**歷史**」。

要將這樣的系統稱為「馬可夫過程」，它必須滿足「**馬可夫性質**」（Markov property），這表示任何一個狀態的「未來系統變動」，只能依賴於「目前的狀態」。「馬可夫性質」的重點是使每一個可被觀察的「狀態」，都足以導出系統未來的「狀態」。換句話說，「馬可夫性質」要求系統的「狀態」可以彼此區分，並且必須是唯一的。在這種情況下，我們只需要一個「狀態」，就能模擬未來的「系統動態」（system dynamics），而不需要整個「狀態變動的歷史」，或者說，最後的 N 個狀態。

就以**天氣**這個非常簡單例子來說，「馬可夫性質」限制我們的模型只能表示：「今天是晴天、而明天是雨天的情況，是具有相同機率的」。無論在過去有多少陽光燦爛的晴天。這不是一個實用的模型，因為從常識來說，我們知道明天下雨的可能性不僅取決於當前的天氣，它還會受到許多其他因素的影響，例如：季節、緯度、附近是否有山脈，以及有沒有臨海。最近人類發現，即使是人陽表面的活動也會對地球氣候產生重大影響。所以，我們的例子真的很原始，但重要的是理解方法的「限制」，並持續從限制中做出有意義的決定。

當然，如果我們想讓這個模型更複雜一些，可以透過延伸「狀態空間」來實現，我們付出的代價是更大的「狀態空間」，它可以用來描述模型中更多的相依關係。例如，如果您想分別描述夏季和冬季的「雨天」機率，那麼您可以將季節整合到狀態之中。在這種情況下，您的「狀態空間」會是〔晴天 + 夏季，晴天 + 冬季，雨天 + 夏季，雨天 + 冬季〕等等。

由於您的系統模型滿足「馬可夫性質」，您可以使用「**轉移矩陣**」（transition matrix）來描述狀態轉移的機率；「轉移矩陣」是一個大小為 $N \times N$ 的方陣，其中 N 是模型中「狀態」的數目。矩陣中**第 i 列，第 j 行**中的單元，表示系統**從狀態 i 轉移到狀態 j** 的機率。

例如，在我們的「晴天／雨天」例子中，「轉移矩陣」可能如下：

	晴天	雨天
晴天	0.8	0.2
雨天	0.1	0.9

在這種情況下，如果今天是一個陽光燦爛的「晴天」，那麼明天將有 80% 的可能性是「晴天」，有 20% 的機率是「雨天」。如果我們「觀察」到某一天是下雨天，那麼明天氣候變成「晴天」的機率是 10%，第二天仍然下雨的可能性為 90%。

大概就是這樣了。而「馬可夫過程」的正式定義如下：

- 系統可以存在於其中的一組狀態（S）
- 一個記錄轉移機率的「轉移矩陣」（T），它定義「系統動態」（system dynamics）

我們可以用包含「節點」（nodes）與「邊」（edges）的「圖」（graph），視覺化地呈現「馬可夫過程」；「節點」表示系統「狀態」，「邊」則表示從「狀態」到「狀態」的可能轉移，「邊」上還可以加註轉移機率。如果轉移機率為 0 的話，我們就不會畫出這個「邊」（表示不可能從某個「狀態」轉移到另一個「狀態」）。這種表示法也被廣泛地運用在自動機理論之中，用來表示**有限狀態機**（finite state machine）。至於我們的「晴天／雨天」氣象模型，可以用如下的「圖」來表示：

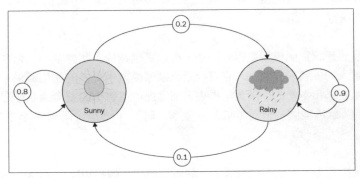

圖 1.4：「晴天／雨天」氣象模型

再次強調一下，我們只能做「觀察」而不能改變氣候。所以我們只是「觀察」並記錄「觀察」到的結果。

為了給你一個更複雜的例子，讓我們考慮另一個 Office Worker 模型（呆伯特／Dilbert，他是 Scott Adams 著名漫畫中的主角，這是一個很好的例子）。在我們的例子中，他的「狀態空間」具有以下的「狀態」：

- **家（Home）**：他不在辦公室中
- **電腦（Computer）**：他在辦公室的電腦前工作
- **咖啡（Coffee）**：他在辦公室喝咖啡
- **聊天（Chatting）**：他正在辦公室與同事們討論一些事情

「狀態轉移圖」（state transition graph）如下：

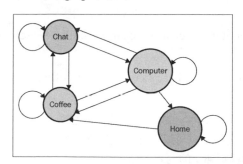

圖 1.5：狀態轉移圖

我們假設他在週間工作日的時候，每天從「**家**」狀態開始，而他總是會先喝**咖啡**來開始他一天的工作，絕無例外（沒有「**家**」→「**電腦**」的邊，也沒有「**家**」→「**聊天**」的邊）。上圖還顯示了呆伯特的每個工作日，總是以狀態「**電腦**」結束（也就是說，下班回**家**之前，呆伯特一定在**電腦**前工作）。上圖的「轉移矩陣」如下：

	家	咖啡	聊天	電腦
家	60%	40%	0%	0%
咖啡	0%	10%	70%	20%
聊天	0%	20%	50%	30%
電腦	20%	20%	10%	50%

轉移機率可以直接寫在「狀態轉移圖」的邊上，如下圖所示：

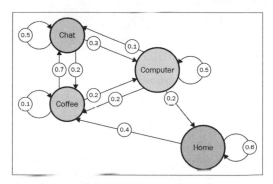

圖 1.6：包含轉移機率的「狀態轉移圖」

實務上，很少有人能夠知道明確的「轉移矩陣」。真實世界的情況多半是：我們只能「觀察」我們系統的「狀態」，這些狀態系列也被稱為「**回合**」（episode）：

- home → coffee → coffee → chat → chat → coffee → computer → computer → home
- computer → computer → chat → chat → coffee → computer → computer → computer
- home → home → coffee → chat → computer → coffee → coffee

透過「觀察」來估計「轉移矩陣」的內容其實並不複雜；我們只要計算每個「狀態」的轉移次數並將它們正規化為 1 就可以了。當我們擁有越來越多的觀察數據，就能更確實地估計出真實模型「轉移矩陣」的內容。

值得注意的是，「馬可夫性質」意味著具有「穩定性」（stationarity）（也就是說，「狀態轉移」的分佈不會隨著時間而改變）。「非穩定性」（nonstationarity）則表示存在一些會影響我們「系統動態」（system dynamics）的隱藏因素，而且這些因素並沒有被包含在「觀察」之中。然而，這與「馬可夫性質」是相互矛盾的，不論過去轉移的歷史是如何，「馬可夫性質」要求「狀態轉移」的機率分佈要相同。在一個「回合」中所「觀察」到的實際「狀態轉移」，與「轉移矩陣」中的機率分佈，理解這兩者之間的「差異」，是一件很重要的事。我們「觀察」到的具體「回合」是從模型的分佈中隨機抽樣出來的，因此一個「回合」的分佈與另一個「回合」的分佈很可能是不一樣的。然而，具體的「狀態轉移」機率仍然要保持一致。如果不是這樣的話，「馬可夫鏈」就變得不適用了。

現在我們可以進一步擴展「馬可夫過程模型」，使其更接近我們的「強化學習問題」。讓我們將「獎勵」加到模型中吧！

馬可夫獎勵過程

為了導入「獎勵」，我們需要擴展現有的「馬可夫過程模型」。首先，我們需要增加一個「值」到「狀態轉移到狀態」的邊上。邊上現在已經有轉移機率，但是機率被用來描述系統的動態，因此我們需要一個額外的數值來表示「獎勵」。

「獎勵」可以用不同的形式來表示。最簡單的方法是建立與「轉移矩陣」類似的另一個方陣，從狀態 i 轉換狀態 j 的「獎勵」，就可以記錄在方陣中的「第 i 列，第 j 行」中。「獎勵」可以是正的，也可以是負的，或大或小－無論如何，它只是一個數字。在某些情況下，記錄「獎勵」是多餘的，它可以被簡化掉。例如，如果「獎勵」是表示能夠達到「某個狀態」，而不用管先前的「狀態」，那我們只需要記錄成對的「狀態→獎

勵」，這是一種更精簡的表示法。但是，這僅適用於獎勵值由「目標狀態」就能推導出來的情況，但是大部分真實世界的問題都不是這樣的。

我們在模型中增加的第二個值是「折扣因子」（γ，gamma），一個介於 0 到 1（包括 0 和 1）的實數。在我們定義「馬可夫獎勵過程」的額外特徵之後，會在後面解釋它們的含義。

你應該還記得，我們在「馬可夫過程」中觀察到了一系列的狀態轉移。「馬可夫獎勵過程」雖然也是這樣，但對於每一次的轉移，我們都有額外的「獎勵」。所以現在系統每次轉移的時候，所「觀察」到的資料，都有一個附加在它上面的「獎勵值」

對於每一「回合」，時間 t 的**回傳值**（return）可以定義為：

$$G_t = R_{t+1} + \gamma R_{t+2} + \ldots = \sum_{k=0}^{\infty} \gamma^k R_{t+k+1}$$

讓我們試著來理解這是什麼意思。對於每個時間點，我們將後續的「獎勵」加總，作為回傳值，但是比較久遠的獎勵會乘上「折扣因子」（discount factor），它是從一開始的時間點到時間 t 的「時間步數」的指數函數。「折扣因子」表示「代理人」的前瞻性。如果「折扣因子」等於 1，則回傳值 G_t，而它剛好會等於所有後續「獎勵」的總和，且這表示「代理人」可以看見所有後續的「獎勵」。如果「折扣因子」等於 0，我們的回傳值 G_t 只是回傳立即見到的「獎勵」，而後續的「時步」沒有貢獻任何的增減，也就是個**絕對短視**的情況（absolute short-sightedness）。

這些極端值通常沒什麼應用，一般常將「折扣因子」設為介於 0 與 1 之間的值，例如：0.9 或 0.99。在這些情況下，我們可以研究未來幾步的回傳值，但又不會看太遠。

「折扣因子」這個參數在「強化學習」中非常重要，我們將會在後續的章節中詳細介紹它。現在可以把它當成一個指標，它告訴我們「回傳值」會估計未來多少步：越接近 1，我們考慮的時步就越多。

這個「**回傳值**」在實務上並不是很有用，因為它是我們從「馬可夫獎勵過程」中觀察特定「鏈」所定義出來的，因此即使是同一個「狀態」，它也可能會有很大的不同。然而，如果我們走極端並計算所有「狀態回傳值」的期望值（計算大量的「鏈」，然後平均它們的「回傳值」），我們可以得到更多有用的數字，它被稱為「**狀態值**」（value of state）：

$$V(s) = \mathbb{E}[G|S_t = s]$$

這種解釋其實很簡單：對於每個「狀態」，$V(s)$ 就是我們透過遵循「馬可夫獎勵過程」得到的平均回傳值（期望值）。

為了說明這些理論是如何與實務相互關連，讓我們用「獎勵」來擴展我們的「呆伯特過程」，並將其轉化為**「呆伯特獎勵過程」**（Dilbert Reward Process，**DRP**）。我們的「獎勵值」如下：

- home → home: 1 （因為待在家實在很好）
- home → coffee: 1
- computer → computer: 5（努力工作是件好事）
- computer → chat: -3（被打擾實在很不好）
- chat → computer: 2
- computer → coffee: 1
- coffee → computer: 3
- coffee → coffee: 1
- coffee → chat: 2
- chat → coffee: 1
- chat → chat: -1 （一直聊天會變得很無聊）

包含「獎勵」的「圖」如下所示：

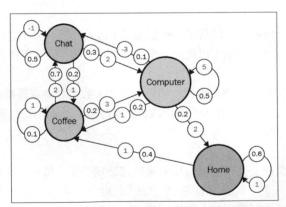

圖 1.7：包含轉移機率（深色）與獎勵（淺色）的「狀態轉移圖」

讓我們回到「折扣因子」參數（γ），並考慮具有不同 γ 值的「狀態值」。我們將會從一個非常簡單的例子開始：gamma = 0。在這個情況下，你該如何計算「狀態值」呢？

要回答這個問題，先讓我們將「狀態」固定在「**聊天**」。然後呢？答案是：**這取決於機率**。根據我們的「呆伯特過程」的「轉移矩陣」，下一個狀態是「再次進行**聊天**」的可能性是 50%，是「**咖啡**」的可能性是 20%，有 30% 的情況我們將會回到「**電腦**」狀態。當 gamma = 0 的時候，我們的「回傳值」等於緊接而來的「狀態值」。因此，如果我們想要計算「**聊天**」狀態的值的話，我們需要對所有轉移值求和，並乘上它們的機率：

*V(chat) = -1 * 0.5 + 2 * 0.3 + 1 * 0.2 = 0.3*

*V(coffee) = 2 * 0.7 + 1 * 0.1 + 3 * 0.2 = 2.1*

*V(home) = 1 * 0.6 + 1 * 0.4 = 1.0*

*V(computer) = 5 * 0.5 + (-3) * 0.1 + 1 * 0.2 + 2 * 0.2 = 2.8*

經過上面的計算，可以發現「**電腦**」是最有價值的「狀態」（如果我們只關心立即的「獎勵」），這並不奇怪，因為「**電腦**」→「**電腦**」的機率很高，這會得到很大的「獎勵值」，且工作被中斷的情況並不是太高。

現在來看看一個棘手的問題：gamma = 1 的時候，「獎勵值」是多少呢？讀者可以仔細想想。

答案是：所有「狀態」的值都是無限大。我們的「圖」不包含「終點狀態」（**sink states**，沒有向外轉出的狀態），當我們的「折扣因子」等於 1 的時候，表示我們關心未來無限次的轉移。而正如我們在 gamma = 0 的情況下所看到的計算結果，所有的短期「回傳值」都是正的，所以無限次的正值加總，當然就會得到正無窮大，無論起始狀態是哪一個。

這個「正無窮大的結果」也就是我們為什麼不要簡單地加總所有未來的「獎勵」，而要將「折扣因子」導入「馬可夫獎勵過程」的原因之一。在大多數情況下，該過程可以有無限次（或極大次數）的轉移。由於處理無限值並不實際，我們希望限制「回傳

值」的值域。而當 gamma「折扣因子」小於 1 的時候，就能提供這樣的限制。在後面的章節中，我們會討論計算「回傳值」的一些迭代方法。另一方面，如果你在處理的問題是「有限域環境」（finite-horizon environments），（例如：最多只能下 9 步的 TicTacToe 遊戲），那麼使用 gamma = 1 的確不失為一個好主意。還有一個很重要例子，它是一個只有一步的環境，稱為：「**多臂吃角子老虎機**」（Multi-Armed Bandit MDP）。這表示你需要在每個步驟中，從可選用的行動中挑出一個，而這將讓你得到一些「獎勵」或是「回合」的終結。

正如我前面說明的「馬可夫獎勵過程」定義，gamma 通常設為 0 到 1 之間的值（常用的 gamma 值為 0.9 和 0.99）；然而，對於這樣的 gamma 值，即使在處理如前述的呆伯特那樣小的範例，我們幾乎不可能精確地手動計算出它「馬可夫獎勵過程」的值，因為這需要數百個值的加總。而電腦擅長的正是繁瑣的計算工作，例如：加總數千個數字；而在給定「轉移矩陣」和「獎勵矩陣」的情況下，還存在著一些簡單的方法可以快速地計算出「馬可夫獎勵過程」的值。當我們在「第 5 章，表格學習與貝爾曼方程式」開始研究「Q 學習」方法的時候，我們會介紹這些方法，甚至會實作其中一個。

現在，讓我們在「馬可夫獎勵過程」周圍再加一層的複雜性，並介紹最後的一個還沒有說明的部分：「行動」。

馬可夫決策過程

對於如何擴展「馬可夫獎勵過程」，相信您可能已經有一些想法了。首先，我們必須增加一組有限的「行動」（A）。這是我們「代理人」的「**行動空間**」（action space）。

然後，我們需要用「行動」來調節我們的「轉移矩陣」，這表示我們的矩陣需要一個額外的「**行動維度**」，它會變成一個立體結構。如果您還記得，在「馬可夫過程」和「馬可夫獎勵過程」的情境下，「轉移矩陣」是一個方陣，其中**來源狀態**（source state）以「列」表示，**目標狀態**（target state）以「行」表示。因此，列 i 包含一個「狀態」轉移到其他「狀態」的機率表：

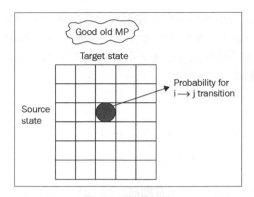

圖 1.8：轉移矩陣

現在，「代理人」不再被動地觀察「狀態的轉移」，而是可以主動地選擇**每次**要採取的「行動」。因此，對於每個「狀態」，我們不再是維護一個數字串列，而是一個立體矩陣，其中**深度維度**包含「代理人」可以採取的「行動」，另一個維度則是「代理人」在執行某個「行動」轉移過去的「目標狀態」。下圖顯示了新的「轉移表」（transition table），它是一個多維的數據集，其中「來源狀態」為高度維度（由 **i** 索引描述），「目標狀態」為寬度維度（**j**），「代理人」可以選擇的「行動」則是「轉移表」的深度維度（**k**）：

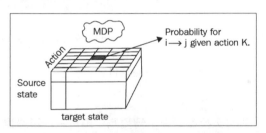

圖 1.9：「馬可夫決策過程」的轉移機率

因此，通常透過選擇「行動」，「代理人」可以影響「目標狀態」的機率，這是一個非常有用的能力。

為了讓您了解為什麼我們需要這麼多複雜的功能，讓我們想像一個小型機器人，它生活在一個 3 × 3 網格中，它可以執行**左轉**、**右轉**和**前進**的動作。這個世界的「狀態」是機器人的位置，加上機器人面朝的方向（up 向上、down 向下、left 向左，或是 right 向右），那麼我們一共就會有 3 × 3 × 4 = 36 個狀態（機器人可以在任何位置，面朝任何方向）。

另外，假設這個機器人的馬達很糟糕（在現實世界中也經常發生這種情況），當它執行**左轉**或**右轉**命令的時候，有 90% 的可能性會完成轉向，但有 10% 的機率會打滑，機器人的方向會保持不變。**前進**也是如此：它有 90% 的可能會完成前進，但其餘的情況（10%）機器人停留在同一個位置。

在下圖中，顯示了一小部分的「轉移圖」，它顯示當機器人位於網格中心並面向上方時的狀態：(1, 1, up)。如果它試圖向前移動，它有 90% 的可能性，最後停在狀態：(0, 1, up)；但是有 10% 的機率車輪會打滑，造成目標位置保持不變，仍然停在：(1, 1, up)。

為了正確記錄這些關於「環境」的所有細節以及「代理人行動」的可能反應，通常「馬可夫決策過程」具有 3 維的「轉移矩陣」（來源狀態、行動和目標狀態）。

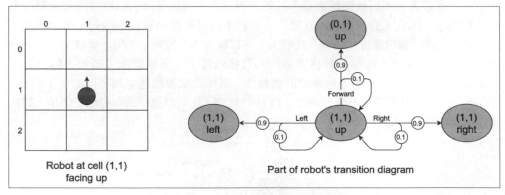

圖 1.10：「網格世界」環境

最後，為了將我們的「馬可夫獎勵過程」轉變為「馬可夫決策過程」，我們需要使用與調整「轉移矩陣」相同的方式，來對我們的「獎勵矩陣」增加「行動」：我們的「獎勵矩陣」不僅與「狀態」相關，還會與「行動」相關。換句話說，這意味著「代理人」現在獲得的「獎勵」不僅取決於它最終的「狀態」，還取決於導致這種「狀態」的「行動」。

它就像我們投入精力在某件事情上，即使最後的結果不大理想，在這個過程中，通常也能習得一些技術與知識。因此，不採取「行動」一定不會得到「獎勵」，採取某些「行動」的話，「獎勵」可能會更好。即使最終結果是相同的，採取「行動」總是會比不採取「行動」來得好。

現在，有了正式定義的「馬可夫決策過程」，我們終於準備好，來介紹「馬可夫決策過

程」和「強化學習」最重要的核心：「**策略**」（policy）。

「策略」的直觀定義是，它是一組控制「代理人」行為的規則。即使對於相當簡單的「環境」，我們也可以制定各種「策略」。例如，在前面的「網格世界」機器人的範例中，「代理人」可以具有不同的「策略」，這將導致不同的「狀態」走訪集合。比如說，機器人可以執行以下操作：

- 無論如何都盲目地前進
- 前一個「前進」的行動如果失敗的話，嘗試繞過障礙物
- 原地旋轉來取悅它的創作者
- 在「網格世界」中隨機選擇行動，來建立「**酒醉機器人**」模型，依此類推…

您可能還記得「強化學習」中「代理人」的主要目標是盡可能地多收集回傳（定義為「折扣後獎勵」的加總）。因此，直觀地說，不同的「策略」可以提供不同的「回傳」給我們，於是「找出一個好的策略」是非常重要的。這也就是為什麼「策略」這個觀念很重要，而它正是我們研究的核心。

形式上，「策略」被定義為「行動」在「所有可能狀態」上的機率分佈：

$$\pi(a|s) = P[A_t = a | S_t = s]$$

這種定義以機率（而不是具體的「行動」），把隨機性引入「代理人」的行為之中。我們稍後會討論為什麼這很重要，而且是非常有用的。最後，「明確性策略」（deterministic policy）是機率論的一個特例，表示它一定要採取「行動」，其機率為 1。

另外一個有用的觀念是，如果我們的「策略」是**固定的**（fixed）而不是變動的，那麼我們的「馬可夫決策過程」就變成「馬可夫**獎勵**過程」了，因為我們可以用「策略的機率」將「轉移矩陣」和「獎勵矩陣」縮小，並刪除「行動」維度，不用儲存它。

現在，我要祝賀讀者您完成了第 1 章的學習！本章非常具有挑戰性，但對後續的實用內容來說，是非常重要的。接下來的兩個章節會介紹 OpenAI Gym 與「深度學習」（deep learning），然後我們就可以開始解決這個問題：我該如何教「代理人」解決實際的任務呢？

小結

在本章中，我們透過了解「強化學習」的特殊性以及它與「監督式」和「非監督式學習」方法的關係，開始了我們進入「強化學習」世界的旅程。然後我們學習了基本的「強化學習」形式以及它們是如何互動的，之後我們定義了「馬可夫過程」、「馬可夫獎勵過程」和「馬可夫決策過程」。

在下一章中，我們將從「正式理論」轉向「強化學習實務」。我們將會介紹所有必要的設定、函式庫，並編寫我們的第一個「代理人」。

2

OpenAI Gym

在談了許多關於「強化學習」的理論觀念之後，讓我們開始來做一些實務的工作。在本章中，我們將學習 OpenAI Gym API 的基礎知識，並製作我們的第一個隨機行動的「代理人」，以便熟悉所有的觀念。

剖析代理人

正如我們在前一章中所看到的，「強化學習」以如下的幾個實體來看它的世界：

- **代理人（Agent）**：它是能夠採取「行動」的人或物。在實務中，它當然是一些程式碼，實作了一些「策略」。基本上一個「策略」會在每個時步中，根據我們的「觀察」，明確地決定要採取什麼「行動」。
- **環境（Environment）**：世界的某種模型，它是「代理人」所身處的世界，它有義務為我們提供「觀察」並回報「獎勵」。它也會根據我們的「行動」改變其「狀態」。

讓我們以一個簡單的情況來示範如何用 Python 實作它們吧。我們將定義一個「環境」，它不論「代理人」的「行動」如何，都會向「代理人」提供有限步驟的隨機「獎勵」。實務上這種情境沒什麼用處，但是可以幫助我們研究「環境類別」和「代理人類別」中的特定方法。讓我們從「環境類別」開始：

```
class Environment:
    def __init__(self):
        self.steps_left = 10
```

在前面的程式碼中，我們讓「環境」初始化它的內部狀態。在我們的例子中，「狀態」只是一個計數器，它表示「代理人」與「環境」可以互動的「時步」（time step）限制：

```
def get_observation(self):
    return [0.0, 0.0, 0.0]
```

方法 get_observation() 應該將目前「環境」的「觀察」結果回傳給「代理人」。它通常被實作成「環境類別」關於內部狀態的函數。在我們的例子中，「觀察」向量始終為零，因為「環境」基本上沒有內部狀態：

```
def get_actions(self):
    return [0, 1]
```

方法 get_actions() 則允許「代理人」查詢它可以執行的「行動集合」。通常「代理人」可以執行的「行動集合」並不會隨著時間的推移而改變，但是在不同的「狀態」下，某些「行動」可能會變得不可行（例如，在 TicTacToe 遊戲中，並不是任何時間、任何位置都能下）。在我們的簡單範例中，「代理人」只能執行兩個「行動」，它們可以用整數 0 和 1 來進行編碼：

```
def is_done(self):
    return self.steps_left == 0
```

上面的方法會在「回合結束」時，回傳已結束信號給「代理人」。正如我們在「第 1 章，什麼是強化學習？」中所看到的那樣，一系列**「環境－代理人」**的互動會被拆分為一系列稱為**「回合」**的步驟。「回合」（episodes）可以是有限的，就如同西洋棋對局那樣，或者像「航海家 2 號」的太空任務一樣是無限的（它是 40 多年前所發射的太空探測船，它已經飛出了我們的太陽系）。為了包含這兩種情況，「環境」為我們提供了一種方法來檢查「回合」何時會結束，並且將會再也無法跟它進行溝通：

```
def action(self, action):
    if self.is_done():
        raise Exception("Game is over")
    self.steps_left -= 1
    return random.random()
```

方法 action() 是「環境」這個機制的核心函數。它做兩件事：「處理代理人的行動」和「回傳這個行動的獎勵」。我們的範例中，「獎勵」是隨機的，「行動」也不會拿它來使用。另外，我們會更新步數，而且當「回合結束」的時候，就不會繼續執行下去。

現在讓我們看看「代理人」的程式碼，它其實非常簡單，只包含兩個方法：「建構函數」和「在環境中執行一步的方法」：

```
class Agent:
    def __init__(self):
        self.total_reward = 0.0
```

在「建構函數」中，我們初始化計數器，該計數器將記錄「代理人」在「回合」中累加的總獎勵：

```
def step(self, env):
    current_obs = env.get_observation()
    actions = env.get_actions()
    reward = env.action(random.choice(actions))
    self.total_reward += reward
```

函數 step() 接受「環境物件」當作參數，並允許「代理人」執行以下的操作：

- 觀察環境
- 根據觀察結果，決定要採取什麼行動
- 將要採取的行動提交給環境
- 取得當前步驟的獎勵

我們的範例中的「代理人」是很笨拙的，在決策過程中，當採取了某個行動之後，它會忽視觀察的結果。每個「行動」都是隨機選擇的。最後一塊的程式碼會將上述程式結合在一起，它會建立兩個類別，並執行一個「回合」：

```
if __name__ == "__main__":
    env = Environment()
    agent = Agent()

    while not env.is_done():
        agent.step(env)

    print("Total reward got: %.4f" % agent.total_reward)
```

您可以在本書的 Git 儲存庫中找到上述的程式碼：https://github.com/PacktPublishing/Deep-Reinforcement-Learning-Hands-On，就在子目錄 Chapter02 中的 01_agent_anatomy.py。它沒有相依於其他外部模組，可以適用於任何現代的 Python 版本。透過多次的執行，您的「代理人」可以收集到不同程度的「獎勵」。

前面的程式碼非常簡單，可以讓我們用來說明「強化學習」模型的重要基本觀念。「環境」可能是一個極其複雜的實體模型，「代理人」可以是實作最新「強化學習方法」的大型類神經網路，但基本模式會保持不變：在每一個步驟中，「代理人」從「環境」中取得一些「觀察」結果，進行計算，並選擇要執行的「行動」。這個「行動」的結果是「獎勵」和「新的觀察」。

你可能會想，如果模式都相同，為什麼我們要從頭開始製作它們？或許有人早就已經把它們開發完成了，可以用函式庫的方式讓我們來使用？沒錯，這樣的框架的確存在，但是在我們花時間討論它們之前，讓我們先準備好你的開發環境。

硬體與軟體需求

本書中的範例是使用 Python 3.6 版來實作並測試的。我假設您已經熟悉 Python 語言和一般的基本觀念，例如：虛擬環境，因此我不會詳細介紹如何安裝軟體，也不會說明如何以隔離的方式執行這些操作。在本書中使用的外部函式庫都是開源軟體，包括以下內容：

- **NumPy**：這是一個用於科學計算的函式庫，其中也實作了矩陣計算和矩陣常用函數的函式庫。
- **OpenCV Python bindings**：這是一個電腦視覺函式庫，它提供了許多影像處理的函數。
- **Gym**：這是由 OpenAI 開發和維護的「強化學習」框架，包含許多「環境」，我們可以用相同的方式與這些「環境」溝通。
- **PyTorch**：這是一個非常靈活而且表達力很高的「**深度學習**」（Deep Learning，DL）函式庫。下一章中會以簡短速成的課程來說明它。
- **Ptan**（https://github.com/Shmuma/ptan）：由 Gym 的作者所建立，它是 Gym 的開源擴展，用於支援現代「深度強化學習」方法和模塊。所有將會使用到的類別與它們的原始碼，都會被詳細的解釋。

本書很大的篇幅（第二部分、第三部分和第四部分）著墨於過去幾年中所開發出來的現代「深度強化學習方法」。「深度」這個詞在「深度學習」這個領域中會被大量的使用到，你可能已經意識到「深度學習方法」的計算量，是非常非常巨大的。一顆「最新上市的 GPU」可以比最快的「多 CPU 系統」快上 10 到 100 倍。實際上，這表示在 GPU 系統上進行一小時訓練，（相同的程式碼）即使在最快的 CPU 系統上，也可能需要半天

到一星期。當然這不表示您無法在一個沒有 GPU 的電腦上，執行本書中的範例，但是的確可能會需要更長的時間。要自己來測試程式碼（自己動手是最好的學習方式），最好能在帶有 GPU 的機器上完成，可以透過如下的各種方式來達成：

- 購買具有 CUDA 技術的現代 GPU
- 使用雲端運算來完成：Amazon AWS 和 Google Cloud 都可以為您提供具有 GPU 的計算環境

如何設定系統的詳細說明，已經超出了本書的範圍，但網路上有大量的指導手冊。在作業系統方面來說，您應該使用 Linux 或 macOS，因為 PyTorch 和大多數 Gym 的環境都不支援 Windows（至少在撰寫本文的時候不支援）。

為了列出在本書中所有使用的「外部元件」的明確版本，我們可以用 pip freeze 指令將它們列出（這個指令對於排除本書中範例的「潛在錯誤」也是非常有用的，畢竟「開源軟體」和「深度學習工具包」的發展是如此的迅速）：

```
numpy==1.14.2
atari-py==0.1.1
gym==0.10.4
ptan==0.3
opencv-python==3.4.0.12
scipy==1.0.1
torch==0.4.0
torchvision==0.2.1
tensorboard-pytorch==0.7.1
tensorflow==1.7.0
tensorboard==1.7.0
```

本書中的所有的範例都是使用 PyTorch 0.4 所編寫和測試的，讀者可以使用 pip install pytorch==0.4.0 命令來進行安裝。

現在，讓我們來看看 OpenAI Gym API 的細節吧，這些 API 並不複雜，但是卻為我們提供了大量的「環境」，從微不足道的「環境」到極具挑戰性的「環境」。

OpenAI Gym API

名為 Gym 的 Python 函式庫是由 OpenAI（www.openai.com）所開發並維護的。發展 Gym 的主要目標是使用一致的介面，為「強化學習」實驗提供豐富的「環境」集合。因

此函式庫中的核心類別叫做 Env，也就不足為奇了。它包含一些方法與欄位，可以提供關於「環境能力」的必要資訊。從更高的層次來看，每個「環境」都提供以下資訊和功能：

- 在「環境」中可以被執行的一組「行動」（即「行動空間」）。Gym 支援離散動作、連續動作以及它們的組合。
- 「環境」能提供給「代理人」的「觀察」形狀和邊界（即「觀察空間」）。
- 一個名為 step 的方法，用來執行「行動」，該「行動」會回傳當前的「觀察」、「獎勵」和「回合」是否結束的指示。
- 一個名為 reset 的方法，它會先將「環境」設回初始狀態，然後回傳這個「環境」並取得第一個「觀察值」。

讓我們詳細討論一下「環境」的這些組成元件吧。

行動空間

您應該還記得，「代理人」能執行的「行動」可以是離散的、連續的也可以是兩者的組合。「離散行動」是「代理人」可以執行的一組固定操作，例如，在網格中的方向：左、右、上或下。另一個離散行動的例子是按鈕，可以是按下按鈕或是放開按鈕。這兩種狀態是互斥的，因為「離散行動空間」的主要特徵是：「行動空間」中只有一個「行動」是可能的。

「連續行動」上有一個額外的值，以方向盤為例，它可以旋轉一個特定的角度；又例如油門踏板，或輕或重，可以用不同的力道來踩。描述「連續行動的值」的時候，需要說明這個值的值域。在方向盤的情境下，它可以是「-720 度」到「+720 度」。對於油門踏板而言，通常是從 0 到 1。

當然，我們不會把自己限制在只能執行一個「行動」，「環境」中可能允許同時執行多個「行動」，例如：同時按下多個按鈕，或者轉動方向盤同時踩煞車和油門。為了支援這種情況，Gym 定義了一個特殊的容器類別，它允許您將多個「行動空間」整合到一個「行動」之中。

觀察空間

「觀察」是指除了「獎勵」之外，在每個「時間戳記」（timestamp）上，「環境」提供給「代理人」的資訊。「觀察」本身可以非常簡單，例如：一堆數字；也可以非常複雜，像是包含來自多個照相機的彩色圖片所形成的「高維張量」（multidimensional tensors）。「觀察」甚至可以是離散的，像「行動空間」一樣。這種「離散觀察空間」的一個例子是「燈泡」。燈泡可以處於兩種狀態：開或關。這個例子會回傳一個布林值給我們。

您應該可以看出「行動」和「觀察」之間的相似性，以及它們如何在 Gym 的類別中找到它們的呈現形式。讓們來看如下的類別圖：

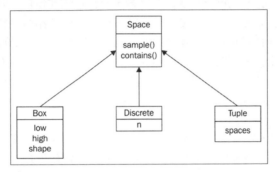

圖 2.1：Gym 中的 **Space** 類別階層圖

基本的 Space 抽象類別包含兩個與我們相關的方法：

- sample()：這會從樣本空間中，回傳一個隨機樣本
- contains(x)：這會檢查輸入參數 x 是否在空間的定義域中

這兩個方法都是抽象方法，它們會在 Space 的子類別中被實作出來：

- Discrete 類別表示一組「編號從 0 到 n-1」互斥的元素。它唯一的欄位 n 代表元素的數目。例如，Discrete(n=4) 就可以用來表示一個具有四個元素的「行動空間」，例如：機器人的四個移動方向 [left, right, up, down]。
- Box 類別表示一個有埋數的 n 維張量，介於 [low，high] 之間。例如，一個值介於 0.0 和 1.0 之間的油門踏板，可以用 Box(low=0.0, high=1.0, shape=(1,), dtype=np.float32) 來表示（shape 參數是一個「長度為 1、值為 1」的常數串列 tuple，這會為我們產生一個包含一個值的一維張量）。dtype 參數設定「空間中的

值」的型別，這裡我們將它設定為 NumPy 的 32 位元浮點數 32-bit float。Box 類別的另一個例子是 Atari 螢幕的「觀察」（我們稍後會看到很多的 Atari 環境），這是一張大小為 210×160 的 RGB 全彩圖片：Box(low=0, high=255, shape=(210, 160, 3), dtype=np.uint8)。在這種情況下，shape 參數是三個元素的常數串列：第一個維度是圖的「高度」，第二個維度是「寬度」，第三個維度的值是 3，它們分別對應於紅色、綠色和藍色的三個顏色的強度。因此，每次觀察都是一個 100,800 位元組的 3 維張量。

- Space 的最後一個子類別是一個 Tuple 類別（**請注意**，它與小寫的常數串列 tuple 是不一樣的），它允許我們將幾個 Space 類別的物件整合在一起。這能讓我們建立複雜的「行動空間」和「觀察空間」。例如，假設我們想為汽車建立一個「行動空間」的規格規範。汽車有幾個控制裝置，而且它們在每個「時間標記」都可以被改變，其中包括：方向盤的角度、煞車踏板位置和油門踏板位置。這三個控制單元可以由一個 Box 物件中的三個浮點數來描述。除了這些必要的控制單元，汽車還有額外的離散控制項，例如：方向燈號（可以是「關閉」、「右轉」或「左轉」）和喇叭（「開」或「關」）等等。要將所有這些組合成一個「行動空間」的規格規範，我 們 可 以 建 立 Tuple(spaces=(Box(low=-1.0, high=1.0, shape=(3,), dtype=np.float32), Discrete(n=3), Discrete(n=2)))。這種靈活的機制其實很少被用到，例如，在本書中，我們只會看到 Box 和 Discrete 的「行動」和「觀察空間」，當然在某些特殊的情況下，Tuple 類別是非常有用的。

在 Gym 中有定義許多其他的 Space 子類別，但是上面這三個是我們在處理問題上，最有用的子類別。所有子類別都實作了 sample() 和 contains() 方法。函數 sample() 會以 Space 類別的對應參數隨機產生樣本。這對「行動空間」來說是非常有用的，尤其是當我們需要選擇「隨機行動」的時候。contains() 方法檢查給定的參數是否符合 Space 的參數限制，在 Gym 的內部，常用它來檢查「代理人」的「行動」是否合理。例如，Discrete.sample() 從離散值域中回傳一個隨機元素，Box.sample() 則會回傳一個具有適當的維數和（給定值域內的）值的「隨機張量」。

每個「環境」都有兩個 Space 型別的資料成員：action_space 和 observation_space。這允許您建立可以在任何「環境」中使用的通用程式碼。當然，處理螢幕像素與處理離散觀察是很不一樣的（處理螢幕像素時，您可能會希望使用「卷積層」或使用「電腦視覺工具箱中的其他方法」先「預處理」這些圖片）；因此，在大多數情況下，我們將針對特定「環境」或「一組環境」最佳化我們的程式碼，但是 Gym 不會禁止您編寫一般化的通用程式碼。

環境

在 Gym 中是以 Env 類別來表示「環境」，它包含以下成員：

- action_space：這是一個 Space 類別的欄位，為「環境」中「被允許的行動」提供規範。
- observation_space：這個欄位的型別也是 Space 類別，它明確指出「環境」所提供的「觀察」。
- reset()：這個方法會將「環境」重新設回它的初始狀態，並回傳初始的「觀察」向量。
- step()：這個方法讓「代理人」做出「行動」並回傳有關「行動」結果的資訊：下一個「觀察」、區域「獎勵」與「回合結束」旗標。這個方法有些複雜，我們會在本節後面詳細介紹它。

Env 類別中還有其他許多實用的方法，例如：render()，它可以讓您以更人性化的方式呈現「觀察」結果，但我們不會使用它們。您可以在 Gym 的說明文件中找到完整方法列表，現在讓我們將重心放在 Env 類別的核心方法：reset() 和 step()。

到目前為止，我們已經看到程式碼如何能取得關於「環境」的「行動」和「觀察」的資訊，現在是時候來熟悉它是如何自己行動的了。與「環境」溝通的方式是透過執行 Env 類別中的兩個方法：step 和 reset。

由於 reset 簡單多了，我們將從它開始說明。方法 reset() 沒有參數，它會將「環境」重新設回它的初始狀態，並回傳初始的「觀察」。請注意，您必須在建立「環境」後叫用 reset()。您可能還記得「第 1 章，什麼是強化學習？」中，「代理人」與「環境」的溝通可能已經結束了（例如：螢幕顯示「Game Over」）。這些一連串的互動，叫做「工作」（sessions），也稱為**「回合」（episodes）**，在「回合結束」之後，「代理人」需要重新開始。這個 reset() 方法回傳的值是對環境的第一次「觀察」。

方法 step() 是「環境」的核心功能，叫用它一次會執行多項操作，如下所示：

1. 告訴「環境」我們下一步將要執行什麼「行動」
2. 在「行動」完成之後，從「環境」中取得新的「觀察」
3. 取得「代理人」透過這個「行動」所獲得的「獎勵」
4. 取得「回合」是否結束的布林值

這個方法的唯一輸入參數是「行動」，其餘的元素（「觀察」、「獎勵」與「回合」是否結束）則由函數回傳。更精準地說，它是四個元素（observation、reward、done 和 extra_info）所組成的常數串列（Python tuple，而不是我們在上一節中討論過的 Tuple 類別）。它們的類型和含義如下：

- **observation**：這是一個包含觀察數據的 NumPy 向量或是矩陣。
- **reward**：這是「獎勵」的值（浮點數）。
- **done**：這是一個布林值，當「回合結束」時它為 True。
- **extra_info**：這可以是任何關於環境特殊性的額外資訊。一般的「強化學習方法」會忽略這個值（不考慮特定環境的具體細節）。

現在您應該已經了解在「代理人」程式碼中，關於「環境」的用法：在迴圈中，不斷地呼叫 step() 方法，輸入要執行的「行動」，直到此方法的 done 旗標變成 True。然後我們可以叫用 reset() 重新開始一次。現在只缺少一件事：我們如何建立 Env 物件。

環境的建立

每個「環境」都有一個唯一的名稱，格式如下：EnvironmentName-vN。其中的 N 是用來區分同一個「環境」不同版本的版本數字（例如，某些「環境」中的錯誤得到修復，或是執行了一些主要的更新，就會有一個新的版本）。為了建立環境，Gym 提供了 make(env_name) 函數，這個函數只有一個字串參數，也就是「環境」的名稱。

在撰寫本文的時候，Gym 的版本是 0.9.3，它包含 777 個具有不同名稱的環境。當然，這不是表示我們有 777 個不同的環境，因為不同版本的相同「環境」也包含在其中。另外，相同的「環境」的設定和觀察空間也可以有所不同。例如，Atari 的 Breakout「打磚塊」遊戲，就具有以下的「環境」名稱：

- **Breakout-v0, Breakout-v4**：原版「打磚塊」，隨機初始化球的位置和方向
- **BreakoutDeterministic-v0, BreakoutDeterministic-v4**：球會使用相同的初始位置和速度向量的「打磚塊」
- **BreakoutNoFrameskip-v0, BreakoutNoFrameskip-v4**：每張螢幕圖片都會提供給「代理人」的「打磚塊」
- **Breakout-ram-v0, Breakout-ram-v4**：可以觀察到完整的（模擬）Atari 記憶體內容（128 位元組）的「打磚塊」，而不只是螢幕圖片

- Breakout-ramDeterministic-v0, Breakout-ramDeterministic-v4
- Breakout-ramNoFrameskip-v0, Breakout-ramNoFrameskip-v4

Gym 一共提供了 12 個「打磚塊」環境。如果你以前從未見過「打磚塊」遊戲，下圖是這個遊戲的截圖：

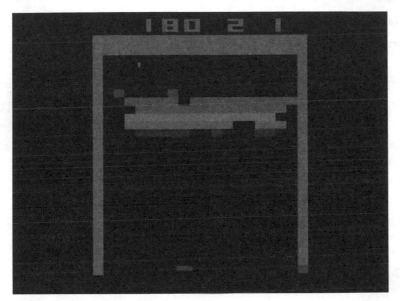

圖 2.2：「打磚塊」遊戲

即使在刪除了重複的項目之後，Gym 0.9.3 也提供了令人印象深刻的 116 個完全不同的「環境」，可以分為如下幾類：

- **Classic control problems（經典控制問題）**：包含一些非常簡單的工作，可以用來學習最佳化控制理論，也可以作為「強化學習」論文的測試基準或示範。一般來說，它們都很簡單，具有低維度的「觀察」和「行動空間」，但是在實作演算法的時候，可以用它們來快速地檢查你的結果。可以將它們想成是「強化學習中的 MNIST」（如果你還沒有聽說過 MNIST，它是 Yann LeCun 論文中的「手寫數字辨識數據集」）。

- **Atari 2600**：那些來自 20 世紀 70 年代經典 Atari 遊戲機上的遊戲。有 63 個不同的遊戲。

- **Algorithmic**：這些問題是在執行小量計算的工作，例如：複製觀察到的序列或加入數字。

- **Board games**：如圍棋與六貫棋的棋盤遊戲。
- **Box2D**：這些「環境」會使用 Box2D 實體模擬器來學習步行或汽車控制。
- **MuJoCo**：這是用於幾個連續控制問題的另一個實體模擬器。
- **Parameter tuning**：它是用來最佳化類神經網路的參數。
- **Toy text**：這些是非常簡單的「網格世界文本環境」。
- **PyGame**：這些是使用 PyGame 引擎實作的幾個「環境」。
- **Doom**：這些是在 ViZdoom 之上實作的九款迷你遊戲。

完整的「環境」列表可以在這裡找到：https://gym.openai.com/envs；也可以在特定專案的 GitHub 儲存庫的 wiki 網頁上找到。OpenAI Universe 中提供了更多的「環境」集；當虛擬機在執行 Flash 本機遊戲、網路瀏覽器以及其他實際應用程式時，它提供了與虛擬機溝通的一般化介面。OpenAI Universe 擴展了 Gym API，但仍然遵守相同的設計理念和範式。您可以到如下網頁查看內容：https://github.com/openai/universe。

介紹夠多的理論了，現在讓我們來看一下「使用 Gym 環境」的 Python「工作」吧！（譯者注：session，即一連串的交互活動與交互行為，簡稱為一個「工作」。）

CartPole 工作

```
$ python
Python 3.6.5 |Anaconda, Inc.| (default, Mar 29 2018, 18:21:58)
[GCC 7.2.0] on linux
Type "help", "copyright", "credits" or "license" for more information.
>>> import gym
>>> e = gym.make('CartPole-v0')
WARN: gym.spaces.Box autodetected dtype as <class 'numpy.float32'>.
Please provide explicit dtype.
```

這裡我們匯入 Gym 套件並新增一個名為 CartPole 的「環境」。這個「環境」來自經典控制問題，它的組成元件是一根「底部」連接在控制平台上的「棍子」（請見下圖）。問題是，這根棍子會向右或向左傾倒，你需要在每一個時步向右或向左移動控制平台來平衡它。上面我們所看到的警告訊息不是我們的錯，而是 Gym 內部的一個「型別不一致」所造成的小問題，這不會影響執行結果。

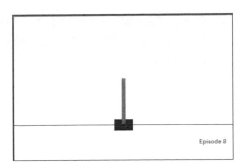

圖 2.3：CartPole 環境

對這個「環境」的「觀察」是四個浮點數，其中包含：棍子的質心相對於 x 軸的座標位
置、速度、棍子與平台的角度，以及「角速度」（angular speed）。當然，透過應用一
些數學和物理知識，將這些數字轉換為「移動指令」來平衡這根棍子並不複雜。但是我
們的問題更加棘手：我們如何在**不知道**「觀察到的數字的確切意義」的情況下，只以取
得的「獎勵」來學會「平衡」這個系統？這個環境中，每個時步都會給出一個「+1 的獎
勵」。這「回合」會一直持續下去，直到棍子倒下為止；因此，為了能夠累積更多的獎
勵，我們需要平衡平台以避免棍子倒下。

這個問題看起來似乎很困難，但是只要再過兩章，我們就會介紹如何製作一個演算法，
那可以在幾分鐘之內，輕鬆地解決這個 CartPole 問題，甚至不需要知道「觀察到的數
字」到底是什麼意思。我們只會透過「嘗試錯誤」（trial-and-error）和一些「強化學
習」的魔法，就能處理這個問題。

現在讓我們以這個「工作」，繼續我們的遊戲吧：

```
>>> obs = e.reset()
>>> obs
array([-0.04937814, -0.0266909 , -0.03681807, -0.00468688])
```

此處我們先「重設環境」為初始狀態，並取得第一個「觀察」（產生新「環境」之後，
一定要將它 reset() 重設）。如前所述，「觀察」是四個數字，所以讓我們在遊戲開始
之前檢查一下這個事實：

```
>>> e.action_space
Discrete(2)
>>> e.observation_space
Box(4,)
```

欄位 action_space 屬於 Discrete 類別，因此我們的「行動」將會是離散的 0 或是 1；其中 0 表示將平台向左推，1 表示向右推。「觀察空間」是 Box(4,)，這表示一個大小為 4 的向量，值域在 [-inf, inf] 區間內：

```
>>> e.step(0)
(array([-0.04991196, -0.22126602, -0.03691181,0.27615592]), 1.0,
False, {})
```

執行上面的 e.step(0) 指令，會將我們的平台向左推（「行動」0），並取得一個包含四個元素的常數串列，它們分別是：

- 一個新「觀察」，是由四個數字所形成的新向量
- 一個 1.0 的「獎勵」
- 旗標 done 為「偽」（done flag = False），即表示這一「回合」還沒有結束，我們應該還沒事，棍子沒有倒下來
- 有關「環境」的額外資訊是一個空的「字典」物件

```
>>> e.action_space.sample()
0
>>> e.action_space.sample()
1
>>> e.observation_space.sample()
array([ 2.06581792e+00, 6.99371255e+37, 3.76012475e-02,
        -5.19578481e+37])
>>> e.observation_space.sample()
array([4.6860966e-01, 1.4645028e+38, 8.6090848e-02,
3.0545910e+37],
      dtype=float32)
```

這裡我們藉由 Space 類別的欄位 action_space 和 observation_space 叫用 sample() 方法。這個方法會從底層空間，傳一個隨機樣本回來。在我們的「離散行動空間」情境下，回傳是隨機的 0 或 1；至於「觀察空間」則是四個數字組成的隨機向量。「觀察空間」的隨機樣本看起似乎不太有用，沒錯。另一方面，當我們不確定該做什麼「行動」的時候，至少還可以使用「行動空間」隨機選出的樣本來「行動」。在我們尚未孰悉「強化學習」的其他方法之前（但仍然想要使用 Gym 環境），這個功能對我們來說是特別有用的。我們已經學習了足夠的知識，來實作一個由亂數隨機控制的 CartPole「代理人」，所以現在就讓我們真的把它做出來吧。

隨機 CartPole 代理人

雖然這裡的「環境」比之前「剖析代理人」小節中的第一個例子複雜許多，但是「代理人」的程式碼卻短很多。這就是「可重用性」（reusability）、「抽象化」（abstractions）和「第三方函式庫」（third-party libraries）的威力所在！

如下是這個系統的程式碼（可以在 Chapter02/02_cartpole_random.py 中找到）：

```python
import gym


if __name__ == "__main__":
    env = gym.make("CartPole-v0")
    total_reward = 0.0
    total_steps = 0
    obs = env.reset()
```

在這裡我們建立一個「環境」並初始化「時步」的計數器和「獎勵」的累加器。程式碼的最後一行，我們重設「環境」以取得第一個「觀察」（我們不會使用這個「觀察」，因為我們「代理人」的「行動」是隨機的）：

```python
    while True:
        action = env.action_space.sample()
        obs, reward, done, _ = env.step(action)
        total_reward += reward
        total_steps += 1
        if done:
            break

    print("Episode done in %d steps, total reward %.2f" %
(total_steps, total_reward))
```

在這個迴圈中，我們先隨機取得一個「行動」，然後要求「環境」執行它，並回傳給我們下一個「觀察」（obs）、reward 和 done 旗標。如果「回合結束」了，我們會終止迴圈並顯示我們經過了多少「時步」，以及累積了多少「獎勵」。如果你執行這個例子，你會看到類似如下的輸出（不會完全一樣，畢竟「代理人」是隨機「行動」的）：

```
rl_book_samples/Chapter02$ python 02_cartpole_random.py
WARN: gym.spaces.Box autodetected dtype as <class
'numpy.float32'>. Please provide explicit dtype.
Episode done in 12 steps, total reward 12.00
```

與互動的「工作」一樣，警告訊息與我們的程式碼無關，而是與 Gym 的內部實作相關。平均而言，我們的「隨機代理人」在棍子倒下，一「回合結束」之前，移動數目約在 12 到 15 之間。大多數 Gym 中的「環境」都有「**獎勵邊界**」（reward boundary），這是在連續執行 100 個「回合」，「代理人」所獲得的平均「獎勵」。而 CartPole 遊戲的「獎勵邊界」是 195，這表示平均而言，「代理人」必須在 195 個時步或更長的時步內，讓棍子不要倒下。從這個觀點來看，我們「隨機代理人」的表現實在是很差。但是，也不要太早就感到失望，因為我們剛才開始學習，很快地我們就能解決 CartPole 和許多其他更有趣、且更具挑戰性的「環境」。

Gym 的額外功能－包裝器與監控器

到目前為止，我們討論的內容大概涵蓋了 Gym 核心 API 三分之二的部分，也介紹了製作「代理人」程式所必需的基本函數。您可以使用其餘三分之一的 API，來讓您的日子更加輕鬆，您的程式碼會更簡潔。那麼，讓我們快速地瀏覽一下其餘那些 API 吧。

包裝器

通常你會需要以某種方式擴展「環境」的功能。例如，一個「環境」為你提供了一些「觀察」，但是你或許會想在緩衝區中累積它們，並提供「代理人」最後的 N 個「觀察」，這是動態電動玩具中一個非常常見的情境，當一「幀」圖（frame）不足以獲得關於遊戲狀態的完整資訊時，就必須看更久遠之前時步的「觀察」。另一個例子是：當你想要裁剪圖片或預處理圖片中的像素，來讓「代理人」更容易處理時，或者你想以某種方式正規化「獎勵值」。事實上存在許多這樣具有相同結構的情況：你希望「包裝」現有的「環境」並增加一些額外的邏輯，來做某些事。Gym 為你提供了一個方便的框架，稱為 Wrapper 類別。類別結構如下圖所示。

Wrapper 類別繼承 Env 類別。它的「建構函數」接受一個唯一的參數：要被「包裝」的 Env 類別的物件。如果要增加額外的功能，你需要重新定義你想要擴充的方法，如 step() 和 reset()。唯一的要求是必須呼叫「父類別」中的原始方法。

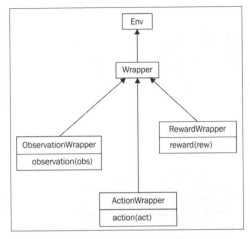

圖 2.4：Gym 中 **Wrapper** 的類別階層

為了處理更具體的需求，例如，只想要處理來自「環境」的「觀察」或是只想處理「行動」，Wrapper 類別的子類別可以過濾掉資訊中的特定部分。

它們如下面的說明：

- ObservationWrapper：你需要重新定義父類別的 observation(obs) 方法。參數 obs 是來自「被包裝的環境」中的「觀察」，並且該方法會回傳即將提供給「代理人」的「觀察」。
- RewardWrapper：它能覆寫 reward(rew) 方法，可以修改給予「代理人」的「獎勵值」。
- ActionWrapper：你需要覆寫 action(act) 方法，該方法可以為「代理人」調整「將要傳遞給包裝環境的行動」。

為了使它們更加實用，讓我們想像一個情境：我們想要介入「代理人」所發送「行動」串流，並且以 10% 的機率，用「隨機行動」替換當前的「行動」。這看起來可能不是一件明智的事情，但是這個簡單的技巧，是我們在「第 1 章」中簡要提到的「探索／運用問題」最實用也最有效的解決方法之一。使用「隨機行動」，可以讓我們的「代理人」不時偏離其常規「政策」的軌道，讓「代理人」探索這個「環境」。要完成上述工作，可以使用 ActionWrapper 類別，非常輕易地來完成（完整程式碼在 Chapter02/03_random_action_wrapper.py 之中）。

```
import gym
import random
class RandomActionWrapper(gym.ActionWrapper):
    def __init__(self, env, epsilon=0.1):
        super(RandomActionWrapper, self).__init__(env)
        self.epsilon = epsilon
```

這裡我們叫用父類別的 __init__ 方法，並記錄 epsilon（「隨機行動」的機率）來初始化我們的包裝器：

```
def action(self, action):
    if random.random() < self.epsilon:
        print("Random!")
        return self.env.action_space.sample()
    return action
```

這種方法需要我們「覆寫」（override）從父類別繼承過來的方法，以便調整「代理人」的「行動」。每當我們擲骰子，並且有 epsilon 的機率，我們會從「行動空間」中隨機採樣一個「行動」並返回它，而不是回傳原本「代理人」為我們選定的「行動」。**請注意**，使用 action_space 和包裝器，讓我們能夠製作抽象化程式碼，它可以與 Gym 中的**任何**一個「環境」一起使用。另外，我們每次替換預設「行動」的時候，都會列印訊息，這純粹只是為了驗證我們的包裝器是否有正常工作。當然，從製作系統的角度而言，不一定要輸出這些訊息：

```
if __name__ == "__main__":
    env = RandomActionWrapper(gym.make("CartPole-v0"))
```

現在是時候來使用我們的包裝器了。我們將會建立一個普通的 CartPole 環境，然後將它傳遞給我們的「包裝器建構函數」。從這裡開始，我們會以一個普通 Env 物件的角度來使用我們的包裝器，而不是原來的 CartPole 環境。由於 Wrapper 類別繼承了 Env 類別並使用相同的介面，我們可以依照任何需要的組合，巢狀迭代我們的包裝器。這是一種功能強大，又優雅，而且通用的解決方案：

```
obs = env.reset()
total_reward = 0.0

while True:
    obs, reward, done, _ = env.step(0)
    total_reward += reward
    if done:
        break

print("Reward got: %.2f" % total_reward)
```

這幾乎與之前的程式碼相同，除了每次我們總是做出相同的「行動」：0。我們的「代理人」很無趣，總是做同樣的事情。透過執行這段程式，您應該能看到包裝器確實有在工作：

```
rl_book_samples/Chapter02$ python 03_random_actionwrapper.py
WARN: gym.spaces.Box autodetected dtype as <class
'numpy.float32'>. Please provide explicit dtype.
Random!
Random!
Random!
Random!
Reward got: 12.00
```

如果有需要，可以在包裝器建立時使用 epsilon 參數，並驗證隨機性是否提高了「代理人」的平均得分。現在我們可以繼續前進，看看隱藏在 Gym 之中，另一個有趣的亮麗工具：Monitor。

監控器

另一個您應該了解的類別是 Monitor。它的實作方式與 Wrapper 類別類似，它可以將「代理人」的工作情況寫到一個檔案之中，如果有需要也可以選擇將「代理人」的「行動」以影片的方式錄製儲存起來。在不久之前，我們甚至可以將 Monitor 類別所錄製的結果上傳到 https://gym.openai.com 網站，可以比較您的「代理人」與其他人的「代理人」的執行結果（請參閱下面的螢幕截圖），但是很不幸的，在 2017 年 8 月底，OpenAI 決定關閉這個影片上傳功能與所有上傳的結果。有幾個替代方案實作了原始網站的功能，但是它們都還沒有準備好。我希望這種情況很快地就能夠獲得解決，但是在撰寫本文的時候，還是不能將自己的「代理人」結果與其他人的結果相互比較。

只是為了讓您了解 Gym 網路介面的外觀，下圖是「CartPole 環境」的排行榜：

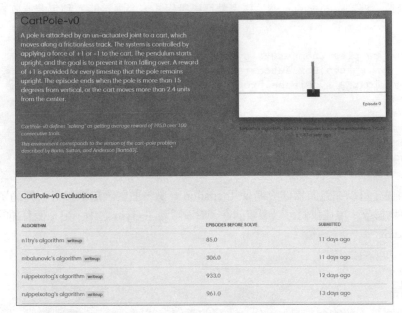

圖 2.5：OpenAI Gym 的網路介面與 CartPole 的上傳紀錄

網路介面中，每次提交的上傳資訊都包含訓練動態的詳細資料。例如，下圖是本書作者對其中一個「Doom 迷你遊戲」的解決方案：

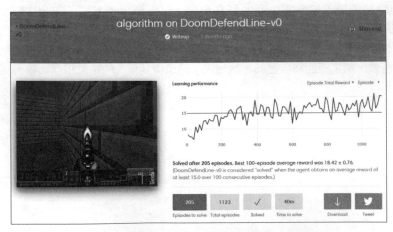

圖 2.6：上傳 DoomDefendLine 環境的訓練動態

儘管不能上傳「代理人」，Monitor 類別仍然是很有用的，因為您可以查看「代理人」在「環境」中是如何存活下來的。如下的程式碼可以將 Monitor 加入至我們的 CartPole

「隨機代理人」之中（完整的程式碼在 Chapter02/04_cartpole_random_ monitor.
py）：

```
if __name__ == "__main__":
    env = gym.make("CartPole-v0")
    env = gym.wrappers.Monitor(env, "recording")
```

傳遞給 Monitor 的第二個參數是一個目錄的名稱，我們會將結果寫到該目錄之中。這個
目錄事先不應該存在，否則您的程式會中斷執行並回報錯誤訊息（為了解決這個問題，
您可以事先自行刪除現有的目錄，或是將參數 force = True 傳遞給 Monitor 類別的
「建構函數」）。

Monitor 類別會要求系統事先安裝好 FFmpeg 工具，這個工具可以將觀察結果轉換為輸出
影片並存檔。這個工具必須事先安裝好，不然 Monitor 會回報異常。安裝 FFmpeg 最簡單
的方法是使用系統的軟體套件管理器，不同的作業系統會有不同的管理器。

在啟動程式之前，下面三個額外條件，至少應該有一個要滿足：

- 程式碼應該在具有 OpenGL extension（GLX）的 X11 中執行
- 程式碼應該在 Xvfb 虛擬顯示器中啟動
- 您可以在 ssh 連線中使用 X11 來轉發

需要滿足這些額外條件的原因，是我們想要「錄製影片」，它是透過將「環境」所繪製
的視窗「拍攝截圖」來完成的。有些「環境」使用 OpenGL 繪製圖片，因此需要使用
OpenGL 的圖形模式。對於雲端中的虛擬機而言，這可能會是一個問題，因為在虛擬機
上並沒有實體螢幕（或是圖形介面）可供監控。為了克服這個問題，可以用一個特殊的
「虛擬顯示器」，它被稱為 **Xvfb（X11 virtual framebuffer）**；基本上，它會在伺服器
上，啟動一個虛擬的圖形顯示器，並強迫程式在其中繪圖。這就可以讓 Monitor 輕鬆地
建立所需要的影片。

想要在 Xvbf 環境中啟動你的程式，你需要先將它安裝到你的電腦上（它通常需要你安裝
xvfb 套件包），並執行一個特殊腳本程式 xvfb-run：

```
$ xvfb-run -s "-screen 0 640x480x24" python 04_cartpole_random_
monitor.py
[2017-09-22 12:22:23,446] Making new env: CartPole-v0
[2017-09-22 12:22:23,451] Creating monitor directory recording
[2017-09-22 12:22:23,570] Starting new video recorder writing to
```

```
recording/openaigym.video.0.31179.video000000.mp4
Episode done in 14 steps, total reward 14.00
[2017-09-22 12:22:26,290] Finished writing results. You can upload
them to the scoreboard via gym.upload('recording')
```

正如你在上面的日誌輸出中所看到的那樣，影片已經成功地寫到目錄中，那麼你就可以播放這些影音檔，來檢查「代理人」的行為。

記錄「代理人行動」的另一種方法是使用 ssh X11 轉發；它使用 ssh 的功能，讓「X11 客戶」（想要顯示某些圖片資訊的 Python 程式碼）和「X11 服務器」（知道如何顯示圖片資訊的軟體，而且這個軟體必須可以存取你的實體螢幕）之間，進行 X11 通道通訊。在 X11 架構中，「客戶端」和「服務器端」是分開的，可以在不同的機器上執行。要使用這個方法的話，下列事項必須滿足：

1. 在本機上執行一個 X11 服務器。X11 服務器是 Linux 的標準元件（所有桌面版 Linux 都使用 X11）。在 Windows 機器上，你可以安裝第三方 X11 的實作，例如，開源軟體 **VcXsrv**（可從 https://sourceforge.net/projects/vcxsrv/ 取得）。

2. 能夠利用 ssh 連線登入到遠端電腦，並傳送 -x 命令行選項：ssh -X servername。這樣可以啟用 X11 管道，並允許在此「工作」中啟動的所有程式，都可以使用本機的顯示器完成圖形輸出。

接下來你就可以啟動一個使用 Monitor 類別的程式，它將顯示「代理人」的「行動」，並將截圖儲存到影片檔案之中。

小結

恭喜您！您已經開始學習「強化學習」的實作了！在本章中，我們安裝了包含大量「環境」的 OpenAI Gym，研究了它的基本 API 並建立了一個「隨機代理人」。您還學習了如何以模組化的方式擴充現有「環境類別」的功能，並學習使用 Monitor 包裝器來記錄「代理人」程式的動作。

在下一章中，我們將使用 PyTorch 快速地說明「深度學習」，PyTorch 是「深度學習」研究人員最喜歡使用的函式庫之一。讓我們繼續下去吧！

3

使用PyTorch來做深度學習

在上一章中，我們學習了不少開源函式庫，它們為我們提供了一系列「強化學習」的「環境」。然而「強化學習」的最新發展，特別是它與**深度學習**（Deep Learning，**DL**）的結合，可以解決更複雜且更具挑戰性的問題。當然「深度學習」演算法和工具的不斷發展也是功不可沒。

本章專門介紹一個像這樣的工具，它可以在幾行的 Python 程式碼中實作複雜的「深度學習」模型。本章並不是一個完整的「深度學習」手冊，因為這是一個非常廣泛的領域，且充滿了變動性。我們的目標是讓您熟悉 PyTorch 函式庫的細節，並介紹如何用它來實作，當然，我假設您已經熟悉「深度學習」的基本知識。

相容性說明：本章中的所有範例都是使用最新的 PyTorch 0.4.0 進行過測試，與之前的 0.3.1 版本相比，新的版本有許多修改。如果您仍然使用舊版的 PyTorch，請考慮將它升級。在本章中，我們也會討論最新版本與舊版本之間的差異。

張量

「張量」（tensor）是所有「深度學習」工具包的基本建構模塊。這個名字聽起來很酷，也很神秘，「張量」的想法是一個「高維陣列」（multi-dimensional array）。一個數字（純量）就像一個點，它是個「零維張量」；而一個向量是「一維張量」，就像一條線段；矩陣則是一個「二維」的物件。三維數字的集合是一個立體結構，但是它沒有一個屬於自己的名稱。我們可以用「高維矩陣」或是「高維張量」來描述這樣的結構。

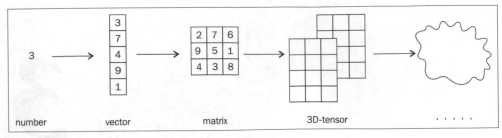

圖 3.1：從一個純量到一個 n 維張量

建立張量

如果你熟悉 NumPy 函式庫（你應該很熟悉），那麼你已經知道它的核心目標是以「通用的方式」來處理高維陣列。在 NumPy 中，陣列不稱作「張量」，但實際上它們就是「張量」。「張量」在科學計算中被廣泛使用，當作數據的一般儲存方式。例如，彩色圖片可以被編碼為具有寬度、高度和顏色的「3 維張量」。

除了維度外，「張量」的另一個特徵是它的型別。PyTorch 支援八種型別：3 個浮點數型別（16 位元、32 位元和 64 位元）以及 5 個整數型別（8 位元有正負號、8 位元無正負號、16 位元、32 位元和 64 位元）。不同型別的「張量」是由不同的類別來表示，最常用的是 torch.FloatTensor（相對應於 32 位元浮點數）、torch.ByteTensor（8 位元無正負號整數）和 torch.LongTensor（64 位元有正負號整數）。其餘型別可以在官方網站說明文件中找到。

在 PyTorch 中，有三種建立「張量」的方法：

1. 呼叫所需型別的「建構函數」。

2. 將 NumPy 陣列或 Python 串列轉換為「張量」。在這種情況下，「張量型別」就是陣列元素的型別。

3. 要求 PyTorch 以特定數據為你建立「張量」。例如，你可以使用函數 torch.zeros() 來建立一個充滿 0 的張量。

為了示範這些方法的使用方式，讓我們看一下如下的簡單「工作」（session）：

```
>>> import torch
>>> import numpy as np
```

```
>>> a = torch.FloatTensor(3, 2)
>>> a
tensor([[ 4.1521e+09, 4.5796e-41],
        [ 1.9949e-20, 3.0774e-41],
        [ 4.4842e-44, 0.0000e+00]])
```

我們先匯入 PyTorch 和 NumPy 套件，並建立了一個大小為 3 × 2 的未初始化「張量」。在預設情況下，PyTorch 會為「張量」分配記憶體空間，但不會用任何值去初始化它。若要清除「張量」的內容，我們可以使用如下的操作：

```
>>> a.zero_()
tensor([[ 0., 0.],
        [ 0., 0.],
        [ 0., 0.]])
```

「張量」有兩種類型的操作：**替換式**（inplace）和**函數式**（functional）。替換式操作的函數名稱一定是以「底線」結尾，它會立刻對該「張量」的內容做操作。並且在完成之後，回傳物件本身。函數式操作則會先將「張量」**複製**一份，然後再對複製出來的「張量」進行運算，而原始張量則會保持不變。從「運算速度」和「記憶體使用率」的角度來看，「替換式操作」通常更有效率。

另一種建立「張量」的方法是用 Python 的可迭代物件，以「張量建構函數」來完成（例如，串列或常數串列），這會使用可迭代物件的內容來建立「張量」：

```
>>> torch.FloatTensor([[1,2,3],[3,2,1]])
tensor([[ 1., 2., 3.],
        [ 3., 2., 1.]])
```

下面的例子先使用 NumPy 建立一個為 0 的陣列，然後再用這個陣列以「張量建構函數」來建立「張量」：

```
>>> n = np.zeros(shape=(3, 2))
>>> n
array([[ 0., 0.],
       [ 0., 0.],
       [ 0., 0.]])
>>> b = torch.tensor(n)
>>> b
tensor([[ 0., 0.],
        [ 0., 0.],
        [ 0., 0.]], dtype=torch.float64)
```

「張量建構函數」torch.tensor 方法接受一個 NumPy 陣列作為參數，並以它為基準，建立相同形狀的「張量」。在前面的例子中，我們建立了一個全都是 0 的 NumPy 陣列，在預設情況下，元素型別是「倍精準度浮點數」（64 位元浮點數）。因此，所產生的「張量」類型是 DoubleTensor（在前面的例子中 dtype 的值）。在「深度學習」中，通常不需要用到「倍精準度浮點數」，這會增加額外的記憶體需求和處理時間。通常的做法是使用 32 位浮點數，甚至 16 位浮點數就已經足夠了。要建立類似這樣的張量，您就要明確地指定 NumPy 陣列的類型：

```
>>> n = np.zeros(shape=(3, 2), dtype=np.float32)
>>> torch.tensor(n)
tensor([[ 0.,  0.],
        [ 0.,  0.],
        [ 0.,  0.]])
```

我們可以將 dtype 當作輸入參數，來建立陣列，然後將這個陣列傳給 torch.tensor 的「建構函數」，以這個方法建立特定型別的「張量」。但是，**我們要小心**，因為這個「建構函數」會期待收到一個 PyTorch 型別，而不是 NumPy 型別。PyTorch 型別被包裝在 torch 套件之中，例如：torch.float32、torch.uint8。

```
>>> n = np.zeros(shape=(3,2))
>>> torch.tensor(n, dtype=torch.float32)
tensor([[ 0.,  0.],
        [ 0.,  0.],
        [ 0.,  0.]])
```

相容性說明：在 PyTorch 0.4.0 版本中新增加了 torch.tensor() 方法和明確的 PyTorch 型別規範，它們可以簡化「張量」建立的步驟。在之前的版本中，torch.from_numpy() 函數是轉換 NumPy 陣列的官方推薦方法，但是它在處理 Python 串列和 NumPy 陣列的組合時，常會發生問題。這個 from_numpy() 函數仍然存在於目前的版本中，但是不推薦使用它，而應該使用更靈活的 torch.tensor() 方法。

純量

自從 0.4.0 版本發佈之後，PyTorch 支援相對應於「純量」（scalar）的「零維張量」（圖 3.1 左側）。這些「零維張量」可以是某些操作的結果，例如：對「張量」中所有值的和。早些時候，要處理這種情境時，通常會建立一個「一維張量」（向量）來處理，其中元素個數等於 1。這個解決方案可以完成工作，但不是很直觀，因為需要額外的索引來取得這個值。

現在，已經可以由 `torch.tensor()` 函數來建立「零維張量」，許多函數也支援直接回傳「零維張量」。要取得「張量」中實際的 Python 值，可以使用「張量」中的 `item()` 函數來完成：

```
>>> a = torch.tensor([1,2,3])
>>> a
tensor([ 1, 2, 3])
>>> s = a.sum()
>>> s
tensor(6)
>>> s.item()
6
>>> torch.tensor(1)
tensor(1)
```

張量運算

我們可以在「張量」上執行許多運算，而且可以使用的運算實在是太多了，不可能在這裡將它們全部列舉出來。如果有需要，您可以到 PyTorch 的官方網站：http://pytorch.org/docs/，查詢上面的說明文件就可以了。本書只會說明必要的觀念與操作，除了我們之前討論過的函數式（functional）和替換式（inplace）操作的差異（也就是說，有底線和沒底線的差異，例如：`zero()` 和 `zero_()`），事實上，有兩個地方可以查詢這些操作：`torch` 套件和「張量」類別。在第一種情況下（函數式），函數通常以「參數的方式」來接受「張量」。在第二種情況下（替換式），它會直接在「張量」上操作。

大多數情況下，「張量運算」試圖與「NumPy 陣列的運算」相對應；在 NumPy 中存在的那些函數，多數時候 PyTorch 也會有這些函數。例如：`torch.stack()`、`torch.transpose()` 和 `torch.cat()`。

GPU 張量

PyTorch 完全支援 CUDA GPU，這表示所有的運算都有兩個版本：CPU 和 GPU，而系統會自動選取正確的版本。系統會依據您現在正在運算的「張量類型」來做出決定。我們目前所提到「張量類型」都是 CPU 版的，而且它們都有等價的 GPU 版本。唯一的差異是 GPU 張量存在於 `torch.cuda` 套件中，而不是 `torch` 套件中。例如，`torch.FloatTensor` 是一個「32 位元浮點數張量」，它會常駐 CPU 記憶體中，而 `torch.cuda.FloatTensor` 則是它的 GPU 版本的對應型別。為了從 CPU 轉換到 GPU，可以使用 `to(device)` 這個方法，它會複製一個指定設備（可以是 CPU 或 GPU）的「張量」副本。如果「張量」已經在該設備上，那麼呼叫這個函數就不會有任何反應，並且會回傳

原始的「張量」。而設備型態可以用不同的方式來指定。首先，您可以輸入設備的名稱（字串），例如：CPU 記憶體用「cpu」或是 GPU 用「cuda」。對於 GPU 設備來說，甚至可以用「冒號」與「索引」來指定特定設備（非必要），例如，如果需要明確指定使用系統中的第二張 GPU 卡，可以用「cuda：1」來設定（索引從 0 開始）。

另一個稍微有效率一點的方法是使用 torch.device 類別中的 to() 方法，用它來指定裝置設備，這個方法接受一個設備名稱和一個（非必要的）索引。若要存取目前「張量」所在的設備資訊，可以利用 device 屬性來完成。

```
>>> a = torch.FloatTensor([2,3])
>>> a
tensor([ 2., 3.])
>>> ca = a.cuda(); ca
tensor([ 2., 3.], device='cuda:0')
```

這裡我們在 CPU 上建立一個「張量」，然後將它複製到 GPU 記憶體中。兩個方法都能用來做計算，使用者可以使用所有特定於 GPU 的機制：

```
>>> a + 1
tensor([ 3., 4.])
>>> ca + 1
tensor([ 3., 4.], device='cuda:0')
>>> ca.device
device(type='cuda', index=0)
```

相容性說明：PyTorch 0.4.0 版本中新增了 torch.device 類別與 to() 方法。在以前的版本中，如果要在 CPU 和 GPU 之間複製「張量」的話，需要使用不同的「張量方法」：cpu() 和 cuda()，它們需要額外幾行的程式碼，才能將「張量」轉換為其 CUDA 的對應版本。在最新的版本中，您可以在程式開始的時候，新增一個 torch.device 物件，然後在您建立的「張量」上使用 to(device)。「張量」中那些過時的 cpu() 和 cuda() 方法仍然存在，但是已被棄用。

梯度

即使有完整的 GPU 支援，如果沒有一個**殺手級**的功能，那麼我們與「張量」的所有互動都會變得一文不值了，而這個殺手級的功能就是：自動計算「梯度」（gradient）。這個功能最初是在 Caffe 工具包中被實作出來的，之後它就成為「深度學習」函式庫的標準。即使是一個最簡單的「**類神經網路**」（Neural Network，**NN**），手動計算梯度也是非常難以完成、難以除錯的。因為你必須計算所有函數的導數，並應用「連鎖律」

（chain rule），然後寫程式計算出結果，接著祈禱一切都做對了。如果你的目的只是理解「深度學習」細節的話，這是一個非常有用的練習，但是你一定不會想對每個不同的「類神經網路」架構，都重複相同的工作。

幸運的是，需要不斷重複做相同工作的那些日子已經過去了，就像使用電烙鐵和真空管對硬體進行程式設計一樣！現在若想要定義一個數百層的「類神經網路」，只要從「事先定義好的建構模塊」中將它組裝出來就可以了，或者在某些極端的情境下，手動定義轉換表示式。所有「梯度」都會被自動計算出來，並應用在網路的反傳遞上。為了實現這些，你需要根據所使用的「深度學習」函式庫來定義你的網路架構，細節可能會因不同的「類神經網路」架構而有所不同，但通常是一樣的：你依照順序定義網路如何將「輸入」逐步轉換為「輸出」。

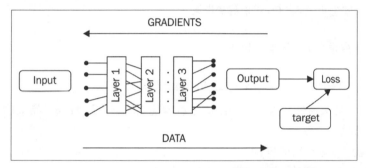

圖 3.2：類神經網路上的資料流與梯度流

依照梯度是**如何**被計算出來的，我們可以將這些網路區分成兩類：

1. **靜態圖**：在此方法中，您需要事先定義計算圖，之後就無法更改它們了。在執行任何計算之前，「圖」會由「深度學習」函式庫進行處理和最佳化。在 TensorFlow、Theano 和許多其他「深度學習」工具包當中都有實作這個模型。

2. **動態圖**：您不需要事先定義計算圖。您只需要使用實際的數據，執行您想要完成的數據轉換操作。在這個計算過程中，函式庫會記錄執行操作的順序，當您要求它計算梯度的時候，它會展開它的操作歷史記錄，累積網路參數導出的梯度。這個方法也被稱為「**筆記本梯度**」（notebook gradients），在 PyTorch、Chainer 等工具中都有實作它。

這兩種方法各有優點和缺點。例如，靜態圖通常速度比較快，因為所有計算都可以移到 GPU 中完成，可以最大限度地減少資料在硬碟與記憶體之間的傳輸。此外，以靜態圖來計算的話，函式庫可以更自由地最佳化執行的計算順序，甚至可以刪除圖中的某些部

分。另一方面,動態圖會需要更多的計算資源,但是它提供更大的自由度給開發人員。例如,它們可以完成「對於這段數據,我要應用這個網路兩次,對於另一段數據,我將使用另一個完全不同的模型,並用批次處理的平均值當作梯度。」動態圖模型另一個非常吸引人的優點在於它允許您以「更 Pythonic 的方式」表達您的轉換。最後,畢竟它只是一個包含許多函數的 Python 函式庫,我們只需叫用它們的函式庫來完成工作。

張量與梯度

「PyTorch 張量」具有內建的「梯度」計算和追蹤機制,因此你需要做的事,就只是將數據轉換為「張量」,並使用 torch 所提供的「張量」方法和函數進行計算。 當然,你也可以用低階的方式來使用它們,但是在大多數的情況下,PyTorch 都能直接完成你的工作,而不需要你用低階的方式來解決問題。

每個「張量」有幾個與「梯度」相關的屬性:

- grad:這個屬性包含一個計算出來的「梯度張量」。
- is_leaf:如果這個「張量」是由使用者所建立的話,為 True;如果物件是函數轉換出來的話,它為 False。
- requires_grad:如果這個「張量」需要計算「梯度」的話,為 True。這是一個繼承的屬性,在「張量」建構的時候設值(torch.zeros() 或 torch.tensor() 等等)。預設情況下,「建構函數」的 requires_grad=False,因此如果要為你的「張量」計算「梯度」的話,則需要明確設定它。

為了使所有這些「梯度樹葉」的機制更加清晰,讓我們考慮下面這個「工作」:

```
>>> v1 = torch.tensor([1.0, 1.0], requires_grad=True)
>>> v2 = torch.tensor([2.0, 2.0])
```

在前面的程式碼中,我們建立了兩個「張量」。第一個需要計算「梯度」,第二個則不需要:

```
>>> v_sum = v1 + v2
>>> v_res = (v_sum*2).sum()
>>> v_res
tensor(12.)
```

現在，我們將這兩個向量逐元素相加起來（兩個向量大小都是 [3, 3]），然後將元素相加的結果乘以 2，並將所有乘以 2 的結果相加在一起。結果會是一個「零維張量」，值為 12。好的，所以到目前為止都是一些簡單的算術計算。現在讓我們看一下運算式底層的「計算圖」表示法：

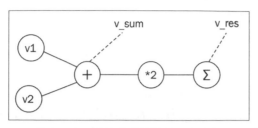

圖 3.3：運算式的「計算圖」表示法

如果我們檢查「張量」的屬性，可以發現 **v1** 和 **v2** 是唯二的樹葉節點，而除了 **v2** 之外的每個變數都需要計算「梯度」：

```
>>> v1.is_leaf, v2.is_leaf
(True, True)
>>> v_sum.is_leaf, v_res.is_leaf
(False, False)
>>> v1.requires_grad
True
>>> v2.requires_grad
False
>>> v_sum.requires_grad
True
>>> v_res.requires_grad
True
```

現在，讓我們叫 PyTorch 去計算我們「計算圖」的「梯度」：

```
>>> v_res.backward()
>>> v1.grad
tensor([ 2., 2.])
```

我們可以叫用 backward 函數來讓 PyTorch 計算出 v res 變數的導數，相對於我們「計算圖」中的其他變數。那麼，v_res 變數的小小變化，對「計算圖」的其餘部分有什麼影響呢？在我們的特定範例中，**v1**「梯度」的值若是 2 的話，它表示將 **v1** 的每個元素增加 1，v_res 的結果值將會增加 2。

如上所述，PyTorch 只在 `requires_grad=True` 的時候，才會對「樹葉張量」計算「梯度」。事實上，嘗試檢查 **v2**「梯度」的時候，我們什麼都看不到：

```
>>> v2.grad
```

其原因是為了處理器的計算效率和記憶體的使用率：在處理真實問題的情境下，我們的網路可能包含數百萬個需要最佳化的參數，並對其執行數以百計的中間操作。在梯度下降最佳化的過程中，我們對任何中間矩陣乘法的「梯度」都不感興趣；在模型中，我們唯一想要調整的是相對於模型參數（加權）的「損失梯度」。當然，如果你想計算輸入數據的「梯度」（如果你想產生一些「對抗性的例子」，來欺騙現有的「類神經網路」或是調整預先訓練的「詞嵌入」，那也會是很有用的），那麼你可以在產生「張量」的時候，傳入 `requires_grad=True`，就能輕鬆地完成這個工作。

基本上，你現在已經擁有實作自己「類神經網路優化器」（optimizer）所需要的一切知識了。本章的其餘部分是在介紹其他額外的、方便的功能，它們會為你提供「類神經網路」架構更高階的建構模塊、受歡迎的最佳化演算法和常見的損失函數。但是，請不要忘記，你可以輕鬆地以任何你喜歡的方式，重新實作所有這些花俏的功能。這就是為什麼 PyTorch 在「深度學習」研究人員中如此受歡迎，因為它同時具備了：優雅性和靈活性。

相容性說明：PyTorch 0.4.0 的主要修正之一，就是支援「張量」的「梯度」計算。在以前的版本中，「圖的追蹤」和「梯度累積」是在一個單獨的、非常小的 `Variable` 類別中完成的，它是一個「張量」的包裝器，且它會自動儲存計算歷程，以便能夠完成反向傳遞。這個類別仍然存在於 0.4.0 中，但是它已被棄用了，而且很快就不會有支援，所以新寫的程式碼應該要避免使用它。從我的角度來看，這個修正改得很好，因為縱使 `Variable` 類別非常小，但是仍然需要額外的程式碼和開發人員的精力來包裝與展開「張量」。在現在的版本中，「梯度」是一個內建的「張量屬性」，這讓 API 變得更加清晰、簡潔。

類神經網路建構模塊

在 `torch.nn` 套件中，您可以找到大量的內建類別，以及為您提供基本功能的模塊。所有這些都是為了處理真實問題而設計的。例如，它們支援「小批次」（minibatch）、它們具有合理的預設值，而且加權值都會被適當地初始化。所有模塊都遵循「**可被呼叫**」（callable）的約定，這表示任何物件在套用其參數的時候，都能以函數叫用的方式來使用。例如，類別 `Linear` 是一個具有「偏移」（bias）選項的「前饋層」：

```
>>> import torch.nn as nn
>>> l = nn.Linear(2, 5)
>>> v = torch.FloatTensor([1, 2])
>>> l(v)
tensor([ 0.1975, 0.1639, 1.1130, -0.2376, -0.7873])
```

在這裡我們建立了一個隨機初始化的「前饋層」，具有兩個輸入和五個輸出，並將其應用於我們的「浮點數張量」。torch.nn 套件包中的「所有類別」都繼承自 nn.Module「基底類別」（base class），您可以使用它來實作更高階的「類神經網路」模塊。在下一節中，我們將會介紹如何完成這項操作，現在，先讓我們看看所有 nn.Module 子類別提供的一些非常有用的方法，如下所示：

- parameters()：這個函數會回傳一個迭代器，它能迭代所有需要計算梯度（即模組加權）的變數
- zero_grad()：這個函數將所有參數的「梯度」初始化為零
- to(device)：這會將所有模組參數移到指定的設備（CPU 或 GPU）
- state_dict()：這會回傳包含所有模組參數的字典物件；這對模型序列化很有幫助
- load_state_dict()：這會使用「狀態字典」（state dictionary）來初始化模組

可用類別的完整列表，可以在如後的網站中找到：http://pytorch.org/docs。

現在我們來看一個非常方便好用的類別，它允許您將其他「網路層」組合到管道之中：Sequential 類別。學習 Sequential 最好的方法，當然是使用例子：

```
>>> s = nn.Sequential(
... nn.Linear(2, 5),
... nn.ReLU(),
... nn.Linear(5, 20),
... nn.ReLU(),
... nn.Linear(20, 10),
... nn.Dropout(p=0.3),
... nn.Softmax(dim=1))
>>> s
Sequential (
  (0): Linear (2 -> 5)
  (1): ReLU ()
  (2): Linear (5 -> 20)
  (3): ReLU ()
  (4): Linear (20 -> 10)
  (5): Dropout (p = 0.3)
  (6): Softmax ()
)
```

這裡我們定義了一個三層的「類神經網路」，其輸出為 softmax、維度是 1（維度 0 是批次樣本）、「ReLU 非線性層」與「退出層」（dropout）。讓我們輸入數據，讓它們通過這個「類神經網路」：

```
>>> s(torch.FloatTensor([[1,2]]))
tensor([[ 0.1410, 0.1380, 0.0591, 0.1091, 0.1395, 0.0635, 0.0607,
          0.1033, 0.1397, 0.0460]])
```

如上面的輸出，我們的小批數據成功地通過這個三層的「類神經網路」！

自定網路層

在上一節中，我們簡要地說明 PyTorch 之中所有「類神經網路」建構模塊的「基底類別」：nn.Module 類別。它不僅是所有實作「網路層」的共同父類別，透過 nn.Module 類別的繼承，您也可以建立自己的建構模塊；這些模塊可以被堆疊在一起，以便之後能夠重複使用，這可以更完美地將自己的模塊整合到 PyTorch 框架之中。

做為一個核心類別，nn.Module 提供了相當豐富的函數給它的子類別：

- 它會追蹤目前模塊涵蓋的所有子模塊。例如，您的建構模塊可以使用兩個「前饋層」，以某種方式來執行模塊的轉換。
- 它提供了許多可以處理「已註冊子模塊中參數」的函數。您可以用 parameters() 方法取得模塊參數的完整列表；以 zero_grads() 方法將梯度設為零；用 to(device) 方法將張量移到 CPU 或 GPU；「序列化」和「反序列化」模組（state_dict() 和 load_state_dict()）；甚至可以用 apply() 方法，來使用您自己定義的可呼叫函數，去執行一般的轉換。
- 它建立了模組應用程式相對於數據的規範。每個模組都需要經由它所「覆寫」（override）的 forward() 方法，執行其數據轉換。
- 它還有一些額外的功能，例如，它可以註冊「鉤子函數」（hook function）來調整模組轉換或「梯度」流程，但是這些功能多半是在更高階、更複雜的情境之中使用。

這些功能允許我們可以用一個「一致的方式」，將子模組嵌到更高階的模型之中，這在處理複雜情境的時候，非常有用。它可以是一個簡單的「單層線性轉換」或是一個 1001 層的「ResNet 怪獸」，但是如果它們遵守 nn.Module 的規範，那麼它們都可以用相同

的方式來處理。這對於「簡化程式碼」與「增加可重用性」來說,是非常方便、有幫助的。

為了讓我們的日子更簡單,在遵循前面規範的同時,PyTorch 的作者,利用大量 Python 魔術般的機制,精心設計了非常簡單的模組建立程序。因此,若是要自己定義模組,我們通常只需要做兩件事:「註冊子模組」與「覆寫 forward() 方法」。現在讓我們看一下如何以一個更通用、重用性更高的方式,來對前一節中的 Sequential 範例做這個操作(完整範例在 Chapter03/01_modules.py 中):

```
class OurModule(nn.Module):
    def __init__(self, num_inputs, num_classes, dropout_prob=0.3):
        super(OurModule, self).__init__()
        self.pipe = nn.Sequential(
            nn.Linear(num_inputs, 5),
            nn.ReLU(),
            nn.Linear(5, 20),
            nn.ReLU(),
            nn.Linear(20, num_classes),
            nn.Dropout(p=dropout_prob),
            nn.Softmax(dim=1)
        )
```

這是繼承 nn.Module 的模組類別。在「建構函數」中,我們傳進三個參數:輸入的大小、輸出的大小,以及選用的「退出機率」(dropout probability)。我們需要做的第一件事是呼叫父類別的「建構函數」,讓它自己去做初始化。在第二步中,建立一個大家已經非常熟悉的「帶有許多網路層的 nn.Sequential」,並將類別屬性 pipe 指向它。當我們指定類別屬性為這個 Sequential 物件的時候,我們會自動註冊該模組(nn.Sequential 繼承自 nn.Module,行為就像 nn 套件中的所有其他類別一樣)。我們不需要叫用任何函數,只需要將子模組物件設給類別屬性,就算註冊完成了。因為當物件「建構」完成之後,所有這種欄位都會自動被註冊(如果你真的想要自己手動完成註冊,在 nn.Module 類別中,的確有提供一個函數來完成這項手動註冊的工作):

```
    def forward(self, x):
        return self.pipe(x)
```

這裡,我們以「覆寫」forward() 方法來實作數據的轉換。由於我們的模組是包含許多其他層的「一個非常簡單的包裝器」,我們只需要叫用「轉換數據」就可以了。**請注意**,要將模組應用於數據之上,你需要將模組以「可被呼叫」(callable)的方式呼叫(即假裝模組物件是一個函數名稱,將參數輸入來使用它),而**不**使用 nn.Module 類別中的 forward() 函數。這是因為 nn.Module 會「覆寫」__call__() 方法,當我們

將物件視為「可被呼叫」的方式來使用時,就會叫用這個方法。這個方法使用了一些 nn.Module 中神奇的機制,並叫用你的 forward() 方法。如果直接叫用 forward() 方法,就會干預 nn.Module 原本該做的工作,這反而可能會得到錯誤的結果。

以上就是當我們要定義自己的模組時,所需要做的工作。現在讓我們來使用它:

```python
if __name__ == "__main__":
    net = OurModule(num_inputs=2, num_classes=3)
    v = torch.FloatTensor([[2, 3]])
    out = net(v)
    print(net)
    print(out)
```

要建立模組,我們需要提供指定數量的輸入和輸出,然後建立一個「張量」,將它包到 Variable 之中,並用我們的模組轉換它,及遵守「可被呼叫」的方式來使用它。然後,我們列印出「類神經網路的結構」(nn.Module 會「覆寫」__str__() 和 __repr__() 函數),模組會以一種「很清楚的方式」來表示網路的內部結構。我們最後展示的一件事是網路轉換的結果。

我們程式碼的輸出應該會如下所示:

```
rl_book_samples/Chapter03$ python 01_modules.py
OurModule(
  (pipe): Sequential(
    (0): Linear(in_features=2, out_features=5, bias=True)
    (1): ReLU()
    (2): Linear(in_features=5, out_features=20, bias=True)
    (3): ReLU()
    (4): Linear(in_features=20, out_features=3, bias=True)
    (5): Dropout(p=0.3)
    (6): Softmax()
  )
)
tensor([[ 0.3672, 0.3469, 0.2859]])
```

當然,關於之前所說的「PyTorch 的動態特性」仍然是正確的。你的 forward() 方法仍然可以控制每批數據,而且事實上並沒有什麼可以禁止你這麼做;所以如果你要根據你所需要處理的數據,來做一些複雜的轉換,例如,選擇「階層 softmax」(hierarchical softmax)或「隨機選擇網路」來運用,都是完全沒有問題的。模組的參數個數也沒有任何限制。所以,如果你願意,你可以製作一個包含「多個必要參數」和「數十個選用參數」的模組,而不會有任何問題。

現在讓我們來介紹在 PyTorch 函式庫中，可以讓我們日子過得更簡單的兩個重要部分：「損失函數」（loss functions）和「優化器」（optimizers）。

最後的結合元件－損失函數與優化器

完成了將「輸入數據」轉換為輸出的「類神經網路」，還不足以讓我們開始模型的訓練。我們還需要定義我們的學習目標，也就是一個擁有兩個輸入參數的函數：「網路的輸出」和「理想的輸出」。而這個函數會回傳一個數字給我們：「網路預測」與「預期結果」的距離，到底有多近。這個函數就稱之為**「損失函數」**（loss function），它的輸出就稱之為**「損失值」**（loss value）。使用這個「損失值」，我們計算網路參數的「梯度」，並調整這些參數，以便降低這個「損失值」，這可以讓我們的模型在未來得到更好的結果。這兩個元件，也就是「損失函數」以及使用「梯度」來調整網路參數的方法，是如此的重要與常見，而且它們以許多不同的形式存在於許多 PyTorch 函式庫之中。讓我們從「損失函數」開始介紹吧。

損失函數

「損失函數」被定義在 nn 套件中，並會實作在 nn.Module 的子類別之中。通常，它們接受兩個參數：「來自網路模型的輸出」（預測）和「期望的輸出」（真實數據，也被稱為樣本的標籤）。在撰寫本文的時候，PyTorch 0.4 包含 17 種不同的「損失函數」。最常用的是：

- nn.MSELoss：參數之間的「均方誤差」（mean square error），這是迴歸問題的標準損失。

- nn.BCELoss 和 nn.BCEWithLogits：「二元交叉熵損失」（Binary cross-entropy loss）。第一個版本需要一個機率值（通常是 Sigmoid 層的輸出），而第二個版本則以原始分數作為輸入並應用 Sigmoid 函數。第二種方式通常在數值上更穩定、也更有效率。這些損失（顧名思義）經常用於二元分類問題。

- nn.CrossEntropyLoss 和 nn.NLLLoss：著名的「最大概似」標準，用於多元分類問題。第一個版本輸入每個類別的原始分數，並在內部應用 LogSoftmax；而第二個版本的輸入是機率的對數。

還有其他許多的「損失函數」可以使用，您當然也可以編寫自己的 Module 子類別來比較「模型輸出」和「預期目標」。現在讓我們來看一下最佳化過程中的第二元件。

優化器

基本「優化器」的責任是用模型參數的「梯度」來修改這些參數，以便降低「損失值」。如果能降低「損失值」，就能將我們的模型更進一步地推向理想、完美的輸出，而模型未來在做預測的時候，也能取得更好的結果。「修改這些參數」看起來似乎很簡單，但中間有很多複雜的細節，最佳化程序到目前為止，仍然是一個非常熱門的研究主題。在 torch.optim 套件中，PyTorch 實作了許多受歡迎的「優化器」，其中最廣為人知的有：

- SGD：「基本隨機梯度下降演算法」（vanilla stochastic gradient descent algorithm），包含非必要的「動量」（momentum）參數。
- RMSprop：由 G. Hinton 所開發的「優化器」。
- Adagrad：「適應梯度優化器」（adaptive gradients optimizer）。

所有「優化器」都有一致的使用介面，這讓我們可以簡單地嘗試不同的優化方法（有時候，優化方法可以明確地改變收斂動態和最終的結果）。在新增的時候，您需要傳入一個可迭代的 Variables，它會在最佳化過程中被修改。一般的做法是，傳遞上層 nn.Module 物件中 params() 方法的輸出結果，這個函數會回傳一個包含所有 Variables（與「梯度」）的可迭代物件。

現在，讓我們討論一下常見的「訓練迴圈」藍圖：

```
for batch_samples, batch_labels in iterate_batches(data,
batch_size=32):                                              # 1
    batch_samples_t = torch.tensor(batch_samples))           # 2
    batch_labels_t = torch.tensor(batch_labels))             # 3
    out_t = net(batch_samples_t)                             # 4
    loss_t = loss_function(out_t, batch_labels_t)            # 5
    loss_t.backward()                                        # 6
    optimizer.step()                                         # 7
    optimizer.zero_grad()                                    # 8
```

通常，您會一再地反覆處理數據；迭代全部的數據一次就稱為一**「輪」**（epoch）。由於數據通常很大，無法同時放進 CPU 或 GPU 的記憶體之中，因此會將其拆分為相同大小的**「批」**（batch）。每「批」都包括樣本的數據和標籤，而且它們都必須是「張量」（**第 2 行**和**第 3 行**）。您將樣本數據傳到網路之中（**第 4 行**），並將其「輸出」和「結果標籤」一併提供給「損失函數」（**第 5 行**）。「損失函數」的結果顯示網路計算的結果相對於正確標籤的「**不良程度**」。網路的輸入和網路的加權都是「張量」，網路的所有轉換只不過是具有中間「張量」物件的「計算圖」。「損失函數」也是如此：其結果

也是只有一個「損失值」的「張量」。這個「計算圖」中的每個「張量」都會記住其父類別，因此要計算整個網路的「梯度」，您要做的，就只是以「損失函數」的結果，叫用 backward() 函數（**第 6 行**）。

這個函數呼叫的結果是展開的「計算圖」，並以 require_grad=True 計算每個「樹葉張量」的「梯度」。這種「張量」通常是我們模型的參數，例如：「前饋網路」（feed-forward networks）的「加權」（weights）、「偏移」（bias），以及「卷積濾波器」（convolution filters）。每次計算「梯度」的時候，它都會累積在 tensor.grad 欄位中，因此一個「張量」可以多次參與轉換，並且它的「梯度」會被正確地相加在一起。例如，一個單獨的 **RNN** 可以應用於多個輸入項（**RNN** 是 **Recurrent Neural Networks** 的縮寫，代表「**遞迴類神經網路**」，我們將在「第 12 章，以強化學習法訓練聊天機器人」中討論它們）。

叫用 loss.backward() 之後，我們會完成「梯度」的累加。現在則是讓「優化器」完成它工作的時候：它從傳遞給「建構函數」的參數中，取得所有「梯度」並運用它們。以上是透過方法 step()（**第 7 行**）來完成的。

最後但同樣重要的是，在迭代循環的過程中，我們有責任對「梯度」設定為零。我們可以對網路呼叫 zero_grad() 來完成這個工作，但是為了方便起見，也可以用「優化器」來直接呼叫這個函數，它也會執行相同的操作（**第 8 行**）。有時候 zero_grad() 會被放在訓練迴圈的開頭，但這並不是特別重要。

上述方式，是一種非常靈活的最佳化方法，即使在處理非常複雜的研究工作，也不會有什麼問題。例如，您可以讓兩個「優化器」，針對同一組數據，調整不同模型的參數（這也是「生成對抗網路」在訓練時的真實情境）。

我們完整介紹了訓練「類神經網路」所需的 PyTorch 基本功能。本章會以一個非常實際（中等大小）的範例來結束，以便展示我們學到的所有觀念。但是在開始說明這個例子之前，我們需要討論一個對「類神經網路」工程師來說，非常重要的主題：監控學習過程。

以 TensorBoard 做監控

如果你曾經嘗試自己訓練「類神經網路」，那麼你可能知道這個工作是多麼痛苦，且包含多大的不確定性。我不是指截至目前為止所討論的範例與示範，它們的「所有超參數」都已經適當地為你調整完畢了，這裡所指的是那些必須「從頭開始」收集數據的案

例。即便使用了現代的高階「深度學習」工具包,使用了所有最佳的實作,例如:適當的加權初始化、「優化器」的「超參數」、「學習速率」,而其他選項都設定為「合理的預設值」,在大量隱藏套件的其他內容當中,仍然有很多你可以自己做決定的地方,也就是說,有很多地方都可能會出錯。因此,從現在開始,你應該了解、習慣,你的網路幾乎不大可能在第一次執行時候,就能正常工作。

當然,透過練習和累積經驗,你一定能對發生問題的可能原因,逐漸形成強烈的直覺,但直覺還是需要輸入「有關網路內部資訊的數據」來支持。因此你需要能夠以某種方式,檢視你的訓練過程並觀察其動態。即使是一個小型網路(例如:經典的 MNIST 範例網路)也可能擁有數十萬個參數,它們具有非線性的訓練動態。「深度學習」社群已經制定了一系列「在訓練期間你應該關注的事項」,其中通常包括以下的內容:

- 「損失值」,它通常是由「基本損失」和「正規化損失」等幾個部分所組成。你應該監控「總損失」和個別元件隨時間變化的值。
- 訓練數據和測試數據的驗證結果。
- 「梯度」和「加權」的統計值
- 「學習速率」和其它的「超參數」,如果它們會隨著時間的推移而進行調整的話

這個列表可能會更長,並且也可能涵蓋特定領域的指標,例如:「字嵌入」(word embedding)的投影、聲音樣本和「生成對抗網路」所產生的圖片。你可能也希望監控與「訓練速度」相關的資訊,例如:一「輪」所需的時間,以便檢查「最佳化的效果」或是「硬體相關的問題」。

簡而言之,你需要一個最好是專門為「深度學習」所開發的「一般解決方案」,可以用來追蹤大量的資訊,並對它們做適當的分析(想像一下在 Excel 電子表單中查看類似的統計資訊)。幸運的是,這樣的工具的確是存在的。

TensorBoard 簡介

事實上,在撰寫本文的時候,並沒有太多的選擇,特別是開源和通用的工具。從 TensorFlow 第一個公開的版本開始,它就包含一個名為 TensorBoard 的特殊工具,用來解決我們所討論的問題:如何在訓練中「觀察」、「監控」和「分析」各種「類神經網路」的特徵。TensorBoard 是一個功能強大的通用解決方案,具有廣大的使用者社群,外觀看起來也非常漂亮:

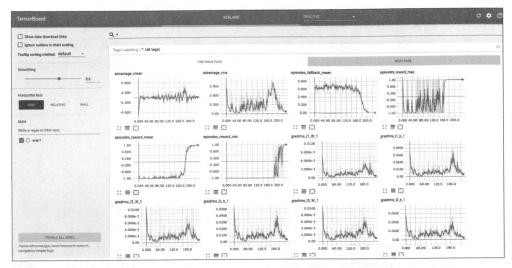

圖 3.4：TensorBoard 的網路介面

從系統架構的角度來看，TensorBoard 是一個 Python 的網路服務，您可以在本機上啟動它，將您訓練過程中監控的值所儲存的目錄，傳遞給它。然後將網路瀏覽器指向 TensorBoard 的埠口（通常為 `6006`），它會顯示一個互動式網路介面，其中的那些監控值會不斷地即時更新。它非常方便，尤其當您是在雲端中某個遠端電腦上執行訓練的時候。

TensorBoard 一開始是被當作 TensorFlow 的一部分來部署的，但是最近它已經被移到另一個單獨的專案之中（還是由 Google 來維護），並且擁有自己的軟體套件名稱。但是，TensorBoard 仍然使用 TensorFlow 的數據格式，因此為了能夠從 PyTorch 取得數據來製作統計資訊，您需要安裝 `tensorflow` 和 `tensorflow-tensorboard` 這兩個套件。由於 TensorFlow 相依於 TensorBoard，要安裝這兩個套件，您只需要在虛擬環境中執行 `pip install tensorflow` 就可以了。

理論上，這就是「監控網路」所需要的全部內容，因為 `tensorflow` 提供了許多類別，可以用它們來製作 TensorBoard 能夠讀取的數據。但是它們不是很實用，因為這些類別非常低階。為了解決這個問題，有幾個「第三方開源函式庫」提供了更方便的高階介面。在本書中，我使用的是我最喜歡的一個，叫做 `tensorboard-pytorch`（https://github.com/lanpa/tensorboard-pytorch）。您可以用 `pip install tensorboard-pytorch` 來安裝它。

繪圖功能

為了讓您了解 `tensorboard-pytorch` 是多麼的簡單,讓我們考慮一個與「類神經網路」無關的小例子,它只會將內容寫入 TensorBoard(完整的範例程式碼在 Chapter03/02_tensorboard.py 中)。

```
import math
from tensorboardX import SummaryWriter


if __name__ == "__main__":
    writer = SummaryWriter()

    funcs = {"sin": math.sin, "cos": math.cos, "tan": math.tan}
```

我們先匯入所有需要的套件,建立一個數據輸出器,並定義我們的視覺化函數。預設情況下,`SummaryWriter` 會在每次執行時,在 `runs` 目錄下建立一個獨立的目錄,以便能夠比較不同的訓練結果。新目錄的名稱包括當前的日期、時間以及主機名稱。若不打算使用預設目錄,可以將 `log_dir` 參數傳給 `SummaryWriter`。您還可以透過傳遞「註解選項」作為目錄名稱的字首,例如:描述不同實驗情境的語意,像是 `dropout=0.3` 或 `strong_regularisation`。

```
    for angle in range(-360, 360):
        angle_rad = angle * math.pi / 180
        for name, fun in funcs.items():
            val = fun(angle_rad)
            writer.add_scalar(name, val, angle)
    writer.close()
```

在這裡,我們以「角度」為單位循環角度範圍,然後將它們轉換為「弧度」,再計算函數的值。每個值都使用 `add_scalar` 函數加到輸出器,這個函數有三個引數:參數名稱、值和目前迭代的編號(必須是整數)。

迭代之後,最後一件要做的事,就是關閉輸出器。請注意,輸出器會定期執行更新(預設情況下,每兩分鐘會執行一次),因此即使在冗長的最佳化過程之中,您仍會看到您想要監控的資訊。

執行這個例子並不會有什麼東西被輸出到主控制台上,但是在目錄 `runs` 中,您將會看到一個新增的目錄,裡面包含一個檔案。如果需要查看結果,則需要啟動 TensorBoard:

```
rl_book_samples/Chapter03$ tensorboard --logdir runs --host localhost
TensorBoard 0.1.7 at http://localhost:6006 (Press CTRL+C to
quit)
```

現在您就可以用網路瀏覽器，開啟網址：http://localhost:6006，您應該會看到如下的輸出：

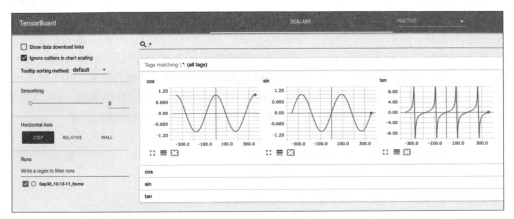

圖 3.5：本節範例的輸出圖

這些圖都是互動的，因此您可以使用滑鼠將游標停在它們上方，以便查看目前的監控值，也可以選擇區域來放大細節。如果要縮小的話，可以在瀏覽器內雙擊特定的圖形。如果您多次執行程式，就可以在左側的「**Runs**」列表中，看到一些選項；您可以使用任何的組合來啟用／禁用這些選項，進而比較多次最佳化的執行動態。TensorBoard 不僅可以分析純量，還可以分析圖片、音訊、文本數據和嵌入，甚至可以顯示「類神經網路」的結構。關於這些功能的使用方式，請參閱 tensorboard-pytorch 和 tensorboard 的說明文件。

現在是時候將本章所學到的東西都結合起來，看看如何使用 PyTorch 來處理一個真實的「類神經網路」最佳化問題。

範例－ Atari 影像的 GAN

幾乎每一本關於「深度學習」的書，都使用 MNIST 數據集向您解說「深度學習」的威力，用了多年之後，讓這個數據集變得極端無聊，就像遺傳基因研究人員使用的果蠅一樣。為了打破這一個傳統，為本書增加一些額外的樂趣，我會避免使用慣例，並以一種不同的方式來說明 PyTorch。你可能聽說過 Ian Goodfellow 所發明並大力推廣的「**生成**

對抗網路」（**Generative Adversarial Networks，GAN**）。在這個例子中，我們將訓練一個 GAN 來生成各種 Atari 遊戲的截圖。

最簡單的 GAN 架構是這樣的：我們有兩個網路，第一個是「**騙子**」網路，它也被稱為「**生成器**」（generator），另一個是「**偵探**」網路，它另一個名稱是「**鑑別器**」（discriminator）。兩個網路相互競爭：「生成器」嘗試產生讓「鑑別器」難以從數據集中區分出來的「假數據」。而「鑑別器」的工作就是嘗試偵測出那些「生成器」所生成的樣本數據。隨著時間的推移，兩個網路的功力都會有所提升：「生成器」會產生越來越多的類似真實數據的樣本，「鑑別器」則會開發出更複雜的方法來區分假數據。GAN 在實務上有許多應用，包括「影像品質的改進」、「仿真影像的生成」和「特徵學習」。我們要介紹的範例，實用性幾乎等於零，但是它卻是一個很好的範例，可以幫助我們學習在處理非常複雜模型時，如何以簡潔、乾淨的 PyTorch 程式碼來完成。

那麼，就讓我們開始吧。完整的範例程式碼在 Chapter03/03_atari_gan.py 檔案中。這裡我們只會看重要的程式碼片段，省略 import 和常數定義的部分：

```
class InputWrapper(gym.ObservationWrapper):
    def __init__(self, *args):
        super(InputWrapper, self).__init__(*args)
        assert isinstance(self.observation_space, gym.spaces.Box)
        old_space = self.observation_space
        self.observation_space =
gym.spaces.Box(self.observation(old_space.low),
self.observation(old_space.high), dtype=np.float32)

    def observation(self, observation):
        # resize image
        new_obs = cv2.resize(observation, (IMAGE_SIZE,
IMAGE_SIZE))
        # transform (210, 160, 3) -> (3, 210, 160)
        new_obs = np.moveaxis(new_obs, 2, 0)
        return new_obs.astype(np.float32) / 255.0
```

這個類別是 Gym 遊戲的一個包裝器，它包括幾個轉換：

- 將輸入圖片的大小從 210 × 160（標準 Atari 解析度）調整為大小 64 × 64 的正方形

- 將圖片的色盤從最後一個位置移到第一個位置，以便滿足 PyTorch 的「卷積層」慣例；「卷積層」的輸入是由通道形狀、高度和寬度所形成的「張量」

- 將圖片的資料型別從「位元組」轉型成「浮點數」，並將它們的值重新調整到 0..1

的範圍內

然後我們定義兩個 nn.Module 類別：Discriminator 和 Generator。第一個類別以我們縮放完成的彩色圖片作為輸入，使用五層的卷積，以「邏輯斯非線性」（sigmoid nonlinearity）函數，將其轉換為「單一數字」輸出。Sigmoid 的「輸出」被解釋為：Discriminator 認為我們的輸入圖片是來自真實數據集的「機率」。

Generator 將隨機數字的向量，即「潛在向量」（latent vector）作為輸入，並使用「轉置卷積」操作，它也被稱為「**反卷積**」（deconvolution），將該向量轉換為原始解析度的彩色圖像。我們不會在這裡查看這些類別，因為它們很瑣碎而且與我們的範例不太相關。您可以在完整的範例文件中找到它們。

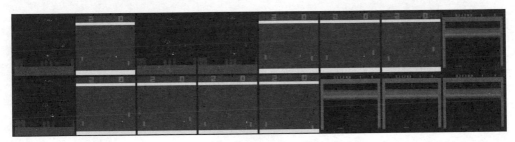

圖 3.6：三個 Atari 遊戲的螢幕截圖範例

我們將使用由「隨機代理人」所產生的、同時播放幾個 Atari 遊戲的「螢幕截圖」，作為「輸入」。**圖 3.6** 是輸入數據的外觀範例，而它是由以下的函數所產生：

```
def iterate_batches(envs, batch_size=BATCH_SIZE):
    batch = [e.reset() for e in envs]
    env_gen = iter(lambda: random.choice(envs), None)

    while True:
        e = next(env_gen)
        obs, reward, is_done, _ = e.step(e.action_space.sample())
        if np.mean(obs) > 0.01:
            batch.append(obs)
        if len(batch) == batch_size:
            yield torch.tensor(batch_np)
            batch.clear()
        if is_done:
            e.reset()
```

這將會從所提供的陣列中，對「環境」無限次地進行採樣，採取「隨機行動」，並記住 batch 串列中的觀察結果。當「批次」變為所需要的大小時，我們將它轉換為「張量」，並以生成器 yield 取得。由於其中一個 Atari 遊戲存在的錯誤，我們必須檢查「觀察」的非零均值，以便防止所取得的是閃爍的螢幕截圖。

現在，來看看我們程式的主要功能，它會準備模型並執行訓練迴圈：

```
if __name__ == "__main__":
    parser = argparse.ArgumentParser()
    parser.add_argument("--cuda", default=False,
action='store_true')
    args = parser.parse_args()
    device = torch.device("cuda" if args.cuda else "cpu")

    env_names = ('Breakout-v0', 'AirRaid-v0', 'Pong-v0')
    envs = [InputWrapper(gym.make(name)) for name in env_names]
    input_shape = envs[0].observation_space.shape
```

這裡我們會處理「命令列引數」（這裡只有一個選用引數，--cuda，它會以 GPU 來做計算），並使用包裝器來建立「環境池」（environment pool）。這個「環境」陣列會傳遞給 iterate_batches 函數以便生成訓練數據：

```
    Writer = SummaryWriter()
    net_discr = Discriminator(input_shape=input_shape).to(device)
    net_gener = Generator(output_shape=input_shape).to(device)

    objective = nn.BCELoss()
    gen_optimizer = optim.Adam(params=net_gener.parameters(),
lr=LEARNING_RATE)
    dis_optimizer = optim.Adam(params=net_discr.parameters(),
lr=LEARNING_RATE)
```

在這段程式碼中，我們建立了自己的類別：一個摘要輸出器、兩個網路、「損失函數」和兩個「優化器」。**為什麼有兩個網路？**因為這就是 GAN 訓練的方式：訓練「鑑別器」，我們需要用具有標籤的「真實樣本」和「假樣本」（1 表示真的，0 表示假的）。在這個過程中，我們只會更新「鑑別器」的參數。

之後我們會再一次輸入真實樣本和假樣本給「鑑別器」，但是這一次所有樣本的標籤都是 1，且現在我們只會更新「生成器」的加權。第二次輸入以假樣本混淆真實樣本，主要在教「生成器」如何欺騙「鑑別器」：

```
        gen_losses = []
        dis_losses = []
        iter_no = 0

        true_labels_v = torch.ones(BATCH_SIZE, dtype=torch.float32,
    device=device)
        fake_labels_v = torch.zeros(BATCH_SIZE, dtype=torch.float32,
    device=device)
```

這裡我們定義用來累加「損失值」的陣列、「迭代計數器」和具有 True 和 Fake 標籤的「變數」。

```
        for batch_v in iterate_batches(envs):
            # generate extra fake samples, input is 4D: batch,
    filters, x, y
            gen_input_v = torch.FloatTensor(BATCH_SIZE,
    LATENT_VECTOR_SIZE, 1, 1).normal_(0, 1).to(device)
            batch_v = batch_v.to(device)
            gen_output_v = net_gener(gen_input_v)
```

在訓練迴圈開始的時候，我們會產生一個「隨機向量」，並將它傳遞給 Generator 網路。

```
            dis_optimizer.zero_grad()
            dis_output_true_v = net_discr(batch_v)
            dis_output_fake_v = net_discr(gen_output_v.detach())
            dis_loss = objective(dis_output_true_v, true_labels_v) +
    objective(dis_output_fake_v, fake_labels_v)
            dis_loss.backward()
            dis_optimizer.step()
            dis_losses.append(dis_loss.item())
```

首先，我們會訓練「鑑別器」兩次：一次以我們「批次」中的真實樣本數據，一次以所生成的假樣本數據。我們需要利用「生成器」的輸出，呼叫 detach() 函數，來防止這些訓練的「梯度」流入「生成器」（detach() 是一種「張量」方法，它可以複製物件，而不需要連接到父類別的操作）。

```
            gen_optimizer.zero_grad()
            dis_output_v = net_discr(gen_output_v)
            gen_loss_v = objective(dis_output_v, true_labels_v)
            gen_loss_v.backward()
            gen_optimizer.step()
            gen_losses.append(gen_loss_v.item())
```

現在輪到「生成器」的訓練了。我們將「生成器」的輸出傳遞給「鑑別器」，但是現在我們不會停止「梯度」。相反的，我們使用 True 標籤於「目標函數」。它會讓我們的「生成器」產生令「鑑別器」更加混淆的假樣本數據。

這些都是真實的訓練，接下來的兩行指令，會回報「損失」，並將圖片樣本提供給 TensorBoard：

```
iter_no += 1
if iter_no % REPORT_EVERY_ITER == 0:
    log.info("Iter %d: gen_loss=%.3e, dis_loss=%.3e",
iter_no, np.mean(gen_losses), np.mean(dis_losses))
    writer.add_scalar("gen_loss", np.mean(gen_losses),
iter_no)
    writer.add_scalar("dis_loss", np.mean(dis_losses),
iter_no)
    gen_losses = []
    dis_losses = []
if iter_no % SAVE_IMAGE_EVERY_ITER == 0:
    writer.add_image("fake",
vutils.make_grid(gen_output_v.data[:64]), iter_no)
    writer.add_image("real",
vutils.make_grid(batch_v.data[:64]), iter_no)
```

這個例子的訓練過程是非常耗時的。在 GTX 1080 GPU 上執行 100「輪」的迭代，大約需要 40 秒。一開始的時候，所生成的圖片是完全隨機的雜訊，但是在 10k 至 20k「輪」的迭代之後，「生成器」對它的工作會變得越來越熟練，所生成的圖片變得越來越類似於真實遊戲的截圖。

以我的實驗來說，在 40k 到 50k「輪」的訓練迭代之後，能產生如下的圖片（在 GPU 上要跑好幾個小時）：

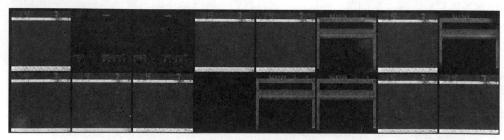

圖 3.7：由「生成器」網路所產生的樣本圖片

小結

在本章中，我們快速地介紹了 PyTorch 的功能和特性。我們討論了基本的基礎元件，如「張量」和「梯度」，也看到了如何用「基本建模構塊」來建立「類神經網路」，並學習如何自己實作這些模塊。我們還討論了「損失函數」和「優化器」，以及訓練過程的動態監控。本章的目的是在快速介紹 PyTorch，在本書後面的部分中會大量的使用它。

我們已經準備好，可以進入下一章並開始本書的主題：「強化學習方法」。

4

交叉熵法

我們將用本章來結束本書「第一個部分」的介紹，並學習一種「強化學習方法」：「**交叉熵**」（cross-entropy）。儘管它的名氣沒有比「強化學習」工具箱中的其他工具響亮，例如：「**深度 Q 網路**」（Deep Q-network，**DQN**）或「**優勢行動－評論者**」（Advantage Actor-Critic），但是「交叉熵法」有它自己的優點。最重要的地方如下：

- **簡單性（Simplicity）**：「交叉熵法」非常簡單，以直觀的角度去看它就能夠理解。它在 PyTorch 上可以用「少於 100 行的程式碼」實作出來。

- **良好的收斂性（Good convergence）**：在簡單的「環境」中，不需要一個複雜、步驟又多的策略就能夠完成學習。當問題中每個「回合」（episode）都很短，而「獎勵」卻很頻繁的時候，「交叉熵法」的效能通常非常高。當然，許多真實世界的問題並不屬於這一類，但有些問題的確有這樣的特性。在這種情境下，「交叉熵法」（單獨或作為大系統中的一部分）就是一個理想的解決方法。

在接下來的幾個小節中，我們將從「交叉熵」的實作面開始介紹，然後看看它在 Gym 中的兩個「環境」（大家熟悉的 CartPole 和 FrozenLake 的「網格世界」），是如何運作的。本章最後會介紹這個方法的理論背景。理解這個部分，需要讀者具有更多「機率」和「統計」的基本知識，如果您想了解該「交叉熵法」的理論細節，那麼您可以深入研究它。您可以依照自己的需要，自行決定是否要跳過這個部分。

強化學習法的分類

從方法分類的角度來看，「交叉熵」是一個「**無模型**」（model-free）和「**基於策略**」（policy-based）的方法。由於這些是全新的觀念，讓我們花一些時間來討論它們。「強化學習」中所有的方法，都可以用以下的方式來做分類：

- 「無模型」或是「基於模型」（Model-free or model-based）
- 「基於值」或是「基於策略」（Value-based or policy-based）
- 「同境策略」或是「異境策略」（On-policy or off-policy）

我們當然還能以其它的角度來對「強化學習演算法」進行分類，但是現在我們只對這三種分類方式感興趣。讓我們先來定義它們，因為您要處理的問題細節，會影響您該選用什麼種類的方法。

「**無模型**」（**model-free**）表示演算法不會建立「環境模型」或是「獎勵模型」；它只是將「觀察」直接連接到「行動」（或是與「行動」相關的值）。換句話說，「代理人」接收目前的「觀察」並對它們做一些計算，計算的結果就是它應該採取的「行動」。相反的，「**基於模型**」（**model-based**）的演算法則會嘗試預測下一個「觀察」和／或「獎勵」是什麼。以這個預測為準，「代理人」會選擇一個最佳的「行動」，這類方法經常會重複多次這樣的預測工作，這樣就能預測到更久遠未來的時步，應該採取什麼「行動」。

「無模型」和「基於模型」這兩類方法各有優缺點，但是面對「**明確性**環境」（deterministic environments）的時候，通常會用純「基於模型」的方法，例如：具有嚴格規則的棋盤遊戲。另一方面，「無模型」方法通常會比較容易訓練，因為實務上對於一個包含許多「觀察結果」的複雜「環境」，很難去建立一個良好的模型。本書中描述的所有方法都是「無模型」方法，因為這些方法在過去幾年中，一直是最活躍的研究領域。直到最近研究人員才開始混合這兩類方法，試圖整合這兩類的優點（例如：DeepMind 關於「代理人想像」的論文。這種方法會在「第 17 章，超越無模型方法－想像」中描述）。

從另一個角度來看，「**基於策略**」（**policy-based**）的演算法直接逼近「代理人的策略」，也就是「代理人」應該在每一個時步採取什麼「行動」。「策略」通常是由可選用「行動」的機率分佈來表示。相對於「基於策略」的演算法，一個方法可以是「**基於值**」（**value-based**）的。在這種情況下，「代理人」不是以「行動」的機率當作選取

的依據，而是計算每個可能「行動」的價值，並且選用最具有價值的「行動」。這兩類方法都非常受歡迎，我們將在本書的下一個部分來討論「基於值」的演算法。「基於策略」的方法則是第三部分的主題。

第三個重要的分類方式是**「同境策略」**（on-policy）與**「異境策略」**（off-policy）。我們將會在本書的第二部分和第三部分中，更詳細地討論它們的區別。目前我們已經可以解釋什麼是「異境策略」；「異境策略」是指從過去的歷史數據來學習的能力（由以前版本的「代理人」取得，或由人類示範的紀錄中取得，或者是由同一個「代理人」看了之前的幾個「回合」來取得）。

因此，我們的**「交叉熵法」**是**「無模型」**、**「基於策略」**和**「同境策略」**，這表示「交叉熵」滿足：

* 它不會建立任何「環境模型」；它只是告訴「代理人」每一個時步要做什麼「行動」
* 它近似（approximates）「代理人」的「策略」
* 它需要使用從「環境」中取得的新數據

交叉熵實務

本節「交叉熵」的描述包含兩個不對等的部分：實務和理論。實務部分在本質上是非常直觀的，而「交叉熵」為什麼能夠正常工作，以及「到底發生了什麼事情」的解釋，則相對複雜許多。

你可能還記得「強化學習」中，最核心、最棘手的部分是「代理人」，它試圖透過與「環境」溝通，並盡可能地累積最多的「獎勵」。在實務上，我們遵守常見的「機器學習」方法，並用「某種非線性可訓練的函數」來取代「代理人」的所有複雜性；該函數將「代理人」的輸入（來自「環境」的「觀察」）對應到某些輸出。這個函數所生成的輸出細節，可能是取決於特定的方法或一系列的方法，如上一節中所述（例如：「基於值」與「基於策略」的方法）。由於「交叉熵」方法是「基於策略」的，是由我們的非線性函數（「類神經網路」）來產生**「策略」**，它基本上表示每一次「觀察」，「代理人」應該採取的「行動」。

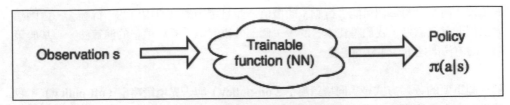

圖 4.1：強化學習的高階表示法

在實務上，「策略」通常以「行動」的機率分佈來表示，這使得它與「分類問題」非常相似，「類別」的數目也就等於我們可以選用「行動」的數目。這樣的抽象化，使得我們的「代理人」變得非常簡單：它只需要將「觀察」從「環境」傳遞到網路，取得「行動」的機率分佈，並用這個分佈隨機進行抽樣，以抽樣的結果決定應該執行的「行動」。這種隨機抽樣可以為我們的「代理人」增加隨機性，這是一件好事，因為在訓練開始的時候，加權是隨機設定的，所以「代理人」也就會隨機「行動」。在「代理人」取得將要執行的「行動」之後，它會向「環境」發出「行動」命令，並取得下一個「觀察」與最後一次「行動」的「獎勵」。然後就這樣不斷地循環。

在「代理人」的一生中，它的學習經驗是以「回合」的形式呈現。每一「回合」都是「代理人」從「環境」中所獲得的一系列「觀察」、它所發出的「行動」以及對這些「行動」的「獎勵」。您可以想像一下，如果我們的「代理人」已經執行過許多次，取得許多「回合」的紀錄。而對於每一個「回合」，我們都可以計算「代理人」所獲得的「總獎勵」。久遠之前時步的「獎勵」，可以打折、也可以不打折，為了簡單起見，我們假設「折扣因子」gamma = 1，這表示我們是不打折地將「回合」中的區域「獎勵」加總起來。這個「總獎勵」顯示在這一「回合」中，「代理人」表現得有多好。讓我們用下圖來說明這一點，下圖中包含四個「回合」（**請注意**，不同「回合」的 o_i、a_i 和 r_i 值是不同的）：

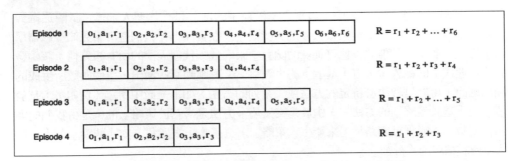

圖 4.2：「回合」樣本與它們的「觀察」、「行動」和「獎勵」

上圖中的每個格子就代表在「回合」中「代理人」所走的一步。由於「環境」中的隨機性以及「代理人」選取「行動」的方式，一些「回合」會比其他「回合」表現得更好。「交叉熵法」的核心就是揚棄表現不好的「回合」，並訓練更好的「回合」。「交叉熵法」的步驟如下：

1. 使用我們現有的模型和「環境」執行 *N* 個「回合」。
2. 計算每個「回合」的「總獎勵」並決定「獎勵邊界」（reward boundary）。通常我們使用「總獎勵」的百分數當作「獎勵邊界」，例如：百分之 50 或百分之 70 的位置。
3. 丟棄所有「總獎勵」低於「獎勵邊界」的「回合」。
4. 使用「觀察」當作輸入，來訓練剩餘的「精英回合」，並以選用的「行動」當作輸出。
5. 回到**步驟 1**，直到我們對輸出結果滿意為止。

好了，這就是「交叉熵」方法的描述。在上面 5 個步驟的程序中，我們的「類神經網路」會不斷地重複「行動」，從中學習如何獲得更大的「獎勵」，這也會一直墊高我們的「獎勵邊界」。儘管這種方法很簡單，但是它在簡單「環境」中的執行效能相當好，也很容易實作，且在修改「超參數」的時候，「交叉熵法」的表現是非常強固、可靠的，這使得它成為一個理想的基準方法。現在，讓我們將它應用到 CartPole 環境之中吧。

CartPole 上的交叉熵

這個範例的完整程式碼在 Chapter04/01_cartpole.py 之中，本書只會顯示、說明其中最重要的部分。我們模型的核心是一個「單隱藏層的類神經網路」，具有 ReLU 和 128 個「單隱藏層神經元」（可以有任意數目的「神經元」）。其他「超參數」的值是隨機設定並且不做調校，因為這個方法強固性高，且能夠非常快速地收斂。

```
HIDDEN_SIZE = 128
BATCH_SIZE = 16
PERCENTILE = 70
```

我們在檔案的頂端定義常數，它們包括「隱藏層」中「神經元」的數目、我們在每次迭代中執行的「回合」數量（16），以及我們用於「精英回合」過濾的「回合總獎勵」的百分數。我們使用百分之 70 當作門檻，這表示我們會依照「總獎勵」排序，取前 30% 的「回合」：

```
class Net(nn.Module):
    def __init__(self, obs_size, hidden_size, n_actions):
        super(Net, self).__init__()
        self.net = nn.Sequential(
            nn.Linear(obs_size, hidden_size),
            nn.ReLU(),
            nn.Linear(hidden_size, n_actions)
        )

    def forward(self, x):
        return self.net(x)
```

其實我們的網路沒什麼特別之處；它從「環境」中，將一次「觀察」作為輸入向量，並輸出一個代表「選用行動」的數字。原本網路的輸出是「行動」的機率分佈，在最後一層網路後面使用 softmax 非線性函數，就能取得最高機率的選項。而且在前面的網路層中，我們不會套用 softmax 來增加訓練過程的「數值穩定性」。與其自己計算 softmax（使用指數函數），然後再自己計算「交叉熵損失」（使用機率對數來計算），我們將使用 PyTorch 的類別 nn.CrossEntropyLoss，它將 softmax 和「交叉熵損失」的計算，結合在一個類別中，從數值的觀點來看，這是一個更穩定的表示法。CrossEntropyLoss 需要來自網路的原始、未正規化的值（也稱為 logits），而我們要記住，它的缺點是每次從網路輸出取得機率的時候，都要套用 softmax。

```
Episode = namedtuple('Episode', field_names=['reward', 'steps'])
EpisodeStep = namedtuple('EpisodeStep', field_names=['observation',
'action'])
```

這裡我們定義兩個「輔助類別」（helper class），它們用標準套件 collections 中的 namedtuple 類別來產生「具名常數串列」（named tuple）：

- EpisodeStep：這將用於表示我們的「代理人」在「回合」中的一個步驟，而且它會儲存來自「環境」的「觀察」以及「代理人」所完成的「行動」。我們將使用「精英回合」中的步驟作為訓練數據。

- Episode：它是 EpisodeStep 的集合，它儲存單一「回合」中，沒有打折之前的「獎勵」。

讓我們看一下產生批次「回合」的函數：

```
def iterate_batches(env, net, batch_size):
    batch = []
    episode_reward = 0.0
    episode_steps = []
```

```
obs = env.reset()
sm = nn.Softmax(dim=1)
```

前面的函數輸入幾個參數:「環境」(來自 Gym 函式庫的 Env 類別的物件)、我們的「類神經網路」,以及在每次迭代時所產生的「回合」數目。我們用 batch 變數來累積「批次」處理的結果(它是 Episode 物件的串列)。我們還為目前的「回合」以及它的步驟串列(EpisodeStep 物件)宣告一個「獎勵累加器」(a reward counter)。然後我們重設「環境」,以便取得第一個「觀察」並建立一個 softmax 層,它轉換網路的輸出為「行動」的機率分佈。這就是我們的前置準備工作;現在可以準備啟動我們的「環境」循環了:

```
while True:
    obs_v = torch.FloatTensor([obs])
    act_probs_v = sm(net(obs_v))
    act_probs = act_probs_v.data.numpy()[0]
```

在每次的迭代之中,我們將當前的「觀察」轉換為 PyTorch「張量」並將它傳遞到網路中以便取得「行動」的機率。這裡有幾點需要注意:

- PyTorch 中的所有 nn.Module 物件都需要一批數據項來完成工作,對於我們的網路來說也是如此,因此我們將「觀察值」(CartPole 中那四個數字所形成的向量)轉換為 1 × 4 的「張量」(為了實現這個目的,我們傳遞一個單一元素的串列來代表「觀察」)。

- 由於我們沒有對網路最後的輸出套用非線性函數(softmax 函數),因此它會輸出原始的「行動」分數。

- 我們的網路和 softmax 層都回傳所追蹤「梯度」的「張量」,因此我們需要使用 tensor.data 欄位,將「張量」解壓縮,並轉換為 NumPy 陣列。這個陣列與輸入的結構相同,都是二維的結構,從批量維度軸 0 的方向上來看,因此我們需要取得第一個「批次」元素,以便得到一維的「行動」機率向量:

```
    action = np.random.choice(len(act_probs),
p=act_probs)
    next_obs, reward, is_done, _ = env.step(action)
```

現在我們有了「行動」的機率分佈,我們可以使用這個分佈來取得當前步驟的實際「行動」,方法則是使用 NumPy 函數 random.choice() 來對這個分佈進行抽樣。然後把這個選用的「行動」傳到「環境」之中,以便取得下一個「觀察」、「獎勵」以及「回合」是否結束的訊息:

```
        episode_reward += reward
        episode_steps.append(EpisodeStep(observation=obs,
action=action))
```

「獎勵」被增加到當前「回合」的「總獎勵」中，且我們「回合」的步驟串列也會擴展
為成對的（「觀察」，「行動」）。**請注意**，我們儲存用來選擇「行動」的「觀察」，
但是不儲存「行動」結束後，由「環境」所回傳的「觀察」。這些是您需要注意的一些
重要細節。

```
    if is_done:
        batch.append(Episode(reward=episode_reward,
steps=episode_steps))
        episode_reward = 0.0
        episode_steps = []
        next_obs = env.reset()
        if len(batch) == batch_size:
            yield batch
            batch = []
```

這是我們處理當前「回合結束」時的方法（在 CartPole 的遊戲中，儘管我們付出許多努
力，但是一旦這根棍子倒下，「回合」就結束了）。最後我們將「回合」加到「回合批
次」中，儲存「總獎勵」（因為「回合」已經完成，我們已經累積了所有的「獎勵」）
和我們所採取的步驟。然後重設我們的「總獎勵累加器」並清除步驟串列。接著，我們
重新設定「環境」，以便開始下一次的訓練。

如果「回合批次」中已經累積了足夠的「回合」數目，我們就能使用 yield 將其回傳給
呼叫者，讓它能繼續進行處理。我們的函數是一個「生成器」，因此每次執行 yield 運
算子的時候，控制權都會轉移到外部的迭代迴圈中，然後才繼續 yield 之後的指令。如
果您不熟悉 Python 的「生成器」函數，請參閱 Python 說明文件。處理完畢之後，我們
需要清理「批次」：

```
        obs = next_obs
```

迴圈中的一個步驟，也是非常重要的一步，是將從「環境」中取得的「觀察值」設給目
前的「觀察」變數。在那之後，一切都會無限次數的重複：我們將「觀察」結果傳給網
路，對「行動」進行採樣來執行，要求「環境」處理「行動」，並記住這次處理的結
果。

我們要理解這個函數中的一個非常重要的邏輯，即「網路的訓練」和我們「回合」的產
生是**同時發生**的。雖然它們並非完全平行，但是每當我們的迴圈累積了一定數量的「回

合」（16）時，它就會將「控制權」交還給這個函數呼叫者，這個函數呼叫者就會使用「梯度下降法」來訓練網路。因此，當 yield 返回時，網路會有不同的、（我們希望是）稍微好一點的行為。

我們不需要研究同步化，因為我們的訓練和數據的收集是在同一執行緒中執行的，您要注意的是那些在「網路訓練」與「使用網路」之間不斷跳躍的地方。

好的，現在我們需要定義另外一個函數，準備切換到訓練迴圈去：

```
def filter_batch(batch, percentile):
    rewards = list(map(lambda s: s.reward, batch))
    reward_bound = np.percentile(rewards, percentile)
    reward_mean = float(np.mean(rewards))
```

這個函數是「交叉熵」方法的核心：透過給定的「回合批次」和「百分位值」，它能夠計算出邊界的「獎勵值」，其將「精英回合」過濾出來進行訓練。為了獲得邊界的「獎勵值」，我們使用 NumPy 的 percentile 函數，它會從「獎勵值」串列和期望的百分數，去計算出這個百分數的「獎勵值」。然後我們計算「平均獎勵」，它只會被用來做監控（monitoring）。

```
        train_obs = []
        train_act = []
        for example in batch:
            if example.reward < reward_bound:
                continue
            train_obs.extend(map(lambda step: step.observation,
example.steps))
            train_act.extend(map(lambda step: step.action,
example.steps))
```

接下來，我們過濾「回合」。對於「回合批次」中的每一個「回合」，檢查它的「總獎勵」是否高過我們的邊界「獎勵值」，如果「是」，我們就將「觀察」與「行動」的串列保留下來，讓後續的訓練使用。

```
        train_obs_v = torch.FloatTensor(train_obs)
        train_act_v = torch.LongTensor(train_act)
        return train_obs_v, train_act_v, reward_bound, reward_mean
```

函數的最後一步會把我們「精英回合」中的「觀察」和「行動」轉換為「張量」，並回傳一個包含了四個元素的常數串列：「觀察」、「行動」、「獎勵邊界」和「平均獎勵」。最後兩個值會被寫入 TensorBoard，它們只會被用來檢查我們「代理人」的效能。

現在，可以用如下的「最後一段程式碼」將所有內容整合在一起，它也包含了主要的訓練迴圈：

```
if __name__ == "__main__":
    env = gym.make("CartPole-v0")
    # env = gym.wrappers.Monitor(env, directory="mon", force=True)
    obs_size = env.observation_space.shape[0]
    n_actions = env.action_space.n

    net = Net(obs_size, HIDDEN_SIZE, n_actions)
    objective = nn.CrossEntropyLoss()
    optimizer = optim.Adam(params=net.parameters(), lr=0.01)
    writer = SummaryWriter()
```

一開始的時候，我們會建立所有必要的物件：「環境」、我們的「類神經網路」、「目標函數」、「優化器」和 TensorBoard 的「摘要編寫器」。註釋的那一行指令會建立一個「監控器」，它可以將你「代理人」的效能以影片的方式儲存起來。

```
    for iter_no, batch in enumerate(iterate_batches(env, net,
BATCH_SIZE)):
        obs_v, acts_v, reward_b, reward_m = filter_batch(batch,
PERCENTILE)
        optimizer.zero_grad()
        action_scores_v = net(obs_v)
        loss_v = objective(action_scores_v, acts_v)
        loss_v.backward()
        optimizer.step()
```

在訓練迴圈中，我們將會迭代我們的「批次」（這是 Episode 物件的串列），然後我們使用 filter_batch 函數來完成「精英回合」的過濾。函數的執行結果是：「觀察」、選用的「行動」、用來過濾的「獎勵邊界」和「平均獎勵」。然後我們將網路的「梯度」歸零，並將「觀察」結果傳給網路，以便取得其「行動」的分數。這些分數會被傳給「目標函數」，它計算「網路輸出」與「代理人所選取行動」之間的「交叉熵」。這樣做的背後想法是，以那些可能帶來良好「獎勵」的「精英行動」來「強化」我們的網路。然後，我們將計算「梯度」的損失，並要求「優化器」調整我們的網路。

```
        print("%d: loss=%.3f, reward_mean=%.1f, reward_bound=%.1f" % (
            iter_no, loss_v.item(), reward_m, reward_b))
        writer.add_scalar("loss", loss_v.item(), iter_no)
        writer.add_scalar("reward_bound", reward_b, iter_no)
        writer.add_scalar("reward_mean", reward_m, iter_no)
```

迴圈其餘的部分主要在做「進度監控」。在主控台上，我們會顯示「迭代次數」，「損失」、批次的「平均獎勵」和「獎勵邊界」。我們同樣也會將這些值寫入 TensorBoard，以便產生漂亮的代理人效能圖表。

```
        if reward_m > 199:
            print("Solved!")
            break
    writer.close()
```

迴圈中最後一次的檢查是在比較「回合批次」的「平均獎勵」。當它大於 199 的時候，我們就停止訓練。**為什麼是 199 呢？**在 Gym 環境中，當連續 100 個「回合」的「平均獎勵」大於 195 個時步的時候，就被認為已經成功地解決了 CartPole 問題；但是我們的方法收斂得非常快，我們通常需要至少 100 個「回合」。經過適當訓練的「代理人」可以無限久地平衡這個棍子（獲得任何數字的分數），但是 CartPole 環境中「回合」的時步長度被限制在 200 步（如果你檢查 CartPole 的環境變數，你可能會注意到 TimeLimit 包裝器，在 200 步之後會停止「回合」）。考慮到所有這些因素，我們將「批次」中的「平均獎勵」設在大於 199 之後才停止訓練，這能強迫我們的「代理人」學到專家的程度，來平衡這根棍子。

就是這樣而已。那麼，讓我們開始我們的第一次「強化學習」訓練吧！

```
rl_book_samples/Chapter04$ ./01_cartpole.py
[2017-10-04 12:44:39,319] Making new env: CartPole-v0
0: loss=0.701, reward_mean=18.0, reward_bound=21.0
1: loss=0.682, reward_mean=22.6, reward_bound=23.5
2: loss=0.688, reward_mean=23.6, reward_bound=25.5
3: loss=0.675, reward_mean=22.8, reward_bound=22.0
4: loss=0.658, reward_mean=31.9, reward_bound=34.0
.........
36: loss=0.527, reward_mean=135.9, reward_bound=168.5
37: loss=0.527, reward_mean=147.4, reward_bound=160.5
38: loss=0.528, reward_mean=179.8, reward_bound=200.0
39: loss=0.530, reward_mean=178.7, reward_bound=200.0
40: loss=0.532, reward_mean=192.1, reward_bound=200.0
41: loss=0.523, reward_mean=196.8, reward_bound=200.0
42: loss=0.540, reward_mean=200.0, reward_bound=200.0
Solved!
```

解決這個特定的問題通常不需要「代理人」超過 50「批」的訓練。我的實驗顯示只要 25 到 45 的「回合」，這是一個非常好的學習績效（請記住，我們每「批」只需要執行 16 個「回合」）。TensorBoard 顯示我們的「代理人」不斷地取得進展，幾乎每批都能將上限「向上推移」（有一些時候會下降，但是大多數時候效能都穩定地在改進）。

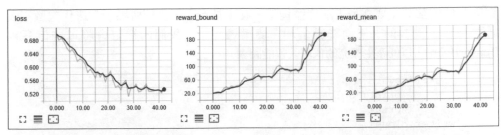

圖 4.3：訓練過程中的「損失」（loss）、「獎勵邊界」（reward boundary）和「獎勵」（reward）

若要檢查我們「代理人」的「行動」，你可以取消之前在建立「環境」時「後面那一行的註釋」來啟用 Monitor。重新啟動之後（可以使用 xvfb-run 來提供虛擬 X11 顯示器），我們的程式會建立一個 mon 目錄，其中包含以不同訓練步驟記錄的影片：

```
rl_book_samples/Chapter04$ xvfb-run -s "-screen 0 640x480x24" ./01_
cartpole.py
[2017-10-04 13:52:23,806] Making new env: CartPole-v0
[2017-10-04 13:52:23,814] Creating monitor directory mon
[2017-10-04 13:52:23,920] Starting new video recorder writing to mon/
openaigym.video.0.4430.video000000.mp4
[2017-10-04 13:52:25,229] Starting new video recorder writing to mon/
openaigym.video.0.4430.video000001.mp4
[2017-10-04 13:52:25,771] Starting new video recorder writing to mon/
openaigym.video.0.4430.video000008.mp4
0: loss=0.682, reward_mean=18.9, reward_bound=20.5
[2017-10-04 13:52:26,297] Starting new video recorder writing to mon/
openaigym.video.0.4430.video000027.mp4
1: loss=0.687, reward_mean=16.6, reward_bound=19.0
2: loss=0.677, reward_mean=21.1, reward_bound=21.0
[2017-10-04 13:52:26,964] Starting new video recorder writing to mon/
openaigym.video.0.4430.video000064.mp4
3: loss=0.653, reward_mean=33.2, reward_bound=48.5
4: loss=0.642, reward_mean=37.4, reward_bound=42.5
.........
29: loss=0.561, reward_mean=111.6, reward_bound=122.0
30: loss=0.540, reward_mean=135.1, reward_bound=166.0
[2017-10-04 13:52:40,176] Starting new video recorder writing to mon/
openaigym.video.0.4430.video000512.mp4
31: loss=0.546, reward_mean=147.5, reward_bound=179.5
32: loss=0.559, reward_mean=140.0, reward_bound=171.5
33: loss=0.558, reward_mean=160.4, reward_bound=200.0
34: loss=0.547, reward_mean=167.6, reward_bound=195.5
35: loss=0.550, reward_mean=179.5, reward_bound=200.0
36: loss=0.563, reward_mean=173.9, reward_bound=200.0
37: loss=0.542, reward_mean=162.9, reward_bound=200.0
38: loss=0.552, reward_mean=159.1, reward_bound=200.0
```

```
39: loss=0.548, reward_mean=189.6, reward_bound=200.0
40: loss=0.546, reward_mean=191.1, reward_bound=200.0
41: loss=0.548, reward_mean=199.1, reward_bound=200.0
Solved!
```

從上面的輸出中可以看到,它將「代理人行動」記錄起來,週期性的轉換為單獨的影片檔案,這可以讓你更清楚地了解「代理人」的「工作」狀態。

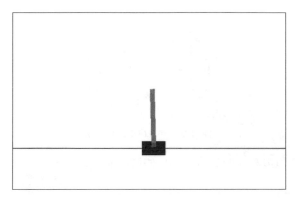

圖 4.4:視覺化的 CartPole 狀態

現在我們先暫停一下,想一想剛剛到底發生了什麼事。我們的「類神經網路」已經學會了如何只用「觀察」和「獎勵」來玩這個「環境」,而且沒有對「觀察值」做任何的解釋。「環境」當然不會只是「帶有一根棍子的推車」,例如:它可以是一個倉庫的模型,產品數量是它的「觀察」,以所賺的錢為「獎勵」。也就是說,我們的實作完全不用依賴於「環境」的細節。這是「強化學習」模型美妙、迷人之處;在下一節中,我們來看看如何將這個完全相同的方法,應用在 Gym 環境集合中一個完全不同的「環境」之上。

FrozenLake 上的交叉熵

我們使用「交叉熵法」嘗試解決的下一個環境是 FrozenLake。它的世界是所謂的「**網格世界**」。在這個類別中,你的「代理人」是活在一個 4 × 4 大小的網格中,並且可以向上、向下、向左和向右,朝四個方向移動。「代理人」永遠是從左上角出發,目標是到達最右下方的單元格中。網格中的某些單元格有洞(洞是固定的),如果你掉進這些洞中,那麼「回合」就結束了,你的「獎勵」為零。如果「代理人」到達目的地,則可以獲得的「獎勵」為 1.0,而且「回合」一樣會結束。

為了讓日子更難過一些，我們的這個網格世界是**很滑的**（畢竟這是一個結冰的湖泊），所以「代理人」的「行動」並不會總是如預期的那樣：向前移動的時候，有三分之二的可能會滑向右邊或左邊。例如：如果你要「代理人」向左移動，它移動到左邊的可能性是 33%（三分之一）；它有 33%（三分之一）的可能性會滑到上面的單元格中；它也有 33%（三分之一）的可能性會滑到下面的單元格。這會使學習變得困難許多，我們會在本節的後面來說明它。

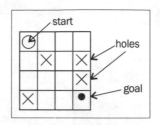

圖 4.5：FrozenLake 環境

讓我們來看看這個「環境」在 Gym 之中是如何表示的：

```
>>> e = gym.make("FrozenLake-v0")
[2017-10-05 12:39:35,827] Making new env: FrozenLake-v0
>>> e.observation_space
Discrete(16)
>>> e.action_space
Discrete(4)
>>> e.reset()
0
>>> e.render()

SFFF
FHFH
FFFH
HFFG
```

我們的「觀察空間」是離散的，它只是一個從 0 到 15 的數字。這個數字當然就是我們目前在網格中的位置。另外，「行動空間」也是離散的，它可以是從 0 到 3 的數字。由於 CartPole 範例中的網路需要輸入一個數字向量，為了實作這一點，我們可以將離散輸入，應用傳統的「獨熱編碼」轉成向量；這表示我們網路的輸入有 16 個浮點數，除了我們要編碼的索引以外，其他都是零。為了盡量不要修改程式碼，我們使用 Gym 中的 `ObservationWrapper` 類別並實作我們自己的 `DiscreteOneHotWrapper` 類別：

```
class DiscreteOneHotWrapper(gym.ObservationWrapper):
    def __init__(self, env):
        super(DiscreteOneHotWrapper, self).__init__(env)
        assert isinstance(env.observation_space,
gym.spaces.Discrete)
        self.observation_space = gym.spaces.Box(0.0, 1.0,
(env.observation_space.n, ), dtype=np.float32)

    def observation(self, observation):
        res = np.copy(self.observation_space.low)
        res[observation] = 1.0
        return res
```

將這個「包裝器」套用在「環境」上面之後,「觀察空間」和「行動空間」都與我們的 CartPole 解決方案 100% 相容(程式碼在 Chapter04/02_frozenlake_naive.py 之中)。然而,啟動它們之後,我們可能會發現,分數並沒有隨著時間的推移而獲得改善。

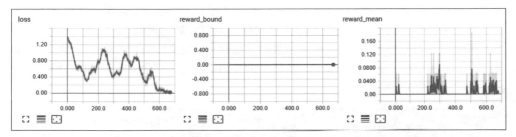

圖 4.6:原始的「交叉熵」程式碼套用在 FrozenLake 環境上並不會收斂

要了解現在發生了什麼事情,我們需要更深入地去研究這兩種「環境」的「獎勵」結構。在 CartPole 之中,「環境」的每一個時步都給我們 1.0 的「獎勵」,直到棍子倒下為止。所以,我們的「代理人」持續平衡棍子的時間越長,累積獲得的「獎勵」就越多。由於我們「代理人」的行為是隨機的,不同的「回合」會有不同的時步長度,這可以讓我們「回合」的「獎勵」形成漂亮的常態分佈。在選定「獎勵邊界」之後,我們丟棄那些不怎麼成功的「回合」,並且學習如何產生好的「回合」(以成功的「回合」數據來做訓練)。

如下圖所示：

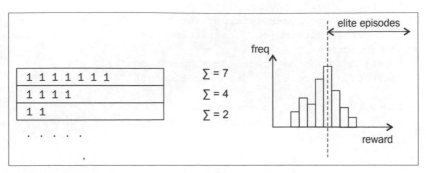

圖 4.7：在 CartPole 環境中「獎勵」的分佈

然而在 FrozenLake 環境中，「回合」和「獎勵」看起來很不一樣。只有在我們達到目標的時候，才能得到 1.0 的「獎勵」，而這樣的「獎勵」並沒有辦法告訴我們「回合」的好壞。它會有效地快速收斂嗎？我們是不是在湖面上，上下左右地隨機亂走，然後就走入了目標格？我們其實並不知道，而是 1.0 的「獎勵」本質上就是這樣。我們「回合」的「總獎勵分佈」也是另一個問題。「總獎勵」只可能有兩種值：0（失敗）或 1（成功），而且在訓練開始的時候，絕大多數的「回合」都是失敗的。因此，我們切割「精英回合」的百分數，是完全錯誤的，並且提供我們不好的「回合」當作訓練的榜樣。這就是我們訓練會失敗的原因。

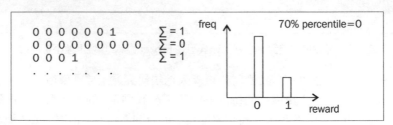

圖 4.8：FrozenLake 環境的「獎勵分佈」

這個例子顯示了「交叉熵法」的局限性：

- 對於訓練，我們的「回合」必須是有限的，而且越短越好。
- 「回合」的「總獎勵」應該具有足夠的變動性，可以將「好回合」與「壞回合」區分開來。
- 在成功或是失敗之前，「代理人」沒有任何中間的指標可以描述目前是往「好回合」或是「壞回合」的方向前進。

在本書後面，我們會學習如何解決這些局限性的其他方法。現在，如果您對如何使用「交叉熵法」解決 FrozenLake 感到興趣的話，下面是您需要修改的程式部分的列表（完整範例在 Chapter04/03_frozenlake_tweaked.py 之中）：

- **「回合批次」中「回合」數目要大**：在 CartPole 中，每次迭代有 16 個「回合」就足夠了，但是在 FrozenLake 環境中至少需要 100 個「回合」才能取得一些成功案例。

- **必須啟用「獎勵」的折扣因素**：為了讓「回合」的「總獎勵」取決於「回合」的長度，並在「回合」中加入變動性，我們可以將「總獎勵」的折扣因子設定為 0.9 或 0.95。在這種情況下，「短回合」的「獎勵」會大於「長回合」的「獎勵」。

- **延長保留「精英回合」的時間**：在 CartPole 的訓練過程中，我們從「環境」中對「回合」採樣，對最好的「回合」進行訓練，然後將它們丟棄。在 FrozenLake 環境中，很難得才會出現一次成功的「回合」，所以我們必須將它們保留的時間延長一些，利用它們進行多次迭代訓練。

- **遞減學習速率**：這可以讓我們的網路有時間來平均更多的訓練樣本。

- **更常的訓練時間**：由於「成功回合」非常少見，而且我們的「行動」是隨機選取的，在一個特定的情況下，我們的網路更難以了解什麼才是最佳的「行動」。通常需要大約 5 千次的迭代訓練，才能達到 50% 的「回合」是成功的。

要將上面這些說明全部結合到我們的程式碼中，我們需要修改 filter_batch 函數來計算「折扣獎勵」，並回傳可以讓我們保留下來的「精英回合」（elite episodes）：

```
def filter_batch(batch, percentile):
    disc_rewards = list(map(lambda s: s.reward * (GAMMA **
len(s.steps)), batch))
    reward_bound = np.percentile(disc_rewards, percentile)
    train_obs = []
    train_act = []
    elite_batch = []
    for example, discounted_reward in zip(batch, disc_rewards):
        if discounted_reward > reward_bound:
            train_obs.extend(map(lambda step: step.observation,
example.steps))
            train_act.extend(map(lambda step: step.action,
example.steps))
            elite_batch.append(example)
    return elite_batch, train_obs, train_act, reward_bound
```

在訓練迴圈之中，我們會先將之前儲存的「精英回合」，在下一次訓練迭代的時候，把它們傳給上面的這個函數。

```
full_batch = []
for iter_no, batch in enumerate(iterate_batches(env, net,
BATCH_SIZE)):
    reward_mean = float(np.mean(list(map(lambda s: s.reward,
batch))))
    full_batch, obs, acts, reward_bound = filter_batch(full_batch
+ batch, PERCENTILE)
    if not full_batch:
        continue
    obs_v = torch.FloatTensor(obs)
    acts_v = torch.LongTensor(acts)
    full_batch = full_batch[-500:]
```

除了「學習速率」設為十分之一、BATCH_SIZE 設為 100 以外，其餘的程式碼是相同的；經過一段時間的耐心等待（新版本需要大約一個半小時才能完成一萬次的迭代），我們可以看到模型停止了訓練，解決了大約 55% 的「回合」。當然還有其他的辦法可以解決這個問題（例如：套用「熵損失正規化」），但是我們不會在這裡討論這些技術，我們會在後面的章節中說明它們。

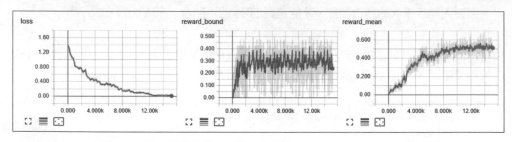

圖 4.9：使用調整的「交叉熵」來實作 FrozenLake 的收斂過程

最後在這裡要注意的一點是 FrozenLake 環境中「錯誤滑動」的影響。每一個「行動」都有 33% 的機率的被旋轉 90 度的「行動」所取代（例如：「向上移動」只會有 0.33 的機率會成功，有 0.33 的機率將被「向左移動」取代，有 0.33 的機率會被「向右移動」取代）。

沒有「錯誤滑動」的版本在 Chapter04/04_frozenlake_nonslippery.py 之中，這個版本唯一的不同是在「環境」建立的地方（我們需要查看 Gym 的核心部分，以便建立具有調整過參數的「環境」物件）：

```
    env =
gym.envs.toy_text.frozen_lake.FrozenLakeEnv(is_slippery=False)
    env = gym.wrappers.TimeLimit(env, max_episode_steps=100)
    env = DiscreteOneHotWrapper(env)
```

這樣修改的結果頗具戲劇性！沒有「錯誤滑動」的「環境」可以在 120 到 140 個「批次迭代」中解決，這比具有「錯誤滑動」的「環境」快 100 倍：

```
rl_book_samples/Chapter04$ ./04_frozenlake_nonslippery.py
0: loss=1.379, reward_mean=0.010, reward_bound=0.000, batch=1
1: loss=1.375, reward_mean=0.010, reward_bound=0.000, batch=2
2: loss=1.359, reward_mean=0.010, reward_bound=0.000, batch=3
3: loss=1.361, reward_mean=0.010, reward_bound=0.000, batch=4
4: loss=1.355, reward_mean=0.000, reward_bound=0.000, batch=4
5: loss=1.342, reward_mean=0.010, reward_bound=0.000, batch=5
6: loss=1.353, reward_mean=0.020, reward_bound=0.000, batch=7
7: loss=1.351, reward_mean=0.040, reward_bound=0.000, batch=11
......
124: loss=0.484, reward_mean=0.680, reward_bound=0.000, batch=68
125: loss=0.373, reward_mean=0.710, reward_bound=0.430, batch=114
126: loss=0.305, reward_mean=0.690, reward_bound=0.478, batch=133
128: loss=0.413, reward_mean=0.790, reward_bound=0.478, batch=73
129: loss=0.297, reward_mean=0.810, reward_bound=0.478, batch=108
Solved!
```

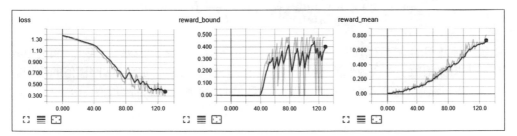

圖 4.10：沒有「錯誤滑動」的 FrozenLake 版本的收斂過程

交叉熵法的理論背景

讀者可以自行決定是否閱讀這個小節，這裡主要是給那些對於「為什麼這個方法能夠有效的處理問題」感興趣的讀者。如果您願意，可以參考「交叉熵」的原始論文，該論文的網址會在本節的最後提供給您。

「交叉熵法」的基礎是非常重要的抽樣理論，其中：

$$\mathbb{E}_{x \sim p(x)}[H(x)] = \int_x p(x)H(x)dx = \int_x q(x)\frac{p(x)}{q(x)}H(x)dx = \mathbb{E}_{x \sim q(x)}[\frac{p(x)}{q(x)}H(x)]$$

在我們的「強化學習」案例中，$H(x)$ 是透過「某種策略 x」所獲得的「獎勵值」，而 $p(x)$ 則是所有可能「策略」的分佈。我們不希望搜尋所有可能的「策略」來取得最大的「獎勵」，而是想要找到一種利用 $q(x)$ 近似到 $p(x)H(x)$ 的方法，不斷迭代來「最小化」它們之間的距離。這兩個機率分佈之間的距離是用 **Kullback-Leibler（KL）散度**來計算，如下：

$$KL(p_1(x)\|p_2(x)) = \mathbb{E}_{x \sim p_1(x)} \log \frac{p_1(x)}{p_2(x)} = \mathbb{E}_{x \sim p_1(x)}[\log p_1(x)] - \mathbb{E}_{x \sim p_1(x)}[\log p_2(x)]$$

KL 中的第一項就稱為「**熵**」（entropy），且計算距離時並不依賴這個「熵」，因此在做最小化的時候可以省略它。第二項則稱為「**交叉熵**」（cross-entropy），是「深度學習」中非常常見的一個最佳化目標。

結合這兩個公式，我們可以得到一個迭代演算法，它從 $q_0 (x) = p(x)$ 開始，逐步改進。這就是 $p(x)H(x)$ 的近似值，具有一個額外更新：

$$q_{i+1}(x) = \underset{q_{i+1}(x)}{\arg\min} - \mathbb{E}_{x \sim q_i(x)} \frac{p(x)}{q_i(x)} H(x) \log q_{i+1}(x)$$

這是一種通用的「交叉熵法」，在我們的「強化學習」情境下可以將它簡化。首先，我們用「指標函數」取代我們的 $H(x)$，當「回合」的「獎勵」高過一個門檻值的時候為 1，如果「獎勵」低於這個門檻值，則為 0。我們的「策略」更新將如下所示：

$$\pi_{i+1}(a|s) = \underset{\pi_{i+1}}{\arg\min} - \mathbb{E}_{z \sim \pi_i(a|s)}[R(z) \geq \psi_i] \log \pi_{i+1}(a|s)$$

嚴格來說，前面的公式沒用正規化，但是即便沒有它，這個公式仍然可以在實務上使用。因此，這個方法可以說是非常簡潔的：我們使用當前的「策略」（從一些隨機初始化的「策略」開始）對事件進行抽樣，並最小化「最成功樣本」與我們「策略」的「負對數概似」（negative log likelihood）。

Dirk P. Kroese 撰寫了一本專門介紹這種方法的書。在 Dirk P. Kroese 的論文《Cross-Entropy Method》中，則可以找到比較簡短的描述（https://people.smp.uq.edu.au/DirkKroese/ps/eormsCE.pdf）。

小結

在本章中，我們學習了第一個「強化學習」的方法「交叉熵」，儘管它有其局限性，但是它很簡單，而且功能強大。我們將它應用在 CartPole 環境（取得巨大的成功）和 FrozenLake 環境（取得適度的成功）。本章結束了**本書的第一個部分**，也就是**介紹**的部分。

在接下來的章節中，我們將討論更複雜、但是能力更強大的深度「強化學習」工具。

5

表格學習與貝爾曼方程式

在上一章中，我們學習了第一個「**強化學習方法**」，即「交叉熵」，並看了一下它的優點和缺點。在**本書的第二個部分**，我們將介紹一個被稱之為「Q 學習」（Q-learning）的方法群，它們具有更高的靈活性與更強大的功能。

本章將確定這些方法共用的必要背景條件。我們還會再次使用 FrozenLake 環境，示範如何以這些新觀念處理這種「環境」，以及如何幫助我們解決「環境不確定性」的問題。

值、狀態與最佳化

您可能還記得我們在「第 1 章」中，對「狀態值」（value of the state）的定義。這是一個非常重要的觀念，現在是進一步研究它的時候了。本書的第二個部分都圍繞著這個「值」，以及如何產生它的「近似值」。「值」可以定義成：我們預期可從該「狀態」獲得的「總獎勵」。在形式上，「狀態值」是：$V(s) = \mathbb{E}[\sum_{t=0}^{\infty} r_t \gamma^t]$，其中 r_t 是這「回合」在時步 t 所取得的「區域獎勵」（local reward）。

「總獎勵」可以打折或是不打折；全看我們當初是如何定義它。我們的「代理人」總是遵循某些「策略」來計算「值」。為了方便說明，讓我們考慮一個只有三個「狀態」，非常簡單的「環境」：

1. 「代理人」一開始所處的「起始狀態」（initial state）
2. 「代理人」從「起始狀態」執行「**左移**」（left）「行動」之後所處的「終止狀態」（final state）。可以獲得的獎勵是 1。

3. 「代理人」從「起始狀態」執行「**下移**」（down）「行動」之後所處的「終止狀
   態」（final state）。可以獲得的獎勵是 2。

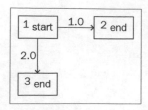

圖 5.1：一個環境中狀態轉移與獎勵的例子

「環境」具有「明確性」（deterministic）：「行動」一定會成功，而且一定是從「**狀
態 1**」開始。一旦我們到達「**狀態 2**」或「**狀態 3**」，這「回合」就會結束。現在的問題
是，「**狀態 1**」的「值」是什麼？如果沒有關於我們「代理人」行為的資訊，或者換言之
它的「策略」，這個問題就毫無意義。即使在這個這麼簡單的「環境」中，對於「**狀態
1**」，我們的「代理人」也可以擁有無限多種的行為，每種行為都有自己的「值」。請參
考以下範例：

- 「代理人」永遠向「左移」
- 「代理人」永遠向「下移」
- 「代理人」有 50% 可能「左移」，有 50% 可能「下移」
- 「代理人」有 10% 可能「左移」，有 90% 可能「下移」

為了示範的目的，讓我們將上述「策略」的「值」都計算出來：

- 「**永遠向左移**」的「代理人」，「**狀態 1**」的「值」是 **1.0**（每次都向「左移」，它
  能獲得 1 的「獎勵」，且這「回合」就會結束）
- 「**永遠向下移**」的「代理人」，「**狀態 1**」的「值」是 **2.0**
- 50% 可能「左移」，50% 可能「下移」，「值」是 1.0*0.5 + 2.0*0.5 = **1.5**
- 最後一個案例的「值」是 1.0*0.1 + 2.0*0.9 = **1.9**

現在來看另外一個問題：這個「代理人」的「最佳策略」是什麼？「強化學習」的目標
是盡可能地獲得最多的「總獎勵」。 對於這個只有一步的「環境」，「總獎勵」應該要
等於「**狀態 1**」的「值」，很顯然地，也就是第 2 種「策略」（**永遠向下**）的值。

不幸的是,這種具有明顯最佳「策略」的簡單「環境」,在實務上並不那麼吸引大家的注意。但是另一方面,大家比較有興趣的複雜「環境」,它們的「最佳策略」卻又難以定義,而且難以證明它是最佳的。但是,不用擔心,我們正朝著能夠「**讓電腦自己學習最佳行為**」的方向發展。

從前面的範例中,您可能會產生一個錯誤的印象,也就是我們永遠應該選用具有最高「獎勵」的「行動」。一般來說,事情沒有這麼簡單。為了證明這一點,讓我們把前面這個「環境」擴展一下,增加一個「**狀態 3**」可以到達的「**狀態 4**」。「**狀態 3**」不再是「終止狀態」,而是可以轉到「**狀態 4**」的中間狀態,而且「**狀態 4**」具有 **-20** 的「**不良獎勵**」。一旦我們在「**狀態 1**」選擇了「**下移**」的「行動」,不可避免地一定會得到這個「**不良獎勵**」,因為「**狀態 3**」只有一個出口。所以,對於那些決定使用「**貪婪**」(greedy)方法的「代理人」來說,這是一個**陷阱**。

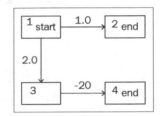

圖 5.2:多了一個狀態的相同環境

增加「**狀態 4**」之後,「**狀態 1**」的「值」將會以如下的方式計算:

- 「**永遠向左移**」的「代理人」一樣是:**1.0**
- 「**永遠向下移**」的「代理人」是:2.0 + (-20) = **-18**
- 「50% ╱ 50%」的「代理人」是:0.5*1.0 + 0.5*(20 + (-20)) = **-8.5**
- 「10% ╱ 90%」的「代理人」是:0.1*1.0 + 0.9*(2.0 + (-20)) = **-8**

因此,現在這個新環境的最佳策略是「**策略 1**」:「**永遠向左移**」。

我們花了一些時間討論簡單、瑣碎的「環境」,以便讓您意識到這個最佳化問題的複雜度,且可以更感謝 Richard Bellman 的貢獻。Richard 是一位美國的數學家,他定義並證明了他著名的「**貝爾曼方程式**」(Bellman equation)。我們會在下一節裡討論它。

貝爾曼最佳化方程式

為了解釋貝爾曼方程式，最好先抽象化一下。不要害怕，我稍後會提供具體的範例來支援你直觀的理解！讓我們從一個所有行動都 100% 保證有結果的「明確性案例」開始。

想像一下，我們的「代理人」會觀察「狀態 s_0」上所有 N 個可選用的「行動」。每一個「行動」都會轉移到另一個「狀態」：$s_1 \dots s_N$，並具有相對應的「獎勵」：$r_1 \dots r_N$。另外，我們假設我們知道所有連接到「狀態 s_0」的狀態的「值」V_i。在這樣的情境下，「代理人」可以採取的最佳「行動」方案是什麼？

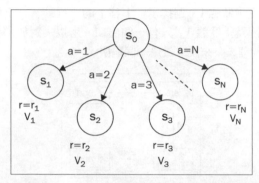

圖 5.3：一個可以從「初始狀態」到達 N 個「狀態」的抽象環境

如果我們選擇一個具體的「行動」a_i，並計算這個「行動」的「值」，那麼這個「值」就是 $V_0 (a = a_i) = r_i + V_i$。因此，要選擇最好的可能「行動」，「代理人」需要計算每個「行動」的結果「值」，並選擇最大的可能結果。也就是：$V_0 = \max_{a \in 1 \dots N}(r_a + V_a)$。如果我們使用了「折扣因子」$\gamma$，我們就需要將下一個「狀態值」乘以 γ：$V_0 = \max_{a \in 1 \dots N}(r_a + \gamma V_a)$。

這可能看起來非常類似於上一節中我們的「貪婪法」例子，實際上它也是如此。但是有一點點不同：當我們以「貪婪法」選取「行動」時，我們不僅會看到「行動」的直接「獎勵」，而且會立即獲得「獎勵」加上這個「狀態」長期的「值」。Richard Bellman 證明了，透過這種擴充，我們的行為可以獲得最好的結果。換句話說，（對於「**明確性案例**」而言）它一定是最佳的。所以前面這個方程式就被稱為「值」的「**貝爾曼方程式**」（Bellman equation）：

將這個想法擴充到「隨機情境」並不是很複雜，也就是說，我們的「行動」有可能會隨機停在不同的「終止狀態」。我們要做的是：計算每個「行動」的期望值，而不是僅僅是下一個狀態的「值」。為了說明這一點，讓我們考慮一下「狀態 s_0」可以選用的「行動」；這裡有三個可能的選擇。

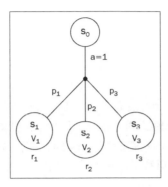

圖 5.4：在隨機情境下，一個狀態轉移的例子

這裡的一個「行動」可能以不同的機率轉到三種不同「狀態」：有 p_1 的機率它會停在「狀態 s_1」，有 p_2 的機率它會停在「狀態 s_2」，有 p_3 的機率它會停在「狀態 s_3」，（當然，$p_1 + p_2 + p_3 = 1$）。每個目標「狀態」都有自己的「獎勵」（r_1、r_2 或 r_3）。要計算選用「行動 1」之後的預期值，我們需要將所有「值」相加，乘以它們的機率：

$$V_0(a = 1) = p_1(r_1 + \gamma V_1) + p_2(r_2 + \gamma V_2) + p_3(r_3 + \gamma V_3)$$

或是更正式的寫法，

$$V_0(a) = \mathbb{E}_{s \sim S}[r_{s,a} + \gamma V_s] = \sum_{s \in S} p_{a,0 \to s}(r_{s,a} + \gamma V_s)$$

對於「明確性案例」而言，透過結合「貝爾曼方程式」，以「隨機行動」的「值」，我們可以得到一個通用的**「貝爾曼最佳化方程式」**（Bellman optimality equation）：

$$V_0 = \max_{a \in A} \mathbb{E}_{s \sim S}[r_{s,a} + \gamma V_s] = \max_{a \in A} \sum_{s \in S} p_{a,0 \to s}(r_{s,a} + \gamma V_s)$$

（**請注意**，$p_{a,i \to j}$ 表示「行動 a」從「狀態 i」到「狀態 j」的機率。）

這解釋起來仍然是相同的：最佳的「狀態值」等於「行動」，這給我們最大的「可能立即期望獎勵」，加上「下一個狀態的長期折扣獎勵」。您可能還注意到這是一個遞迴定義：「狀態值」是藉由立即可達到的「狀態」來定義的。

這種遞迴定義可能看起來像在作弊：我們定義了一些「值」，而且假裝我們已經知道它。然而，這是電腦科學中非常強大也很常用的技術，甚至在數學中也是如此（數學歸納法的證明是也是基於相同的技巧）。這個「貝爾曼方程式」不僅是「強化學習」的基礎，更是一般「動態規劃」（dynamic programming）的基礎，而「動態規劃」是解決最佳化問題的一個常用的方法。

這些「值」不僅為我們提供了最好的獎勵，它們基本上也為我們提供了獲得「獎勵」的「最佳策略」：如果我們的「代理人」知道每一個「狀態值」，那麼它會自動地知道該如何收集所有這些「獎勵」。這都要感謝「**貝爾曼最佳化方程式**」的證明，在每個「代理人」進入的「狀態」，都需要選擇具有「最大期望獎勵」的「行動」，也就是「即時獎勵」和「一時步折扣的長期獎勵」的**總和**的「行動」。就是這樣而已。所以這些「值」的確很有用。在我們熟悉它們的實際計算方法之前，我們需要介紹更多的數學符號。雖然它們不像「值」那麼重要，但為了方便起見，我們還是需要說明它們。

行動值

為了讓我們的日子稍微輕鬆一些，除了「狀態值」V_s 以外，我們還可以定義不同的資料量：「**行動值**」（value of action）$Q_{s,a}$。基本上，它就等於我們在「狀態 s」上執行「行動 a」可以獲得的「總獎勵」，並且可以經由 V_s 來定義。作為一個比 V_s 更不基本的實體，這個「資料量」替這整個系列的學習方法取了一個名字，稱之為「**Q 學習**」（Q-learning），在實作的時候，用這個名字來溝通會更方便一些。在這些方法當中，我們的主要目標是為成對的「狀態」和「行動」計算「Q 值」。

$$Q_{s,a} = \mathbb{E}_{s' \sim S}[r_{s,a} + \gamma V_{s'}] = \sum_{s' \in S} p_{a,s \to s'}(r_{s,a} + \gamma V_{s'})$$

對於「狀態 s」和「行動 a」的 Q，就等於預期的「即時獎勵」和「目的狀態的長期折扣獎勵」。 我們也可以用 $Q_{s,a}$ 來定義 V_s：

$$V_s = \max_{a \in A} Q_{s,a}$$

這只意味著某個「狀態值」會等於我們可以從該「狀態」選用的最大「行動值」。它可能看起來非常接近「狀態值」，但仍然存在一些差異，這一點很重要。最後，我們可以用遞迴方式來表示 $Q(s, a)$，這個表示法會在下一章的「Q 學習」小節中使用：

$$Q(s,a) = r_{s,a} + \gamma \max_{a' \in A} Q(s',a')$$

為了給您提供一個具體的例子，讓我們使用一個類似於 FrozenLake 的「環境」，但它的結構要簡單許多：我們有一個「初始狀態」s_0，它被四個「目標狀態」包圍，s_1，s_2，s_3，s_4，各有不同的獎勵。

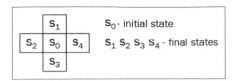

圖 5.5：一個簡化的類網格環境

每個「行動」的機率都與 FrozenLake 相同：有 33% 的機率，我們的「代理人」會向原本計畫的方向移動，但是有 33% 的機率，我們的「代理人」會朝預期移動方向的左邊滑動，有 33% 的機率，我們的「代理人」會朝右邊滑動。為了簡單起見，我們將「折扣因子」設為 1（gamma = 1）。

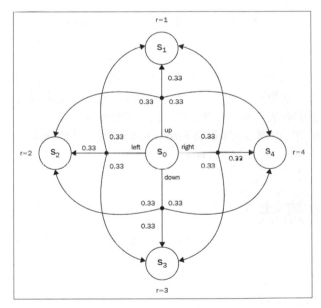

圖 5.6：網格環境的轉移圖

讓我們計算一下開始的「行動」的價值。「終止狀態」$s_1 \dots s_4$ 沒有「離去連結」（outbound connections），因此對於所有「行動」，這些「狀態」的「Q 值」都為零。因為這樣，「終止狀態」的「值」就等於它們的「即時獎勵」（一旦我們到達那裡，我們這「回合」就結束了，且沒有任何後續「狀態」）：$V_1 = 1$，$V_2 = 2$，$V_3 = 3$，$V_4 = 4$。

「狀態 s_0」的「行動值」有點複雜。讓我們由「向上移動」開始吧。根據定義，它的「值」等於「即時獎勵」加上「後續步驟的值」。由於「向上移動」之後沒有可能的後續步驟，因此：

$$Q(s_0, up) = 0.33 \cdot V_1 + 0.33 \cdot V_2 + 0.33 \cdot V_4 = 0.33 \cdot 1 + 0.33 \cdot 2 + 0.33 \cdot 4 = 2.31$$

對於 s_0 其餘可能的「行動」重複這個計算，可以得到以下結果：

$$Q(s_0, left) = 0.33 \cdot V_1 + 0.33 \cdot V_2 + 0.33 \cdot V_3 = 1.98$$

$$Q(s_0, right) = 0.33 \cdot V_4 + 0.33 \cdot V_1 + 0.33 \cdot V_3 = 2.64$$

$$Q(s_0, down) = 0.33 \cdot V_3 + 0.33 \cdot V_2 + 0.33 \cdot V_4 = 2.97$$

「狀態 s_0」的最終「值」就是這些計算的最大值，也就是 **2.97**。

「Q 值」在實作上更加方便，對於「代理人」來說，使用 Q 來做出關於「行動」的決策，比使用基於「狀態值」V 來做決策要簡單許多。以 Q 來做決策選擇「行動」，「代理人」只需要使用目前狀態、計算所有「可選用行動」的 Q，並選擇具有「Q 值」最大的「行動」。若要使用「狀態值」來完成相同的事，「代理人」不僅要知道「狀態值」，還需要知道「狀態」之間的轉移機率。在實務上，我們很少能夠事先知道它們，因此「代理人」需要對成對的「行動」與「狀態」的轉移機率做估計。在本章後面的小節中，我們將分別用這兩種方式來解決 FrozenLake 環境。要能夠做到這一點，我們還有一件重要的事情要介紹：計算 V 和 Q 的一般性方法。

值迭代演算法

在我們剛剛看到的簡單範例中，為了計算「狀態值」和「行動值」，我們要檢視「環境」的結構：由於「狀態」轉移沒有循環，所以我們可以從「終止狀態」開始，計算它們的「值」，然後逐步進入中間「狀態」去計算。但是，「環境」中如果有循環的話，會造成計算上的困擾。讓我們考慮如下這個具有兩個「狀態」的循環「環境」。

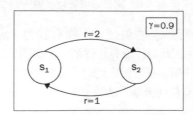

圖 5.7：「轉移圖」中具有「循環」的範例環境

我們從「狀態 s_1」開始，我們可以採用的唯一「行動」會帶我們進入「狀態 s_2」。我們會獲得「獎勵」**r = 1**，但是 s_2 只有一個可以選用的「行動」，而且它會將我們帶回到 s_1。因此，我們「代理人」的生命是無限的狀態序列：[s_1 , s_2 , s_1 , s_2 , s_1 , s_2 , s_1 , s_2 ,...]。為了處理這個無限循環，我們可以使用「折扣因子」γ = 0.9。現在的問題是，這兩個「狀態」的「狀態值」是什麼？

答案其實並不複雜。從 s_1 到 s_2 的每次轉移都給我們 **1** 的「獎勵」，每次退回 s_1 都會得到 **2** 的「獎勵」。因此，我們的獎勵序列將是：[1, 2, 1, 2, 1, 2, 1, 2, ...]。由於每個「狀態」只有一個可用的「行動」，我們的「代理人」別無選擇，因此我們可以省略公式中的「取最大操作」（因為只有一個選擇）。每個「狀態值」都會等於無限多次的加總：

$$V(s_1) = 1 + \gamma(2 + \gamma(1 + \gamma(2 + \ldots))) = \sum_{i=0}^{\infty} 1\gamma^{2i} + 2\gamma^{2i+1}$$

$$V(s_2) = 2 + \gamma(1 + \gamma(2 + \gamma(1 + \ldots))) = \sum_{i=0}^{\infty} 2\gamma^{2i} + 1\gamma^{2i+1}$$

嚴格來說，我們無法確切計算各「狀態值」，但是當 γ = **0.9** 的時候，每次轉移的「獎勵」貢獻會隨著時間的推移而迅速降低。例如，在 10 步之後，γ^{10}= **0.9**^{10}= **0.349**；在 100 步之後，它會成為 **0.0000266**。因此，我們可以不考慮 **50 次以後**的迭代，但是仍然能夠得到相當精確的估計。

```
>>> sum([0.9**(2*i) + 2*(0.9**(2*i+1)) for i in range(50)])
14.736450674121663
>>> sum([2*(0.9**(2*i)) + 0.9**(2*i+1) for i in range(50)])
15.262752483911719
```

前面的例子提供了一個「更一般問題」的解決方向，它被稱為**「值迭代演算法」**（value iteration algorithm），它允許我們用已知的「轉移機率」和「獎勵值」來計算「馬可夫決策過程」中的「狀態值」和「行動值」。這個計算過程（對於「狀態值」來說）包括以下的步驟：

1. 將所有「狀態」V_i 的「值」初始化為某個初始值（通常為零）
2. 對於每個在「馬可夫決策過程」中的「狀態」，執行「貝爾曼更新」：
   $V_s \leftarrow \max_a \sum_{s'} p_{a,s \rightarrow s'}(r_{s,a} + \gamma V_{s'})$
3. 重複**步驟 2** 很多很多次，或是直到變更「變得非常小」的時候

至於「行動值」（也就是 Q）的計算，只要修改一下前面的過程就可以了：

1. 初始化所有的 $Q_{s,a}$ 為零
2. 對於每個「狀態 s」與可以在它身上執行的「行動 a」，執行：
   $Q_{s,a} \leftarrow \sum_{s'} p_{a,s \rightarrow s'}(r_{s,a} + \gamma \max_{a'} Q_{s',a'})$
3. 重複**步驟 2**

好的，這就是它的「理論基礎」。那「實作」又是如何完成的呢？在實務上，這種方法有幾個明顯的限制。首先，我們的「狀態空間」應該是離散的，而且小到足以在所有「狀態」上執行多次迭代。這對於 **FrozenLake-4x4** 或是 **FrozenLake-8x8** 來說，都不是問題（它在 Gym 中被視為是一個更具挑戰性的版本）；但對於 **CartPole** 來說，就不是那麼清楚了，因為它並不知道該做什麼。我們對 CartPole 的「觀察」是四個浮點數值，它們代表系統的一些實體特徵。即使是這些「值」的微小差異，也可能會對「狀態值」產生重大影響。一個可能的解決方案是將我們「觀察值」離散化（discretization），例如：我們可以將 CartPole 的「觀察空間」分「箱」（bins），並將每「箱」視為空間中的單獨離散狀態。但是，這會另外產生許多實務問題，例如：「箱」應該多大（涵蓋多大的浮點數區間），以及我們需要從「環境」取得多少數據才能算出「值」。我們會在後續章節中（當我們介紹如何使用「Q 學習」中的「類神經網路」時）討論這個問題。

第二個實務問題在於，我們幾乎不可能知道「行動」和「獎勵矩陣」的轉移機率。**請注意**，Gym 提供給「代理人」的「輸出器」（writer）的介面是什麼：我們「觀察狀態」，決定一個「行動」，然後才能獲得下一個「觀察」和「轉移獎勵」。我們完全不知道（不偷看 Gym 的「環境」程式碼的話）從「狀態 s_0」以「行動 a_0」轉移到「狀態 s_1」的機率是多少。我們能取得的只是「代理人」與「環境」互動的歷史資料。然而，在**「貝爾曼更新」**中，我們需要每次轉移的「獎勵」和這個轉移的「機率」。因此，這個問題最明顯的答案是：使用我們「代理人」過去的歷史經驗做為「對未知數的估計」。獎勵可以按原來的樣子繼續使用。我們只要記住從「狀態 s_0」使用「行動 a」轉移到「狀態 s_1」的時候所得到的「獎勵」；但是要估算「機率」，我們需要維護一個由三個元素 (s_0, s_1, a) 所組成的常數串列與一個計數器，而且必須將它們做正規化。

好的，現在讓我們來看看如何套用「值迭代法」在 FrozenLake 上。

值迭代法實務

完整的程式碼範例在 Chapter05/01_frozenlake_v_learning.py 之中。這個範例中的核心資料結構如下：

- **「獎勵表」**（Reward table）：以「來源狀態」+「行動」+「目標狀態」當作複合搜尋鍵的字典。鍵對應的值是「即時獎勵」。

- **「轉移表」**（Transitions table）：儲存轉移經歷紀錄計數器的字典。以「狀態」+「行動」當作複合搜尋鍵，值是另一個字典，它將「目標狀態」對應到「我們之前見到它的次數」。例如，如果在「狀態 0」上執行了「行動 1」十次，其中三次它會將我們導引到「狀態 4」，剩餘七次會將我們導引到「狀態 5」。「轉移表」中的搜尋鍵 (0, 1) 會對應到另一個字典物件 {4: 3, 5: 7}。我們就是用這個物件來估計轉移機率。

- **「值表」**（Value table）：將「狀態」對應它之前所計算出來的「狀態值」的字典。

程式碼的整體邏輯其實很簡單：在迴圈中，我們在「環境」中隨機執行 100 步，輸入「獎勵表」和「轉移表」。完成這 100 步之後，我們對所有「狀態」執行「值迭代迴圈」，更新我們的「狀態值表」。然後我們重播幾個完整的「回合」，使用更新過的「狀態值表」來檢查我們的改進。如果這些測試「回合」的平均「獎勵」高過 **0.8** 的邊界，那麼我們就停止訓練。在「回合」測試期間，我們會用所有來自「環境」的「數據」來更新「獎勵表」和「轉移表」。

好的，讓我們來看看程式碼吧。在開始的時候，我們匯入需要的套件並定義常量：

```
import gym
import collections
from tensorboardX import SummaryWriter

ENV_NAME = "FrozenLake-v0"
GAMMA = 0.9
TEST_EPISODES = 20
```

然後我們定義 Agent 類別，它將記錄上面介紹的表，並包含我們在訓練過程中會使用到的函數：

```
class Agent:
    def __init__(self):
        self.env = gym.make(ENV_NAME)
```

```
        self.state = self.env.reset()
        self.rewards = collections.defaultdict(float)
        self.transits = collections.defaultdict(collections.Counter)
        self.values = collections.defaultdict(float)
```

在「類別」建構函數中，我們建立了我們將用於數據樣本的「環境」，取得我們的第一個「觀察」，並定義「獎勵表」、「轉移表」和「值表」。

```
    def play_n_random_steps(self, count):
        for _ in range(count):
            action = self.env.action_space.sample()
            new_state, reward, is_done, _ = self.env.step(action)
            self.rewards[(self.state, action, new_state)] = reward
            self.transits[(self.state, action)][new_state] += 1
            self.state = self.env.reset() if is_done else new_state
```

此函數用來從「環境」中收集「隨機經驗」，並更新「獎勵表」和「轉移表」。**請注意**，我們不用等待「回合」結束就可開始學習；我們只是執行 N 步，並記住它們的結果。這是「值迭代法」和「交叉熵法」之間的差異之一，「交叉熵法」只能在完整「回合」中學習。

下一個函數則使用我們的「轉移表」、「獎勵表」和「值表」來計算「狀態」中的「行動值」。計算「行動值」有兩個目的：從「狀態」中選擇接下來要執行的最佳「行動」，並在「值迭代」時計算新的「狀態值」。程式邏輯如下圖所示，我們執行以下操作：

1. 我們從「轉移表」中找出給定「狀態」和「行動」的轉換計數器（transition counters）。表中的計數器是字典物件、「目標狀態」為鍵，「過去的轉換次數」為值。我們加總計數器中的轉換次數，以便得到該「狀態」採取該「行動」的次數。稍後我們會使用「這個加總值」計算個別計數器的「機率」。

2. 然後迭代計算我們「行動」可能達到的每一個「目標狀態」，並使用「貝爾曼方程式」計算其總「行動值」的貢獻。這個貢獻也就等於「目標狀態」的「即時獎勵」加上「折扣值」。我們將此加總乘以「轉換機率」，並將計算結果加到最後的「行動值」上。

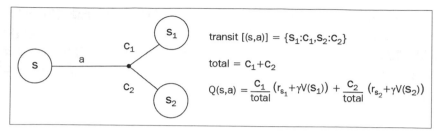

圖 5.8：「狀態值」的計算

在我們的圖表中，我們舉例說明了在「狀態 s」與「行動 a」的情況下，「值」是如何計算的。想像一下，在我們過去的經驗中，我們已經多次的執行了這個動作 (c_1+c_2)，它最後一定會停在兩個狀態，即 s_1 或 s_2 其中之一。我們轉移到這兩個狀態的次數，都儲存在我們的「轉移表」中，如 dict $\{ s_1 : c_1, s_2 : c_2 \}$。然後，「狀態 s」與「行動 a」的近似值 $Q(s, a)$，會等於每個「狀態」的機率乘以「狀態值」。從「貝爾曼方程式」來看，這相當於「即時獎勵」和「狀態的長期折扣獎勵」的**和**。

```
def calc_action_value(self, state, action):
    target_counts = self.transits[(state, action)]
    total = sum(target_counts.values())
    action_value = 0.0
    for tgt_state, count in target_counts.items():
        reward = self.rewards[(state, action, tgt_state)]
        action_value += (count / total) * (reward + GAMMA *
self.values[tgt_state])
    return action_value
```

下一個函數會使用我們剛才描述的函數，來決定給定的「狀態」中，哪一個才是最佳「行動」。它迭代環境中所有可能的「行動」，並計算每一個「行動值」。具有最大值的「行動」獲勝，並做為選取的「行動」來回傳。這個「行動選取過程」具有「**明確性**」（deterministic），因為 play_n_random_steps() 函數導入了足夠的「探索」（exploration）。因此，對於逼近這個「值」而言，我們的「代理人」表現得足夠貪婪。

```
def select_action(self, state):
    best_action, best_value = None, None
    for action in range(self.env.action_space.n):
        action_value = self.calc_action_value(state, action)
        if best_value is None or best_value < action_value:
            best_value = action_value
            best_action = action
    return best_action
```

函數 play_episode 使用 select_action 尋找要選用的最佳行動,並使用所提供的環境「播放」(plays)一整個「回合」。這個函數是用來「重播」測試回合,在這段期間,我們不想弄亂當前的狀態,它在「主環境」中用來收集隨機數據。所以,我們事實上是使用以參數傳入的「第二個環境」。程式邏輯非常簡單,您應該已經相當熟悉;在一個「回合」中,我們只是走訪「狀態」,累加「獎勵」而已:

```python
def play_episode(self, env):
    total_reward = 0.0
    state = env.reset()
    while True:
        action = self.select_action(state)
        new_state, reward, is_done, _ = env.step(action)
        self.rewards[(state, action, new_state)] = reward
        self.transits[(state, action)][new_state] += 1
        total_reward += reward
        if is_done:
            break
        state = new_state
    return total_reward
```

最後一個要介紹的 Agent 類別的方法,它實作了我們的「值迭代」;由於有了前面介紹的函數,實作這個「值迭代」函數就變得非常簡單了。我們要做的只是循環走訪「環境」中的所有「狀態」,然後對於每個「狀態」,我們計算以它為準、可以到達的「狀態」的「狀態值」,從而算出一些備選的「狀態值」。然後,我們使用「目前狀態」中的最大「行動值」,來更新「目前狀態」的「值」:

```python
def value_iteration(self):
    for state in range(self.env.observation_space.n):
        state_values = [self.calc_action_value(state, action)
                        for action in range(self.env.action_
space.n)]
        self.values[state] = max(state_values)
```

這就是我們「代理人」的所有方法,最後一部分則是關於「訓練迴圈」和「程式碼監控」:

```python
if __name__ == "__main__":
    test_env = gym.make(ENV_NAME)
    agent = Agent()
    writer = SummaryWriter(comment="-v-learning")
```

我們建立了一個用來測試的「環境」、Agent 類別物件和 TensorBoard 的摘要「輸出器」：

```
iter_no = 0
best_reward = 0.0
while True:
    iter_no += 1
    agent.play_n_random_steps(100)
    agent.value_iteration()
```

前面程式碼片段中「最後兩行」是訓練迴圈的關鍵部分。首先，我們執行 100 個隨機步驟，用新數據來填入我們的「獎勵」和「轉移表」，然後我們在所有「狀態」上執行「值迭代」。其餘程式碼使用「值表」作為我們的「策略」，來完成測試回合，然後將數據寫入 TensorBoard，追蹤最佳「平均獎勵」，並檢查訓練迴圈是否滿足終止條件。

```
reward = 0.0
for _ in range(TEST_EPISODES):
    reward += agent.play_episode(test_env)
reward /= TEST_EPISODES
writer.add_scalar("reward", reward, iter_no)
if reward > best_reward:
    print("Best reward updated %.3f -> %.3f" %
(best_reward, reward))
    best_reward = reward
if reward > 0.80:
    print("Solved in %d iterations!" % iter_no)
    break
writer.close()
```

好的，讓我們來執行我們的程式吧：

```
rl_book_samples/Chapter05$ ./01_frozenlake_v_learning.py
[2017-10-13 11:39:37,778] Making new env: FrozenLake-v0
[2017-10-13 11:39:37,988] Making new env: FrozenLake-v0
Best reward updated 0.000 -> 0.150
Best reward updated 0.150 -> 0.500
Best reward updated 0.500 -> 0.550
Best reward updated 0.550 -> 0.650
Best reward updated 0.650 -> 0.800
Best reward updated 0.800 -> 0.850
Solved in 36 iterations!
```

這個解決方案是隨機的，根據我的經驗，通常需要 12 到 100 次的迭代才能得到一個解決方案；但在所有案例中，只需要不到一秒鐘的時間，就能夠找到一個好「策略」，執行它可以解決 80% 的「環境」。如果你還記得使用「交叉熵法」需要數小時才能達到 60% 的成功率，那麼你就可以理解這是一個多麼重要的改進。效能之所以這麼好，有幾個原因。

首先，我們「行動」的隨機結果，加上「回合」的長度（平均 6 到 10 步），使得「交叉熵法」很難理解在「回合」中「做對了什麼」以及「哪一步是錯的」。「值迭代法」則不同，它能與「狀態」（或「行動」）及「行動結果的機率值」非常自然地一起工作（藉由估計機率和計算期望值）。因此，「值迭代法」相對來說簡單多了，且需要更少的「環境數據」，這在「強化學習」中被稱為**「樣本有效性」**（sample efficiency）。

第二個原因是「值迭代法」不需要完整的「回合」就可以開始學習。在極端的情況下，我們甚至可以從單一例子開始更新我們的「值」。然而，由於 FrozenLake 的「獎勵結構」（我們在成功達到「目標狀態」之後，才會獲得 1），我們仍然需要至少一個「成功回合」，才能開始從有用的「值表」中去學習；但是在更複雜的「環境」之中，這可能會很難實現。例如，你可以嘗試將「現有程式碼」切換到 FrozenLake 的加大版上，它叫做 **FrozenLake8x8-v0**。這個 FrozenLake 的加大版，可以透過 50 到 400 次的迭代來解決，根據 TensorBoard 圖表，大部分時間它是花在等待第一個「成功回合」的出現，然後就能很快地收斂。以下是包含兩條曲線的表格，橘色（左）對應於 **FrozenLake-v0**（**4x4**）訓練期間的「獎勵」，藍色（右）則是對應於 **FrozenLake8x8-v0** 的「獎勵」：

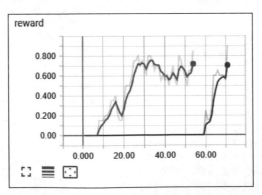

圖 5.9：FrozenLake 4x4 與 8x8 的收斂圖

現在是時候將「學習狀態值的程式碼」，也就是我們剛才討論的程式碼，與「學習行動值的程式碼」來做比較了。

FrozenLake 的 Q 學習

完整的程式碼在 Chapter05/02_frozenlake_q_learning.py 之中，跟之前的程式碼幾乎沒有不同。最明顯的差異是我們的「值表」。在前面的範例中，我們儲存的是「狀態值表」，因此字典中的「搜尋鍵」是「狀態」。但是現在我們需要儲存的是「Q 函數的值」，它有兩個參數：「狀態」和「行動」，所以現在「值表」中的「搜尋鍵」是一個「複合搜尋鍵」。

第二個差別在於我們的 calc_action_value 函數。現在我們不再需要它了，因為我們的「行動值」儲存在「值表」中（或「行動值表」中）。最後，程式碼中最重要的修改是「代理人」的 value_iteration 方法。之前，它只是 calc_action_value 叫用的一個「包裝器」，它完成了「貝爾曼近似」的工作。現在，這個函數不再存在，並被「行動值表」替代，我們只需要在 value_iteration 方法中完成這個近似工作。

讓我們來看看程式碼吧。因為它跟之前的程式片段幾乎完全相同，我將可以直接跳到最有趣的地方，即 value_iteration 函數：

```
def value_iteration(self):
    for state in range(self.env.observation_space.n):
        for action in range(self.env.action_space.n):
            action_value = 0.0
            target_counts = self.transits[(state, action)]
            total = sum(target_counts.values())
            for tgt_state, count in target_counts.items():
                reward = self.rewards[(state, action,
tgt_state)]
                best_action = self.select_action(tgt_state)
                action_value += (count / total) * (reward +
GAMMA * self.values[(tgt_state, best_action)])
            self.values[(state, action)] = action_value
```

程式碼與前一個範例中的 calc_action_value 非常相似，事實上它幾乎完全相同。對於給定的「狀態和行動」，它需要使用透過此「行動」所達到的「目標狀態」的統計資訊，用這些統計資訊來計算這個「行動值」。我們利用計數器並套用「貝爾曼方程式」來計算這個值，它能幫我們算出「目標狀態」機率的近似值。然而在「貝爾曼方程式」中，我們得到的是「狀態值」而非「行動值」，所以現在我們需要以不同的方式計算它。之前我們是將它儲存在「狀態值表」中（因為我們逼近出來的是「狀態值」），所以從這個表中將它取出來使用。我們現在不能這樣做了，必須叫用 select_action 方法，它會為我們選出具有最大「Q 值」的行動，然後將這個「Q 值」作為「目標狀態」

的「值」。當然,我們可以另外實作一個幫我們計算「狀態值」的函數,但是 select_
action 幾乎可以完成所有我們需要的操作,所以我們就在這裡重用(reuse)它。

另外我想在這裡特別強調一下「這個例子之中的另一個部分」。讓我們來看看 select_
action 方法:

```python
def select_action(self, state):
    best_action, best_value = None, None
    for action in range(self.env.action_space.n):
        action_value = self.values[(state, action)]
        if best_value is None or best_value < action_value:
            best_value = action_value
            best_action = action
    return best_action
```

正如我所言,我們不再使用 calc_action_value 方法,因此,為了選擇「行動」,我們
走訪了所有「行動」,並在「值表」中搜尋它們的值。這看起來可能只是一個小改進,
但是如果你考慮我們在 calc_action_value 中所使用的數據,您就能明白為什麼「**Q 函
數學習**」在「強化學習」中會比「V 函數學習」更受歡迎。

我們的 calc_action_value 函數使用「獎勵」和「機率」的資訊。對於「值迭代法」
來說,這不是一個大問題,它在訓練期間依賴於這些資訊。但是在下一章中,我們會學
習「值迭代法」的擴充,它不需要機率近似,而是從「環境樣本」中取得。對於這樣的
一個方法,這種對機率的依賴性給「代理人」增加了額外的負擔。在「Q 學習」的情況
下,「代理人」只需要用「Q 值」就可以做出決定。

我不想說「V 函數」完全沒有用處,因為它們仍然是「行動－評論者方法」(Actor-
Critic method)中一個很重要的部分,我們將在本書的第三部分討論它。然而在「值
學習」這個領域中,Q 函數是最受歡迎的。另外,這兩個版本的收斂速度幾乎完全相同
(但是「Q 學習」版本的「值表」需要四倍的記憶體空間)。

```
rl_book_samples/Chapter05$ ./02_frozenlake_q_learning.py
[2017-10-13 12:38:56,658] Making new env: FrozenLake-v0
[2017-10-13 12:38:56,863] Making new env: FrozenLake-v0
Best reward updated 0.000 -> 0.050
Best reward updated 0.050 -> 0.200
Best reward updated 0.200 -> 0.350
Best reward updated 0.350 -> 0.700
Best reward updated 0.700 -> 0.750
Best reward updated 0.750 -> 0.850
Solved in 22 iterations!
```

小結

恭喜你，你又朝著理解最現代、最先進的「強化學習方法」邁進了一步！我們學習了一些在「深度強化學習」中，非常重要而且被廣泛使用的觀念：「狀態值」、「行動值」，以及各種形式的「貝爾曼方程式」。我們也學習了「值迭代法」，它是「Q學習」領域中非常重要的組成元件。最後，我們理解了「值迭代」如何改進我們的 FrozenLake 解決方案。

在下一章中，我們將學習「深度 Q 網路」（deep Q-networks），它們從 2013 年起，在大量的 Atari 2600 遊戲上擊敗了人類，開啟了「深度強化學習」革命的大門。

6

深度Q網路

在前一章中，我們學習了「貝爾曼方程式」以及它實務上的應用，即「值迭代」。這種方法能夠顯著提高我們在 FrozenLake 環境中的「計算速度」和「收斂性」；這看起來是一個非常有潛力的方法，但是我們可以做得更好嗎？

在本章中，我們將嘗試將相同的理論應用在「更複雜的問題」上面：Atari 2600 遊戲機台的遊戲，這是「強化學習」研究社群實務上的測試基準。為了處理這個更具挑戰性的新目標，我們將討論「值迭代法」的問題，並介紹它的一種變形，其被稱作「**Q 學習**」（Q-learning）。我們將會特別研究「Q 學習」在所謂的「**網格世界**環境」中的一種應用，即「**表格 Q 學習**」（tabular Q-learning）；然後我們會討論「類神經網路」與「Q 學習」的組合。這個組合就被稱為 **DQN（深度 Q 網路，Deep Q Network）**。在本章的最後，我們將重新實作 DQN 演算法，它來自 V. Mnih 等人在 2013 年出版的的著名論文《Play Atari with Deep Reinforcement Learning》；DQN 開創了「強化學習」新的一頁。

即時值迭代演算法

在 FrozenLake 的環境中，從「交叉熵法」切換到「值迭代法」可以獲得令人振奮的改進，這樣的結果讓我們非常想將「值迭代法」應用於更具挑戰性的問題。但是，首先讓我們看看「值迭代法」的假設和限制。

首先，我們快速地回顧一下「值迭代法」。「值迭代法」的每個步驟都會以迴圈來對所有「狀態」做處理，而對於每個「狀態」，它使用「貝爾曼方程式」的近似值來做「值」的更新。套用「Q 值」（也就是「行動值」），在處理程序上幾乎是一樣的（一

個相同的方法），只是我們對每一個「狀態」和「行動」都計算出「近似值」，並將它們記錄起來。那麼，這個過程有什麼問題？

第一個很明顯的問題是：環境中「狀態」的個數和我們迭代它們的能力。在「值迭代法」中，我們的假設是我們事先知道「環境」中所有的「狀態」，可以迭代它們，且可以儲存與「狀態」相關的近似值。對 FrozenLake 這樣一個簡單的「網格世界環境」來說，這絕對是一個正確、合理的假設，但是其他的工作呢？首先，讓我們試著來理解「值迭代法」的可擴充性，換句話說，即我們在每個迴圈中可以輕鬆地迭代多少個「狀態」。即使是中階的電腦也可以在主記憶體中儲存數十億個浮點數（32 GB 主記憶體中可以儲存 85 億個），因此「值表」所需要的記憶體空間看起來並不是一個很重要的限制因素。對數十億個「狀態」和「行動」的迭代會需要更多的主記憶體，但這並非一個無法克服的問題。

如今我們所擁有的多核心系統電腦，計算資源在大多數的時間都是閒置狀態。真正的問題是：要得到「狀態轉換的良好近似值」，到底需要多少樣本數。想像一下，你有一些環境，包含十億個「狀態」（這相當於一個網格大小為 31600 × 31600 的 FrozenLake）。為了計算這個「環境」的每個「狀態」的粗略近似值，我們需要在「狀態」上均勻分佈數千億個轉換，這是不切實際的。

為了舉例說明具有更多潛在「狀態」的「環境」，讓我們再次考慮 Atari 2600 遊戲機台。它是 20 世紀 80 年代非常流行的機器，且上面有許多街機風格的遊戲。依照今天電動玩具的標準來，Atari 主控台絕對是過時的；但這個機台上的遊戲，是一系列極好的「強化學習」問題；人類可以很快掌握這些遊戲，但是對電腦來說，仍然相當具有挑戰性。毫無意外，這個平台（當然是指模擬器，不是真的實體機器）是「強化學習」研究中非常受歡迎的基準。

讓我們先計算一下 Atari 平台的「狀態空間」吧。螢幕的解析度為 210 x 160 像素，每個像素具有 128 種顏色。因此，每一幀螢幕截圖都有 210 × 160 = 33600 個像素，所有可能的不同螢幕截圖總數為 128^{33600}，略大於 10^{70802}。如果我們決定列舉 Atari 所有可能的「狀態」**一次**，就算以「最快的超級電腦」來做，也要億萬年甚至更多的時間才能夠完成。而且當我們在列舉這些「狀態」的時候，其中 99(.9)% 的工作都是在浪費時間；因為即使在長時間的遊戲過程中，大多數的組合也永遠不會出現，所以其實我們永遠都不會有這些「狀態」的樣本。但是，「值迭代法」會希望迭代它們，**以防萬一**。

「值迭代法」的另一個問題是：它限制我們的「動作空間」一定是離散的。實際上，*Q(s, a)* 和 *V(s)* 近似都假設我們的「行動」是**互斥的**離散集合；這個假設對於「連續控制問題」來說當然不成立，其中的「行動」可以表示「連續變數」，例如：方向盤的角度、洩壓閥的力道或是暖爐的溫度。這種問題比「前一類的問題」更具挑戰性；我們將在本書的最後一個部分，即討論「連續行動空間」問題的章節中，專門說明它。現在，讓我們假設我們有一個「離散的行動空間」，「行動」的數目不是很大（數十個）。那我們應該如何處理「**狀態空間太大**」的問題呢？

表格 Q 學習

首先，我們真的需要迭代「狀態空間」中的每一個「狀態」嗎？我們手邊有一個可以當作真實「狀態樣本」的來源「環境」，而如果「環境」從來沒有提供「狀態空間」中的某些「狀態」給我們，那我們為什麼要關心它們的「值」呢？我們可以只使用那些「環境」會提供的「狀態」來做「狀態值」的更新，這樣就可以省去大量沒有必要的工作。

如前所述，對「值迭代法」的這種修改就稱之為「**Q 學習**」（Q-learning），對於明顯具有「狀態值」的情況，對應的步驟如下：

1. 從「空表格」開始，將「狀態」對應到「行動值」。
2. 透過與「環境」的互動，取得常數串列 *s, a, r, s′*（「狀態」、「行動」、「獎勵」和「新狀態」）。在這個步驟中，我們需要決定採用哪一個「行動」，而且並沒有一個絕對正確的方法可以幫我們做出這個決定。我們之前討論過這個問題，也就是「**探索**」（explore）與「**運用**」（exploit），後面的章節還會再次討論這個問題。
3. 使用「貝爾曼近似」來更新 *Q(s, a)* 的「值」：$Q_{s,a} \leftarrow r + \gamma \max_{a' \in A} Q_{s',a'}$
4. 重複**步驟 2**

與「值迭代法」一樣，結束條件多半是看「更新值」是否超過某個門檻，或者我們可以用「測試回合」來估計「策略」的「預期獎勵」。這裡要注意的另一件事是：**如何更新「Q 值」**。當我們從「環境」中提取樣本的時候，在現有的「值」上面設定「新值」通常不是一個好主意，因為訓練可能會變得很不穩定。在實務上常見的做法是使用「混合技術」，以近似值來更新 *Q(s, a)*；「混合技術」使用介於 0 與 1 的「學習速率」 α，將新、舊的「Q 值」平均之後來做更新：

$$Q_{s,a} \leftarrow (1-\alpha)Q_{s,a} + \alpha(r + \gamma \max_{a' \in A} Q_{s',a'})$$

即使我們的「環境」有雜訊，「混合技術」也能讓「Q 值」平滑地收斂。演算法的最終版本如下：

1. 從 $Q(s, a)$ 的「空表格」開始。
2. 從「環境」取得 (s, a, r, s')。
3. 完成「貝爾曼」更新：$Q_{s,a} \leftarrow (1 - \alpha)Q_{s,a} + \alpha(r + \gamma \max_{a' \in A} Q_{s',a'})$
4. 檢查收斂條件是否滿足。若**否**，重複**步驟 2**。

如前所述，這種方法被稱為「**表格 Q 學習**」，因為我們記錄了一個包含「狀態」及其「Q 值」的表格。現在讓我們在 FrozenLake 環境中測試一下吧。完整的範例程式碼在 Chapter06/01_frozenlake_q_learning.py 之中。

```python
import gym
import collections
from tensorboardX import SummaryWriter

ENV_NAME = "FrozenLake-v0"
GAMMA = 0.9
ALPHA = 0.2
TEST_EPISODES = 20

class Agent:
    def __init__(self):
        self.env = gym.make(ENV_NAME)
        self.state = self.env.reset()
        self.values = collections.defaultdict(float)
```

首先，我們匯入套件並定義常數。這裡有定義一個新的常數 α，它是「值」更新過程中的「**學習速率**」（learning rate）。類別 Agent 的初始化現在就變得更簡單了，因為我們不再需要追蹤「獎勵」和「轉移次數」的歷史資料，只需要追蹤我們的「值表」就可以了。這使得我們「記憶體空間的需求量」大幅度地縮小，雖然這對 FrozenLake 來說不是一個大問題，但對於更大的「環境」來說，可能是至關重要的。

```python
    def sample_env(self):
        action = self.env.action_space.sample()
        old_state = self.state
        new_state, reward, is_done, _ = self.env.step(action)
        self.state = self.env.reset() if is_done else new_state
        return (old_state, action, reward, new_state)
```

上述方法用來取得「環境」的下一個轉移。我們從「行動空間」中隨機採樣行動，並回傳「舊狀態」、所選用的「行動」、獲得的「獎勵」及「新狀態」所組成的常數串列。常數串列將在稍後的訓練過程中使用。

```
def best_value_and_action(self, state):
    best_value, best_action = None, None
    for action in range(self.env.action_space.n):
        action_value = self.values[(state, action)]
        if best_value is None or best_value < action_value:
            best_value = action_value
            best_action = action
    return best_value, best_action
```

下一個方法會接收「環境」的「狀態」，並在表格中找出這個「狀態」的「擁有最大值的行動」來使用。如果成對的「狀態，行動」沒有相對應的「值」，那麼我們可以將它視為「零」。此方法會被用兩次：第一次是在測試方法中，會使用我們目前的「值表」執行一個「回合」（用來評估我們「策略」的品質）；第二次則是在執行「值更新」函數時，以便取得下一個「狀態值」。

```
def value_update(self, s, a, r, next_s):
    best_v, _ = self.best_value_and_action(next_s)
    new_val = r + GAMMA * best_v
    old_val = self.values[(s, a)]
    self.values[(s, a)] = old_val * (1-ALPHA) + new_val * ALPHA
```

這裡我們使用「環境」中的一步，來更新我們的「值表」。為了完成這個工作，必須要為「狀態 s」和「行動 a」計算「**貝爾曼近似值**」，也就是「即時獎勵」和「下一個時步的折扣獎勵」的**和**。然後我們拿前一對「狀態，行動」的「值」，套用「學習速率」，將這兩個「值」混合在一起（使用前面說明的「混合技術」）。計算出來的結果就是「狀態 s，行動 a」新的近似值，然後將它儲存在我們的表格中。

```
def play_episode(self, env):
    total_reward = 0.0
    state = env.reset()
    while True:
        _, action = self.best_value_and_action(state)
        new_state, reward, is_done, _ = env.step(action)
        total_reward += reward
        if is_done:
            break
        state = new_state
    return total_reward
```

我們 Agent 類別中的最後一個方法，會使用所提供的「測試環境」，來執行一個完整的「回合」。每個步驟的「行動」都使用我們當前的「Q 值表格」。此方法被用來評估我們當前的「策略」，以檢查學習進程。**請注意**，這個方法不會更改我們的「值表」：這個方法僅會使用「值表」來搜尋要選用的最佳「行動」。

範例其餘的部分是訓練迴圈，它與前一章中的範例非常類似：先建立一個「測試環境」、「代理人」和「摘要輸出器」，然後在迴圈中，我們會在「環境」裡面執行一步，並用取得的數據執行「值更新」。我們會執行幾個測試數據集，來測試我們當前的「策略」。如果得到了夠好的「獎勵」，那就停止訓練。

```python
if __name__ == "__main__":
    test_env = gym.make(ENV_NAME)
    agent = Agent()
    writer = SummaryWriter(comment="-q-learning")

    iter_no = 0
    best_reward = 0.0
    while True:
        iter_no += 1
        s, a, r, next_s = agent.sample_env()
        agent.value_update(s, a, r, next_s)

        reward = 0.0
        for _ in range(TEST_EPISODES):
            reward += agent.play_episode(test_env)
        reward /= TEST_EPISODES
        writer.add_scalar("reward", reward, iter_no)
        if reward > best_reward:
            print("Best reward updated %.3f -> %.3f" %
(best_reward, reward))
            best_reward = reward
        if reward > 0.80:
            print("Solved in %d iterations!" % iter_no)
            break
    writer.close()
```

這個範例的執行結果如下所示：

```
rl_book_samples/Chapter06$ ./01_frozenlake_q_learning.py
[2017-10-20 14:21:23,459] Making new env: FrozenLake-v0
[2017-10-20 14:21:23,682] Making new env: FrozenLake-v0
Best reward updated 0.000 -> 0.200
Best reward updated 0.200 -> 0.250
Best reward updated 0.250 -> 0.350
Best reward updated 0.350 -> 0.400
```

```
Best reward updated 0.400 -> 0.500
Best reward updated 0.500 -> 0.750
Best reward updated 0.750 -> 0.800
Best reward updated 0.800 -> 0.850
Solved in 1860 iterations!
```

您可能已經注意到，與前一章中的「值迭代法」相比，這個版本使用了「更多的迭代」才能解決問題。原因是我們不再使用測試期間所取得的經驗。（在 Chapter05/02_ frozenlake_q_iteration.py 中，週期性測試只會更新「Q 值表」的統計資訊。這裡我們不會在測試期間更動「Q 值」，因為更新會在「環境」得到解決之前，引發更多次的迭代。）整體而言，需求的樣本總量（從「環境」取得）幾乎是相同的。TensorBoard 中的「獎勵圖表」顯示了良好的訓練動態，這與「值迭代法」非常相似。

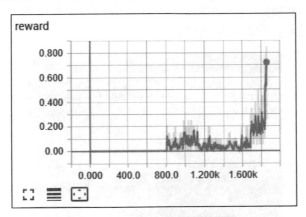

圖 6.1：FrozenLake 的獎勵動態

深度 Q 學習

我們剛剛看到了如何以「Q 學習法」走訪整個狀態集，就算是問題中「可觀察狀態集」的數量非常大的時候，仍然可以被解決。例如，Atari 遊戲可以有各種不同的螢幕，因此如果我們決定使用原始像素作為單獨的「狀態」，很快我們就會發現，我們有太多的「狀態」需要追蹤、太多的「狀態值」需要近似。

然而在某些「環境」中，不同「可觀察狀態」的個數幾乎是無限的。例如，在 CartPole 環境中，它給我們的「狀態」是四個浮點數。「值」組合的個數是有限的（它們以「位元」來表示），但是組合的個數的確可能會非常的大。我們可以建立一些「箱」來離散地處理這些「值」，但是這樣通常會產生（比直接處理它們）更多的問題：我們需要先

確定參數的「哪些值域範圍」對於區分不同的「狀態」是重要的，以及「哪些值域範圍」可以聚集在同一個「箱子」中。

在 Atari 的情境下，單一像素的變化沒有什麼太大的區別，因此一個較有效率的做法是：將「只有一個像素」的「不同的兩張螢幕截圖」視為同一個「狀態」。但是即使如此，我們仍然需要區分許多「狀態」。下圖顯示了乒乓遊戲（Pong）中的兩種不同情況。我們控制乒乓球拍來對抗 AI 對手（我們是**右側**的綠色球拍，而對手是**左側**的淺棕色球拍）。比賽的目的是讓乒乓球越過我們對手的球拍（贏球），同時防止球越過我們的球拍（輸球）。下面兩張圖的情況可以被視為是「完全不同的情況」：在**右圖**的情況下，球很接近對手，所以我們可以放輕鬆一點和仔細觀察。然而，**左圖**的情況就比較令人緊張了：假設球是從左向右移動，這表示乒乓球是朝我們這邊的方向移動，我們要快速移動我們的球拍，避免輸掉一分。下面的情況只是 10^{70802} 可能情況之中的兩種，而且我們希望我們的「代理人」能以不同的方式對下圖採取「行動」。

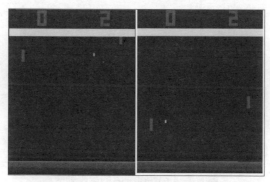

圖 6.2：Pong 遊戲中令人混淆的觀察

做為這個問題的解決方案，我們可以使用將「狀態，行動」對應到「值」的非線性表示法。在「機器學習」中，這被稱為**迴歸問題**（regression problem）。「實際的表示法」與「表示法的訓練法」可能有所不同，但是，正如您可能已經從本節的標題猜到的那樣，使用「深度類神經網路」是目前最受歡迎的選項之一，尤其當「正在處理的觀察」是以「螢幕影像截圖」來表示的時候。考慮到這一點，讓我們對「Q 學習演算法」略做修改：

1. 以某個「初始近似值」初始化 $Q(s, a)$

2. 透過與「環境」的互動，取得常數串列：(s, a, r, s')

3. 如果「回合」結束的話，計算「損失」：$\mathcal{L} = (Q_{s,a} - r)^2$；
   不然的話：$\mathcal{L} = (Q_{s,a} - (r + \gamma \max_{a' \in A} \hat{Q}_{s',a'}))^2$

4. 使用「**隨機梯度下降法**」（stochastic gradient descent，SGD），以相對於模型參數的「最小損失」來更新 *Q(s, a)*

5. 重複**步驟 2** 直到收斂為止

前面的演算法看起來很簡單，但不幸的是，它不會正常地工作。讓我們來討論它可能會出現的問題。

與環境的互動

首先，我們需要以某種方式與「環境」進行互動，以便接收「要訓練的數據」。在簡單的環境中，例如：FrozenLake，我們可以隨機行動，但這真的是最好的「策略」嗎？想像一下乒乓遊戲。隨機移動球拍能夠獲勝的機率是多少呢？它不是零，但也是非常非常低，而且我們需要等很長一段時間，才會遇到一次這種罕見的獲勝情況。我們可以使用我們的「Q 函數近似」當作行為的來源，作為一個替代方案（正如我們之前所做的那樣，在「值迭代法」中，會記住在測試期間的經驗）。

如果我們的 Q 是以一種很好的方式來呈現，那麼我們從「環境」中所獲得的經驗，就能讓「代理人」以相關的資料來進行訓練。但是，當我們的「近似值」不是那麼完美的時候（例如，在一開始訓練的時候），我們就會遇到麻煩。在這種情況下，我們的「代理人」在某些「狀態」下，可能會被困在「錯誤行動」之中，而不會嘗試以不同的方式來回應。在「第 1 章」中，簡要提到了這種「探索／運用問題」的困境。一方面，我們的「代理人」需要「探索環境」，以便建立完整「狀態轉移」和「某行動會得到什麼結果」的資訊。另一方面，我們應該有效地運用與「環境」的互動：我們不應該浪費時間隨機嘗試，也不該浪費時間在那些我們已經嘗試過而且已經知道結果的「行動」。正如之前您所看到的，當訓練一開始，「Q 近似值」很差的時候，隨機行為通常會得到很好的結果，因為它提供關於「環境狀態」一個更為均勻的分佈。隨著不斷地訓練，隨機行為就會變得沒有效率，這時候我們就會希望回到使用「Q 近似值」來決定該如何「行動」。

執行混合這種兩種極端行為的方法，就被稱為「**小值－貪婪法**」（epsilon-greedy method），它僅僅表示會在「使用隨機」和「使用機率超參數 ε 的 Q 策略」之間做切換。透過改變 ε 的值，我們叫以設定選擇「隨機行動」的比率。一般的做法是從 ε = 1.0（100% 隨機行動）開始，然後再慢慢地將它降低到某個很小的值，例如：5% 或 2% 的隨機動作。使用「**小值－貪婪法**」有助於在一開始的時候「探索環境」，並在訓練結束的時候，可以得到一個很好的「策略」。「探索／運用問題」還有其他的解決方案，我

們將在本書的第三部分中討論它們。這個問題是「強化學習」中,一個非常基本、還沒有被完全解決的問題,仍然是一個學術圈中非常活躍的研究主題。

SGD 最佳化

「Q 學習演算法」的核心是借用了「監督式學習」的精神。事實上,我們是用「類神經網路」來逼近複雜的非線性函數 $Q(s, a)$。我們是使用「貝爾曼方程式」來完成這個函數的計算,然後假設我們手上有的是一個「監督式學習」問題。這樣做沒有什麼太大的問題,但是「SGD 最佳化」(隨機梯度下降法最佳化)的其中一個基本要求是:訓練數據必須是「**獨立且同分佈**」(independent and identically distributed,通常縮寫為 **i.i.d.**)。

但是以我們的情況而言,「用來做 SGD 更新的數據」並不滿足以下的標準:

1. 我們的樣本不是獨立的。即使我們累積了大量的數據樣本,它們仍然會非常地接近,因為它們屬於同一個「回合」。
2. 我們「訓練數據」的分佈與「我們想要學習的最佳策略」所產生的樣本分佈是不同的。我們有的數據是其他「策略」產生出來的結果(「我們目前的策略」、「隨機產生」,或者是混用兩個策略的「小值-貪婪法」);但是我們並不想學如何隨機玩:我們想要一個可以得到最大獎勵的「最佳策略」。

為了解決這個問題,我們通常是用一個很大的「經驗緩衝區」,從中取得訓練數據,而不是使用我們眼前最新的經驗。此方法稱為「**重播緩衝區法**」(**replay buffer**)。最簡單的實作方式是產生一個固定大小的緩衝區,將「新的數據」加到緩衝區的最後,而「最久遠之前的經驗」則會被推出緩衝區。「重播緩衝區法」允許我們用(或多或少)算是獨立、但仍然足夠新鮮的數據來做訓練,這樣一來,就可以使用「目前策略」所產生的數據來做訓練。

步驟之間的相關性

預設訓練過程中的另一個實務問題,也與我們數據中缺少「獨立且同分佈」的性質有關,但方式略有不同。「貝爾曼方程式」以 $Q(s', a')$ 向我們提供 $Q(s, a)$ 的「值」,在統計上,這個方法稱為「**自助抽樣法**」(bootstrapping)。然而,兩個「狀態」s 和 s' 之間,僅有一步之遙。它們事實上非常類似,「類神經網路」很難區分它們。為了使 $Q(s, a)$ 更接近期望的結果,當我們更新網路參數的時候,可以(間接地)改變 $Q(s', a')$ 和附

近其他「狀態」所產生的值。這有可能會讓我們的訓練過程變得非常不穩定，像是追著我們自己的尾巴在跑一樣：當更新「狀態 s」的 Q 之後，然後在隨後的狀態，我們發現 $Q(s', a')$ 其實更糟糕，但嘗試更新它會破壞我們的 $Q(s, a)$ 近似…等等。

有一種名為「**目標網路**」（target network）的技巧可以讓訓練過程更加穩定：我們可以記錄網路的副本，並將它用於計算「貝爾曼方程」中的 $Q(s', a')$ 值。這個網路副本會定期與我們的主網路做同步，例如：N 個步驟之後同步一次（而「超參數」N 通常是一個相當大的值，例如：1 千或 1 萬次訓練迭代之後才同步一次）。

馬可夫性質

「強化學習法」使用「馬可夫決策過程」的形式做為基礎，假設「環境」遵守「馬可夫屬性」：從「環境」中得到的「獎勵」就足夠決定「最佳行動」（換句話說，我們的「獎勵」足以將「狀態」彼此區分開來）。正如我們在前面的乒乓遊戲截圖中所看到的那樣，來自 Atari 遊戲的單一截圖不足以提供所有重要的資訊（僅使用一個截圖，我們不知道物件的速度和方向，例如：球或是對手乒乓球拍的速度和方向）。這顯然違反了「馬可夫屬性」，而且這會將我們的一個乒乓截圖「環境」移到「**部分可觀察馬可夫決策過程**」（partially observable MDPs，**POMDP**）區域。POMDP 基本上是沒有「馬可夫屬性」的「馬可夫決策過程」，它們在實務上是非常重要的。例如，對於大多數沒辦法看到對方手牌的卡牌遊戲，遊戲的「觀察」是 POMDP，因為當前的「觀察」（你手上的牌和桌面上攤開的牌）可能對應到對方手中不同的牌。

我們不會在本書中詳細討論 POMPD，因此，現在我們將用一個小技巧將我們的「環境」拉回到「馬可夫決策過程」的領域之中。解決方案就是保留過去的幾個「觀察結果」，並將它們用來當作「狀態」。在 Atari 遊戲的情境下，我們通常會將後續的 k 張截圖堆疊起來，並將它們用作每個「狀態」的「觀察」。這能讓我們的「代理人」除去「當前狀態」的動態性，例如：獲得球的速度及其運動方向。Atari 的「經典 k 值」為 4。當然，它只是一個慣例，因為在不同的「環境」中，可能存在著更長的相依性，但對於大多數的遊戲而言，為 4 的 k 值就已經足夠了。

DQN 訓練的最終形式

研究人員發現了許多提示和技巧，能使 DQN 訓練更加穩定、更加有效，我們將在下一章中介紹它們之中最好的方法。然而，DeepMind 使用「小值－貪婪法」、「重播緩衝區法」和「目標網路」為基礎的方法，成功地在 49 個 Atari 遊戲環境中，訓練 DQN，並顯示這些方法能夠有效率地運用在複雜的環境之中。

原始的論文（沒有「目標網路」）在 2013 年底發表（《Playing Atari with Deep Reinforcement Learning》1312.5602v1，Mnih 等人合著），他們用了 7 個遊戲來進行測試。後來在 2015 年初，這篇文章的修訂版本，則包含了 49 種不同的遊戲，發表在 Nature 期刊（《Human-Level Control Through Deep Reinforcement Learning》doi：10.1038 / nature14236，Mnih 等人合著）。

前面論文中的 DQN 演算法包含以下的步驟：

1. 使用隨機加權「$\epsilon \leftarrow 1.0$」和空的「重播緩衝區」，來初始化 $Q(s, a)$ 以及 $\hat{Q}(s, a)$ 的參數

2. 以機率 ϵ，選擇一個「隨機行動 a」，否則的話：$a = \arg\max_a Q_{s,a}$

3. 在模擬器中執行「行動 a」並觀察「獎勵 r」和下一個「狀態 s'」

4. 儲存轉移資訊 (s, a, r, s') 到「重播緩衝區」

5. 從「重播緩衝區」中隨機採樣一小批的轉移樣本

6. 對於「重播緩衝區」中的每個轉移計算 y，如果「回合」在這個步驟結束的話 $y = r$，如果不是的話：$y = r + \gamma \max_{a' \in A} \hat{Q}_{s',a'}$。

7. 計算損失：$\mathcal{L} = (Q_{s,a} - y)^2$

8. 利用相對於模型參數的最小損失，使用 SGD 演算法更新 $Q(s, a)$。

9. 每隔 N 步，將加權從 Q 複製到 $\hat{Q}_t$

10. 重複**步驟 2** 直到收斂為止

讓我們現在實作它們，並嘗試來打敗一些 Atari 遊戲吧！

以 DQN 解決乒乓遊戲

在我們開始研究程式碼之前，一定要先做一些說明。現在我們的範例變得越來越具有挑戰性和複雜性，這並不令人驚訝，因為我們試圖解決的問題其複雜度也在增加。這些範例已經盡可能簡單明瞭，但有些程式碼乍看之下仍會讓人覺得難以理解。

另外需要注意的是「效能」。之前在介紹 FrozenLake 或 CartPole 範例的時候，並沒有從效能的角度來分析，這是因為它們的觀察量很小、「類神經網路參數」很少，而且在訓練迴圈中減少幾個毫秒，根本一點都不重要。但是從現在開始，情況已經不再是這樣了。在 Atari 環境中的一個「觀察」有 10 萬個值，它們必須經過縮放，轉換為浮點數，

並儲存在「重播緩衝區法」之中。訓練過程中維護這些數據的一個額外陣列副本,可能會耗費許多時間,而且這不再是幾秒鐘或幾分鐘,即使在最快的 GPU 上也可能要浪費許多小時。「類神經網路」的訓練迴圈很有可能會成為瓶頸。當然,「強化學習」模型並不像最先進的 ImageNet 模型一樣,是一個巨大的怪物,但是即使在 2015 年建立的 DQN 模型,也有超過 150 萬個參數,這對 GPU 來說亦是難以克服的。因此,長話短說:**效能很重要**,特別是當您在微調超參數的時候,需要等待的不再是單一個模型的訓練時間,而是要等數十個模型的訓練時間。

PyTorch 具有很高的表達力,因此處理程式碼的效率可能會比最佳化的 TensorFlow 圖要「低」許多,而即使表達力很高,仍然可能因為許多小地方沒有注意而降低了效能,很多地方甚至可能出錯。例如,一個簡單版本的 DQN 損失計算,它循環走訪所有「批次」的樣本,它會比平行版的程式「慢」大約兩倍。但是,維護一個「批次數據」的額外副本,就可以讓相同的程式碼慢 13 倍,這是非常重要的。

這個範例已經依據長度、邏輯結構和可重用性,分為三個如下的模組:

- Chapter06/lib/wrappers.py:這些是 Atari 環境的包裝器,主要來自 OpenAI Baselines 專案

- Chapter06/lib/dqn_model.py:這是 DQN 神經網路層,與 Nature 期刊論文中的 DeepMind DQN 具有相同的架構

- Chapter06/02_dqn_pong.py:這包含訓練迴圈、損失函數計算和「經驗重播緩衝區」的主要模組

包裝器

從資源的角度來看,要使用「強化學習」來解決 Atari 遊戲的要求非常的高。為了加快速度,我們對 Atari 平台的互動做了一些轉換(transformations),這些轉換在 DeepMind 的論文中有詳細描述。其中一些轉換僅僅會影響性能,但有些則是要解決 Atari 平台上會使學習變得冗長和不穩定的特徵。轉換通常是以各式各樣的 OpenAI Gym 包裝器來實作。

完整包裝器列表非常冗長,且一個包裝器可能會出現在不同的開源儲存庫當中。我個人最喜歡的儲存庫是名為 **baselines** 的 OpenAI 儲存庫,它包含一組用 TensorFlow 實作出來的「強化學習」方法和演算法,並曾經套用於許多受歡迎的測試基準,以便為比較方法來建立基準。該儲存庫在:https://github.com/openai/baselines;而包裝器則可以從下

面的檔案中取得：https://github.com/openai/baselines/blob/master/baselines/common/
atari_wrappers.py。

「強化學習」研究人員所使用的「Atari 轉換」完整列表包括：

- 將遊戲中角色的一生，轉換為單獨的「回合」。一般來說，一個「回合」包含從「遊戲開始」到「遊戲結束」過程，螢幕中出現的所有步驟，這可能包含了數千個遊戲步驟（「觀察」和「行動」）。通常，在街機遊戲中，玩家有許多條命，可以讓玩家多次嘗試征服這個遊戲。將角色的一生視為一個「回合」，可以將一個「完整回合」，拆分成許多「小回合」。當然，不是所有的遊戲都支援這種功能（例如：乒乓遊戲就不支援），但是對於那些有支援的「環境」，使用這些「短回合」，通常可以加快收斂速度。

- 「遊戲開始」的時候，執行隨機數目（最多 30 個）的無操作行動。應該可以幫助訓練穩定性，但是並沒有適當的解釋為什麼會有幫助。

- 每 K 步做出一個「行動」決定，其中 K 通常為 4 或是 3。在中間截圖上，簡單地重複所選的「行動」。這可以讓訓練速度顯著提升，因為使用「類神經網路」處理每一幀截圖是一項相當耗時費力的工作，而事實上，後續截圖之間的差異通常很小。

- 對最後兩幀截圖，取相同位置像素的「最大值」當作觀察。由於平台的限制，一些Atari 遊戲會有閃爍現象（Atari 上有一些角色只會出現在單一螢幕截圖上）。事實上，對於人類眼睛來說，這種閃爍速度的變化根本是不可能被看到的，但它們的存在卻可能會混淆「類神經網路」。

- 在遊戲開始時按 FIRE。某些遊戲（包括「乒乓」和「打磚塊」）會要求玩家按下FIRE 按鈕開始遊戲。理論上「類神經網路」可以學會按 FIRE，但它需要更多「回合」才能學會。因此我們直接在包裝器中按 FIRE。

- 將每幀 210 × 160 個像素的截圖（三原色圖）縮小為單色 84 × 84 個像素的截圖。這個縮放不是絕對的。例如，DeepMind 的論文是將三原色截圖，先轉換為 YCbCr 色彩表示法，再取其中的 Y 色通道，然後將整個截圖縮小為 84 × 84 像素的解析度。其他一些研究人員則是用灰階轉換，裁剪截圖中不相關的部分，然後按比例縮小。在 Baselines 儲存庫中（以及以下範例程式碼中），使用的是後者的方法。

- 將幾個（通常是四個）連續截圖堆疊在一起，為「類神經網路」提供有關遊戲物件的動態資訊。

- 將「獎勵」剪裁為「-1、0 或是 1」的值。能獲得的分數，在不同的遊戲中可能會有很大的差異。例如，在乒乓遊戲中，你漏接一球的話，你的對手只會得 1 分。然而，在像 KungFu 這樣的遊戲中，每殺死一個敵人，都會讓你得到 100 分。「獎勵

值」的這種巨大差異，使得我們的「損失」在遊戲之間有完全不同的比例；對於一組的遊戲，很難找到一個通用的「超參數」。為了解決這個問題，「獎勵」會被限制在 **[-1 ... 1]** 區間之中。

- 將「獎勵值」從無正負號 unsigned 位元組轉換成 float32 值。從模擬器取得的「螢幕截圖」會被編碼成位元組的「張量」，值域是 0 到 255，這不是「類神經網路」所期待的最佳表示法。因此，我們需要將「螢幕截圖」轉換為浮點數，並將「值域」重新調整到 **[0.0 ... 1.0]**。

在我們的乒乓遊戲範例中，我們不需要上面所介紹的全部包裝器，例如：「將角色的一生轉換為單獨的回合」或是「完成獎勵剪裁」的包裝器；因此這些包裝器不會包含在下面的範例程式碼中。但是，您應該熟悉它們，以便未來在處理其他遊戲的時候，會需要使用到它們。有時候造成 DQN 不收斂的真正問題，並不在於程式碼本身，而是因為處於一個**錯誤的包裝環境**之中。我曾經花了好幾天的時間，對不收斂問題除錯，而事實上真正的問題原因，是出在遊戲一開始的時候，沒有按 **FIRE** 按鈕！

讓我們來看一下 Chapter06/lib/wrappers.py 中所實作的各個包裝器吧：

```python
import cv2
import gym
import gym.spaces
import numpy as np
import collections


class FireResetEnv(gym.Wrapper):
    def __init__(self, env=None):
        super(FireResetEnv, self).__init__(env)
        assert env.unwrapped.get_action_meanings()[1] == 'FIRE'
        assert len(env.unwrapped.get_action_meanings()) >= 3

    def step(self, action):
        return self.env.step(action)

    def reset(self):
        self.env.reset()
        obs, _, done, _ = self.env.step(1)
        if done:
            self.env.reset()
        obs, _, done, _ = self.env.step(2)
        if done:
            self.env.reset()
        return obs
```

上面的包裝器會在它們啟動遊戲的環境中，按下 **FIRE** 按鈕。除了會按下 **FIRE** 按鈕之外，這個包裝器還會檢查某些遊戲中存在的幾個極端情境。

```python
class MaxAndSkipEnv(gym.Wrapper):
    def __init__(self, env=None, skip=4):
        """Return only every 'skip'-th frame"""
        super(MaxAndSkipEnv, self).__init__(env)
        # most recent raw observations (for max pooling across
time steps)
        self._obs_buffer = collections.deque(maxlen=2)
        self._skip = skip

    def step(self, action):
        total_reward = 0.0
        done = None
        for _ in range(self._skip):
            obs, reward, done, info = self.env.step(action)
            self._obs_buffer.append(obs)
            total_reward += reward
            if done:
                break
        max_frame = np.max(np.stack(self._obs_buffer), axis=0)
        return max_frame, total_reward, done, info

    def _reset(self):
        self._obs_buffer.clear()
        obs = self.env.reset()
        self._obs_buffer.append(obs)
        return obs
```

這個包裝器會結合 K 幀截圖間的重複行動，也會將兩幀連續截圖的像素結合起來。

```python
class ProcessFrame84(gym.ObservationWrapper):
    def __init__(self, env=None):
        super(ProcessFrame84, self).__init__(env)
        self.observation_space = gym.spaces.Box(low=0, high=255,
shape=(84, 84, 1), dtype=np.uint8)

    def observation(self, obs):
        return ProcessFrame84.process(obs)

    @staticmethod
    def process(frame):
        if frame.size == 210 * 160 * 3:
            img = np.reshape(frame, [210, 160,
3]).astype(np.float32)
        elif frame.size == 250 * 160 * 3:
```

```
            img = np.reshape(frame, [250, 160,
3]).astype(np.float32)
        else:
            assert False, "Unknown resolution."
        img = img[:, :, 0] * 0.299 + img[:, :, 1] * 0.587 + img[:,
:, 2] * 0.114
        resized_screen = cv2.resize(img, (84, 110),
interpolation=cv2.INTER_AREA)
        x_t = resized_screen[18:102, :]
        x_t = np.reshape(x_t, [84, 84, 1])
        return x_t.astype(np.uint8)
```

這個包裝器的目的是將「來自模擬器的輸入觀測值」（其一般解析度是 210 × 160 像素的 RGB 三色圖），轉換為「84 × 84 像素的灰階圖」。它包含幾項工作：首先，使用「比色灰階轉換法」（colorimetric grayscale conversion）轉成灰階圖（這個方法會比「簡單地平均三原色」更接近人類對顏色的感知），然後調整截圖大小，並裁剪掉「結果圖」的「頂部」和「底部」。

```
class BufferWrapper(gym.ObservationWrapper):
    def __init__(self, env, n_steps, dtype=np.float32):
        super(BufferWrapper, self).__init__(env)
        self.dtype = dtype
        old_space = env.observation_space
        self.observation_space =
gym.spaces.Box(old_space.low.repeat(n_steps, axis=0),
            old_space.high.repeat(n_steps, axis=0), dtype=dtype)

    def reset(self):
        self.buffer = np.zeros_like(self.observation_space.low,
dtype=self.dtype)
        return self.observation(self.env.reset())

    def observation(self, observation):
        self.buffer[:-1] = self.buffer[1:]
        self.buffer[-1] = observation
        return self.buffer
```

這個類別沿著「第一維」建立一個連續截圖幀的堆疊，並將它們作為「觀察」回傳。它的目的是讓「類神經網路」了解物件的動態，例如：乒乓遊戲中球的速度和方向，或是敵人的移動方式。這是非常重要的資訊，而且不可能從單一個螢幕截圖中取得這些資訊。

```
class ImageToPyTorch(gym.ObservationWrapper):
    def __init__(self, env):
        super(ImageToPyTorch, self).__init__(env)
```

```
        old_shape = self.observation_space.shape
        self.observation_space = gym.spaces.Box(low=0.0, high=1.0,
shape=(old_shape[-1], old_shape[0], old_shape[1]),
dtype=np.float32)

    def observation(self, observation):
        return np.moveaxis(observation, 2, 0)
```

這個簡單的包裝器會將「觀察」的形狀從 HWC 更改為 PyTorch 所需的 CHW 格式。張量輸入形狀的最後一個維度是「顏色通道」，但是 PyTorch 的卷積層假設顏色通道是在「第一個維度」。

```
class ScaledFloatFrame(gym.ObservationWrapper):
    def observation(self, obs):
        return np.array(obs).astype(np.float32) / 255.0
```

我們函式庫中的最後一個包裝器，會將「觀察數據」從「位元組」轉換為「浮點數」，並將每個像素的值縮放到 [0.0 ... 1.0] 之間。

```
def make_env(env_name):
    env = gym.make(env_name)
    env = MaxAndSkipEnv(env)
    env = FireResetEnv(env)
    env = ProcessFrame84(env)
    env = ImageToPyTorch(env)
    env = BufferWrapper(env, 4)
    return ScaledFloatFrame(env)
```

檔案的最後是一個簡單的函數，它輸入環境名稱，然後用這個名稱來建立一個「環境」，並將所有必需的包裝器應用在它上面。這就是我們會用到的包裝器，現在讓我們來看看我們的模型吧。

DQN 模型

發表在 Nature 期刊論文的模型有三個「卷積層」（convolution layer），後面接著兩個「完全連接層」（fully connected layer）。所有層都用 ReLU 非線性分離函數。模型的輸出是「環境」中可以選用的每個「行動」的「Q 值」，沒有套用非線性函數（因為「Q 值」可以是任何值）。相較於輸入「觀察」和「行動」到網路當中、逐一計算出 $Q(s, a)$ 的行動值，以「單通」（one pass）的方式一次計算出所有的「Q 值」，可以顯著地提高計算速度。

這個模型的程式碼在 `Chapter06/lib/dqn_model.py` 中：

```python
import torch
import torch.nn as nn
import numpy as np

class DQN(nn.Module):
    def __init__(self, input_shape, n_actions):
        super(DQN, self).__init__()

        self.conv = nn.Sequential(
            nn.Conv2d(input_shape[0], 32, kernel_size=8,
stride=4),
            nn.ReLU(),
            nn.Conv2d(32, 64, kernel_size=4, stride=2),
            nn.ReLU(),
            nn.Conv2d(64, 64, kernel_size=3, stride=1),
            nn.ReLU()
        )

        conv_out_size = self._get_conv_out(input_shape)
        self.fc = nn.Sequential(
            nn.Linear(conv_out_size, 512),
            nn.ReLU(),
            nn.Linear(512, n_actions)
        )
```

為了能夠以一個通用的方式製作我們的網路，它被分為兩的部分來實作：「**卷積部分**」和「**循序部分**」。PyTorch 沒有可以將「3 維張量」轉換為「1 維數字向量」的「**平坦層**」，但是「卷積部分」的輸出卻必須「平坦化」之後才能輸入到「循序部分」之中。這個問題可以用 `forward()` 函數來解決，它可以將我們的「一批 3 維張量」轉型為「一批 1 維數字向量」。

另一個小問題是：以給定的輸入形狀，我們不知道「卷積層」所產生的輸出中會包含多少數值。但是，我們卻需要將「這個數字」傳遞給第一個「完全連接層」的建構函數。一種可能的解決方案是「寫死」這個數字，它事實上是輸入形狀的一個函數（對於 84 × 84 的輸入，「卷積層」的輸出有 3136 個值）；但這當然不是最好的方法，因為這樣一來，當輸入形狀改變的時候，我們的程式碼強固性就會降低。一個更好的解決方案是：使用一個接受輸入形狀的簡單函數（`_get_conv_out()`），並將「卷積層」應用於一個這種形狀的「假張量」。「函數的結果」會等於「此應用程式回傳的參數個數」。它執行起來會很快，而且它只會在模型建立時被呼叫一次，而我們可以用通用程式碼來完成：

```
def _get_conv_out(self, shape):
    o = self.conv(torch.zeros(1, *shape))
    return int(np.prod(o.size()))

def forward(self, x):
    conv_out = self.conv(x).view(x.size()[0], -1)
    return self.fc(conv_out)
```

模型的最後一個部分是 forward() 函數，它的輸入是一個「4 維張量」（第一維是批次大小；第二維是**顏色**通道，這是我們連續幀的堆疊；而第三維和第四維則是截圖的大小）。轉換分成兩個步驟來完成：首先，我們將輸入送到「卷積層」上，然後我們會得到一個「4 維張量」的輸出。而這個「4 維張量」會被「平坦化」成兩維：「批次大小」，以及「卷積層」對這一批處理所回傳的「所有參數」，所形成的一個「數字向量」。這是由呼叫 view() 函數，搭配使用一個「一維向量」（參數是 -1，作為其餘參數的通配符）來完成的。例如，如果我們有一個形狀是 (2, 3, 4) 的「張量」T，這是一個 24 個元素的「3 維張量」，我們可以使用 T.view(6, 4) 將其重塑為一個 6 列 4 行的「2 維張量」。這個操作不會在記憶體中建立一個新物件，也不會移動記憶體中的數據，它只是更改了「張量」的高階形狀。呼叫 T.view(-1, 4) 或是 T.view(6, -1) 可以得到相同的結果；當「張量」在第一維是批次大小的時候，用第二個方法是非常方便的。最後，我們將這個「平坦化」的「3 維張量」傳遞給「完全連接層」，以便取得每批輸入的「Q 值」。

訓練

第三個模組包含了「經驗重播緩衝區」、「代理人」、「損失函數計算」和「訓練迴圈」本身。在說明程式碼之前，需要對「超參數」的訓練進行一些說明。DeepMind 在 Nature 期刊上發表的論文包含了一個表格，這個表格包含**所有**用於評估「49 個 Atari 遊戲」的「模型訓練的所有超參數細節」。DeepMind 在處理所有遊戲時，是使用所有這些相同的「超參數」（但為每個遊戲「單獨訓練」出一個模型）；DeepMind 團隊的目的在於顯示這個方法是足夠強大的，可以使用一個（具有相同架構和超參數）的模型，來解決具有不同複雜度、不同行動空間、不同獎勵和遊戲結構…等等的許多遊戲。然而，現在我們的目標沒有這麼偉大：我們只想解決「乒乓遊戲」這一個問題。

與 Atari 測試集中的其他遊戲相比，「乒乓遊戲」相對簡單多了，因此論文中的「超參數」對這個工作來說實在是太複雜了。例如，為了能得到所有 49 個遊戲的最佳結果，DeepMind 使用了一個包含一百萬個觀察的「重播緩衝區」；這需要大約 20 GB 的記憶體空間，還要從環境中取得「大量的樣本」來儲存到「重播緩衝區」中。在處理單一的

「乒乓遊戲」時，使用「epsilon 遞減排程」（epsilon decay schedule）不是最好的做法。在訓練過程中，DeepMind 從「環境」取得的第一個一百萬幀截圖，epsilon 會線性地從 1.0 減少到 0.1。然而，我自己的實驗顯示，對於「乒乓遊戲」來說，**對前十萬幀截圖**做「epsilon 遞減」，然後保持穩定，這樣就足夠了。那麼「重播緩衝區」也就可以小很多：10k 轉換就足夠了。在以下的範例中是使用了**我的參數**，它們與原始論文中的參數不同，但是能讓我們以快大約十倍的速度來解決「乒乓遊戲」。在 GeForce GTX 1080 Ti 上，下面的程式版本可以在一到兩個小時之內收斂，平均得分 19.5；但使用 DeepMind 原始論文中的「超參數」，則需要至少一天的時間才會收斂。

這對我們這個特定「環境」的微調，當然可以**加快**訓練的速度，這樣的做法也可以使用在其他的遊戲。您當然能嘗試去使用 Atari 套件中的其他選項，或是使用其他遊戲來做實驗。

```
from lib import wrappers
from lib import dqn_model

import argparse
import time
import numpy as np
import collections

import torch
import torch.nn as nn
import torch.optim as optim

from tensorboardX import SummaryWriter
```

首先，我們匯入所需要的模組並定義「超參數」。

```
DEFAULT_ENV_NAME = "PongNoFrameskip-v4"
MEAN_REWARD_BOUND = 19.5
```

這兩個值設定「訓練的預設環境」以及「最後 100 個回合」到「停止訓練」的「獎勵邊界」。它們只是預設值；您可以使用命令列指令重新定義它們。

```
GAMMA = 0.99
BATCH_SIZE = 32
REPLAY_SIZE = 10000
REPLAY_START_SIZE = 10000
LEARNING_RATE = 1e-4
SYNC_TARGET_FRAMES = 1000
```

這些參數定義了：

- 用於「貝爾曼近似」的「折扣因子」（GAMMA）
- 從「重播緩衝區」中採樣的批次大小（BATCH_SIZE）
- 「重播緩衝區」的最大容量（REPLAY_SIZE）
- 開始訓練之前等待的截圖幀數，用來加入「重播緩衝區」之中 （REPLAY_START_SIZE）
- 會在這個範例中使用的「Adam 優化器」中的「學習速率」
- 我們將模型加權從「訓練模型」同步到「目標模型」的頻率；在「貝爾曼近似」的計算過程中，「目標模型」會被用來取得下一個「狀態值」。

```
EPSILON_DECAY_LAST_FRAME = 10**5
EPSILON_START = 1.0
EPSILON_FINAL = 0.02
```

最後一批「超參數」與用「epsilon 遞減排程」有關。為了能正確的「探索」，在訓練一開始的階段，我們是從 epsilon = 1.0 開始，這會讓所有「行動」都以隨機的方式來做選擇。然後在「前 10 萬幀截圖」期間，epsilon 會線性遞減到 0.02，這表示「行動」中有 2% 是隨機選取的。原始的 DeepMind 論文也使用了類似的方案，但遞減的時間長了 10 倍（也就是說，在 100 萬幀截圖之後，epsilon = 0.02）。

下一個模塊定義了我們的「經驗重播緩衝區」，其目的是記錄從「環境」中取得的最後一個轉換（由「觀察」、「行動」、「獎勵」、「是否結束」和「下一個狀態」所形成的常數串列）。每次我們在「環境」中執行一個步驟的時候，我們都會將「轉換」加到「重播緩衝區」當中，而且只會記錄一個固定數目的步驟，在我們的範例中是「1 萬個轉換」。在訓練期間，我們會從「重播緩衝區」中隨機採樣一批轉換，這可以讓我們打破「環境」中連續步驟之間的相關性。

```
Experience = collections.namedtuple('Experience',
field_names=['state', 'action', 'reward', 'done', 'new_state'])

class ExperienceBuffer:
    def __init__(self, capacity):
        self.buffer = collections.deque(maxlen=capacity)

    def __len__(self):
        return len(self.buffer)

    def append(self, experience):
```

```
        self.buffer.append(experience)

    def sample(self, batch_size):
        indices = np.random.choice(len(self.buffer), batch_size,
replace=False)
        states, actions, rewards, dones, next_states =
zip(*[self.buffer[idx] for idx in indices])
        return np.array(states), np.array(actions),
np.array(rewards, dtype=np.float32), \
                np.array(dones, dtype=np.uint8),
np.array(next_states)
```

大多數「經驗重播緩衝區」的程式碼都非常簡單：它基本上利用了 deque 類別的功能，來維護「重播緩衝區」中的元素。在 sample() 方法中，我們建立一個隨機索引串列，然後將採樣的元素重新打包到 NumPy 陣列之中，以便能更方便地計算「損失」。

下一個我們需要的類別是 Agent，它與「環境」互動，並將「互動結果」儲存到我們剛剛說明的「經驗重播緩衝區」中：

```
class Agent:
    def __init__(self, env, exp_buffer):
        self.env = env
        self.exp_buffer = exp_buffer
        self._reset()

    def _reset(self):
        self.state = env.reset()
        self.total_reward = 0.0
```

在初始化「代理人」的過程中，我們需要儲存「對環境的參考」與「經驗重播緩衝區」，追蹤「當前的觀察」以及「到目前為止所累積的總獎勵」。

```
    def play_step(self, net, epsilon=0.0, device="cpu"):
        done_reward = None

        if np.random.random() < epsilon:
            action = env.action_space.sample()
        else:
            state_a = np.array([self.state], copy=False)
            state_v = torch.tensor(state_a).to(device)
            q_vals_v = net(state_v)
            _, act_v = torch.max(q_vals_v, dim=1)
            action = int(act_v.item())
```

Agent 類別的主要方法是在「環境」中執行一個步驟,並將其結果儲存在「緩衝區」中。為了這個目的,我們需要先選擇「行動」。使用機率 epsilon(以參數傳遞到函數中)隨機選取「行動」,否則我們就要使用「過去的模型」來選取所有「可能行動」中具有最大「Q 值」的「最佳行動」。

```
        new_state, reward, is_done, _ = self.env.step(action)
        self.total_reward += reward
        new_state = new_state

        exp = Experience(self.state, action, reward, is_done,
new_state)
        self.exp_buffer.append(exp)
        self.state = new_state
        if is_done:
            done_reward = self.total_reward
            self._reset()
        return done_reward
```

選擇「行動」之後,我們將它傳遞給「環境」,以便取得下一個「觀察」和「獎勵」,將數據儲存在「經驗重播緩衝區」中,並處理「回合是否結束」的情況。如果這個步驟已經滿足「回合結束」的條件,這個函數的回傳結果是「累積總獎勵」,不然的話就是 None。

現在是時候來說明訓練模組中的最後一個函數,它計算採樣批次的損失。這個函數的編寫方式是使用向量運算來處理所有的批次樣本,以這種方式來最大限度地用 GPU 做平行計算,這比之前的「對批次簡單地做迴圈處理」更難以理解。然而,以這樣的最佳化方式來製作程式,可以得到相當的回報:**平行化的版本**比批次迴圈快了兩倍以上。

這裡提醒一下,這是我們需要計算的損失運算式:

對於不是「回合結束」的步驟:

$$\mathcal{L} = (Q_{s,a} - (r + \gamma \max_{a' \in A} Q_{s',a'}))^2$$

或當它是「回合結束」的步驟:

$$\mathcal{L} = (Q_{s,a} - r)^2$$

```
 def calc_loss(batch, net, tgt_net, device="cpu"):
     states, actions, rewards, dones, next_states = batch
```

我們將「批次」以陣列的常數串列傳遞給函數（這個常數串列是以「經驗緩衝區」中的
sample() 方法重新包裝的結果）；這個函數的其他參數還包括我們正在訓練的網路以及
「目標網路」，它會定期與訓練網路做同步。第一個模型（以參數 net 傳入）用於計算
梯度；而 tgt_net 參數表示第二個模型，它用來計算下一個「狀態值」，這個計算不會
影響梯度。為了完成這一點，我們需要使用 PyTorch 張量的 detach() 函數，來避免梯
度流入「目標網路」。這個函數在「第 3 章」中有做充分的介紹。

```
states_v = torch.tensor(states).to(device)
next_states_v = torch.tensor(next_states).to(device)
actions_v = torch.tensor(actions).to(device)
rewards_v = torch.tensor(rewards).to(device)
done_mask = torch.ByteTensor(dones).to(device)
```

前面的程式碼簡單、直觀：我們在 PyTorch 張量中，將批次數據包裝成個別的 NumPy
陣列，如果參數中有指定 CUDA 裝置，就將它們複製到 GPU 之中。

```
state_action_values = net(states_v).gather(1,
actions_v.unsqueeze(-1)).squeeze(-1)
```

在上面的程式碼中，我們將「觀察結果」傳遞給第一個模型，並使用 gather() 張量操
作，來提取所「選用行動」的特定 Q 值。函數 gather() 的第一個參數是我們想要執行
聚集的維度索引（在我們的例子中，它是 1；它對應到「行動」）。第二個參數是要選
擇的「元素索引的張量」。為了要滿足 gather() 函數對索引參數的要求，並消除我們
建立的額外維度，我們還需要兩個額外的函數呼叫：unsqueeze() 和 squeeze()。（索
引應與我們正在處理的數據具有相同的維度數目。）在下圖中，您可以看到範例中聚集
（gather）操作的圖示，一「批」有六個選擇和四個「行動」。

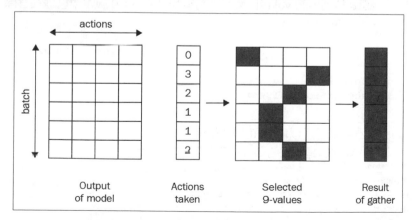

圖 6.3：在 DQN 損失計算期間「張量的轉換」

請記住，gather() 函數處理張量的結果是一個可微分的操作，它將儲存所有相對於最後損失值的梯度。

```
next_state_values = tgt_net(next_states_v).max(1)[0]
```

在上面這行指令中，我們將「目標網路」應用於我們的下一個狀態的「觀察」，並計算沿著相同**行動維度**（維度 1）中的最大 Q 值。函數 max() 非常方便，它會一次回傳最大值和它的索引（也就是它同時計算 max 和 argmax）。但是，在目前的情況下，我們只對「值」感興趣，因此我們會選出結果中的第一個元素。

```
next_state_values[done_mask] = 0.0
```

在這裡我們指出了一個簡單、但是非常重要的觀點：如果批次中的轉換是來自「回合」中的最後一步，那麼就沒有下一個「狀態」可以收集「獎勵」，「行動值」自然也就沒有下一個「狀態」的「折扣獎勵」了。這可能看起來微不足道，但是這在實務中卻是非常重要的：**沒有這個狀況，訓練就不會收斂。**

```
next_state_values = next_state_values.detach()
```

我們用這一行指令，將「值」從「計算圖」中分離出來，以便防止梯度流向用來計算「下一個狀態的 Q 近似值」的「類神經網路」。這很重要，因為如果沒有它，我們對損失的反傳遞就會開始影響「當前狀態」和「下一個狀態」的預測。但是我們當然不希望影響「下一個狀態」的預測，因為它們會在「貝爾曼方程式」中用於計算出參考「Q 值」。為了**阻止**梯度流入「計算圖」的這個分支，我們叫用張量的 detach() 方法，它回傳一個沒有連接到「它的計算歷史」的「張量」。若您使用的是 PyTorch 以前的版本，可以使用 Variable 類別中的 volatile 屬性，這個屬性在 0.4.0 版本中已經被移除了。更多相關的資訊，請參閱「第 3 章」。

```
    expected_state_action_values = next_state_values * GAMMA +
rewards_v
    return nn.MSELoss()(state_action_values,
expected_state_action_values)
```

最後，我們計算「貝爾曼近似值」和「均方誤差損失」。這是計算「損失函數」的最後一個部分，其餘的程式碼是我們的訓練迴圈。

```
if __name__ == "__main__":
    parser = argparse.ArgumentParser()
    parser.add_argument("--cuda", default=False,
action="store_true", help="Enable cuda")
    parser.add_argument("--env", default=DEFAULT_ENV_NAME,
```

```
                                help="Name of the environment, default=" +
DEFAULT_ENV_NAME)
    parser.add_argument("--reward", type=float,
default=MEAN_REWARD_BOUND,
                                help="Mean reward boundary for stop of
training, default=%.2f" % MEAN_REWARD_BOUND)
    args = parser.parse_args()
    device = torch.device("cuda" if args.cuda else "cpu")
```

首先，我們建立一個命令列參數的剖析器。我們的腳本程式允許我們啟用 CUDA，以一個不同於預設的環境來做訓練。

```
    env = wrappers.make_env(args.env)
    net = dqn_model.DQN(env.observation_space.shape,
env.action_space.n).to(device)
    tgt_net = dqn_model.DQN(env.observation_space.shape,
env.action_space.n).to(device)
```

在這裡，我們用「所有必要的包裝器」、我們「將要訓練的類神經網路」，以及「具有相同架構的目標網路」，來建立工作環境。在程式一開始的時候，它們會以不同的隨機加權來做初始化，但這其實並不是很重要，因為我們會對每 1 千幀做同步，這大致能對應於乒乓遊戲中的一「回合」。

```
    writer = SummaryWriter(comment="-" + args.env)
    print(net)

    buffer = ExperienceBuffer(REPLAY_SIZE)
    agent = Agent(env, buffer)
    epsilon = EPSILON_START
```

然後我們建立所需大小的「經驗重播緩衝區」，並將它傳遞給「代理人」。變數 epsilon 的初始化值為 1.0，但是每次迭代之後都會減少一些。

```
    optimizer = optim.Adam(net.parameters(), lr=LEARNING_RATE)
    total_rewards = []
    frame_idx = 0
    ts_frame = 0
    ts = time.time()
    best_mean_reward = None
```

在訓練迴圈開始之前，必須要做的最後一件事是：建立一個優化器、一個「完整回合獎勵」的緩衝區、一個「幀」計數器、幾個記錄速度的變數，以及所達到的最佳平均獎勵。每當我們的「平均獎勵」破記錄的時候，我們都會將模型儲存到檔案之中。

```
    while True:
        frame_idx += 1
        epsilon = max(EPSILON_FINAL, EPSILON_START - frame_idx /
EPSILON_DECAY_LAST_FRAME)
```

在訓練迴圈一開始的時候，會計算已經完成的迭代次數，並依據我們的計劃來減少 epsilon。變數 epsilon 會在給定的「幀」數期間（EPSILON_DECAY_LAST_FRAME = 100k）線性下降，一但達到 EPSILON_FINAL = 0.02 的的時候，就維持在相同的值。

```
        reward = agent.play_step(net, epsilon, device=device)
        if reward is not None:
            total_rewards.append(reward)
            speed = (frame_idx - ts_frame) / (time.time() - ts)
            ts_frame = frame_idx
            ts = time.time()
            mean_reward = np.mean(total_rewards[-100:])
            print("%d: done %d games, mean reward %.3f, eps %.2f,
speed %.2f f/s" % (
                frame_idx, len(total_rewards), mean_reward,
epsilon,
                speed
            ))
            writer.add_scalar("epsilon", epsilon, frame_idx)
            writer.add_scalar("speed", speed, frame_idx)
            writer.add_scalar("reward_100", mean_reward,
frame_idx)
            writer.add_scalar("reward", reward, frame_idx)
```

這段程式碼要求我們的「代理人」在「環境」中執行一步（使用我們目前的網路和 epsilon 的值）。當某一個步驟是某「回合」中的「最後一步」時，這個函數才會回傳**不是 None** 的結果。在這種情況下，不是 None 的結果表示我們的進度。更具體的來說，我們會在控制台和 TensorBoard 中，計算並顯示如下的值：

- 速度，為每秒處理的幀數
- 「回合」的數目
- 最後「100 回合」的平均獎勵
- 目前 epsilon 的值

```
            if best_mean_reward is None or best_mean_reward <
mean_reward:
                torch.save(net.state_dict(), args.env + "-
best.dat")
```

```
            if best_mean_reward is not None:
                print("Best mean reward updated %.3f -> %.3f,
model saved" % (best_mean_reward, mean_reward))
            best_mean_reward = mean_reward
        if mean_reward > args.reward:
            print("Solved in %d frames!" % frame_idx)
            break
```

每當「最後 100 回合的平均獎勵」達到最大值的時候，我們就會回報並儲存這個模型參數。如果我們的「平均獎勵」超過事先指定的「獎勵邊界」，那麼就直接「停止訓練」。對於乒乓遊戲來說，「獎勵邊界」是 **19.5**，這表示在 **21** 場比賽中，要贏得**超過19 場**的比賽。

```
        if len(buffer) < REPLAY_START_SIZE:
            continue

        if frame_idx % SYNC_TARGET_FRAMES == 0:
            tgt_net.load_state_dict(net.state_dict())
```

我們在這裡檢查「緩衝區」是否夠大，可以來進行訓練。在一開始的時候，我們會等到累積了足夠的數據，才會啟動，在我們的例子中是一**萬**。下一個 if 條件指令會在每 SYNC_TARGET_FRAMES 步（預設值是 1000）將「主網路參數」同步到「目標網路」之中。

```
        optimizer.zero_grad()
        batch = buffer.sample(BATCH_SIZE)
        loss_t = calc_loss(batch, net, tgt_net, device=device)
        loss_t.backward()
        optimizer.step()
```

訓練迴圈的最後一部分非常簡單，但需要的執行時間亦是最長的：我們將梯度設為零，從「經驗重播緩衝區」中抽樣「數據批次」，計算損失，並執行最佳化步驟來最小化損失。

執行與效能

這個例子對資源的要求很高。在乒乓遊戲上，它需要大約 40 萬幀截圖才能達到 17 的平均獎勵（這意味著贏得超過 80% 的遊戲）。但是要從 17 進步到 19.5 卻也需要類似數量的截圖，這是因為接下來學習進程變得很慢，模型很難提高分數。因此，平均而言，需要約「一百萬幀圖」才能完成訓練。在 GTX 1080 Ti 的機器上，執行速度約為每秒 150 幀，總訓練時間大約是兩小時。在 CPU 上執行的話，速度會慢很多：一秒鐘大概能處理

9 幀，大約要花一天半的時間才能完成。請記住，這只適用於這個乒乓小遊戲，因為相對來說它比較容易。而其他遊戲可能會需要數億幀和 100 倍大的「經驗重播緩衝區」。

在下一章中，我們將會介紹自 2015 年以來，研究人員所發現的各種方法，這些方法有助於提高「訓練速度」和「數據效率」。然而，對於 Atari，你只需要一些硬體資源和一些耐心。下圖顯示了一些包含訓練動態的 TensorBoard 螢幕截圖：

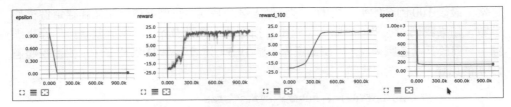

圖 6.4：訓練過程的特徵（X 軸是迭代次數）

訓練開始的時候：

```
rl_book_samples/Chapter06$ ./02_dqn_pong.py --cuda
DQN (
  (conv): Sequential (
    (0): Conv2d(4, 32, kernel_size=(8, 8), stride=(4, 4))
    (1): ReLU ()
    (2): Conv2d(32, 64, kernel_size=(4, 4), stride=(2, 2))
    (3): ReLU ()
    (4): Conv2d(64, 64, kernel_size=(3, 3), stride=(1, 1))
    (5): ReLU ()
  )
  (fc): Sequential (
    (0): Linear (3136 -> 512)
    (1): ReLU ()
    (2): Linear (512 -> 6)
  )
)
  1048: done 1 games, mean reward -19.000, eps 0.99, speed 83.45 f/s
  1894: done 2 games, mean reward -20.000, eps 0.98, speed 913.37 f/s
  2928: done 3 games, mean reward -20.000, eps 0.97, speed 932.16 f/s
  3810: done 4 games, mean reward -20.250, eps 0.96, speed 923.60 f/s
  4632: done 5 games, mean reward -20.400, eps 0.95, speed 921.52 f/s
  5454: done 6 games, mean reward -20.500, eps 0.95, speed 918.04 f/s
  6379: done 7 games, mean reward -20.429, eps 0.94, speed 906.64 f/s
  7409: done 8 games, mean reward -20.500, eps 0.93, speed 903.51 f/s
  8259: done 9 games, mean reward -20.556, eps 0.92, speed 905.94 f/s
  9395: done 10 games, mean reward -20.500, eps 0.91, speed 898.05 f/s
 10204: done 11 games, mean reward -20.545, eps 0.90, speed 374.76 f/s
 10995: done 12 games, mean reward -20.583, eps 0.89, speed 160.55 f/s
```

```
11887: done 13 games, mean reward -20.538, eps 0.88, speed 160.44 f/s
12949: done 14 games, mean reward -20.571, eps 0.87, speed 160.67 f/s
```

經過數百場比賽之後,我們的 DQN 慢慢開始弄清楚,如何才能贏得 21 場比賽中的一場或是兩場比賽。由於 epsilon 逐步降低,速度也會降低:我們不僅要將我們的模型用於訓練,還要用於「環境」中的步驟。

```
101032: done 83 games, mean reward -19.506, eps 0.02, speed 143.06 f/s
103349: done 84 games, mean reward -19.488, eps 0.02, speed 142.99 f/s
106444: done 85 games, mean reward -19.424, eps 0.02, speed 143.15 f/s
108359: done 86 games, mean reward -19.395, eps 0.02, speed 143.18 f/s
110499: done 87 games, mean reward -19.379, eps 0.02, speed 143.01 f/s
113011: done 88 games, mean reward -19.352, eps 0.02, speed 142.98 f/s
115404: done 89 games, mean reward -19.326, eps 0.02, speed 143.07 f/s
117821: done 90 games, mean reward -19.300, eps 0.02, speed 143.03 f/s
121060: done 91 games, mean reward -19.220, eps 0.02, speed 143.10 f/s
```

最後,在玩更多次遊戲之後,它終於可以主宰遊戲,並擊敗(這個不是非常複雜的)內建的乒乓 AI 對手:

```
982059: done 520 games, mean reward 19.500, eps 0.02, speed 145.14 f/s
984268: done 521 games, mean reward 19.420, eps 0.02, speed 145.39 f/s
986078: done 522 games, mean reward 19.440, eps 0.02, speed 145.24 f/s
987717: done 523 games, mean reward 19.460, eps 0.02, speed 145.06 f/s
989356: done 524 games, mean reward 19.470, eps 0.02, speed 145.07 f/s
991063: done 525 games, mean reward 19.510, eps 0.02, speed 145.31 f/s
Best mean reward updated 19.500 -> 19.510, model saved
Solved in 991063 frames!
```

模型實戰

為了讓您的等待能更有趣一些,我們的程式碼會儲存最佳模型的加權。在 Chapter06/ 03_dqn_play.py 檔案中,我們有一個程式可以載入這個儲存的模型檔,並播放一「回合」,同時顯示模型的動態。

程式碼非常簡單,但是僅透過觀察像素與一百萬個參數的許多矩陣,程式就能以超人般的精準度來打乒乓,就像魔術一樣。

```
import gym
import time
import argparse
import numpy as np
import torch
```

```
from lib import wrappers
from lib import dqn_model

DEFAULT_ENV_NAME = "PongNoFrameskip-v4"
FPS = 25
```

程式一開始，我們匯入大家熟悉的 PyTorch 和 Gym 模組。上面的 FPS 參數則指定了顯示每幀截圖的近似速度。

```
if __name__ == "__main__":
    parser = argparse.ArgumentParser()
    parser.add_argument("-m", "--model", required=True, help="Model
file to load")
    parser.add_argument("-e", "--env", default=DEFAULT_ENV_NAME,
                        help="Environment name to use, default=" +
DEFAULT_ENV_NAME)
    parser.add_argument("-r", "--record", help="Directory to store
video recording")
    args = parser.parse_args()
```

這個腳本程式接受之前保存模型的「檔案名稱」當作參數，它可以讓您指定 Gym 的環境（當然，模型和環境必須要能夠對應）。此外您也可以使用參數選項 -r，傳遞一個不存在的目錄名稱，這個目錄將會被用來儲存遊戲影像（使用 Monitor 包裝器）。在預設的情況下，腳本只會顯示一幀一幀的截圖，但如果您想將模型的整個遊戲紀錄上傳到 YouTube，使用 -r 就很方便了。

```
    env = wrappers.make_env(args.env)
    if args.record:
        env = gym.wrappers.Monitor(env, args.record)
    net = dqn_model.DQN(env.observation_space.shape,
env.action_space.n)
    net.load_state_dict(torch.load(args.model))
```

雖然前面的程式碼沒有註釋，但應該還是非常清楚的：我們建立「環境」和「我們的模型」，然後從傳入的參數檔案中載入加權。

```
    state = env.reset()
    total_reward = 0.0
    while True:
        start_ts = time.time()
        env.render()
        state_v = torch.tensor(np.array([state], copy=False))
        q_vals = net(state_v).data.numpy()[0]
        action = np.argmax(q_vals)
```

這幾乎是訓練程式碼之中，Agent 類別裡面 play_step() 方法的一個副本，它只是沒有「小值－貪婪法」的行動選擇。我們只是將「觀察結果」傳遞給「代理人」，並選擇具有最大值的「行動」。這裡面唯一新的東西是環境中的 render() 方法，這是 Gym 中顯示目前「觀察」的標準方法（你需要有一個 GUI）。

```
    state, reward, done, _ = env.step(action)
    total_reward += reward
    if done:
        break
    delta = 1/FPS - (time.time() - start_ts)
    if delta > 0:
        time.sleep(delta)
print("Total reward: %.2f" % total_reward)
```

其餘的程式碼也很簡單。我們將「行動」傳給「環境」，計算「總獎勵」，並在「回合結束」時停止迴圈。

要嘗試的事情還有：如果你的好奇心特別強，並且希望自己嘗試這一章的內容，那麼這裡有一個簡短的列表，包含一些可以探索的方向。但是**請注意**：它們可能要花費大量的時間，而且在實驗過程中，可能會讓你感到非常的沮喪。然而從實務的角度來看，這些實驗是一個非常有效的方法，可以讓你掌握本章介紹的素材：

- 嘗試從 Atari 套件中取得一些其他遊戲來做實驗，例如：《打磚塊》（Breakout）或《亞特蘭提斯》（Atlantis）或《運河大戰》（RiverRaid，這是我的童年最愛）。它們可能需要微調「超參數」。

- 另外有一個網格環境 Taxi，它可以當作 FrozenLake 的替代品，它模仿計程車司機，接送乘客到他們的目的地。

- 微調乒乓遊戲的「超參數」。看看是否有可能加快訓練速度？OpenAI 宣稱它可以使用 A3C 方法在 30 分鐘內解決乒乓遊戲（這是本書第三部分的主題）。或許 DQN 也有可能達成。

- 你能更快地製作 DQN 訓練程式嗎？OpenAI Baselines 專案在 GTX 1080 Ti 上使用 TensorFlow 顯示每秒 350 幀。因此，PyTorch 程式碼看起來還有很大的改進空間。

- 你能夠產生一個平均得分 21 的「**終極乒乓模型**」嗎？這應該不是很難：你可以嘗試「學習速率衰減」（learning rate decay），它是最顯而易見的方法。

小結

在本章中，我們介紹了許多新奇、複雜的內容。我們學習了在一個具有大型觀察空間的複雜環境中，「值迭代」的局限性，並討論了如何透過「Q 學習」來克服它們。我們在 FrozenLake 環境中檢查了「Q 學習」演算法，並討論了「類神經網路」的「Q 近似值」以及由這個方法所引出的額外複雜度。我們介紹了幾個 DQN 的技巧，以便提高他們的訓練穩定性和收斂性，例如：「經驗重播緩衝區」、「目標網路」和「幀堆疊」。最後我們將這些擴充結合到一個 DQN 的實作之中，用來解決 Atari 遊戲套件中的「乒乓環境」。

在下一章中，我們將會研究自 2015 年來，研究人員所發現的一系列技巧，可以提高 DQN 的收斂性和品質；這些技巧（的結合）可以在大部分的 54 個 Atari 遊戲中，產生最好的結果。該套件在 2017 年出版，我們將會分析並重新實作所有的這些技巧。

7

DQN擴充

在上一章中，我們實作了 DeepMind 在 2015 年所發表的 Deep Q-Network（DQN）模型。這篇論文對「強化學習」領域有重大的影響，儘管大家普遍不這麼認為，這篇論文證明了在「強化學習」領域中，可以使用非線性逼近器。這個觀念的證明引起了人們對「深度 Q 學習」領域的極大興趣，特別是「深度強化學習」。

從那時候起，研究人員對它的基本架構進行了調整，也做了許多改進，這能顯著地加快 DeepMind 所發明的「基本 DQN」的收斂性、穩定性和樣本的使用效率。在本章中，我們將深入研究其中的一些想法。2017 年 10 月，DeepMind 發表了一篇名為《Rainbow: Combining Improvements in Deep Reinforcement Learning》（Hessel and others, 2017 [1]）的論文，其中介紹了 DQN 的七個最重要、亦非常方便的改進，當中有一些是在 2015 年發明的，有一些則是最近才發明的。只需要將本章中所介紹的七種方法結合在一起，在處理 Atari 遊戲的時候，就可以得到非常好的結果。

本章會介紹所有這些方法。分析它們背後的想法，以及它們的實作方式，並將它們與「基本 DQN」進行效能比較。最後，我們將使用所有方法來檢驗這個結合的系統。

我們將要介紹的 DQN 擴充如下：

- **N 步 DQN（N-steps DQN）**：透過簡單地展開「貝爾曼方程式」來提高收斂速度和穩定性，並說明它為什麼不是最終解決方案
- **雙 DQN（Double DQN）**：如何處理當 DQN 高估「行動值」的狀況
- **雜訊網路（Noisy networks）**：如何在網路加權中加入雜訊，以便提高「探索」效率
- **優先重播緩衝區（Prioritized replay buffer）**：為什麼「對我們的經驗做均勻採樣」不是最好的訓練方式

- **對決 DQN（Dueling DQN）**：如何讓我們的網路架構更接近它所代表的問題，以此來提高收斂速度
- **類別 DQN（Categorical DQN）**：如何超越僅使用「單一的預期行動值」，而去使用完整的分佈

首先，我們應該使用更高階的函式庫來簡化我們實驗中的 DQN 程式碼。

PyTorch Agent Net 函式庫

在「第 6 章，深度 Q 網路」中，我們從零開始實作了一個 DQN，只用了 PyTorch、OpenAI Gym 和 pytorch-tensorboard。它很適合用來展示工作是怎麼完成的；但是，現在我們要用額外的調整來擴充「基本 DQN」。一些調整其實非常簡單，看起來是微不足道的，但是有些調整則需要進行大幅度的修改程式碼。為了能夠讓重心放在最重要的部分，我們希望盡可能地使用最小而且最簡潔的 DQN 版本，最好是利用「可重複使用的程式碼」。當您在實作別人發表論文中的方法，或是您自己的想法時，這會是非常有用的。如此一來，您就不需要一次又一次地重新實作相同的功能，與不可避免的程式錯誤糾纏在一起。

考慮到這一點，我在不久之前，開始為「深度強化學習」這個領域實作我自己的工具包。我稱它為 **PTAN**，它代表 PyTorch Agent Net；我是受到另一個開源函式庫 AgentNet 的啟發所開發出來的工具（https://github.com/yandexdataschool/AgentNet）。PTAN 的實作遵循如下的基本設計原則：

- 程式碼盡可能地簡單、乾淨
- 以 PyTorch 完成
- 包含小而且可重複使用的函數
- 具有可擴充性與靈活性

這個函式庫可以在 GitHub 網址中找到：https://github.com/Shmuma/ptan。後面所有的範例都是使用 **PTAN 版本 0.3** 來實作，您可以執行以下的命令，將它安裝在虛擬環境之中：

```
pip install ptan==0.3
```

讓我們來看一看 PTAN 所提供的基本模塊吧。

代理人

「代理人實體」（agent entity）提供了一個「統一的方法」，連接來自「環境」的「**觀察**」（observations）以及我們想要執行的「**行動**」（actions）。到目前為止，我們只看過一種簡單的無狀態「DQN 代理人」，它使用「類神經網路」從目前的「觀察」中取得「行動值」，並且以這些「值」貪婪地選取「行動」。我們使用「小值－貪婪法」來探索環境，但這其實並不會改變什麼。

在「強化學習」這個領域，這可能會更複雜。例如，我們的「代理人」可以預測「行動」的機率分佈，而不是預測「行動值」。這些「代理人」被稱為「策略代理人」（policy agent），我們將在本書的第三部分中討論這些方法。另一個需求是「代理人」的某種記憶能力。例如，通常一次的「觀察」（或是最後 k 次的「觀察」）並不足以做出選取「行動」的決定，所以我們常會希望「代理人」能夠「記住」一些所取得的資訊。而這個複雜問題，是以「部分可觀察的馬可夫決策過程」（Partially-Observable Markov Decision Process，POMDP）來處理，是「強化學習」的另一個子領域。而我們也會在本書的最後一個部分，簡單扼要的介紹 POMDP 這個觀念。

為了讓程式碼具有足夠的靈活性，可以描述所有的這些變化，PTAN 為「代理人」實作了一整個可繼承的類別階層，以 ptan.agent.BaseAgent 抽象類別為「階層樹根」（基礎類別）。從最高階的觀點來說，「代理人」需要接收「批次觀察」（NumPy 陣列）並回傳「代理人」所選取的「批次行動」。這個「批次」是用來讓整個處理過程更有效率的，因為在 GPU 中一次處理多個觀察值，通常會比單獨處理一個快上許多。這個抽象基礎類別並沒有定義輸入和輸出的型別，這使得它靈活性非常高、而且易於擴充。例如，在「連續域」（continuous domain）中，我們的「行動」將不再是「離散行動」的索引，而是一個浮點數。

符合我們目前「DQN 代理人」需求的是 ptan.agent.DQNAgent，它使用 PyTorch 所提供的 nn.Module，將一個「批次觀察值」轉換為「行動值」。若要將「類神經網路」的輸出轉換為要採取的實際「行動」，DQNAgent 類別在新增物件的時候，需要傳入第二個物件：「行動選擇器」（action selector）。

「行動選擇器」的目的是將「類神經網路」的輸出（通常是數字向量）轉換為某個「行動」。在離散行動空間的情況下，「行動」是一個或多個「行動索引」。在 PTAN 中有兩個「行動選擇器」可以讓我們選用：ptan.actions.ArgmaxActionSelector 和 ptan.actions.EpsilonGreedyActionSelector。您可能已經從它們的名稱中猜到它們的不同；第一個（ArgmaxActionSelector）會套用 argmax 函數在所提供的值之上，這相對應於「Q 值」的貪婪「行動」。

第二個「行動選擇器」則支援「小值－貪婪法」，將「小值」epsilon 當作輸入參數，並以這個機率隨機選取「行動」，而不是第一個選擇器的單純貪婪選擇。如果要將所有這些元件結合在一起，為 CartPole 建立一個使用「小值－貪婪法」做「行動選擇」的「代理人」，可以使用如下的程式碼完成：

```
import gym
import ptan
import numpy as np
import torch.nn as nn

env = gym.make("CartPole-v0")
net = nn.Sequential(
    nn.Linear(env.observation_space.shape[0], 256),
    nn.ReLU(),
    nn.Linear(256, env.action_space.n)
)


action_selector = 
ptan.actions.EpsilonGreedyActionSelector(epsilon=0.1)
agent = ptan.agent.DQNAgent(net, action_selector)
```

然後，我們可以將「觀察結果」傳遞給「代理人」，並問它該採取什麼「行動」。

```
>>> obs = np.array([env.reset()], dtype=np.float32)
>>> agent(obs)
(array([0]), [None])
```

所產生的常數串列中：第一項是要採取的一系列「行動」；第二項與「有狀態代理人」相關，應該要被忽略。在執行的過程中，我們可以修改「行動選擇器」epsilon 屬性的值，以便修改訓練期間「隨機行動」的機率。

代理人的經驗

PTAN 的第二個重要抽象表示，是所謂的「**經驗來源**」（experience source）。在上一章的 DQN 範例中，我們使用了「一步經驗」，其中包括四個部分：

- 在某個時步 s_t 所「觀察」到的「環境狀態」
- 「代理人」所選用的「行動」：a_t
- 「代理人」所得到的「獎勵」：r_t
- 下一個時步 s_{t+1} 的「觀察」

我們使用（s_t, a_t, r_t, s_{t+1}）這些值來計算「貝爾曼方程式」並更新我們的「Q 近似」。但是，在一般的情況下，我們可能會對更長的經驗鏈感興趣，包括在更長的時步之中，「代理人」與「環境」之間的互動。

「貝爾曼方程式」也可以展開、套用在更長的經驗鏈之上。

$$Q(s_t, a_t) = \mathbb{E}[r_t + \gamma r_{t+1} + \gamma^2 r_{t+2} + \ldots + \gamma^k \max_a Q(s_{t+k}, a]$$

本章所討論的「提高 DQN 穩定性和收斂性」的方法之一，即：將「貝爾曼方程式」展開為 k 步（k 通常是 2 ... 5），這可以顯著地提高訓練的收斂速度。

要以通用方式支援此情況，PTAN 中有 ptan.experience.ExperienceSourceFirstLast 類別，它接受「環境」和「代理人」，並提供我們「經驗」的（常數串列）串流：（s_t, a_t, R_t, s_{t+k}）。而 $R_t = r_t t + \gamma r_{t+1} + \gamma^2 r_{t+2} + \ldots + \gamma^{k-1} r_{t+k-1}$。當 $k = 1$ 的時候，R_t 就是 r_t。

這個類別會自動處理「回合結束」的情況，若是結束了，會將常數串列的最後一個元素設成 **None**。在這種情況下，會自動執行「環境」的重置。類別 ExperienceSourceFirstLast 所公開的迭代器介面，會在每次迭代時產生具有經驗的常數串列。這個類別的範例如下：

```
>> exp_source = ptan.experience.ExperienceSourceFirstLast(env, agent,
gamma=0.99, steps_count-1)
>> it = iter(exp_source)
>> next(it)
ExperienceFirstLast(state=array([ 0.03937284, -0.01242409,
0.03980117, 0.02457287]), action=0, reward=1.0, last_state=array([
0.03912436, -0.20809355, 0.04029262, 0.32954308]))
```

經驗緩衝區

在使用 DQN 的情況下，我們很少會想要在獲得經驗之後，從經驗之中去學習。我們通常會將它們儲存在一個很大的「經驗緩衝區」中，並從其中來做隨機抽樣，以便取得用來訓練的「批次」樣本。類別 ptan.experience.ExperienceReplayBuffer 支援這種情況，這和我們在前一章中看到的實作非常相似。我們需要傳入「經驗來源」和「緩衝區的大小」當作參數，以便產生一個這個類別的物件。呼叫 populate(n) 方法就可以從「經驗來源」中取出個 n 樣本，並儲存在「經驗緩衝區」之中。而 sample(batch_size) 方法則會從「經驗緩衝區」中，回傳一個指定大小、隨機採樣出來的「批次樣本」。

Gym 環境包裝器

為了避免一而再、再而三地重複實作（或是複製、貼上）常用的 Atari 包裝器，我將它們放在 ptan.common.wrappers 模組中。它們與 OpenAI Baselines 專案（https://github.com/openai/baselines）中所提供的包裝器大致相同（有一些針對 PyTorch 的小修改）。要將 Atari 環境包裝在一行指令中，只需要叫用 ptan.common.wrappers.wrap_dqn(env) 方法。基本上這樣就可以了！如我之前所說，PTAN 不會是「強化學習」的最終框架；它只是將「原本設計用來一起工作、但不會相互依賴的實體」集合在一起的一個模組。

基本 DQN

結合上面說明的所有內容，我們就可以用更短但是更靈活的方式，重新實作一個相同的「DQN 代理人」；有了這樣的實作，以後會變得更加方便，尤其是當我們之後開始修改 DQN 的各個部分，以便使 DQN 能更有效率的工作。

在基本的 DQN 實作中，我們有三個模組：

- Chapter07/lib/dqn_model.py：DQN「類神經網路」，這與我們在前一章中看到的相同

- Chapter07/lib/common.py：本章範例中使用的常用函數，但它們太特殊了，所以並不適合移到 PTAN 之中

- Chapter07/01_dqn_basic.py：建立所有使用過的元件和訓練迴圈

讓我們從 lib/common.py 的內容開始介紹。首先，我們在這裡定義「乒乓環境」的超參數，這在前一章中有詳細說明。超參數儲存在一個字典物件之中，搜尋鍵是「組態名稱」，值則是「字典參數」。這可以讓我們很輕鬆地新增一個更複雜的 Atari 遊戲組態。

```
HYPERPARAMS = {
    'pong': {
        'env_name':          "PongNoFrameskip-v4",
        'stop_reward':       18.0,
        'run_name':          'pong',
        'replay_size':       100000,
        'replay_initial':    10000,
        'target_net_sync':   1000,
        'epsilon_frames':    10**5,
        'epsilon_start':     1.0,
        'epsilon_final':     0.02,
        'learning_rate':     0.0001,
```

```
        'gamma':                0.99,
        'batch_size':           32
    },
}
```

另外，common.py 有一個函數可以將一個「批次轉換」轉成一個「NumPy 陣列」。每個在 ExperienceSourceFirstLast 中的轉換都有一個 namedtuple，而它包含如下的欄位：

- state：從「環境」中取得的「觀察」。

- action：從「代理人」選取的「行動」（一個整數）。

- rewards：如果我們設定屬性 steps_count = 1 來建立 ExperienceSourceFirstLast 的話，它就會是「即時獎勵」。若是設定成較大的時步，它就會是這些時步「折扣獎勵」的總和。

- last_state：如果轉換對應到「環境」中的最後一步，那麼這個屬性的值就會是 None；不然的話，它會包含經驗鏈中的最後一個「觀察」。

函數 unpack_batch 的程式碼如下：

```
def unpack_batch(batch):
    states, actions, rewards, dones, last_states = [], [], [], [], []
    for exp in batch:
        state = np.array(exp.state, copy-False)
        states.append(state)
        actions.append(exp.action)
        rewards.append(exp.reward)
        dones.append(exp.last_state is None)
        if exp.last_state is None:
            last_states.append(state)
        # the result will be masked anyway
        else:
            last_states.append(np.array(exp.last_state, copy=False))
    return np.array(states, copy=False), np.array(actions),
np.array(rewards, dtype=np.float32), \
            np.array(dones, dtype=np.uint8), np.array(last_states,
copy=False)
```

請注意我們是如何處理「批次處理」中的最後一個「轉換」。為了避免對這種情況來做特殊處理，對於「最後轉換」，我們將「初始狀態」儲存在 last_states 陣列之中。為了能正確地計算「貝爾曼方程式」的更新，我們使用 dones 陣列，在損失計算期間，將

批次中的「最後轉換」遮罩掉。另一個解決方案是：只對不是「最後轉換」的那些「轉換」去計算「最後狀態」的值，但是這會讓「損失函數」的邏輯更複雜一些。

「損失函數」與前一章所介紹的完全相同。我們計算從「第一個狀態」取得的「行動值」，然後使用「貝爾曼方程式」計算相同「行動」的「值」。計算的結果損失是這兩個數值之間的 **「均方誤差」** （Mean Square Error）：

```python
def calc_loss_dqn(batch, net, tgt_net, gamma, device="cpu"):
    states, actions, rewards, dones, next_states = unpack_batch(batch)

    states_v = torch.tensor(states).to(device)
    next_states_v = torch.tensor(next_states).to(device)
    actions_v = torch.tensor(actions).to(device)
    rewards_v = torch.tensor(rewards).to(device)
    done_mask = torch.ByteTensor(dones).to(device)

    state_action_values = net(states_v).gather(1,
actions_v.unsqueeze(-1)).squeeze(-1)
    next_state_values = tgt_net(next_states_v).max(1)[0]
    next_state_values[done_mask] = 0.0

    expected_state_action_values = next_state_values.detach() *
gamma + rewards_v
    return nn.MSELoss()(state_action_values,
expected_state_action_values)
```

另外，在 common.py 中，我們有兩個實用的「工具類別」，可以來幫助我們簡化訓練迴圈：

```python
class EpsilonTracker:
    def __init__(self, epsilon_greedy_selector, params):
        self.epsilon_greedy_selector = epsilon_greedy_selector
        self.epsilon_start = params['epsilon_start']
        self.epsilon_final = params['epsilon_final']
        self.epsilon_frames = params['epsilon_frames']
        self.frame(0)

    def frame(self, frame):
        self.epsilon_greedy_selector.epsilon = \
            max(self.epsilon_final, self.epsilon_start - frame /
self.epsilon_frames)
```

EpsilonTracker 類別接受一個 EpsilonGreedyActionSelector 的物件和用來設定特定組態的「超參數」當作參數。此外，在它唯一的方法 frame() 中，它根據標準 DQN 的「epsilon 遞減法」更新 epsilon 的值：對於第一個 epsilon_frames 中的步驟，線性降低 epsilon 的值，然後讓它維持不變。

第二個類別 RewardTracker，理論上在每「回合」結束的時候，會被告知該「回合」的「總獎勵」；在最後一「回合」結束的時候，計算「平均獎勵」，並回報給 TensorBoard 和主控台，最後檢查是否成功地解決了這個遊戲。它以每秒處理的幀數來評估速度，這有助於了解程式的速度，因為「性能」是訓練的重要指標。

```python
class RewardTracker:
    def __init__(self, writer, stop_reward):
        self.writer = writer
        self.stop_reward = stop_reward

    def __enter__(self):
        self.ts = time.time()
        self.ts_frame = 0
        self.total_rewards = []
        return self

    def __exit__(self, *args):
        self.writer.close()
```

這個類別以「上下文管理器」（context manager）的方式來實作與使用，在離開時會自動關閉 TensorBoard 輸出器。方法 reward() 會執行程式的主要邏輯，而每「回合」結束的時候都會叫用這個方法。它與前一章中「訓練迴圈的程式碼」大致上是相同的。

```python
    def reward(self, reward, frame, epsilon=None):
        self.total_rewards.append(reward)
        speed = (frame - self.ts_frame) / (time.time() - self.ts)
        self.ts_frame = frame
        self.ts = time.time()
        mean_reward = np.mean(self.total_rewards[-100:])
        epsilon_str = "" if epsilon is None else ", eps %.2f" % epsilon
        print("%d: done %d games, mean reward %.3f, speed %.2f f/s%s" % (
                frame, len(self.total_rewards), mean_reward, speed, epsilon_str
        ))
        sys.stdout.flush()
        if epsilon is not None:
            self.writer.add_scalar("epsilon", epsilon, frame)
```

```
        self.writer.add_scalar("speed", speed, frame)
        self.writer.add_scalar("reward_100", mean_reward, frame)
        self.writer.add_scalar("reward", reward, frame)
        if mean_reward > self.stop_reward:
            print("Solved in %d frames!" % frame)
            return True
    return False
```

這就是 common.py 的說明。它還有另外一個函數，但現在的例子還用不到，後面的例子
才會用到，我們在後面的章節中會說明這個函數。現在，讓我們來看看 01_dqn_basic.
py，它只包含訓練迴圈和必要物件的建立。

```
#!/usr/bin/env python3
import gym
import ptan
import argparse
import torch
import torch.optim as optim
from tensorboardX import SummaryWriter
from lib import dqn_model, common
```

首先，我們匯入所有相關的模組。

```
if __name__ == "__main__":
    params = common.HYPERPARAMS['pong']
    parser = argparse.ArgumentParser()
    parser.add_argument("--cuda", default=False, action="store_true",
help="Enable cuda")
    args = parser.parse_args()
    device = torch.device("cuda" if args.cuda else "cpu")

    env = gym.make(params['env_name'])
    env = ptan.common.wrappers.wrap_dqn(env)
```

然後，我們取得了乒乓遊戲的超參數、剖析 CUDA 的選項，並建立了我們的「環境」。
接下來，我們使用 PTAN 的 DQN 包裝器，將常見的預處理工具套用在這個「環境」之
上。

```
    writer = SummaryWriter(comment="-" + params['run_name'] +
"-basic")
    net = dqn_model.DQN(env.observation_space.shape, env.action_
space.n).to(device)
    tgt_net = ptan.agent.TargetNet(net)
```

接著，我們使用「觀察」和「行動」的維度，來為 TensorBoard 以及我們的「DQN 類神經網路」建立一個「摘要輸出器」。類別 ptan.agent.TargetNet 是一個非常簡單的網路包裝器，它可以建立一個「DQN 類神經網路」加權的副本，並定期將它與原始網路同步化。

```
selector = ptan.actions.EpsilonGreedyActionSelector(epsilon=params
['epsilon_start'])
epsilon_tracker = common.EpsilonTracker(selector, params)
agent = ptan.agent.DQNAgent(net, selector, device=device)
```

此處我們建立了我們的「代理人」，它需要一個「網路」來將「觀察」轉為「行動值」，還需要一個「行動選擇器」來決定到底要選用哪個「行動」。在此我們使用「小值－貪婪法」當作「行動選擇器」，epsilon 則會根據「超參數」所定義的時間表逐步遞減。

```
exp_source = ptan.experience.ExperienceSourceFirstLast(env, agent,
gamma=params['gamma'], steps_count=1)
buffer = ptan.experience.ExperienceReplayBuffer(exp_source,
buffer_size=params['replay_size'])
```

下一個要定義的元素是我們的「經驗來源」（「經驗來源」是「一步」（one-step）的 ExperienceSourceFirstLast 和「經驗重播緩衝區」，它會儲存固定數量的轉移）。

```
optimizer = optim.Adam(net.parameters(), lr=params
['learning_rate'])
frame_idx = 0
```

正式進入訓練迴圈之前的「最後一個工作」是產生「優化器」和「幀計數器」。

```
with common.RewardTracker(writer, params['stop_reward']) as
reward_tracker:
    while True:
        frame_idx += 1
        buffer.populate(1)
        epsilon_tracker.frame(frame_idx)
```

在訓練迴圈開始的時候，我們會建立「獎勵追蹤器」，它會在每一「回合」結束的時候，回報「回合」的「平均獎勵」，將「幀計數器」加 1，並要求我們的「經驗重播緩衝區」從「經驗來源」中提取一個轉移。叫用 buffer.populate(1) 這個函數會啟動 PTAN lib 中的一連串操作：

- ExperienceReplayBuffer 會要求「經驗來源」提取下一個轉移。
- 「經驗來源」將當前「觀察」的結果提供給「代理人」，以便取得「行動」。
- 「代理人」將「類神經網路」應用於「觀察」之上，來計算「Q 值」，然後要求「行動選擇器」選取一個「行動」。
- 「行動選擇器」（它是一個「小值－貪婪法選擇器」）會產生「隨機亂數」來確認該以什麼方法選取「行動」：「貪婪法」或「隨機法」。無論是哪一種方法，選擇器都會以那個方式，挑選一個「行動」。
- 選取的「行動」會回傳到「經驗來源」，該「行動」會被輸入到「環境」之中，以便取得「獎勵」與「下一個觀察」。所有這些資訊（「當前觀察」、「行動」、「獎勵」和「下一個觀察」）將會回傳到緩衝區中。
- 轉換資訊將會被儲存到緩衝區中，並將最舊的「觀察」推出去，以便維持一個大小固定的緩衝區。

以上的內容看起來可能會讓人感覺很複雜，但是基本上，它與我們在前面章節中所完成的過程相同，只是以不同的方式包裝起來。

```
new_rewards = exp_source.pop_total_rewards()
if new_rewards:
    if reward_tracker.reward(new_rewards[0], frame_idx,
selector.epsilon):
        break
```

上面的訓練迴圈向「經驗來源」查詢「完成回合」的「獎勵」列表（未做折扣的總獎勵），並將它傳遞給「獎勵追蹤器」，以便檢查和回報訓練工作是否已經完成。由於我們之前只執行過一個時步，因此可能「只有一個」或「完全沒有」已經完成的「回合」。如果「獎勵追蹤器」回傳 **True**，則表示「平均獎勵」已達到分數門檻，我們就可以停止訓練了。

```
if len(buffer) < params['replay_initial']:
    continue
```

這裡我們檢查緩衝區的長度是否足以開始訓練。如果不夠的話，我們就繼續等待並收集更多的數據。

```
optimizer.zero_grad()
batch = buffer.sample(params['batch_size'])
loss_v = common.calc_loss_dqn(batch, net, tgt_net.target_
model, gamma=params['gamma'], device=device)
loss_v.backward()
optimizer.step()
```

這裡的程式碼執行標準的「隨機梯度下降法」（Stochastic Gradient Descent，SGD）更新。我們使用「零梯度」，從「經驗重播緩衝區」中進行小批採樣，並使用我們已經看過的函數來計算損失。

```
if frame_idx % params['target_net_sync'] == 0:
    tgt_net.sync()
```

訓練迴圈中的最後一個部分是：對我們（正在訓練）的主模型，與我們用「貝爾曼更新」計算「行動值」的目標網路，執行週期性的同步化。

好的，讓我們開始訓練模型，並檢查它的收斂性吧。

```
rl_book_samples/Chapter07$ ./01_dqn_basic.py --cuda
865: done 1 games, mean reward -20.000, eps 0.99, speed 364.42 f/s
2147: done 2 games, mean reward -20.500, eps 0.98, speed 493.27 f/s
3061: done 3 games, mean reward -20.333, eps 0.97, speed 493.09 f/s
3974: done 4 games, mean reward -20.500, eps 0.96, speed 492.45 f/s
4810: done 5 games, mean reward -20.600, eps 0.95, speed 490.46 f/s
5836: done 6 games, mean reward -20.500, eps 0.94, speed 495.29 f/s
6942: done 7 games, mean reward -20.571, eps 0.93, speed 491.58 f/s
7953: done 8 games, mean reward -20.500, eps 0.92, speed 491.78 f/s
9109: done 9 games, mean reward -20.444, eps 0.91, speed 492.71 f/s
...
```

在「下一個回合」結束的時候都會顯示「輸出中的每一行資訊」：目前「幀計數器」的值、完成的「回合」數目、最近 100 場比賽的「平均獎勵」、epsilon 和計算速度。前 1 萬幀的處理速度很快，因為我們其實並沒有在訓練，而是在累積經驗，等待「經驗重播緩衝區」被填滿。對於基本版的 DQN，通常需要大約 1 百萬幀才能達到 17 的「平均獎勵」，所以請耐心等待。訓練結束之後，我們可以用 TensorBoard 來檢查訓練過程的動態；圖中顯示 epsilon、「原始獎勵值」、「平均獎勵」和「速度」的圖表。

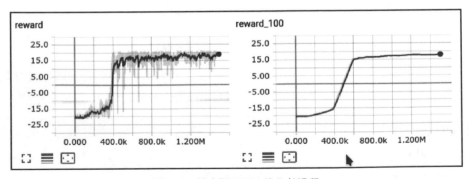

圖 7.1：基本版 DQN 的收斂過程

N 步 DQN

接下來，我們將要實作和評估的第一項改進，其實是很久以前就提出來的想法。它最初在 **Richard Sutton** 所發表的論文中被介紹（Sutton，1988 **[2]**）。為了能理解這個想法，讓我們再詳細看一下「Q 學習」中所使用的「貝爾曼更新」吧。

$$Q(s_t, a_t) = r_t + \gamma \max_a Q(s_{t+1}, a_{t+1})$$

這是一個遞迴方程式，這代表我們可以用 $Q(s_{t+1}, a_{t+1})$ 來表示方程式它自己；這個方程式可以展開為：

$$Q(s_t, a_t) = r_t + \gamma \max_a [r_{a,t+1} + \gamma \max_{a'} Q(s_{t+2}, a')]$$

值 $r_{a,t+1}$ 表示在時間 $t+1$、選用「行動」 a 之後的的區域獎勵。但是，如果我們假設在時間 $t+1$ 選用「行動」 a 是「最佳選擇」或「非常接近最佳狀態」的話，我們可以省略 max_a 和其相關操作，並得到如下公式：

$$Q(s_t, a_t) = r_t + \gamma r_{t+1} + \gamma^2 \max_{a'} Q(s_{t+2}, a')$$

這個值可以不斷地展開。也正如您可能已經猜到的那樣，我們可以用一個較長的 n 步轉換序列，逐步套用「一步轉換採樣」，輕鬆地將我們的 DQN 更新展開。要理解為什麼這樣的展開將有助於加速訓練過程，讓我們用下面的例子來說明。這裡我們有一個簡單的四個狀態：「s_1，s_2，s_3，s_4」的「環境」，而且除了 s_4 這一個「終端狀態」以外，每個狀態都只有一個唯一可以選用的「行動」。

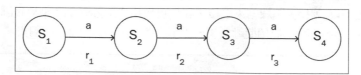

圖 7.2：一個簡單環境的轉換圖

那麼，在「一步」（one-step）的情況下到底會發生什麼事呢？我們有三個可能的更新（我們不用使用 max，因為只有一個唯一可用的「行動」）：

1. $Q(s_1,a) \leftarrow r_1 + \gamma Q(s_2,a)$
2. $Q(s_2,a) \leftarrow r_2 + \gamma Q(s_3,a)$
3. $Q(s_3,a) \leftarrow r_3$

讓我們想像一下,在訓練開始的時候,我們依此順序來完成上述的更新。前兩個更新沒什麼用,因為當前的 $Q(s_2,a)$ 和 $Q(s_3,a)$ 並不正確,包含的是隨機的初始數據。唯一有用的更新是「第三個更新」,它會在「終端狀態」之前,正確地將「獎勵 r_3」設給「狀態 s_3」。現在讓我們一遍又一遍地執行上述更新。在第二次迭代的時候,正確的值會被設給 $Q(s_2,a)$,但是 $Q(s_1,a)$ 的更新仍然包含雜訊。只有在第三次迭代的時候,我們才能獲得所有的有效「Q 值」。因此,即使在「一步」的情境下,也需要三個步驟才能將正確的值**傳播**到所有「狀態」。

現在讓我們考慮「**兩步**」(two-step)的情況。這種情況下仍有三個更新:

1. $Q(s_1,a) \leftarrow r_1 + \gamma r_2 + \gamma^2 Q(s_3,a)$
2. $Q(s_2,a) \leftarrow r_2 + \gamma r_3$
3. $Q(s_3,a) \leftarrow r_3$

這種情況下,在第一次更新迴圈中,會同時將正確的值設給 $Q(s_2,a)$ 和 $Q(s_3,a)$。在第二次迴圈迭代中,$Q(s_1,a)$ 的值也會被正確地更新。因此,「多步」(multiple steps)可以提高值的傳播速度,從而提高收斂性。好吧,你可能會想,如果它這麼有用,那麼我們就展開「貝爾曼方程式」很多很多步,比方說,向前 100 步。這樣就會以 100 倍的速度加快收斂性嗎?很不幸的是,**答案是否定的**。

不論我們多麼希望我們的 DQN 能收斂,但事實上它是不會收斂的。為了理解其中的緣由,讓我們再次看看我們的展開過程,特別是在我們停用 max_a 的情況下。停用是對的嗎?嚴格來說,**它不是**。我們的中間步驟省略了取「最大值」的運算,並假設我們在經驗收集期間,「行動」的選擇(或是以我們的「**策略**」選擇)是最佳的。如果它不是最佳的呢?例如,在訓練一開始的時候,我們的「代理人」是以隨機的方式在選取「行動」。在這種情況下,我們對 $Q(s_t,a_t)$ 的計算值,可能會小於「狀態」的最佳值(當我們以隨機的方式選用「行動」,而不是選用最大「Q 值」、選取最有希望的路徑的時候)。當所展開的「貝爾曼方程式」步驟越多,我們的更新就越不準確。

我們的大型「經驗重播緩衝區」會使這個情況更糟,因為它會增加「選到舊的不良策略」來做為「行動」的機會(以壞的「Q 近似」來表示)。這將導致當前「Q 近似」的錯誤更新,因此它很容易打亂我們的訓練進程。這裡介紹的問題,是「強化學習」方法的一個基本特徵,正如「第 4 章」中我們在討論「強化學習」方法分類時,簡單提到的那樣。它可以分成兩大類:「**異境策略**」(**off-policy**)和「**同境策略**」(**on-policy**)。

第一類「異境策略法」不會依賴於「**數據的新鮮度**」。例如，一個簡單的 DQN 就是「異境策略法」，這表示著我們可以選用幾百萬步之前、從「環境」中採樣的「非常舊的數據」，這些數據仍然有助於學習。因為我們是用「即時獎勵」加上當前最佳的折扣「行動近似值」，來更新「行動值」$Q(s_t, a_t)$。即使「行動」是隨機採樣的也沒有關係，因為對於這個在「狀態 s_t」的特定「行動 a_t」，我們的更新會是正確的。這就是為什麼在「異境策略法」中，我們可以使用非常大的「經驗緩衝區」來使我們的數據更接近於「**獨立且同分佈**」（**i.i.d.**）。

另一方面，「同境策略法」在（很大的程度上）是依賴於我們正在更新的「當前策略」，來進行採樣的訓練數據。之所以會發生這種情況，是因為「同境策略法」試圖以**間接的方式**改進「當前策略」（如上面的「n 步 DQN」），或試圖以**直接的方式**改進（本書的第三部分全部都會使用這類方法）。

那麼，哪一類方法比較好呢？這得看情況。「異境策略法」允許您用「大量的歷史數據」來做訓練，甚至可以用人類的示範來做訓練；但是在一般的情況下，它們的收斂速度會比較**慢**。「同境策略法」通常會比較**快**，但是它需要更多來自「環境」的新數據，這個代價可能會很昂貴。想像一下使用「同境策略法」訓練的自動駕駛汽車。在系統學會「牆壁」和「樹木」是它應該要避免的東西之前，你可能需要撞爛很多輛汽車。

你可能有一個疑問：如果這個「**n 步**」將 DQN 變成一個「同境策略法」，為什麼我們還要討論這個「n 步 DQN」？這不是會讓我們的大「經驗緩衝區」毫無作用嗎？在實務上，這通常不是非黑即白、絕對二分的。你仍然可以使用「n 步 DQN」，如果它有助於 DQN 加速收斂的話，但是你需要適當地選擇這個 n。通常**兩步或三步**這種小數字，效果會很好，因為我們在「經驗緩衝區」中的軌跡與一步轉移的差別並不大。在這種情況下，收斂速度通常會按比例地提高，但是**大的 n 值**則會破壞訓練過程。因此，步數需要花時間去微調，但是投資時間做微調，是可以得到回報的（收斂速度會提升）。

實作

由於 ExperienceSourceFirstLast 類別已經支援「多步貝爾曼展開」，因此我們的「n 步 DQN」實作其實非常簡單。我們只需要在「基本 DQN」中做兩項修改，就可以將它變成 n 步版本的 DQN：

- 在建立 `ExperienceSourceFirstLast` 的時候，傳入我們希望展開的步數 `steps_count` 當作參數。

- 將正確的「折扣因子」gamma 傳入 `calc_loss_dqn` 函數。這個修改很容易被忽視，但是不提供「折扣因子」可能會影響收斂性。由於我們的「貝爾曼方程式」現在是 n 步，經驗鏈中最後一個狀態的折扣係數將不再是 γ，而是 γ^n。

您可以在 `Chapter07/02_dqn_n_steps.py` 中找到完整的程式碼，下面僅列出必須修改的那幾行：

```
exp_source = ptan.experience.ExperienceSourceFirstLast(env, agent,
gamma=params['gamma'], steps_count=args.n)
```

參數 `args.n` 表示從命令列傳入的步數，預設值是 2。

```
        loss_v = common.calc_loss_dqn(batch, net, tgt_net.target_
model,
                            gamma=params['gamma']**args.
n, device=device)
```

下方的圖表是「DQN（淺色線）」和「2 步 DQN（深色線）」的「獎勵」和「平均 100 個獎勵」。

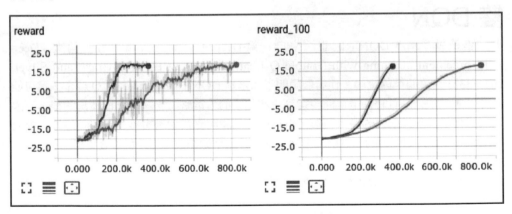

圖 7.3：「基本 DQN」與「2 步 DQN」的收斂過程比較圖

正如您在上圖中看到的那樣,「2 步 DQN」的收斂速度比「簡單的 DQN」快了兩倍,這顯然是一個很好的改進。那麼,更大的 n 呢?下面的圖表顯示了「2 步 DQN」(深色線)和「3 步 DQN」(淺色線):

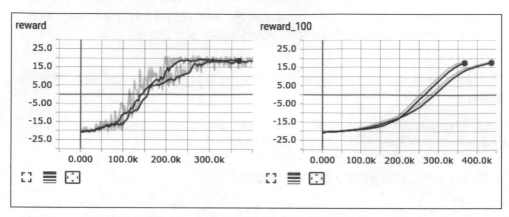

圖 7.4:「2 步 DQN」與「3 步 DQN」的收斂過程比較圖

與「2 步」相比,「3 步 DQN」沒有任何改進。由於最佳化過程是隨機的,因此您的結果圖可能會略有不同。

雙 DQN

下一個改進「基本 DQN」的想法來自一篇 DeepMind 研究人員發表的論文《Deep Reinforcement Learning with Double Q-Learning》(van Hasselt, Guez, and Silver, 2015 [3])。在這篇論文中,作者們證明了「基本 DQN」傾向於高估「Q 值」,這可能會降低訓練成效,有時甚至可能會選到「次佳」的「策略」。造成這種情況的根本原因是「貝爾曼方程式」中的最大運算,但是嚴謹的證明實在太過複雜,無法在這裡完整的寫出來。做為這個問題的一個解決方案,作者建議稍微修改一下「貝爾曼更新」。

在基本的 DQN 中,計算目標「Q 值」的公式如下:

$$Q(s_t, a_t) = r_t + \gamma \max_a Q'(s_{t+1}, a_{t+1})$$

Q(s$_{t+1}$, a$_t$) 是使用我們的「目標網路」來計算「Q 值」,因此我們每 n 步會更新一次「訓練網路」。該論文的作者提出:使用「訓練網路」為下一個「狀態」選擇「行動」,但是從「目標網路」中計算「Q 值」。因此新的「目標 Q 值」表達式如下所示:

$$Q(s_t, a_t) = r_t + \gamma \max_a Q'(s_{t+1}, \arg\max_a Q(s_{t+1}, a))$$

作者證明了，這個簡單的調整，可以完全修正高估「Q 值」的問題，他們稱這種新架構為：「**雙 DQN**」（**double DQN**）。

實作

實作的核心非常簡單。我們需要做的只是略微修改我們的「損失函數」。讓我們更進一步的來比較「基本 DQN」和「雙 DQN」所產生的「行動值」。為此，我們儲存一個「隨機狀態」的集合，並定期評估集合中每個狀態的「最佳行動」的平均值。

完整的程式碼在 Chapter07/03_dqn_double.py 中。我們先來看看「損失函數」。

```
def calc_loss(batch, net, tgt_net, gamma, device="cpu", double=True):
    states, actions, rewards, dones, next_states = common.unpack_
batch(batch)
```

額外的 double 參數可以開啟（或關閉）以「雙 DQN」的方式來計算「行動」。

```
    states_v = torch.tensor(states).to(device)
    next_states_v = torch.tensor(next_states).to(device)
    actions_v = torch.tensor(actions).to(device)
    rewards_v = torch.tensor(rewards).to(device)
    done_mask = torch.ByteTensor(dones).to(device)
```

以上的部分與之前的程式碼相同。

```
    state_action_values = net(states_v).gather(1, actions_v.
unsqueeze(-1)).squeeze(-1)
    if double:
        next_state_actions = net(next_states_v).max(1)[1]
        next_state_values = tgt_net(next_states_v).gather
(1, next_state_actions.unsqueeze(-1)).squeeze(-1)
    else:
        next_state_values = tgt_net(next_states_v).max(1)[0]
```

這裡在計算「雙 DQN」與「基本 DQN」損失函數的差異。如果啟用了「雙 DQN」，我們將使用主要的「訓練網路」計算下一個「狀態」的最佳「行動」、並選用它；但是與此「行動」相對應的「值」則來自「目標網路」。當然我們可以將 next_states_v 與 states_v 合併在一器，呼叫主要的「訓練網路」一次來完成這個計算，但是這樣一來，程式碼就不會那麼簡潔、清楚了。

```
    next_state_values[done_mask] = 0.0
    expected_state_action_values = next_state_values.detach() *
gamma + rewards_v
    return nn.MSELoss()(state_action_values, expected_state_action_
values)
```

函數其餘的部分跟前面介紹的程式碼相同：我們遮罩完成的「回合」，計算網路預測的「Q 值」與「近似 Q 值」之間的「均方誤差」（MSE）損失。我們最後一個函數在計算「狀態值」，如下所示。

```
def calc_values_of_states(states, net, device="cpu"):
    mean_vals = []
    for batch in np.array_split(states, 64):
        states_v = torch.tensor(batch).to(device)
        action_values_v = net(states_v)
        best_action_values_v = action_values_v.max(1)[0]
        mean_vals.append(best_action_values_v.mean().item())
    return np.mean(mean_vals)
```

這裡沒有什麼太複雜的地方：我們只是將「狀態」陣列拆分成相同大小的小塊，並將「每個小塊」傳給網路以便計算「行動值」。從這些值中，我們選擇具有最大值的「行動」並計算這些值的「平均值」。由於我們這個「狀態」陣列在整個訓練過程中，大小是固定的，且這個陣列夠大（我們的程式可以儲存 1000 個「狀態」），我們可以比較這兩個 DQN 平均值的動態。

檔案 03_dqn_double.py 其餘的部分是我們模型的訓練迴圈，它與之前的程式碼大致相同。

```
if __name__ == "__main__":
    params = common.HYPERPARAMS['pong']
    parser = argparse.ArgumentParser()
    parser.add_argument("--cuda", default=False, action="store_true",
help="Enable cuda")
    parser.add_argument("--double", default=False, action=
"store_true", help="Enable double DQN")
    args = parser.parse_args()
    device = torch.device("cuda" if args.cuda else "cpu")
```

這個程式碼有一個額外的命令列選項，可以來開啟或關閉「雙 DQN」擴充，以便能夠在訓練期間比較「行動值」（**請注意**，您需要明確地啟用「雙 DQN」選項）。

```
    env = gym.make(params['env_name'])
    env = ptan.common.wrappers.wrap_dqn(env)
```

```
    writer = SummaryWriter(comment="-" + params['run_name'] +
"-double=" + str(not args.no_double))
    net = dqn_model.DQN(env.observation_space.shape, env.action_
space.n).to(device)

    tgt_net = ptan.agent.TargetNet(net)
    selector = ptan.actions.EpsilonGreedyActionSelector(epsilon=params
['epsilon_start'])
    epsilon_tracker = common.EpsilonTracker(selector, params)
    agent = ptan.agent.DQNAgent(net, selector, device=device)

    exp_source = ptan.experience.ExperienceSourceFirstLast(env, agent,
gamma=params['gamma'], steps_count=1)
    buffer = ptan.experience.ExperienceReplayBuffer(exp_source,
buffer_size=params['replay_size'])
    optimizer = optim.Adam(net.parameters(), lr=params
['learning_rate'])

    frame_idx = 0
    eval_states = None
```

上面的程式碼與「基本 DQN」沒有什麼差別。在初始化「重播緩衝區」之後，會用儲存的「狀態」，設定變數 eval_states 的值。

```
    with common.RewardTracker(writer, params['stop_reward']) as
reward_tracker:
        while True:
            frame_idx += 1
            buffer.populate(1)
            epsilon_tracker.frame(frame_idx)

            new_rewards = exp_source.pop_total_rewards()
            if new_rewards:
                if reward_tracker.reward(new_rewards[0], frame_idx,
selector.epsilon):
                    break
            if len(buffer) < params['replay_initial']:
                continue
```

這部分跟前面相同。

```
            if eval_states is None:
                eval_states = buffer.sample(STATES_TO_EVALUATE)
                eval_states = [np.array(transition.state, copy=False)
for transition in eval_states]
                eval_states = np.array(eval_states, copy=False)
```

在這裡,我們執行「狀態」的初始建立,以便在訓練期間來進行評估。在程式一開始的時候定義常數 STATES_TO_EVALUATE 並將它設成 **1000**,這樣就夠大了,可以表示遊戲狀態。

```
                optimizer.zero_grad()
                batch = buffer.sample(params['batch_size'])
                loss_v = calc_loss(batch, net, tgt_net.target_model,
    gamma=params['gamma'], device=device, double=args.double)
                loss_v.backward()
                optimizer.step()

                if frame_idx % params['target_net_sync'] == 0:
                    tgt_net.sync()
```

這部分也沒有什麼太大的變化,除了我們傳遞給「損失函數」啟用或禁用「雙 DQN」的旗標。

```
                if frame_idx % EVAL_EVERY_FRAME == 0:
                    mean_val = calc_values_of_states(eval_states, net,
    device=device)
                    writer.add_scalar("values_mean", mean_val, frame_
    idx)
```

最後,對每 100 幀(定義在常數 EVAL_EVERY_FRAME 之中)我們計算「狀態」的平均值,並將它寫入 TensorBoard。

結果

要啟用「雙 DQN」擴充來做訓練,請傳入命令列參數 --double:

```
rl_book_samples/Chapter07$ ./03_dqn_double.py --cuda --double
1041: done 1 games, mean reward -19.000, speed 272.36 f/s, eps 0.99
2056: done 2 games, mean reward -19.000, speed 396.04 f/s, eps 0.98
3098: done 3 games, mean reward -19.000, speed 462.68 f/s, eps 0.97
3918: done 4 games, mean reward -19.500, speed 569.58 f/s, eps 0.96
4819: done 5 games, mean reward -19.600, speed 563.84 f/s, eps 0.95
5697: done 6 games, mean reward -19.833, speed 565.74 f/s, eps 0.94
6596: done 7 games, mean reward -20.000, speed 563.71 f/s, eps 0.93
...
```

要比較「基本 DQN」的「行動值」，請在不使用參數 --double 的情況下再訓練它一次。訓練需要花一些時間，具體的長短則取決於您本機的計算能量。在 GTX 1080Ti 的機器上，1 百萬幀大約需要兩個小時。「獎勵圖表」如下所示，儘管在訓練初期的動態非常相似，但是「雙 DQN」能更快地完成收斂。

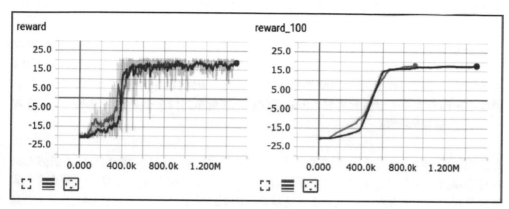

圖 7.5：「雙 DQN」（淺色線）與「基本 DQN」（深色線）的比較

同時，值的圖表顯示「基本 DQN」在大多數情況高估了「行動值」。在訓練結束的時候，甚至需要降低「基本 DQN」的值才能夠收斂。

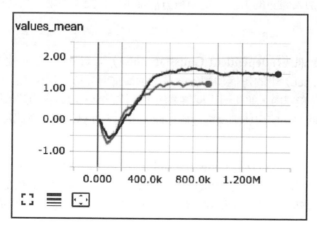

圖 7.6：「雙 DQN」（淺色線）與「基本 DQN」（深色線）的平均「行動值」

雜訊網路

下一個改進可以解決「強化學習」中的另一個問題：「**環境探索**」。這篇論文是《Noisy Networks for Exploration》（Fortunato and others, 2017 **[4]**），它的想法非常簡單：在訓練期間學習「探索」特徵，而不是用另外一個單獨的計劃來做「探索」。

「基本 DQN」透過選擇具有特殊定義的「超參數」epsilon 的隨機「行動」，來實現「探索」，而這個參數隨著時間的推移，會從 **1.0**（完全隨機「行動」）慢慢降低至 **0.1** 或 **0.02** 的一個很小的比率。這個過程適用於具有「**短回合**」的簡單「環境」，在遊戲過程中，沒有太多不平穩的情況；但是即使在這麼簡單的情況下，也需要進行「參數調校」來提高訓練的速度。

在上面的論文中，作者提出了一個非常簡單、但是可以順利解決問題的方案。這個方法會將「雜訊」加入網路中的「完全連接層」加權，並在訓練期間，使用「反傳遞法」調整這些雜訊參數。當然，這種方法不應該與「由網路決定在哪裡該更深入地探索」相混淆，這其實是一種更為複雜的方法，也得到了廣泛的支援（例如，請參閱本章最後的**參考文獻**當中，有關「內在動機」與「基於計數探索方法」的文章，即 **[5]** 或 **[6]**）。

作者提出了兩種加入雜訊的方法，這兩種方法都可以根據「經驗」來進行，但是有不同的計算量：

1. **獨立高斯雜訊（Independent Gaussian noise）**：對於「完全連接層」（fully-connected layer）中的每個加權，都有一個從常態分佈中採樣的隨機值。雜訊參數 μ 和 σ 儲存在層內，並使用「反傳遞法」進行訓練，這與我們訓練標準線性層加權的方式是相同的。使用與訓練線性層相同的方式，計算這個「雜訊層」的輸出。

2. **分解高斯雜訊（Factorized Gaussian noise）**：為了最小化「需要採樣的隨機值」的數目，作者建議僅使用兩個隨機向量：一個向量的大小與**輸入數據**相同，另一個向量的大小則與**輸出層**的大小相同。然後，計算向量外積來建立該層的隨機矩陣。

實作

在 PyTorch 中，這兩種方法都可以很容易地以非常簡單的方式實作。我們只需要建立我們自己的 nn.Linear 層，建立的時候，會搭配使用由呼叫 forward() 函數所產生的額外隨機採樣值。我實作了兩個雜訊層，它們在檔案 Chapter07/lib/dqn_model.py 中

的 NoisyLinear 類別（**獨立高斯雜訊**）和 NoisyFactorizedLinear 類別（**分解高斯雜訊**）。

```
class NoisyLinear(nn.Linear):
    def __init__(self, in_features, out_features, sigma_init=0.017,
bias=True):
        super(NoisyLinear, self).__init__(in_features, out_features,
bias=bias)
        self.sigma_weight = nn.Parameter(torch.full((out_features,
in_features), sigma_init))
        self.register_buffer("epsilon_weight", torch.zeros(out_
features, in_features))
        if bias:
            self.sigma_bias = nn.Parameter(torch.full((out_features,),
sigma_init))
            self.register_buffer("epsilon_bias", torch.zeros(out_
features))
        self.reset_parameters()
```

在建構函數中，我們為 σ（**sigmas**）建立一個矩陣（μ 的值則會儲存在一個從 nn.Linear 繼承過來的矩陣中）。為了使 sigmas 可以被訓練，我們需要將這個「張量」包裝在 nn.Parameter 之中。register_buffer 方法會建立一個網路中的張量，在反傳遞期間不會更新，而是由 nn.Module 來處理（例如：呼叫函數 cuda() 就會將它複製到 GPU 之中）。另外，我們也會為雜訊層的「偏移」（bias）建立額外的「參數」和「緩衝區」。參數 sigmas 的初始值設為 **0.017**，與本節一開始所引用、關於「雜訊網路」論文中所描述的一樣。最後，我們呼叫 reset_parameters() 方法，該方法「覆寫」從 nn.Linear 繼承過來的方法，它會執行雜訊層的初始化。

```
def reset_parameters(self):
    std = math.sqrt(3 / self.in_features)
    self.weight.data.uniform_(-std, std)
    self.bias.data.uniform_(-std, std)
```

在 reset_parameters 方法中，我們執行 nn.Linear 的初始化，並依照原始論文中的建議設定「加權」和「偏移」。

```
def forward(self, input):
    self.epsilon_weight.normal_()
    bias = self.bias
    if bias is not None:
        self.epsilon_bias.normal_()
        bias = bias + self.sigma_bias * self.epsilon_bias
    return F.linear(input, self.weight + self.sigma_weight *
self.epsilon_weight, bias)
```

在前饋方法中，我們對「加權」和「偏移」緩衝區，隨機採樣作為雜訊，並以與 nn.Linear 相同的方式，對輸入數據做線性變換。「分解高斯雜訊」以類似的方式完成，我發現結果並沒有太大的差異。我將它的程式碼列在下面，純粹只是為了文本的完整性。如果這還沒有滿足您的好奇心，您可以在原始論文中找到相關的細節和方程式（**[4]**）。

```
class NoisyFactorizedLinear(nn.Linear):
    def __init__(self, in_features, out_features, sigma_zero=0.4,
bias=True):
        super(NoisyFactorizedLinear, self).__init__(in_features,
out_features, bias=bias)
        sigma_init = sigma_zero / math.sqrt(in_features)
        self.sigma_weight = nn.Parameter(torch.full((out_features,
in_features), sigma_init))
        self.register_buffer("epsilon_input", torch.zeros
(1, in_features))
        self.register_buffer("epsilon_output", torch.zeros
(out_features, 1))
        if bias:
            self.sigma_bias = nn.Parameter(torch.full((out_features,),
sigma_init))

    def forward(self, input):
        self.epsison_input.normal_()
        self.epsilon_output.normal_()

        func = lambda x: torch.sign(x) * torch.sqrt(torch.abs(x))
        eps_in = func(self.epsilon_input)
        eps_out = func(self.epsilon_output)

        bias = self.bias
        if bias is not None:
            bias = bias + self.sigma_bias * eps_out.t()
        noise_v = torch.mul(eps_in, eps_out)
        return F.linear(input, self.weight + self.sigma_weight *
noise_v, bias)
```

從實作的角度來看，就是這樣而已了。我們現在想要做的是，將「基本 DQN」轉換為 NoisyNet 變形，而這只需使用 NoisyLinear 層（或是 NoisyFactorizedLinear，如果您需要的話）來替換 nn.Linear（它們是我們 DQN 網路中的最後兩層）。當然，您必須刪除與「小值－貪婪」策略相關的所有程式碼。為了檢查訓練期間的內部雜訊等級，我們可以監測雜訊層的「**訊噪比**」（signal-to-noise ratio，**SNR**），它是 RMS（μ）／ RMS（σ）的比率，其中 RMS 是相對於加權的平方根。在我們的範例中，SNR 表示雜訊層中「固定元件」大於「插入雜訊」的次數。

我們的 NoisyNet 樣本訓練程式在 Chapter07/04_dqn_noisy_net.py 之中。讓我們來看看程式碼中與「基本 DQN」版本不同的地方：

```
class NoisyDQN(nn.Module):
    def __init__(self, input_shape, n_actions):
        super(NoisyDQN, self).__init__()

        self.conv = nn.Sequential(
            nn.Conv2d(input_shape[0], 32, kernel_size=8, stride=4),
            nn.ReLU(),
            nn.Conv2d(32, 64, kernel_size=4, stride=2),
            nn.ReLU(),
            nn.Conv2d(64, 64, kernel_size=3, stride=1),
            nn.ReLU()
        )
```

雜訊 DQN 的開頭部分與之前程式碼相同。差異在於網路其餘的部分。

```
        conv_out_size = self._get_conv_out(input_shape)
        self.noisy_layers = [
            dqn_model.NoisyLinear(conv_out_size, 512),
            dqn_model.NoisyLinear(512, n_actions)
        ]
        self.fc = nn.Sequential(
            self.noisy_layers[0],
            nn.ReLU(),
            self.noisy_layers[1]
        )
```

以相對應的輸入、輸出形狀來建立雜訊層。我們將它們放入串列中以便後續可以存取並使用它們。

```
    def _get_conv_out(self, shape):
        o = self.conv(torch.zeros(1, *shape))
        return int(np.prod(o.size()))

    def forward(self, x):
        fx = x.float() / 256
        conv_out = self.conv(fx).view(fx.size()[0], -1)
        return self.fc(conv_out)
```

「取得卷積部分形狀的函數」以及「forward()」與以前相同。我們的類別有一個額外的函數，用來計算雜訊層的 SNR。

```
def noisy_layers_sigma_snr(self):
    return [
        ((layer.weight ** 2).mean().sqrt() / (layer.sigma_weight
** 2).mean().sqrt()).data.cpu().numpy()[0]
        for layer in self.noisy_layers
    ]
```

訓練迴圈也與之前完全相同，除了一個額外的部分：每隔 500 幀，我們會查詢來自網路雜訊層的 SNR 值，並將它們寫到 TensorBoard 之中。

```
if frame_idx % 500 == 0:
    snr_vals = net.noisy_layers_sigma_snr()
    for layer_idx, sigma_l2 in enumerate(snr_vals):
        writer.add_scalar("sigma_snr_layer_%d" %
        (layer_idx+1),
                          sigma_l2, frame_idx)
```

結果

訓練結束之後，TensorBoard 圖表顯示「雜訊網路」有更好的訓練動態。這個模型能夠在不到 60 萬幀的情況下達到 18 的平均分數。

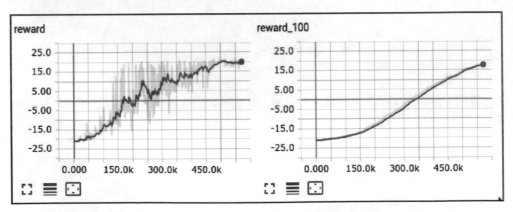

圖 7.7：「雜訊網路」的收斂過程

與「基本 DQN」相比，這是一個重大改進（圖 7.7 當中的深色線是「雜訊 DQN」，淺色線是「基本 DQN」）。下圖顯示了**前 1 百萬幀**的訓練動態。

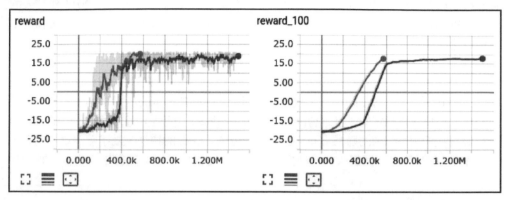

圖 7.8：「雜訊網路」（淺色線）與「基本 DQN」（深色線）的比較

檢查下面的 SNR 圖之後，您應該會注意到在這兩層中，雜訊等級都以**非常快**的速度降低。第一層的雜訊從 1 到 1/2.5。第二層更有趣，因為它的雜訊等級從開始的 1/3 減少到 1/16，但是在 250k 幀之後，它會與原始「獎勵」攀升到接近 20 分時候的水準大致相同，然後最後一層的雜訊會開始增加，強迫「代理人」做更多「環境探索」。這其實很合理，因為在達到高分後，「代理人」基本上知道如何以一個好的程度來玩遊戲，但仍然需要**最佳化**它的「行動」，來進一步地改進結果。

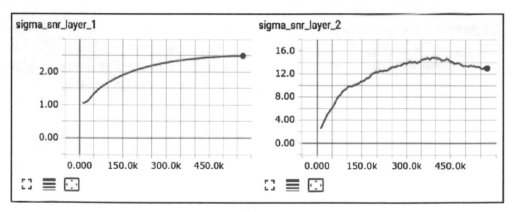

圖 7.9：訓練期間雜訊等級的變化

優先重播緩衝區

關於如何改進 DQN 訓練，下一個非常有用的想法是由 Schaul 等人，在 2015 年發表的論文《Prioritized Experience Replay》當中所提出（[7]）。該方法試著以「訓練損失」對樣本排優先順序，以便提高「重播緩衝區法」的採樣效率。

「基本 DQN」使用「重播緩衝區法」來打破我們「回合」中轉換之間的相關性。正如我們在「第 6 章」中，討論的那樣，我們在「回合」中的轉換是高度相關的，因為大多數的時候「環境」是**穩定**的，且不會因為我們選用不同的「行動」而有變化。但是，SGD 方法假設我們用來訓練的數據具有「獨立且同分佈」i.i.d. 的特性。為了解決這個問題，「基本 DQN」使用一個很大的「轉換緩衝區」，隨機採樣以便取得下一「批」訓練樣本。

這篇論文的作者對這種「單一的隨機抽樣策略」提出了質疑，並且證明了：根據「訓練損失」來對緩衝區中的樣本指派「優先等級」，然後以這些「優先等級」的比例來做採樣的話，我們可以顯著地**提高 DQN 的收斂性和策略的品質**。這種方法可以被視為是「**多用那些會令您驚喜的數據來做訓練**」。這裡最巧妙的地方是：如何在「**不尋常的樣本**」與「緩衝區中剩餘的樣本」之間，保持平衡地進行訓練。如果我們只關心緩衝區中的一小部分樣本，這樣我們就會失去「獨立且同分佈」的特性，而且會「過度適合」（overfit）於這個小樣本子集合。

從**數學**的角度來看，緩衝區中每個樣本的「優先等級」等於：$P(i) = \frac{p_i^\alpha}{\sum_k p_k^\alpha}$，其中 p_i 是緩衝區中「優先等級」第 i 個的樣本，α 則是指我們「優先等級」的加權倍數。如果 $\alpha = 0$，我們會變得跟傳統的 DQN 方法一樣均勻地採樣。α 值越大，就會對具有「更高優先等級的樣本」給予更大的抽樣頻率。因此它是另一個可以微調的「超參數」；論文所使用的 α，起始值為 0.6。

論文中提出了幾種如何定義「優先等級」的方法，在這個特定的範例中，最受歡迎的方法是以「貝爾曼更新」損失的比例來分等級。只有具有「最大優先等級」的新樣本，才會被加入緩衝區中，以確保它們很快就會被採樣。

透過調整樣本的「優先等級」，我們在數據分佈中導入「偏移」（我們對其中一些轉換更頻繁地採樣），它是為了要讓 SGD 能夠正常運作的必要補償值。為了得到這個結果，這個研究論文的作者使用了樣本加權，需要將它乘上「個別樣本損失」。每個樣本的加權值被定義為：$w_i = (N \cdot P(i))^{-\beta}$，其中的 β 是另一個「超參數」，值域在 **0** 與 **1** 之間。當 $\beta = 1$ 的時候，採樣過程中導入的「偏移」是會被完全地補償掉的，但是作者已

經明確地表示，β 一開始的初始值應該在 **0** 和 **1** 之間，並在訓練期間慢慢增加到 **1**，這樣是最有助於收斂的。

實作

要實作此方法，我們必須要修改部分的程式碼。首先，我們需要一個全新的「重播緩衝區」來追蹤「優先等級」、依據它們來採樣一批數據、計算加權，並在我們取得損失之後，更新「優先等級」。第二個修改是損失函數本身。現在我們不僅需要為每個樣本考慮加權，而且還需要將損失值傳回「重播緩衝區」，以便調整採樣轉換的「優先等級」。

在範例檔案 Chapter07/05_dqn_prio_replay.py 中，我們實作了所有這些修改。為簡單起見，新的「優先重播緩衝區」類別使用一個很簡單的儲存方法，與之前的「重播緩衝區」非常類似。很遺憾的是，這個設定「優先等級」的新需求，使得我們無法在 **O(1)** 常數時間內，完成緩衝區大小的採樣。如果我們使用簡單串列，那麼每次我們採樣新批次的時候，都需要掃描所有「優先等級」，才能讓我們的批次採樣可以在 **O(N)** 完成。如果我們的緩衝區很小，例如，100k 個樣本的話，還不會是什麼大問題，但是處理包含數百萬次轉換的大「重播緩衝區」的即時系統，就會是一個問題了。還有其他儲存方式可以在 **O(log N)** 時間內進行有效的採樣，例如，使用分段樹狀資料結構（segment tree data structure）。您可以在 OpenAI Baselines 專案中找到這些類別的實作：https://github.com/openai/baselines。

讓我們看一下「優先重播緩衝區」的範例吧。

```
PRIO_REPLAY_ALPHA = 0.6
BETA_START = 0.4
BETA_FRAMES - 100000
```

在一開始的時候，我們先定義樣本的「優先等級」的 α 值，以及定義 β 參數的變更方式。在前 100k 幀中，我們的 β 會從 0.4 變成 1.0。

```
class PrioReplayBuffer:
    def __init__(self, exp_source, buf_size, prob alpha=0,6):
        self.exp_source_iter = iter(exp_source)
        self.prob_alpha = prob_alpha
        self.capacity = buf_size
        self.pos = 0
        self.buffer = []
        self.priorities = np.zeros((buf_size, ), dtype=np.float32)
```

處理「優先重播緩衝區」的類別會將樣本儲存在 NumPy 陣列的「環形緩衝區」中（它可以讓我們儲存固定數量的元素，而不需要重新配置串列），以便紀錄「優先等級」。我們還會將迭代器儲存到「經驗來源」物件，以便從「環境」中提取樣本。

```python
def __len__(self):
    return len(self.buffer)

def populate(self, count):
    max_prio = self.priorities.max() if self.buffer else 1.0
    for _ in range(count):
        sample = next(self.exp_source_iter)
        if len(self.buffer) < self.capacity:
            self.buffer.append(sample)
        else:
            self.buffer[self.pos] = sample
        self.priorities[self.pos] = max_prio
        self.pos = (self.pos + 1) % self.capacity
```

函數 populate() 會從 ExperienceSource 物件中提取給定數量的轉換，並將它們儲存在緩衝區中。由於我們的轉換是以「環形緩衝區」（circular buffer）的方式來實作，因此這個緩衝區中，有兩種不同的情況：

1. 當我們的緩衝區還沒有達到「最大容量」時，我們只需要將「新的轉換」加入緩衝區中。

2. 當緩衝區已經被填滿時，我們要將「最舊的轉換」覆蓋掉，並調整類別屬性 pos 所記錄的元素位置與緩衝區大小。

```python
def sample(self, batch_size, beta=0.4):
    if len(self.buffer) == self.capacity:
        prios = self.priorities
    else:
        prios = self.priorities[:self.pos]
    probs = prios ** self.prob_alpha
    probs /= probs.sum()
```

在 sample 方法中，我們需要使用 α 超參數將「優先等級」轉為「機率」。

```python
        indices = np.random.choice(len(self.buffer), batch_size, p=probs)
        samples = [self.buffer[idx] for idx in indices]
```

然後，我們使用這些機率，對緩衝區進行採樣，來取得一批樣本。

```
total = len(self.buffer)
weights = (total * probs[indices]) ** (-beta)
weights /= weights.max()
return samples, indices, weights
```

而在最後一步，我們計算批次中的樣本加權，並回傳三個物件：批次（batch）、索引（indices）和加權（weights）。我們需要批次樣本的索引，以便「更新」抽樣元素的「優先等級」。

```
def update_priorities(self, batch_indices, batch_priorities):
    for idx, prio in zip(batch_indices, batch_priorities):
        self.priorities[idx] = prio
```

「優先重播緩衝區」的最後一個函數允許我們「更新」已處理批次的新「優先等級」。函數呼叫者有義務以批次的損失，呼叫這個函數。

範例中的下一個自定函數是「計算損失的函數」。由於 PyTorch 中的 MSELoss 類別不支援加權（這是可以理解的，因為在迴歸問題中 MSE 就是損失，而樣本的加權則通常用於分類損失），因此，我們必須計算 MSE，並明確地將結果乘上加權。

```
def calc_loss(batch, batch_weights, net, tgt_net, gamma,
device="cpu"):
    states, actions, rewards, dones, next_states = common.unpack_
batch(batch)

    states_v = torch.tensor(states).to(device)
    next_states_v = torch.tensor(next_states).to(device)
    actions_v = torch.tensor(actions).to(device)
    rewards_v = torch.tensor(rewards).to(device)
    done_mask = torch.ByteTensor(dones).to(device)
    batch_weights_v = torch.tensor(batch_weights).to(device)

    state_action_values = net(states_v).gather(1, actions_v.
unsqueeze(-1)).squeeze(-1)
    next_state_values = tgt_net(next_states_v).max(1)[0]
    next_state_values[done_mask] = 0.0
```

函數開頭的部分與之前完全相同,除了「樣本加權陣列」這個額外的參數以外,我們只需要將它轉成「張量」並放在 GPU 上。

```
    expected_state_action_values = next_state_values.detach() *
gamma + rewards_v
    losses_v = batch_weights_v * (state_action_values - expected_
state_action_values) ** 2
    return losses_v.mean(), losses_v + 1e-5
```

最後這一部分在計算損失;我們不使用函式庫所支援的工具,而是以自己編寫的程式碼來實作 MSE 損失。這可以讓我們考量樣本的加權,並紀錄每個樣本個別的損失值。這些值將會被傳遞到「優先重播緩衝區」,以便更新「優先等級」。我們會對每個損失,額外加上一個非常小的值來處理「**零損失值**」(zero loss value)的情況,「零損失值」會導致「**零優先等級**」。

現在,來看看我們的訓練迴圈。

```
if __name__ == "__main__":
    params = common.HYPERPARAMS['pong']
    parser = argparse.ArgumentParser()
    parser.add_argument("--cuda", default=False, action="store_true",
help="Enable cuda")
    args = parser.parse_args()
    device = torch.device("cuda" if args.cuda else "cpu")

    env = gym.make(params['env_name'])
    env = ptan.common.wrappers.wrap_dqn(env)

    writer = SummaryWriter(comment="-" + params['run_name'] + "-prio-
replay")
    net = dqn_model.DQN(env.observation_space.shape, env.action_
space.n).to(device)
    tgt_net = ptan.agent.TargetNet(net)
    selector = ptan.actions.EpsilonGreedyActionSelector(epsilon=params
['epsilon_start'])
    epsilon_tracker = common.EpsilonTracker(selector, params)
    agent = ptan.agent.DQNAgent(net, selector, device=device)

    exp_source = ptan.experience.ExperienceSourceFirstLast(env, agent,
gamma=params['gamma'], steps_count=1)
    buffer = PrioReplayBuffer(exp_source, params['replay_size'], PRIO_
REPLAY_ALPHA)
    optimizer = optim.Adam(net.parameters(), lr=params['learning_
rate'])
```

初始化部分您應該已經非常熟悉了，我們會在初始化的時後建立所有必要的物件，而與之前**唯一的差別**是，這裡使用了 `PrioReplayBuffer` 而不是簡單的「重播緩衝區」。

```
    frame_idx = 0
    beta = BETA_START
    with common.RewardTracker(writer, params['stop_reward']) as
reward_tracker:
        while True:
            frame_idx += 1
            buffer.populate(1)
            epsilon_tracker.frame(frame_idx)
            beta = min(1.0, BETA_START + frame_idx * (1.0 - BETA_
START) / BETA_FRAMES)
```

在訓練迴圈中（與之前一樣）我們會從「經驗來源」中選取一個轉移，並根據自定的計劃來更新 epsilon。我們使用類似於 epsilon 遞減的時間表，線性地增加「β 超參數」，來調整「優先重播緩衝區」加權。

```
            new_rewards = exp_source.pop_total_rewards()
            if new_rewards:
                writer.add_scalar("beta", beta, frame_idx)
                if reward_tracker.reward(new_rewards[0], frame_idx,
selector.epsilon):
                    break

            if len(buffer) < params['replay_initial']:
                continue
```

和前面一樣，我們追蹤已完成「回合」的「總獎勵」，現在顯示訓練期間 β 的變化。

```
            optimizer.zero_grad()
            batch, batch_indices, batch_weights = buffer.
sample(params['batch_size'], beta)
            loss_v, sample_prios_v = calc_loss(batch, batch_weights,
net, tgt_net.target_model, params['gamma'], device=device)
            loss_v.backward()
            optimizer.step()
            buffer.update_priorities(batch_indices, sample_prios_v.
data.cpu().numpy())
```

「優化器」的叫用與「基本 DQN」版不同。首先，我們取自緩衝區的樣本，現在回傳的不再是單一批次，而是一次回傳三個值：批次、樣本索引和它的加權。我們將「批次」和「加權」傳給損失函數，計算結果包含兩個物件：第一個是我們用來反傳遞的「累積

損失值」，第二則是一個「張量」，它包含「批次」中每一個樣本的損失值。我們反傳
遞「累積損失」，並要「優先重播緩衝區」更新樣本的「優先等級」。

結果

這個例子可以正常地訓練。以下是與「基本 DQN」相比較的獎勵動態。

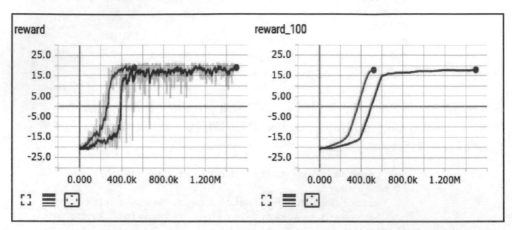

圖 7.10：「優先重播緩衝區」（上方）與「基本 DQN」（下方）相比較的獎勵動態

正如預期的那樣，使用「優先重播緩衝區」的樣本顯示了更好的收斂動態。

對決 DQN

這一個 DQN 的改進法是在 2015 年被提出來的。這篇論文是由 Wang 等人在 2015 年所
發表的《Dueling Network Architectures for Deep Reinforcement Learning》（Wang
et al., 2015 [8]）。本論文的核心在於，我們的網路試圖近似出的「Q 值」 $Q(s, a)$，事實
上可以用「分量」來處理：「狀態值」 $V(s)$ 和這個「狀態 s」與「行動 a」的優勢 $A(s,
a)$。我們之前已經詳細介紹過 $V(s)$ 分量，因為它是第 5 章「值迭代法」的核心。而它
就等於從這個「狀態」可以獲得的「折扣預期獎勵」。優勢 $A(s, a)$ 則是橋接從 $A(s)$ 到
$Q(s, a)$ 的鴻溝，根據定義： $Q(s, a) = V(s) + A(s, a)$。換句話說，優勢 $A(s, a)$ 只是一個
「差額」，表示一個「狀態」搭配某些特定「行動」時，能給我們帶來多少的「額外獎
勵」。優勢可能是正的，也可能是負的，一般來說，可以是任何大小。例如，在某個
「臨界點」 上，選擇某一個「行動」而不是另一個「行動」的話，可能會讓我們流失大
量的總獎勵。

上述論文的貢獻在於它明確地區分了網路架構中的「值」和「優勢」，它可以為 Atari 基準測試提供更好的訓練穩定性、更快的收斂性和更好的結果。它與傳統 DQN 網路的架構差異如下圖所示。「基本 DQN 網路」（上子圖）從「卷積層」提取特徵，並使用「完全連接層」將它們轉換為「Q 值」向量，每個「行動」有一個「Q 值」。另一方面，「對決 DQN」（dueling DQN，下子圖）則是使用兩條**獨立的路徑**來處理卷積特徵：一條路徑負責 $V(s)$ 預測，它是一個單一的數字，另一條路徑則預測各個優勢值，它的大小與「基本 DQN 網路」中「Q 值」的維度相同。然後，我們將每個 $A(s, a)$ 加上 $V(s)$，以便取得 $Q(s, a)$，然後它就會被一如往常的使用和訓練。

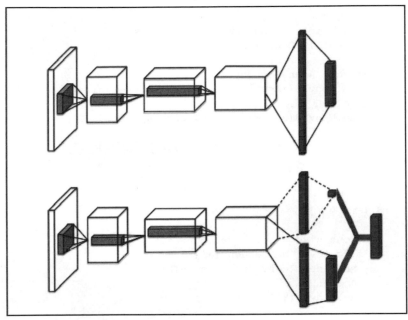

圖 7.11：「基本 DQN」（上）與「對決 DQN」（下）

單單修改網路架構還不足以確保網路會按照我們的想法去學習 $V(s)$ 和 $A(s, a)$。例如，並沒有什麼能夠阻止網路在 $A(s)= [1,2,3,4]$ 的情況下，預測某些「狀態」的 $V(s)= 0$，但是這完全是錯誤的，因為所預測的 $V(s)$ 根本不是這個「狀態」預期的「值」。我們還需要設定一個限制：我們希望任何「狀態優勢」的平均值都是零。在這種情況下，上面範例的正確預測是 $V(s)= 2.5$，$A(s)= [-1.5, -0.5, 0.5, 1.5]$。

這個限制可以用各種不同的方式來完成，例如，經由損失函數來完成；但是在原始的論文中，作者提出了一種非常精巧、優雅的解決方式，就是將網路中的 Q 減去「優勢」的平均值，這樣可以非常有效率地將「優勢」的平均值「正規化」到 0：

$Q(s,a) = V(s) + A(s,a) - \frac{1}{N} \sum_k A(s,k)$。這能讓我們在「基本 DQN」中做修改變得非常簡單:您只需要更改網路架構,就能將它轉換成「對決 DQN」,而不會影響其他部分的實作。

實作

檔案 Chapter07/06_dqn_dueling.py 中包含了完整的範例,所以在這裡我只展示網路類別。

```python
class DuelingDQN(nn.Module):
    def __init__(self, input_shape, n_actions):
        super(DuelingDQN, self).__init__()

        self.conv = nn.Sequential(
            nn.Conv2d(input_shape[0], 32, kernel_size=8, stride=4),
            nn.ReLU(),
            nn.Conv2d(32, 64, kernel_size=4, stride=2),
            nn.ReLU(),
            nn.Conv2d(64, 64, kernel_size=3, stride=1),
            nn.ReLU()
        )
```

「卷積層」與以前完全相同。

```python
        conv_out_size = self._get_conv_out(input_shape)
        self.fc_adv = nn.Sequential(
            nn.Linear(conv_out_size, 512),
            nn.ReLU(),
            nn.Linear(512, n_actions)
        )
        self.fc_val = nn.Sequential(
            nn.Linear(conv_out_size, 512),
            nn.ReLU(),
            nn.Linear(512, 1)
        )
```

我們不是定義一個「完全連接層」的路徑,而是建立兩個不同的轉換:一個給「優勢」(advantages),一個用在「值預測」(value prediction)。

```python
    def _get_conv_out(self, shape):
        o = self.conv(torch.zeros(1, *shape))
        return int(np.prod(o.size()))

    def forward(self, x):
```

```
fx = x.float() / 256
conv_out = self.conv(fx).view(fx.size()[0], -1)
val = self.fc_val(conv_out)
adv = self.fc_adv(conv_out)
return val + adv - adv.mean()
```

由於 PyTorch 強大的表達能力，`forward()` 函數的修改也是非常簡單：我們計算一批樣本的「值」和「優勢」，並將它們加在一起，減去「優勢」的平均值，來取得最後的「Q值」。

結果

在完成「對決 DQN」的訓練之後，我們可以使用乒乓遊戲，將它與「基本 DQN」的收斂性進行比較，如下圖所示。

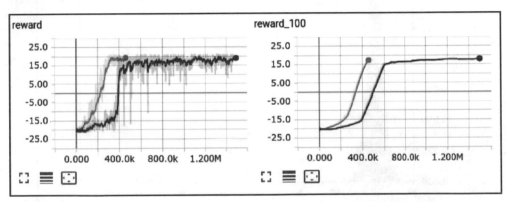

圖 7.12：「對決 DQN」（淺色線）與「基本 DQN」的收斂性比較（深色線）

類別 DQN

我們所介紹的 DQN 改進方法中，最後一個也是最複雜的一個是 DeepMind 於 2017 年 6 月所發表的最新論文，名為《A Distributional Perspective on Reinforcement Learning》（Bellemare, Dabney and Munos 2017 [9]）。

本文作者在論文中質疑「Q 學習」的基本部分：「Q 值」和我們嘗試用「更一般的 Q 值機率分佈」來代替這些「Q 值」。讓我們試著去理解這個想法。「Q 學習」和「值迭代法」都使用以簡單數字來表示的「行動值」或「狀態值」，以此來表示我們可以從「狀

態」或「行動」中獲得多少「**總獎勵**」。但是將所有可能的「未來獎勵」壓縮成一個數字，是否真的可行？在一個複雜的「環境」中，未來可能是隨機的，以不同的機率分佈，提供給我們不同的「值」。例如，想像一下當你一如往常地從家裡開車上班的通勤情境。在大多數情況下，交通量不會很大，大約需要 30 分鐘就能抵達目的地。但是這不是真的剛剛好 30 分鐘，而是指**平均**而言是 30 分鐘。我們不時會遇到修路或遭遇事故，而由於這些意外所造成的交通擁堵，你可能需要花三倍以上的時間才能去上班。因此你的通勤的時間可以用隨機變數「**通勤時間**」的機率分佈來表示，如下圖所示。

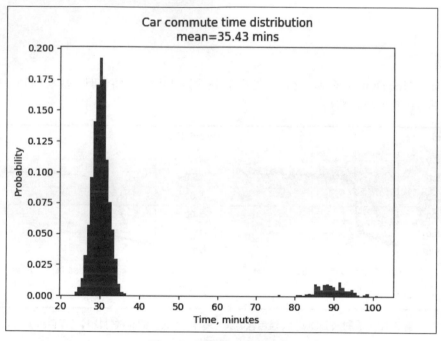

圖 7.13: 通勤時間的機率分佈

現在想像一下你有另外一種通勤方式：**坐火車**。這會需要更長的時間，因為你需要先從家裡到火車站，再從火車站到辦公室，但是這個方式比較可靠。比如說，火車通勤時間平均為 40 分鐘，但是火車被事故影響的可能性相對較小；假設火車誤點大概會多花 20 分鐘的話，那麼坐火車通勤的時間分佈如下圖所示。

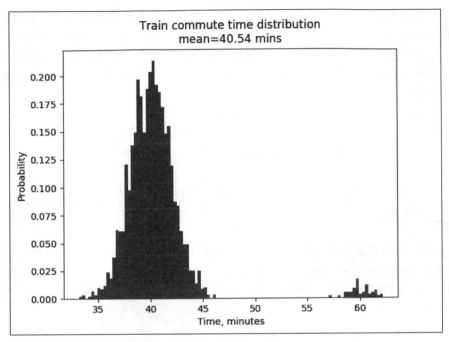

圖 7.14：火車通勤時間的機率分佈

想像一下，現在我們想要決定該如何通勤。如果我們只知道自己開車和坐火車的平均通勤時間的話，那麼自己開車看起來比較有吸引力，平均只需要 35.43 分鐘，這比坐火車通勤的 40.54 分鐘來得好。但是，如果我們細看完整的分佈，我們可能會決定坐火車通勤，因為在最糟糕的情況下，自己開車要花 1 小時 30 分鐘，坐火車通勤只要 1 小時。以統計的專業術語來說，自己開車的「**變異數**」（**variance**）比坐火車的「**變異數**」大很多，所以，如果你必須在 60 分鐘內抵達辦公室，坐火車絕對比較好。

這個想法由 Bellemare 等人在《A Distributional Perspective on Reinforcement Learning》這篇論文中提出（**[9]**）。當底層分佈很複雜時，為什麼我們要限制自己以「行動平均值」來做預測呢？或許我們直接使用機率分佈，結果反而會更好。

事實上該論文的結果顯示，這個想法的確很有幫助，但它的代價是導入了一個更複雜的方法。我不會在這裡介紹嚴格的數學定義，但整體的想法是預測每個「行動」的「值分佈」，類似於上面我們自己開車／坐火車範例的分佈。而下一步，作者證明了「貝爾曼方程式」可以推廣用於分佈的情況，它有這樣的形式：$Z(x,a) \stackrel{D}{=} R(x,a) + \gamma Z(x',a')$；這與大家熟悉的「貝爾曼方程式」非常相似，但現在 $Z(x, a)$ 和 *R(x, a)* 是「機率分佈」（probability distributions），而不是「數字」（numbers）。

用這個方式產生的「分佈」可以用來訓練我們的網路，以便更好地預測「給定狀態」的每個「行動」的值分佈，這與「Q 學習法」完全相同。唯一的差別在於「損失函數」，現在必須將它換成適合用來「比較」機率分佈的東西。我們有幾個可以選用的方法，例如：Wasserstein 度量（Wasserstein metric），或是在處理分類問題的「Kullback-Leibler 散度」（Kullback-Leibler，KL-divergence），或「交叉熵損失」（cross-entropy loss）。在論文中，作者提供了 Wasserstein 度量的理論根據，但是當他們試圖在實務中運用它時，它卻面臨了很高的局限性；因此，最後論文使用的是「Kullback-Leibler 散度」。這篇論文是最近才發表的，因此作者很可能會對這些方法進行修正和改進。

實作

如前所述，這個方法非常複雜，我花了不少時間來實作它並確保它能正常工作。完整的程式碼在 Chapter07/07_dqn_distrib.py 中，它使用了 lib/common.py 當中、我們之前沒有討論過的函數來完成分佈的投影。在我們開始說明之前，我們需要先說明一下實作的邏輯。

這個方法的核心是機率分佈，也就是我們想要近似出來的結果。有很多的方法可以表示機率分佈，本文的作者選擇了一個非常通用的方法「有母數分佈」（parametric distribution），它基本上是用固定數目（**母數**）的值，放在「值」的範圍中。「值域」應該包含可能「累積折扣獎勵」的範圍。在這篇論文中，作者以不同數字進行了許多次的實驗；在 Vmin = -10 到 Vmax = 10 的「值域」上劃分 N_ATOMS = 51 個區間，又稱為「原子」（atom），可以得到最好的結果。

對於每個「原子」（我們有 51 個），我們的網路會預測未來「折扣值」落入該「原子」範圍的機率。這個方法的核心部分，其程式碼使用了「折扣因子」執行「下一個狀態的最佳行動分佈」的收縮，再加上「區域獎勵」（local reward），並將結果投影回到「原始原子」。以下是完成這個操作的函數：

```
def distr_projection(next_distr, rewards, dones, Vmin, Vmax,
n_atoms, gamma):
    batch_size = len(rewards)
    proj_distr = np.zeros((batch_size, n_atoms), dtype=np.float32)
    delta_z = (Vmax - Vmin) / (n_atoms - 1)
```

在一開始的時後，我們配置會被用來記錄投影結果的陣列。這個函數的輸入是形狀為 batch_size, n_atoms 的批次分佈、「獎勵陣列」、「回合是否結束」的旗標，以及我們的四個「超參數」：Vmin、Vmax、n_atoms 和 gamma。而變數 delta_z 是我們「值

域」中每個「原子」的寬度。

```
for atom in range(n_atoms):
    tz_j = np.minimum(Vmax, np.maximum(Vmin, rewards +
(Vmin + atom * delta_z) * gamma))
```

在前面的程式碼中，我們迭代「原始分佈」中的每個「原子」，並計算「貝爾曼方程式」投影到該「原子」的位置，同時也會考慮我們「值」的邊界。例如，第一個「原子」的索引是 **0**，相對於 Vmin = -10，一個具有 **+1**「獎勵」的樣本，會被投影到值 –10 * 0.99 + 1 = –8.9。換句話說，它會**向右移動**（假設我們的「折扣因子」**gamma = 0.99**）。如果這個值超出 Vmin 和 Vmax 的範圍，我們會將它裁切到邊界。

```
b_j = (tz_j - Vmin) / delta_z
```

在下一行中，我們計算樣本投影的「原子數目」。樣本當然可以被投影在「原子」之間，在這種情況下，對於一個落在兩個「原子」之間的「值」，我們會在「原始分佈」中的「來源原子」，將「值」展開。這種展開應該要非常小心處理，因為我們的「目標原子」可能會剛好落在某個「原子」的位置之上。在這種情況下，我們需要將「來源分佈值」加到「目標原子」之上。

```
l = np.floor(b_j).astype(np.int64)
u = np.ceil(b_j).astype(np.int64)
eq_mask = u == l
proj_distr[eq_mask, l[eq_mask]] += next_distr[eq_mask,
atom]
```

上面的程式碼處理了「被投影原子」剛好落在「目標原子」上的情況。否則，b_j 不會是整數、不會是變數 l 和 u（l 和 u 對應於投影點下方和上方的「原子」索引）。

```
ne_mask = u != l
proj_distr[ne_mask, l[ne_mask]] += next_distr[ne_mask,
atom] *
    (u - b_j)[ne_mask]
proj_distr[ne_mask, u[ne_mask]] += next_distr[ne_mask,
atom] *
    (b_j - l)[ne_mask]
```

當投影點落在「原子」之間的時後，我們需要將介於「上方原子」和「下方原子」之間的「來源原子」機率展開。這是由上方程式碼中的兩行指令完成的，當然，我們還需要正確地處理「回合」的最後轉移。在最後一個轉移的情況下，我們的預測不用考慮下一個分佈，且對應於所獲得的「獎勵」只會有 **1** 個機率。但是，如果「獎勵值」落在「原子」之間，我們還是需要考慮我們的「原子」並正確地分配這個機率。這種情況，是由

下面程式碼中的分支結構來處理；如果樣本是「回合」的最後轉移，就會將結果分佈設為零，然後計算結果投影。

```
if dones.any():
    proj_distr[dones] = 0.0
    tz_j = np.minimum(Vmax, np.maximum(Vmin, rewards[dones]))
    b_j = (tz_j - Vmin) / delta_z
    l = np.floor(b_j).astype(np.int64)
    u = np.ceil(b_j).astype(np.int64)
    eq_mask = u == l
    eq_dones = dones.copy()
    eq_dones[dones] = eq_mask
    if eq_dones.any():
        proj_distr[eq_dones, l] = 1.0
    ne_mask = u != l
    ne_dones = dones.copy()
    ne_dones[dones] = ne_mask
    if ne_dones.any():
        proj_distr[ne_dones, l] = (u - b_j)[ne_mask]
        proj_distr[ne_dones, u] = (b_j - l)[ne_mask]
return proj_distr
```

為了舉例說明這個函數的作用，讓我們看看這個函數是如何處理一個人工製造的分佈。我用它來測試函數，幫助我除錯，以確保程式碼可以一如預期地工作。這些檢查用的程式碼在檔案 Chapter07/adhoc/distr_test.py 之中。

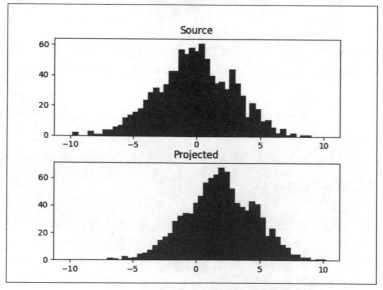

圖 7.15：應用「常態分佈」的「機率分佈變換」範例

這張圖相對應於以 **gamma=0.9** 對常態分佈（normal distribution）做投影，並以 **reward=2** 向右移動。當我們在 **done = True** 的情況，使用相同數據，結果會是**不同的**。在這種情況下，「來源分佈」會被完全忽略，結果只有所預測的「獎勵」。

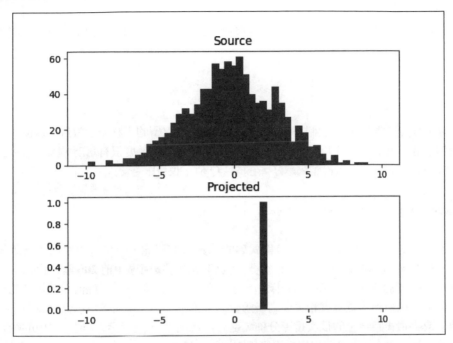

圖 7.16：「回合」中最後一步的分佈投影

現在讓我們來看一下實作這個方法的檔案 Chapter07/07_dqn_distrib.py。

```
SAVE_STATES_IMG = False
SAVE_TRANSITIONS_IMG = False

if SAVE_STATES_IMG or SAVE_TRANSITIONS_IMG:
    import matplotlib as mpl
    mpl.use("Agg")
    import matplotlib.pylab as plt
```

在　開始的時後，我們將 matplotlib 切換為「無標頭」模式；「無標頭」（headless）表示：當不需要顯示繪圖的時候。程式碼具有特殊的除錯模式旗標，可以讓我們儲存機率分佈，以視覺化的方式簡化除錯和訓練過程（預設情況下是禁用的）。

```
Vmax = 10
Vmin = -10
N_ATOMS = 51
DELTA_Z = (Vmax - Vmin) / (N_ATOMS - 1)
```

然後我們定義常數,包括「值分佈」的範圍 Vmax、Vmin、「原子數目」和每個「原子的寬度」。

```
STATES_TO_EVALUATE = 1000
EVAL_EVERY_FRAME = 100
```

接下來的兩個常數定義了我們在保留緩衝區中,需要保留的「狀態」數目,以便「計算平均值」和「更新這個平均值的頻率」。這對於評估訓練進度很有幫助,因為隨著我們的「代理人」在遊戲中變得越來越好,它的「Q 值」也會跟著變大。

```
SAVE_STATES_IMG = False
SAVE_TRANSITIONS_IMG = False
```

這兩個旗標啟用儲存截圖,這對於程式碼的除錯很有用處,但是會明顯地降低訓練的速度。如果對每 10k 幀啟用第一個旗標,我們會儲存緩衝區中**前 200 個**「狀態」所有「行動」的預測分佈。得到的結果圖顯示了這些「狀態」的分佈,如何從開始時的「均勻分佈」,收斂到「更真實和更像高斯函數的分佈」。第二個旗標可以儲存具有「非零獎勵」或「最後回合」的批次投影分佈,這對於找出「分佈投影程式碼」之中的錯誤來說,是非常有用的,而且可以用來視覺化方法的內容。

```
class DistributionalDQN(nn.Module):
    def __init__(self, input_shape, n_actions):
        super(DistributionalDQN, self).__init__()

        self.conv = nn.Sequential(
            nn.Conv2d(input_shape[0], 32, kernel_size=8, stride=4),
            nn.ReLU(),
            nn.Conv2d(32, 64, kernel_size=4, stride=2),
            nn.ReLU(),
            nn.Conv2d(64, 64, kernel_size=3, stride=1),
            nn.ReLU()
        )

        conv_out_size = self._get_conv_out(input_shape)
        self.fc = nn.Sequential(
            nn.Linear(conv_out_size, 512),
            nn.ReLU(),
            nn.Linear(512, n_actions * N_ATOMS)
        )
```

```
        self.register_buffer("supports", torch.arange
(Vmin, Vmax+DELTA_Z, DELTA_Z))
        self.softmax = nn.Softmax(dim=1)
```

NN 建構函數的主要區別在於網路的輸出。它不再是一個大小是 n_actions 的「張量」；現在它是一個大小是 n_actions * n_atoms 的矩陣，它包含每個「行動」的機率分佈。加上批次維度，輸出結果一共有**三個**維度。我們還會用「原子值」註冊「torch 張量」，以便以後能夠使用它。

```
    def _get_conv_out(self, shape):
        o = self.conv(torch.zeros(1, *shape))
        return int(np.prod(o.size()))

    def forward(self, x):
        batch_size = x.size()[0]
        fx = x.float() / 256
        conv_out = self.conv(fx).view(batch_size, -1)
        fc_out = self.fc(conv_out)
        return fc_out.view(batch_size, -1, N_ATOMS)
```

函數 forward() 除了需要調整輸出的最後形狀之外，它與「基本 DQN」中的版本相比，大致上是相同的。但是以我們所設定的目的而言，只用 forward() 還是不夠的。除了「原始分佈」之外，我們還需要「一批狀態」的「分佈」和「Q 值」。為了避免多重 NN 變換，我們定義 both() 函數，它會返回「原始分佈」與「Q 值」。「Q 值」將被用來決定如何選出「行動」。當然，使用「分佈」表示我們可以有不同的「行動」選擇策略，但是如果對「Q 值」套用「貪婪策略」，則會使這個方法與標準的「基本 DQN」版本相同。

```
    def both(self, x):
        cat_out = self(x)
        probs = self.apply_softmax(cat_out)
        weights = probs * self.supports
        res = weights.sum(dim=2)
        return cat_out, res
```

為了從「分佈」中取得「Q 值」，我們只需要計算「正規化分佈」和「原子值」的「加權和」。結果就是分佈的預期值。

```
    def qvals(self, x):
        return self.both(x)[1]
    def apply_softmax(self, t):
        return self.softmax(t.view(-1, N_ATOMS)).view(t.size())
```

其餘兩個函數是簡單的工具函數。第一個函數用來計算「Q 值」，而第二個函數將 softmax 套用在輸出「張量」上，以便「張量」可以有正確的形狀。

```
def calc_loss(batch, net, tgt_net, gamma, device="cpu", save_
prefix=None):
    states, actions, rewards, dones, next_states = common.unpack_
batch(batch)
    batch_size = len(batch)

    states_v = torch.tensor(states).to(device)
    actions_v = torch.tensor(actions).to(device)
    next_states_v = torch.tensor(next_states).to(device)
```

「類別 DQN」的損失函數（論文的作者以「原子」的數目替它命名，稱它為 **C51**）使用了與之前相同的方式開始：我們解壓縮「批次」並轉換陣列為「張量」。

```
# next state distribution
next_distr_v, next_qvals_v = tgt_net.both(next_states_v)
next_actions = next_qvals_v.max(1)[1].data.cpu().numpy()
next_distr = tgt_net.apply_softmax(next_distr_v).data.cpu().
numpy()
```

之後我們會需要「下一個狀態」的「機率分佈」和「Q 值」，因此我們對網路叫用 both() 函數，取得在「下一個狀態」中該採取的「最佳行動」，也會將 softmax 套用在分佈上，並將它轉成陣列。

```
next_best_distr = next_distr[range(batch_size), next_actions]
dones = dones.astype(np.bool)
proj_distr = common.distr_projection(next_best_distr, rewards,
dones, Vmin, Vmax, N_ATOMS, gamma)
```

然後，我們使用「貝爾曼方程式」提取「最佳行動」的分佈，並執行它們的投影。投影的結果是我們希望網路輸出看起來像什麼的「目標分佈」。

```
distr_v = net(states_v)
state_action_values = distr_v[range(batch_size), actions_
v.data]
state_log_sm_v = F.log_softmax(state_action_values, dim=1)
proj_distr_v = torch.tensor(proj_distr).to(device)
loss_v = -state_log_sm_v * proj_distr_v
return loss_v.sum(dim=1).mean()
```

在函數結束的地方，我們需要計算網路的輸出；也要計算「投影分佈」與所選取「行動」的「網路輸出」，它們兩者之間的「Kullback-Leibler 散度」。「Kullback-Leibler

散度」可以顯示兩個分佈不同的程度，它被定義為：$D_{KL}(P\|Q) = -\sum_i p_i \log q_i$。

為了計算機率的對數，我們使用 PyTorch 的 `log_softmax` 函數，它會以靜態的數值方法，執行 `log` 和 `softmax`。訓練迴圈與之前的版本相同，只有在 `ptan.DQNAgent` 的建立中有一個小差異，它需要使用函數 `qvals()`，而不是模型本身。

```
agent = ptan.agent.DQNAgent(lambda x: net.qvals(x), selector,
device=device)
```

結果

結果圖如下，其中「基本 DQN」對應於上方的線，下方的線則對應於 C51 訓練出來的結果。

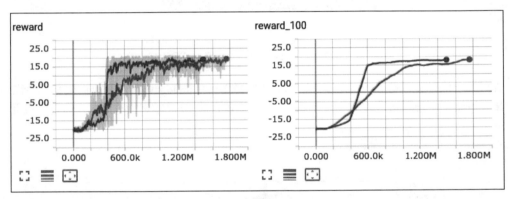

圖 7.17：「基本 DQN」（上）與「類別 DQN」（下）收斂性的比較

正如您所看到的，「類別 DQN」是這些改進方法中唯一的方法，它在一開始的收斂動態，比「基本 DQN」來得差。這樣它還能被稱作是一個改進方法嗎？有一個因素我們必須了解：乒乓遊戲實在是太簡單了，我們無法從這一個簡單的遊戲得出結論。在「類別 DQN」的論文中，作者實驗了超過一半的 Atari 基準測試，並且得到了更好的分數（乒乓遊戲不在其中）。

讓我們來研究一下訓練期間機率分佈的動態，這可能會很有趣。這段程式碼有兩個旗標 `SAVE_STATES_IMG` 和 `SAVE_TRANSITIONS_IMG`（預設是禁用），可以在訓練過程中，儲存機率分佈圖片。例如，下圖顯示了訓練一開始的時候，某一個「狀態」（3 萬幀之後）它所有六個「行動」的機率分佈。

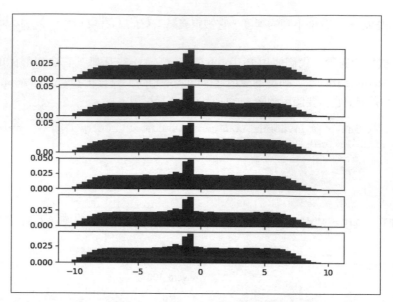

圖 7.18：訓練一開始時的機率分佈

所有的分佈都非常地廣（這是因為網路尚未收斂），中間的「峰值」對應於網路期望從其「行動」中得到的「負獎勵」。相同「狀態」在訓練 50 萬幀之後的機率分佈如下圖所示：

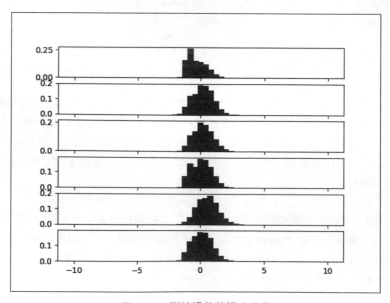

圖 7.19：訓練過後的機率分佈

現在我們可以清楚看到，不同的「行動」有著不同的分佈。第一個「行動」的分佈（對應於 NOOP，即「**無行動**」）向左移動（正偏態），在這種「狀態」下不做任何「行動」通常會導致失敗。而第五個「行動」是 RIGHTFIRE，其平均值向右移動（負偏態），也就是說，這個「行動」會導致更好的分數。

結合這一切

我們介紹了《Rainbow: Combining Improvements in Deep Reinforcement Learning》（**[1]**）這篇論文中所有的 DQN 改進。現在讓我們將它們全部組合成在一起，製作一種混合方法。首先，我們需要定義我們的網路架構以及用來製作系統的三種改進方法：

- **類別 DQN**：我們的網路會預測「行動值」的機率分佈。
- **對決 DQN**：我們的網路有兩條獨立的路徑來計算「狀態值分佈」和「優勢分佈」。兩個路徑結果會相加在一起作為輸出，提供「行動值」的最後機率分佈。為了正規化「優勢分佈」並讓它們的平均值為零，我們將每個「原子」減去「具有均值優勢的分佈」。
- **雜訊網路**：我們的「值」和「優勢」路徑中的線性層，是 nn.Linear 的變形。

除了網路架構的變化之外，我們還會使用「優先重播緩衝區」來記錄「環境」轉換，並按照「Kullback-Leibler 散度」的比例對其進行採樣。最後，我們將「貝爾曼方程式」展開成「**n 步 DQN**」，並且使用「**雙 DQN**」來選擇「行動」，以防止高估「狀態值」。

實作

前面的修改列表可能看起來很複雜，但事實上，這些方法都能巧妙地彼此使用。完整範例在檔案 Chapter07/08_dqn_rainbow.py 中：

```
# n-step
REWARD_STEPS = 2

# priority replay
PRIO_REPLAY_ALPHA = 0.6
BETA_START = 0.4
BETA_FRAMES = 100000

# C51
Vmax = 10
Vmin = -10
```

```
N_ATOMS = 51
DELTA_Z = (Vmax - Vmin) / (N_ATOMS - 1)
```

像之前一樣，我們先替所有將會使用的方法定義了「超參數」（為了節省空間，這裡我們省略套件匯入的部分）。

```python
class RainbowDQN(nn.Module):
    def __init__(self, input_shape, n_actions):
        super(RainbowDQN, self).__init__()

        self.conv = nn.Sequential(
            nn.Conv2d(input_shape[0], 32, kernel_size=8, stride=4),
            nn.ReLU(),
            nn.Conv2d(32, 64, kernel_size=4, stride=2),
            nn.ReLU(),
            nn.Conv2d(64, 64, kernel_size=3, stride=1),
            nn.ReLU()
        )

        conv_out_size = self._get_conv_out(input_shape)
        self.fc_val = nn.Sequential(
            dqn_model.NoisyLinear(conv_out_size, 512),
            nn.ReLU(),
            dqn_model.NoisyLinear(512, N_ATOMS)
        )

        self.fc_adv = nn.Sequential(
            dqn_model.NoisyLinear(conv_out_size, 512),
            nn.ReLU(),
            dqn_model.NoisyLinear(512, n_actions * N_ATOMS)
        )

        self.register_buffer("supports", torch.arange(Vmin,
Vmax+DELTA_Z, DELTA_Z))
        self.softmax = nn.Softmax(dim=1)
```

正如我們之前所看到的，我們網路的「建構函數」應該不至於讓您大吃一驚。它將「對決 DQN」、「雜訊網路」和「類別 DQN」結合到一個架構中。「值網路」路徑預測「輸入狀態值」的分佈，然後為每批樣本提供一個 N_ATOMS 的向量。「優勢路徑」為我們在遊戲中的每個「行動」產生分佈。

```python
    def _get_conv_out(self, shape):
        o = self.conv(torch.zeros(1, *shape))
        return int(np.prod(o.size()))

    def forward(self, x):
```

```
batch_size = x.size()[0]
fx = x.float() / 256
conv_out = self.conv(fx).view(batch_size, -1)
val_out = self.fc_val(conv_out).view(batch_size, 1, N_ATOMS)
adv_out = self.fc_adv(conv_out).view(batch_size, -1, N_ATOMS)
adv_mean = adv_out.mean(dim=1, keepdim=True)
return val_out + adv_out - adv_mean
```

前饋傳遞產生「行動」的值分佈，類似於「類別 DQN」中的「Q 值」。透過精確地重塑
「值路徑」和「優勢路徑」的輸出，我們的「回傳表示式」變得非常簡單，這要歸功於
PyTorch 的「張量廣播」（broadcasting）機制。

我們的想法是：讓所有想要加起來的值具有相同的維度。例如，「值路徑」將會重塑為
（batch_size, 1, N_ATOMS），因此第二個維度將被廣播到「優勢路徑」中的所有「行
動」。我們需要減去「基準優勢」（baseline advantage），它是「原子」對所有「行
動」的「優勢」平均。參數 keepdim = True 要求呼叫 mean() 來儲存第二個維度，這會
產生形狀是（batch_size, 1, N_ATOMS）的「張量」。「基準優勢」也會被廣播。

```
def both(self, x):
    cat_out = self(x)
    probs = self.apply_softmax(cat_out)
    weights = probs * self.supports
    res = weights.sum(dim=2)
    return cat_out, res

def qvals(self, x):
    return self.both(x)[1]
```

上面的函數能夠將機率分佈組合成「Q 值」，而無需多次叫用網路。

```
def apply_softmax(self, t):
    return self.softmax(t.view(-1, N_ATOMS)).view(t.size())
```

最後一個函數將 softmax 套用於「輸出機率分佈」之上。

```
def calc_loss(batch, batch_weights, net, tgt_net, gamma,
device="cpu"):
    states, actions, rewards, dones, next_states = common.unpack_
batch(batch)
    batch_size = len(batch)

    states_v = torch.tensor(states).to(device)
    actions_v = torch.tensor(actions).to(device)
    next_states_v = torch.tensor(next_states).to(device)
```

```
        batch_weights_v = torch.tensor(batch_weights).to(device)
```

損失函數接受與我們在「優先重播緩衝區」中看到的「相同的參數集」。除了具有訓練數據的批次陣列之外，我們傳遞加權給每個樣本。

```
        distr_v, qvals_v = net.both(torch.cat((states_v, next_states_v)))
        next_qvals_v = qvals_v[batch_size:]
        distr_v = distr_v[:batch_size]
```

這裡我們使用一個小技巧來加快我們的計算。由於「雙 DQN 法」要求我們使用我們的「主網路」來選擇「行動」，但是使用「目標網路」來取得這些「行動值」（在我們的例子中是「值分佈」），我們需要將「當前狀態」和「下一個狀態」傳遞給我們的「主網路」。我們之前以兩次函數呼叫來計算網路輸出，這在 GPU 上效率不高。現在，我們將「當前狀態」和「下一個狀態」連成一個「張量」，並在一次網路傳遞中，計算結果，然後才會將結果拆分開來。我們需要計算「Q 值」和「原始值」的分佈，因為「行動選擇策略」仍然是使用「貪婪法」：選擇具有「最大 Q 值的行動」。

```
        next_actions_v = next_qvals_v.max(1)[1]
        next_distr_v = tgt_net(next_states_v)
        next_best_distr_v = next_distr_v[range(batch_size), next_
    actions_v.data]
        next_best_distr_v = tgt_net.apply_softmax(next_best_distr_v)
        next_best_distr = next_best_distr_v.data.cpu().numpy()
```

在前面的指令中，我們會決定在「下一個狀態」該採取的「行動」，並使用我們的「目標網路」取得這些「行動」的分佈。因此，上面的 net/tgt_net shuffling 事實上實作了「雙 DQN 法」。然後我們將 softmax 套用在分配上，以便取得「最佳行動」，並將數據複製到 CPU 中去執行「貝爾曼投影」。

```
        dones = dones.astype(np.bool)
        proj_distr = common.distr_projection(next_best_distr, rewards,
    dones, Vmin, Vmax, N_ATOMS, gamma)
```

在上面的指令中，我們使用「貝爾曼方程式」計算投影分佈。這個計算結果會被用來當作「Kullback-Leibler 散度」中的目標。

```
        state_action_values = distr_v[range(batch_size), actions_v.data]
        state_log_sm_v = F.log_softmax(state_action_values, dim=1)
```

在這裡，我們取得「選用行動」的分佈，並套用 log_softmax 來計算損失。

```
        proj_distr_v = torch.tensor(proj_distr)
```

```
loss_v = -state_log_sm_v * proj_distr_v
loss_v = batch_weights_v * loss_v.sum(dim=1)
return loss_v.mean(), loss_v + 1e-5
```

函數的最後幾行計算「Kullback-Leibler 散度」損失,將它乘上加權,並回傳兩個數字:
在最佳化過程中使用的「組合損失」和批次的「單一損失值」,它們會被用來當作「重
播緩衝區」的優先順序的依據。模組的其餘部分則包含您現在應該已經很熟悉的「初始
化指令」和「訓練迴圈」。

```
if __name__ == "__main__":
    params = common.HYPERPARAMS['pong']
    parser = argparse.ArgumentParser()
    parser.add_argument("--cuda", default=False, action="store_true",
help="Enable cuda")
    args = parser.parse_args()
    device = torch.device("cuda" if args.cuda else "cpu")

    env = gym.make(params['env_name'])
    env = ptan.common.wrappers.wrap_dqn(env)

    writer = SummaryWriter(comment="-" + params['run_name'] +
"-rainbow")
    net = RainbowDQN(env.observation_space.shape, env.action_space.n).
to(device)
    tgt_net = ptan.agent.TargetNet(net)
    agent = ptan.agent.DQNAgent(lambda x: net.qvals(x), ptan.actions.
ArgmaxActionSelector(), device=device)

    exp_source = ptan.experience.ExperienceSourceFirstLast(env, agent,
gamma=params['gamma'], steps_count=REWARD_STEPS)
    buffer = ptan.experience.PrioritizedReplayBuffer(exp_source,
params['replay_size'], PRIO_REPLAY_ALPHA)
    optimizer = optim.Adam(net.parameters(), lr=params['learning_
rate'])
```

上面的程式碼建立了所有我們需要的物件,包括我們的「自定網路」(custom
network)、「經驗來源」(experience source)、「優先重播緩衝區」(prioritized
replay buffer)和「優化器」(optimizer)。

```
    frame_idx = 0
    beta = BETA_START

    with common.RewardTracker(writer, params['stop_reward']) as
reward_tracker:
        while True:
```

```
        frame_idx += 1
        buffer.populate(1)
        beta = min(1.0, BETA_START + frame_idx * (1.0 - BETA_
START) / BETA_FRAMES)

        new_rewards = exp_source.pop_total_rewards()
        if new_rewards:
            if reward_tracker.reward(new_rewards[0], frame_idx):
                break

        if len(buffer) < params['replay_initial']:
            continue

        optimizer.zero_grad()
        batch, batch_indices, batch_weights = buffer.
sample(params['batch_size'], beta)
        loss_v, sample_prios_v = calc_loss(batch, batch_
weights, net, tgt_net.target_model, params['gamma'] ** REWARD_STEPS,
device=device)
        loss_v.backward()
        optimizer.step()
        buffer.update_priorities(batch_indices, sample_prios_v.
data.cpu().numpy())

        if frame_idx % params['target_net_sync'] == 0:
            tgt_net.sync()
```

結果

下圖顯示了這一個「結合了許多改進方法」的「代理人」，它的訓練動態（Training dynamics）。

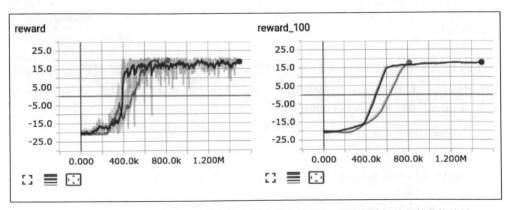

圖 7.20：「結合多種改進法」（淺色線）與「基本 DQN」（深色線）的收斂動態比較

如果把我們所有的方法都放在一張透視圖中，那麼在處理乒乓遊戲時，你會發現「結合代理人」並沒有最好的訓練動態，例如：單獨的「對決 DQN」或「雜訊網路」都可以更快地收斂。然而，乒乓遊戲並不是很複雜，也正因為它的簡單性，所以才被選為本章的範例。您可以在 Atari 套件中的不同遊戲上，套用本章介紹的方法，作為一個額外的練習。

在 lib/common.py 模組中，您可以找到更接近研究人員在他們的原始基準測試中，所使用的「超參數」設定；**但請記住**，要在複雜的遊戲中達到最好的結果，可能需要 50 至 100M 幀，這可能要花費一星期的時間來訓練。

小結

在本章中，我們介紹並實作了自 2015 年第一篇 DQN 論文發表以來、研究人員所發表的「大量 DQN 改進方法」。DQN 當然還有很多其他的改進方法。本章使用了由 DeepMind 所發表、關於 DQN 改進的論文：《Rainbow: Combining Improvements in Deep Reinforcement Learning》（[1]），因此本章所介紹的方法，當然會傾向於 DeepMind 的論文。其次，「強化學習」這個領域現在真的是非常地活躍，幾乎每天都會有新的研究論文發表，即使我們將自己限制於一種「強化學習」模型，例如：DQN，也很難能夠跟上所有的改進方法。本章的目的是對這個領域所開發出來的不同改進想法，為您提供一個「以實作觀點為中心」的介紹。

在下一章中，我們將會把我們所學的 DQN 知識，應用於真實世界的股票交易情境中。

參考文獻

- [1] Matteo Hessel, Joseph Modayil, Hado van Hasselt, Tom Schaul, Georg Ostrovski, Will Dabney, Dan Horgan, Bilal Piot, Mohammad Azar, David Silver, 2017, **Rainbow: Combining Improvements in Deep Reinforcement Learning**. arXiv:1710.02298

- [2] Sutton, R.S. 1988, **Learning to Predict by the Methods of Temporal Differences**, Machine Learning 3(1):9-44

- [3] Hado Van Hasselt, Arthur Guez, David Silver, 2015, **Deep Reinforcement Learning with Double Q-Learning**. arXiv:1509.06461v3

- [4] Meire Fortunato, Mohammad Gheshlaghi Azar, Bilal Pilot, Jacob Menick,

Ian Osband, Alex Graves, Vlad Mnih, Remi Munos, Demis Hassabis, Olivier Pietquin, Charles Blundell, Shane Legg, 2017, **Noisy Networks for Exploration** arXiv:1706.10295v1

- [5] Marc Bellemare, Sriram Srinivasan, Georg Ostrovski, Tom Schaus, David Saxton, Remi Munos 2016, **Unifying Count-Based Exploration and Intrinsic Motivation** arXiv:1606.01868v2

- [6] Jarryd Martin, Suraj Narayanan Sasikumar, Tom Everitt, Marcus Hutter, 2017, **Count-Based Exploration in Feature Space for Reinforcement Learning** arXiv:1706.08090

- [7] Tom Schaul, John Quan, Ioannis Antonoglou, David Silver, 2015, **Prioritized Experience Replay** arXiv:1511.05952

- [8] Ziyu Wang, Tom Schaul, Matteo Hessel, Hado van Hasselt, Marc Lanctot, Nando de Freitas, 2015, **Dueling Network Architectures for Deep Reinforcement Learning** arXiv:1511.06581

- [9] Marc G. Bellemare, Will Dabney, Rémi Munos, 2017, **A Distributional Perspective on Reinforcement Learning** arXiv:1707.06887

8

以強化學習法來做股票交易

本章不是介紹如何以新穎的「**強化學習方法**」來解決極度簡單的小問題，而是嘗試利用**「深層 Q 網路」（DQN）**的相關知識與技術，來處理更實際的「金融交易問題」。我不能保證本章的程式碼能讓你在股票市場或外匯交易市場中賺錢，本章的目標沒有那麼偉大；本章主要展示：如何超越 Atari 遊戲環境，並將「強化學習」應用在不同的真實世界領域。

在本章中，我們將實作自己的模擬股票市場的 OpenAI Gym 環境，並應用我們剛剛在「第 6 章，深度 Q 網路」和「第 7 章，DQN 擴充」中所學到的 DQN 方法，來訓練「代理人」，以便最大化股票交易的利潤。

交易

每天都有很多金融工具在市場上做交易：商品、股票和貨幣。甚至天氣預報也可以使用所謂的「**氣候衍生商品**」（weather derivatives）來做買賣；這只是現今複雜的世界和金融市場必然會產生的結果。如果你的收入取決於未來的大氣條件，例如：與農作物有關的商業，那麼你可能會希望透過購買「氣候衍生商品」來對沖風險。所有這些不同的物品都有一個會隨著時間變化的「價格」。「交易」就是買賣（具有不同目標的）金融工具的活動，比如說，賺取利潤（投資）、取得未來價格波動的保障（對沖），或是得到你需要的東西（例如：為你的工廠購買鋼鐵原料，或將美元兌換成日元以支付合約）。

自從第一個金融市場建立以來，人們一直試圖預測未來的價格波動，因為這能帶來許多好處，例如：「無中生有的利潤」（profit from nowhere）或保護資本免於市場波動的影響。大家都知道這個問題很複雜，有很多的財務顧問、投資基金、銀行和個人交易者都在試圖預測市場，找到最佳的買賣時機，以實現利潤的最大化。

問題是：我們可以從「強化學習」的角度看這個問題嗎？我們對市場有一些看法，我們想做出交易決定：買進、賣出或是繼續持有。如果我們在價格上漲之前買進，我們的利潤將會是「正獎勵」，否則，我們將得到「負獎勵」。我們要做的當然是盡可能地獲取更多利潤。由此可見，「市場交易」和「強化學習」之間的聯繫是非常明顯的。

數據

在我們的範例中，我們將使用 2015 到 2016 期間的俄羅斯股票市場數據，它們儲存在 Chapter08/data/ch08-small-quotes.tgz 中，你必須在訓練模型之前解壓縮這個檔案。

這個檔案格式是 **CSV 文件**，它包含「M1 棒」數據，這表示 CSV 中一列與一列之間的時間差是一**分鐘**，內容則是在這一分鐘之內「股價移動」的四種價格：開盤（open）、最高（high）、最低（low）和收盤價（close）。這裡的「開盤價」是指這一分鐘剛開始的價格；「最高價」則是區間內的最高價格；「最低價」當然就是區間內的最低價；而「收盤價」則是這一分鐘結束時的最後價格。**每一分鐘的區間就稱為一「棒」（bar），而一「棒」可以看出價格在區間之中的波動。** 例如，在 YNDX_160101_161231.csv 檔案（2016 年 Yandex 公司的股價）之中，我們有 130k 這種形式的數據列：

```
<DATE>,<TIME>,<OPEN>,<HIGH>,<LOW>,<CLOSE>,<VOL>
20160104,100100,1148.9000000,1148.9000000,1148.9000000,1148.9000000,0
20160104,100200,1148.9000000,1148.9000000,1148.9000000,1148.9000000,50
20160104,100300,1149.0000000,1149.0000000,1149.0000000,1149.0000000,33
20160104,100400,1149.0000000,1149.0000000,1149.0000000,1149.0000000,4
20160104,100500,1153.0000000,1153.0000000,1153.0000000,1153.0000000,0
20160104,100600,1156.9000000,1157.9000000,1153.0000000,1153.0000000,43
20160104,100700,1150.6000000,1150.6000000,1150.4000000,1150.4000000,5
20160104,100800,1150.2000000,1150.2000000,1150.2000000,1150.2000000,4
...
```

前兩行資料是「日期」和「時間」，接下來的四行是開盤價、最高價、最低價和收盤價，最後一列表示在這個「棒」中所執行的「買進」和「賣出」的單數。這個數字的確實意義會因為不同的股票、市場而有所不同，但在一般的情況下，交易量可以讓您了解市場的活躍程度。

表示這些數據的經典方法稱為「**k 線圖**」（**candlestick chart**），其中每「棒」是以「**蠟燭**」（candle）的方式顯示。2016 年 2 月 Yandex 報價的一部分數據如下圖所示。檔案庫中的每個檔案都包含一年份的 M1 數據，本章的範例將會使用它們：

圖 8.1：2016 年 2 月 Yandex 公司的價格數據

問題描述與關鍵決定

金融領域龐大而複雜，您很容易就會花好上好多年的時間，在學習、研究新的東西。在這個例子中，我們將會使用「強化學習」工具，稍微地處理一下這個問題，而這問題會以價格當作「環境」，問題本身將盡可能地以簡單的方式來表示。我們會檢查，我們的「代理人」是否有可能學習「什麼時候是最佳買點」來買進一張股票，然後平倉以獲取最大的利潤。這個例子的目的是顯示「強化學習」模型的靈活性，並介紹若是要將「強化學習」應用在實際問題之上，通常需要處理的第一步工作是什麼。

如您所知，要系統性地表示「強化學習」問題，需要有三件事：「環境的**觀察**」，「可能的**行動**」和「**獎勵**系統」。在前面的章節中，這三件事都已經很方便地提供給我們了，並且隱藏了「環境」內部的運作方式。

現在的情況與處理小遊戲不太一樣，我們要自己決定「代理人」會看到什麼，以及它可以採取什麼樣的「行動」。「獎勵系統」也不是一套嚴格的規則，而是基於我們的「認知原則」和「領域知識」，但是在這裡，我們仍然保留了很高的靈活性（flexibility）。

在這種情況下，具有靈活性是件好事，同時也是件壞事。我們可以任意地將一些我們認為可能有助於學習的資訊，傳遞給「代理人」，這當然很好。例如，您不僅可以向「交

易代理人」傳遞價格，甚至還可以傳遞相關的「新聞」或「重要統計資訊」（眾所周知，這些都會對金融市場產生很大的影響）。不好的是，這種靈活性通常表示您必須嘗試許多數據表示的變形，才能找到一個好的「代理人」，而且這些數據表示的變形，哪一些真的有用，常常不是很明顯。在我們的案例中，我們將以「最簡單的形式」實作基本的「交易代理人」。「觀察」將包括以下的資訊：

- 過去 N 棒，每棒都有開盤價、最高價、最低價和收盤價
- 表示該股票是在不久之前購買的（一次可以只有一股）
- 以目前的部位來說，現有的利潤或損失（相對於已經買進的股票而言）

在每一個時步（每一分鐘）之後，「代理人」可以選用下面其中一個「行動」：

- **什麼都不做（Do nothing）**：略過這「棒」而不採取任何「行動」
- **買進（Buy a share）**：如果「代理人」已經有這支股票，則不會購買任何東西，否則我們將買進股票並支付佣金，這通常是目前股價的一小部分
- **平倉（Close the position）**：如果我們之前沒有購買任何股票，那麼什麼都不會發生，否則我們將賣出股票並支付交易佣金

「代理人」獲得的「獎勵」可以用許多種方式來表示。一方面，在擁有所有權的期間，我們可以將「獎勵」分成許多步驟。在這種情況下，每一步的「獎勵」等於最後一「棒」的移動。另一方面，「代理人」只有在**「平倉行動」之後**才能獲得「獎勵」，並立即獲得「全額獎勵」。乍看之下，這兩種變形應該有相同的最後結果，但是可能有不同的收斂速度。然而，在實務上，差異可能非常具有戲劇性。我們會實作這兩種變形，以便有機會能對它們進行比較。

最後一個需要做的決定是，如何用我們的「環境觀察」來表示價格。在理想狀況下，我們希望我們的「代理人」能夠獨立於實際股價，並將「相對移動」一併考慮進去，例如：「股票在最後一棒上漲了 1%」或「股票已經下跌 5%」。這是講得通的，因為股票的不同，價格可能有很大的差異，但它們卻可能會有類似的移動模式。在金融領域之中，存在一個稱為「技術分析」的分析子領域，它專門研究這些模式，然後從中進行預測。我們希望我們的系統能夠自己發現這些模式（如果存在的話）。為了實現這一個目標，我們將每「棒」的開盤價、最高價、最低價和收盤價，轉換為**三個數字**：「相對於開盤價的最高價百分比」、「相對於開盤價的最低價百分比」，以及「相對於開盤價的收盤百分比」。顯示以「百分比」表示的最高價、最低價和收盤價。

這種表示法有它自身的缺點，因為我們可能會遺失「關鍵股價」的資訊。舉例來說，大家都知道，市場傾向於從「整數價格」反彈（例如：比特幣 8000 美元），也傾向於從「過去的轉折點」反彈。而正如已經說過的那樣，我們不是在這裡實作「華爾街殺手」，而是玩一下數據並確認觀念。無論「絕對價格」在哪裡，以「相對價格」的變動形式來表示，能有助於「系統」發覺價格部位中的「重複模式」（如果它們存在的話）。「**類神經網路**」（neural network，**NN**）可能可以自己學習出模式（「相對價格」只是需要從「絕對價格」減去的「平均價格」），而「相對價格」的表示法可以簡化「類神經網路」的工作。

交易環境

因為我們已經有許多能與 OpenAI Gym 一起使用的程式碼，我們將會按照 Gym 的 Env 類別 API 規範來實作交易功能，這個實作對您來說應該是相當熟悉的。我們的「交易環境」實作在 Chapter08/lib/environ.py 中的 StocksEnv 類別。它會使用幾個內部類別來儲存「狀態」與「編碼過的觀察」。我們先來看看 API 類別。

```
class Actions(enum.Enum):
    Skip = 0
    Buy = 1
    Close = 2
```

我們將所有可以選用的「行動」編碼為「**列舉器**」（enumerator）的欄位。我們支援一組非常簡單、只有三個選項的「行動」：什麼都个做（do nothing）、買進一股（buy a single share），以及平倉（close the existing position）。

```
class StocksEnv(gym.Env):
    metadata = {'render.modes': ['human']}
```

這個 metadata 欄位是滿足 gym.Env 相容性的必要欄位。但是由於我們不提供「渲染功能」（render functionality），因此在這個例子中您可以忽略它。

```
    @classmethod
    def from_dir(cls, data_dir, **kwargs):
        prices = {file: data.load_relative(file) for file in
data.price_files(data_dir)}
        return StocksEnv(prices, **kwargs)
```

我們的「環境」類別提供了兩種建立物件的方法。第一種方法是使用數據目錄作為參數，叫用類別方法 from_dir。在這種情況下，它會從目錄中載入所有的 CSV 檔案，然後建立「環境」。為了能更輕鬆地處理檔案中的價格數據，我們在 Chapter08/lib/data.py 中，準備了幾個工具函數。另一種方法是直接產生類別物件。在這種情況下，您應該傳遞 prices 字典，它的型別是定義在 data.py 中的 data.Prices，它是所謂的「具名常數串列」（named tuple）。型別 data.Prices 包含五個欄位（['open', 'high', 'low', 'close', 'volume']），以 NumPy 陣列的方式呈現。您可以使用 data.py 函式庫中的函數（如 data.load_relative）來產生這種物件。

```
    def __init__(self, prices, bars_count=DEFAULT_BARS_COUNT,
                 commission=DEFAULT_COMMISSION_PERC,
  reset_on_close=True, state_1d=False,
                 random_ofs_on_reset=True, reward_on_close=False,
  volumes=False):
```

「環境」的建構函數會接受大量參數，來調整「環境的行為」和「環境觀察的表示」：

- prices：包含一個或多個工具的一個或多個股價的 dict，其中「搜尋鍵」是工具的名稱，「值」是 data.Prices 容器物件，包含價格資料的陣列。

- bars_count：我們在「觀察」中，所傳遞的「棒」數。預設情況下，這是「**10 棒**」。

- commission：我們在買賣股票時，必須支付給經紀人的股價的百分比。預設情況下，它是 **0.1%**。

- reset_on_close：如果這個參數設為 True（預設情況也是這樣），每次「代理人」要求我們平倉（換句話說，賣出股票）時，我們會停止該「回合」。否則，該「回合」會持續到我們的時間序列結束，也就是一年結束的時候。

- conv_1d：「觀察」中的價格數據，會傳遞給「代理人」程式，而這一個布林參數，它可以切換這個數據的不同表示法。如果將它設為 True，則「觀察」結果具有 2D 形狀，後續「棒」中包含有價格資料，並以「列」的方式來組織。例如，最高價（「棒」中的最高價格）放在第一行，第二行是最低價，第三行則是收盤價。這個資料表示法很適合用在時間序列上的「一維卷積」，其中「數據中的每一列」與「Atari 2D 圖片中的不同顏色平面（紅色、綠色或藍色）」具有相同的意義。如果我們將這個參數設為 False，則我們有一個單獨的資料陣列，每「棒」的組成元素會被放在一起。這樣的組織方式適用於「完全連接」的網路架構（fully-connected network architecture）。這兩種表示方式如**圖 8.2** 所示。

- random_ofs_on_reset：如果參數設為 True（預設是 True），則在每次「環境」重置的時候，會隨機選擇一個時間序列的偏移量。否則我們將從數據的開頭來做處理。

- reward_on_close：這個布林參數在上面討論的兩種獎勵方案之間做切換。如果設為 True，則「代理人」會**在「平倉行動」後**獲得「獎勵」。否則，對於每一個「棒」都會給予一個「小獎勵」，相對應於在這個「棒」中的價格變動。

- volumes：此參數會打開「觀察」中資料卷，預設情況下是禁用的。

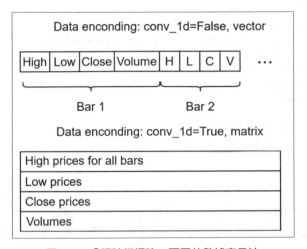

圖 8.2：「類神經網路」不同的數據表示法

現在讓我們看看「環境」的建構函數：

```
        assert isinstance(prices, dict)
        self._prices = prices
        if state_1d:
            self._state = State1D(bars_count, commission,
reset_on_close, reward_on_close=reward_on_close,
                                  volumes=volumes)
        else:
            self._state = State(bars_count, commission, reset_on_
close, reward_on_close=reward_on_close,
volumes=volumes)
        self.action_space = gym.spaces.Discrete(n=len(Actions))
        self.observation_space = gym.spaces.Box(low=-np.inf,
high=np.inf, shape=self._state.shape, dtype=np.float32)
        self.random_ofs_on_reset = random_ofs_on_reset
        self.seed()
```

StocksEnv 類別的大多數功能都在兩個內部類別中完成：State 和 State1D。它們負責準備「觀察」和「我們的購買股票狀態」以及「獎勵」。它們以不同的表示法來實作「觀察」中的數據，稍後我們會看到它們的程式碼。在建構函數中，我們建立 Gym 所需的「狀態物件」（state object）、「行動空間」（action space）和「觀察空間」（observation space）欄位。

```
    def reset(self):
        # make selection of the instrument and it's offset. Then
reset the state
        self._instrument =
self.np_random.choice(list(self._prices.keys()))
        prices = self._prices[self._instrument]
        bars = self._state.bars_count
        if self.random_ofs_on_reset:
            offset = self.np_random.choice(prices.high.shape[0]-
bars*10) + bars
        else:
            offset = bars
        self._state.reset(prices, offset)
        return self._state.encode()
```

這個方法定義「環境」的 reset() 功能。根據 gym.Env 語意，我們隨機切換我們要處理的時間序列，並選擇這個時間序列中的「起始偏移值」。選定的價格和偏移值將傳遞給我們內部的「狀態」物件，然後使用它的 encode() 函數取得「初始觀察」。

```
    def step(self, action_idx):
        action = Actions(action_idx)
        reward, done = self._state.step(action)
        obs = self._state.encode()
        info = {"instrument": self._instrument, "offset":
self._state._offset}
        return obs, reward, done, info
```

這個方法中「代理人」會選擇「行動」，並回傳下一個「觀察」obs、「獎勵」reward 和「回合」是否結束的旗標 done。所有功能都在我們的「狀態類別」中實作，因此，簡言之，這個方法是「關於狀態方法」一個非常簡單的包裝器。

```
    def render(self, mode='human', close=False):
        pass

    def close(self):
        pass
```

gym.Env 的 API 允許您定義 render() 「方法處理器」（method handler），這個「處理器」應該要能轉譯「當前狀態」，不論是人類看的懂的格式，或是機器可讀的格式。一般來說，這個方法應該用來查看「環境狀態」，並用它來除錯或是追蹤「代理人」的行為。例如，「交易市場環境」可以將當前價格「渲染」（render）為圖表，來顯示「代理人」在那一刻所看到的內容。但很不幸的是，我們的「環境」不支持「渲染」，因此這個方法不會執行任何操作。另一種方法是 close()，「解構環境」（destruction）的時候，會叫用它來釋放被分配給物件的資源。

```
def seed(self, seed=None):
    self.np_random, seed1 = seeding.np_random(seed)
    seed2 = seeding.hash_seed(seed1 + 1) % 2 ** 31
    return [seed1, seed2]
```

這個方法是（相關於 Python 亂數生成器的）Gym 魔法之一。它讓您在建立許多「環境」的時候，可以使用相同的亂數種子（預設情況下是當前的時間），來初始化其亂數生成器。它其實與我們的程式碼不太相關（因為我們只有一個 DQN 環境物件），但是當我們在使用「**非同步優勢行動－評論者**」（Asynchronous Advantage Actor-Critic，**A3C**）方法的時候，這個方法就非常有用了，這在本書下一個部分中會介紹到。

現在讓我們看一下內部類別 environ.State，它實作大部分「環境」的功能。

```
class State:
    def __init__(self, bars_count, commission_perc,
reset_on_close, reward_on_close=True, volumes=True):
        assert isinstance(bars_count, int)
        assert bars_count > 0
        assert isinstance(commission_perc, float)
        assert commission_perc >= 0.0
        assert isinstance(reset_on_close, bool)
        assert isinstance(reward_on_close, bool)
        self.bars_count = bars_count
        self.commission_perc = commission_perc
        self.reset_on_close = reset_on_close
        self.reward_on_close = reward_on_close
        self.volumes = volumes
```

建構函數只會檢查和記錄參數到物件的欄位之中：

```
def reset(self, prices, offset):
    assert isinstance(prices, data.Prices)
    assert offset >= self.bars_count-1
    self.have_position = False
    self.open_price = 0.0
```

```
            self._prices = prices
            self._offset = offset
```

每次要求「環境」重置的時候，都會叫用 reset() 方法，並且會儲存「傳入的價格資料」和「起始偏移值」。在一開始時，我們沒有買進任何股票，因此我們的「狀態」有 have_position=False 和 open_price=0.0。

```
        @property
        def shape(self):
            # [h, l, c] * bars + position_flag + rel_profit (since
    open)
            if self.volumes:
                return (4 * self.bars_count + 1 + 1, )
            else:
                return (3*self.bars_count + 1 + 1, )
```

「狀態」是以 NumPy 陣列來表示，而這個屬性會回傳該陣列的形狀。類別 State 會被編碼成單一向量，其中包括股價（可有可無的「交易量」）和兩個數字，分別表示：購買股票和平倉利潤。

```
        def encode(self):
            """
            Convert current state into numpy array.
            """
            res = np.ndarray(shape=self.shape, dtype=np.float32)
            shift = 0
            for bar_idx in range(-self.bars_count+1, 1):
                res[shift] = self._prices.high[self._offset + bar_idx]
                shift += 1
                res[shift] = self._prices.low[self._offset + bar_idx]
                shift += 1
                res[shift] = self._prices.close[self._offset +
    bar_idx]
                shift += 1
                if self.volumes:
                    res[shift] = self._prices.volume[self._offset +
    bar_idx]
                    shift += 1
            res[shift] = float(self.have_position)
            shift += 1
            if not self.have_position:
                res[shift] = 0.0
            else:
                res[shift] = (self._cur_close() - self.open_price) /
    self.open_price
            return res
```

上面的方法將當前「偏移位置的價格」，編碼為 NumPy 陣列，這就是「代理人」的「觀察」。

```
def _cur_close(self):
    open = self._prices.open[self._offset]
    rel_close = self._prices.close[self._offset]
    return open * (1.0 + rel_close)
```

這個輔助方法會計算「當前棒」（current bar）的收盤價。傳給類別 State 的價格不是絕對價格，而是以「相對價格」的形式呈現：「最高價」相對於開盤價的比率、「最低價」相對於開盤價的比率，以及「收盤價」相對於開盤價的比率。當我們討論訓練數據時，已經討論過這種表示法，它（可能）可以幫助我們的「代理人」學習（獨立於實際價格的）價格模式。

```
def step(self, action):
    assert isinstance(action, Actions)
    reward = 0.0
    done = False
    close = self._cur_close()
```

這個方法是 State 類別中最複雜的一段程式碼，它負責在我們的「環境」中執行一個步驟。離開方法時，它會回傳：以百分比形式呈現的獎勵，與「回合」是否結束的旗標。

```
if action == Actions.Buy and not self.have_position:
    self.have_position = True
    self.open_price = close
    reward -= self.commission_perc
```

如果「代理人」決定「買進股票」，我們會改變「狀態」並支付佣金。在我們的「狀態」中，我們假設「即時訂單」會以「當前棒」（current bar）的收盤價來做交易，這是我們單方面做的簡化，因為一般而言，訂單是可以用不同的價格來完成交易，這又被稱為「價格滑點」（price slippage）。

```
elif action == Actions.Close and self.have_position:
    reward -= self.commission_perc
    done |= self.reset_on_close
    if self.reward_on_close:
        reward += 100.0 * (close - self.open_price) /
self.open_price
    self.have_position = False
    self.open_price = 0.0
```

如果在某一個「部位」（position）時，「代理人」要求我們「平倉」，我們會再次支付佣金，若是處於 reset_on_close 模式的話，則會設定「回合結束」的旗標 done，給出整個「部位」的最終「獎勵」，並改變我們的「狀態」。

```
self._offset += 1
prev_close = close
close = self._cur_close()
done |= self._offset >= self._prices.close.shape[0]-1

if self.have_position and not self.reward_on_close:
    reward += 100.0 * (close - prev_close) / prev_close

return reward, done
```

在函數的其餘部分中，我們修改當前「偏移值」並給出「最後一棒」移動的「獎勵」。這就是類別 State 的內容；現在讓我們來看看類別 State1D，它與 State 類別具有相同的行為，只是「重新覆寫」將會傳遞給「代理人」的「狀態表示法」。

```
class State1D(State):
    @property
    def shape(self):
        if self.volumes:
            return (6, self.bars_count)
        else:
            return (5, self.bars_count)
```

這種表示法的形狀是不一樣的，因為我們的價格會被編碼為適合「一維卷積」運算子的 2D 矩陣。

```
def encode(self):
    res = np.zeros(shape=self.shape, dtype=np.float32)
    ofs = self.bars_count-1
    res[0] = self._prices.high[self._offset-
ofs:self._offset+1]
    res[1] = self._prices.low[self._offset-ofs:self._offset+1]
    res[2] = self._prices.close[self._offset-
ofs:self._offset+1]
    if self.volumes:
        res[3] = self._prices.volume[self._offset-
ofs:self._offset+1]
        dst = 4
    else:
        dst = 3
    if self.have_position:
        res[dst] = 1.0
```

```
            res[dst+1] = (self._cur_close() - self.open_price) /
self.open_price
        return res
```

上面這個方法根據「當前的偏移值」、我們是否需要「交易量」以及我們是否有「庫存股票」，來編碼矩陣中的價格。這就是我們的「交易環境」。由於以上的程式碼與 Gym API 具有相容性，因此可以將它插入我們熟悉的 Atari 遊戲環境中去處理。現在就讓我們開始動手這麼做吧。

模型

這個範例使用了兩個 DQN 架構：一個是有三個層次的「簡單前饋網路」，另一個是有「一維卷積」及「特徵擷取器」的網路，其後有輸出「Q值」的兩個「完全連接層」。它們都使用前一章介紹的「對決」架構。還使用了「雙 DQN」和「兩步貝爾曼方程式」展開。其餘過程與「基本 DQN」相同（細節在「第 6 章」中）。

這兩個模型在 Chapter08/lib/models.py 中，事實上他們都非常簡單。

```python
class SimpleFFDQN(nn.Module):
    def __init__(self, obs_len, actions_n):
        super(SimpleFFDQN, self).__init__()

        self.fc_val = nn.Sequential(
            nn.Linear(obs_len, 512),
            nn.ReLU(),
            nn.Linear(512, 512),
            nn.ReLU(),
            nn.Linear(512, 1)
        )

        self.fc_adv = nn.Sequential(
            nn.Linear(obs_len, 512),
            nn.ReLU(),
            nn.Linear(512, 512),
            nn.ReLU(),
            nn.Linear(512, actions_n)
        )

    def forward(self, x):
        val = self.fc_val(x)
        adv = self.fc_adv(x)
        return val + adv - adv.mean
```

「卷積模型」具有一般的特徵提取層，前面包含「一維卷積」和兩個「完全連接層」，以輸出「狀態值」和「行動」的優勢。

```python
class DQNConv1D(nn.Module):
    def __init__(self, shape, actions_n):
        super(DQNConv1D, self).__init__()

        self.conv = nn.Sequential(
            nn.Conv1d(shape[0], 128, 5),
            nn.ReLU(),
            nn.Conv1d(128, 128, 5),
            nn.ReLU(),
        )

        out_size = self._get_conv_out(shape)

        self.fc_val = nn.Sequential(
            nn.Linear(out_size, 512),
            nn.ReLU(),
            nn.Linear(512, 1)
        )

        self.fc_adv = nn.Sequential(
            nn.Linear(out_size, 512),
            nn.ReLU(),
            nn.Linear(512, actions_n)
        )

    def _get_conv_out(self, shape):
        o = self.conv(torch.zeros(1, *shape))
        return int(np.prod(o.size()))

    def forward(self, x):
        conv_out = self.conv(x).view(x.size()[0], -1)
        val = self.fc_val(conv_out)
        adv = self.fc_adv(conv_out)
        return val + adv - adv.mean
```

訓練程式碼

在這個例子中，我們有兩個非常相似的訓練模組：一個用於「前饋模型」（feed-forward model），一個用於「一維卷積」（1D convolutions）。這兩者模組，與我們在「第 7 章，DQN 擴充」中所介紹的範例一樣，並沒有增加任何新內容：

- 它們使用「小值－貪婪」策略選擇「行動」來進行「探索」。epsilon 在「前 1 百萬步」會從 1.0 線性遞減到 0.1。

- 使用大小為 100k 的簡單「經驗重播緩衝區」，並使用 10k 個轉換當作「初始資料」。

- 對於每 1000 步，我們計算「固定狀態集」的平均值，以檢查訓練期間「Q 值」的動態。

- 每 100k 步之後，我們執行一次驗證：在訓練數據上，以及在從未見過的數據上，執行 100「回合」。下單的特徵會儲存在 TensorBoard 中，例如：「平均利潤」、「平均條數」和「持有的股數」。這個步驟可以讓我們檢查「過度適合」的條件。

訓練模組在 Chapter08/train_model.py（「前饋模型」）和 Chapter08/train_model_conv.py（「一維卷積」功能）之中。兩個版本都接受相同的命令列參數。

您需要使用 --data 選項傳入「訓練數據」來開始訓練，該選項可以是「單一的 CSV 檔案」或是「包含檔案的整個目錄」。預設情況下，訓練模組使用 2016 年的 Yandex 報價（在檔案 data/YNDX_160101_161231.csv 中）。對於驗證數據的輸入，可以使用 --valdata 選項，預設情況下是使用 2016 年的 Yandex 報價。另外一個必要選項是 -r，用來傳入本次執行的名稱。TensorBoard 會使用這個名稱顯示執行結果，並用它來建立目錄，以便儲存訓練好的模型。

結果
現在讓我們來看看執行結果。

前饋模型
要讓一年的 Yandex 數據收斂，需要大約 10M 的訓練步驟，這可能會需要一段時間（在 GTX 1080Ti 的機器上，訓練速度約為每秒 230 到 250 個步驟）。在訓練的過程中，TensorBoard 會顯示一些圖表，告訴我們現在正在進行的工作。

以下這兩張圖，分別是（以百分比表示的）平均獎勵 **reward_100** 和最後 100「回合」的平均長度 **steps_100**：

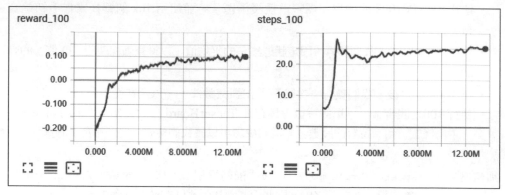

圖 8.3：前饋版本的獎勵圖

上圖告訴我們兩件好事：

1. 我們的「代理人」能夠確定何時「買進」和「賣出」股票以獲得正報酬（因為在「開倉」和「平倉」時，需要支付 0.1% 的佣金，隨機行動的話，會得到 -0.2% 的「獎勵」）。

2. 在訓練期間，「回合」的長度從 7「棒」增加到 25「棒」，並且持續緩慢地增長，這表示「代理人」持有的股票的時間越來越長，以增加最後的利潤。

遺憾的是，前面的圖表並不代表這一個「代理人」在未來一定會獲利，因為我們無法保證會再次出現相同的報價動態。為了檢查我們的策略，我們每經過 100k 個訓練步驟之後，就執行一次的驗證操作。而驗證是套用在兩個數據集上進行的：「我們的訓練數據」，以及來自同一檔股票「在過去不同的時間內」從未見過的數據。驗證結果如下圖所示：

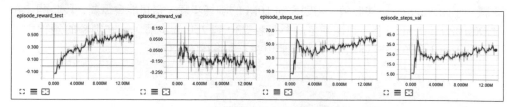

圖 8.4：訓練期間的測試與驗證動態

在測試圖表上（使用「訓練數據」來取得），我們可以看到與 **reward_100** 和 **steps_100** 圖表有相同的正動態：「獎勵」是正的而且會隨著時間的推移而增長，同時「回合」的

長度也在增長。然而，處理「從未見過的數據」時所產生的驗證獎勵圖表，卻顯示了相反的動態：我們的「獎勵」隨著時間的推移而減少了。這個現象可以用以下的事實來解釋：「代理人」程式「過度適合」（overfits）於訓練數據，於是在處理沒見過的數據時，就表現得更糟。零獎勵時有出現一些峰值，但大多數的時候，我們的「代理人」在驗證數據集上會虧損。如前所述，我們不可能一夕之間就做出很好的模型，但是事實上 episode_reward_val 在大部分時間都高於 -0.2%（這是我們「環境」中的交易佣金），也就是說，我們的「代理人」比一隻只會隨機操作的「買賣猴子」表現得好。

在訓練期間，每當我們儲存「平均 Q 值」來更新所記錄的「最大 Q 值」時，我們的程式碼會將模型儲存起來，以利之後的實驗使用。我們有一個工具可以用「命令列參數選項」載入之前儲存起來的模型、載入您指定價格的交易，並繪製隨著時間變化的利潤變化圖。這個工具名為 Chapter08/run_model.py，使用方法如下所示：

```
$ ./run_model.py -d data/YNDX_160101_161231.csv -m saves/ff-
YNDX16/mean_val-0.332.data -b 10 -n test
```

這個工具能接受的參數選項如下：

- -d：這是要使用數據的路徑。在上面的範例中，我們將模型應用於訓練數據上。
- -m：這是模型檔案的路徑。在預設情況下，訓練程式碼會將它儲存在目錄 saves 中。
- -b：這顯示傳遞給模型的「棒」數。它必須與訓練中使用的「棒」數相同，預設是 10，可以在訓練程式碼中更改。
- -n：這是要附加到產生的圖片的字尾（suffix）。
- --commission：這能讓您重新定義經紀人的佣金，預設值為 0.1%。

最後，這個工具會建立「總利潤動態圖」（百分比）。以下是 2016 年的 Yandex 公司的股價（用於訓練）的「獎勵圖」。

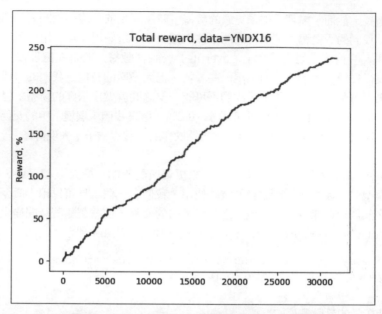

圖 8.5：2016 年 Yandex 訓練數據的交易利潤圖

上面的結果看起來很驚人：一年的利潤超過 200%。但是讓我們來看看，如果將這個模型套用在 2015 年的數據上，會發生什麼事：

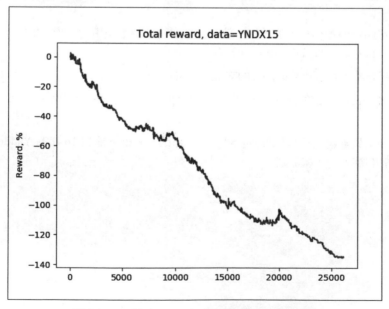

圖 8.6：2015 年 Yandex 訓練數據的交易利潤圖

正如我們從 TensorBoard 驗證圖中看到的那樣，結果真的是非常糟糕。如果要檢查我們的系統在沒有佣金（零佣金）的情境下，是否能有獲利，我們可以使用 --commission 0.0 選項，對相同的數據再執行一次。

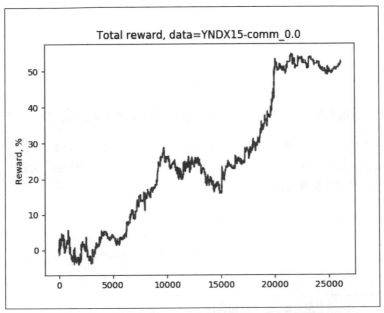

圖 8.7：使用零佣金選項的情境下，驗證數據的交易利潤圖

在某些時間點，我們有相當糟糕的「回檔」（drawdown），但是總體結果是好的：在沒有佣金的情況下，我們的「代理人」可以有獲利。當然，佣金不是唯一的問題。我們模擬的下單環境是非常原始的，並沒有考慮到現實生活中的真實情況，例如：價格差異和執行順序。

卷積模型

這個範例所實作的第二個模型，它使用「一維卷積濾波器」來從價格數據中擷取特徵。這能讓我們增加「代理人」（在每個步驟中）所看到的「上下文窗口中的棒數」，而不會顯著地增加網路的大小。在預設情況下「卷積模型」範例中的一個上下文窗口包含 50「棒」。訓練程式碼在 Chapter08/train_model_conv.py 中，它接受與「前饋版本」相同的命令列參數。下圖顯示了「卷積模型」（藍色線）與「前饋模型」（棕色線）的「獎勵」和「步數」：

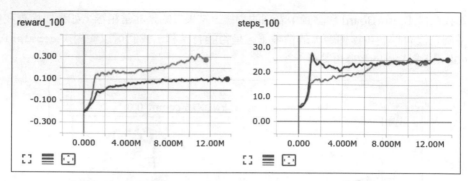

圖 8.8：「卷積模型」和「前饋模型」兩者之間獎勵動態的比較

正如您所看到的，「卷積模型」訓練的速度較快，而且在使用相同數量的「回合步驟」下，可以獲得更好的「獎勵」。但是從下面的驗證圖中，我們看到與之前相同的情況：「代理人」能夠在「**訓練數據**」上賺錢，但是從「**驗證數據**」上獲得的利潤卻低得多：

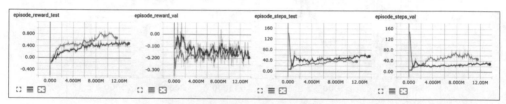

圖 8.9：以「驗證數據」來執行這兩個版本的結果

由於「卷積代理人」（convolution agent）能更好地「適合」（fitting）於訓練數據，「卷積代理人」在「驗證數據」上的表現比「前饋代理人」（feed-forward agent）更差。由 run_model.py 所建立的獎勵圖表確認了這一點。

下圖是「訓練數據」的「總獎勵」。我們可以看到比「前饋版本」更多的利潤（300%對比 250%）。

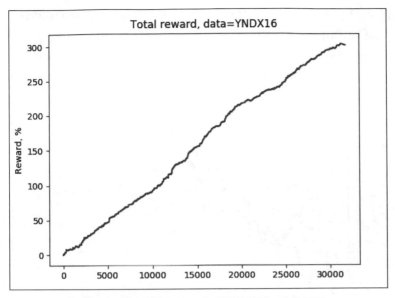

圖 8.10:「卷積代理人」在「訓練數據」上的利潤

但是,面對「驗證數據集」(佣金為 0.1%),它一樣會有損失:

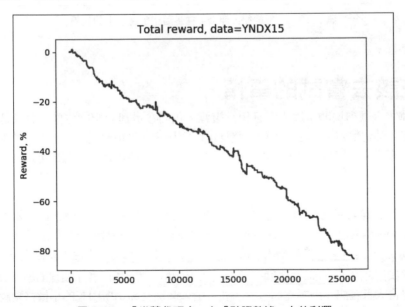

圖 8.11:「卷積代理人」在「驗證數據」上的利潤

如果沒有佣金（如下圖所示），我們的「卷積代理人」多少可以賺取一些錢，但是利潤卻是小於「前饋」版本的。

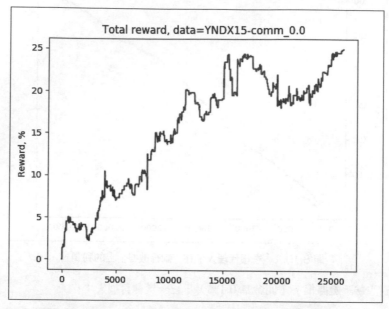

圖 8.12：「無經紀人佣金」在「驗證數據」上的利潤

一些該去嘗試的事情

如前所述，金融市場非常龐大而且相當複雜。我們在這裡介紹的這些方法只是一個開始。使用「強化學習」來建立一個完整且可以獲利的交易策略是一項龐大的計畫，可能需要許多專業人員好幾個月的時間才能完成。但是，有些事情我們還是可以自己嘗試一下：

1. 我們的數據表示法絕對不是完美的。我們沒有考慮重要的價格指標，如「支撐」（support）和「壓力」（resistance），也沒有考慮「整數價格的值」（round price values）…等等。將它們納入「觀察」可能是一個非常有挑戰性的問題。

2. 通常我們會以不同的時間範圍，來分析市場價格。像「M1 棒」這樣的細部數據，通常包含大量雜訊（因為它們包含了許多由「個別交易」所引起的小價格變動），這就像是用「顯微鏡」來觀察市場一樣。在較長的時間上分析，例如：一小時或一天的「k 線圖」，您可以看到數據較大、較長的移動趨勢，這對於價格預測來說非常重要。

3. 更多的訓練數據。就算是一支股票的一整年數據，也只有 130k「棒」吧，這對描述所有市場的情況來說，幾乎是無足輕重的。在理想的情況之下，「代理人」應該以「更大的數據集」來做訓練，像是過去 10 年當中數百支股票的價格？

4. 修改網路架構來做實驗。「卷積模型」比「前饋模型」更快速的收斂，但它有許多事項需要最佳化：「層數」（count of layers）、「核心大小」（kernel size）、「殘差架構」（residual architecture），以及「注意機制」（attention mechanism）…等等。

小結

在本章中，我們看到了「強化學習」的一個實際範例，並實作了「交易代理人」，也自己定義了 Gym 環境。我們嘗試了兩種不同的架構：輸入歷史價格的「前饋網路」和「一維卷積網路」。這兩種架構都使用了 DQN 方法與一些在「第 7 章」中介紹的擴充。

這是本書**第二個部分的最後一章**。在第三個部分中，我們將討論一系列不同的「強化學習」方法：「策略梯度」（policy gradients）。

9

策略梯度－另一個選項

在本書第三部分的第一章中，我們將介紹另一種處理「馬可夫決策過程」（Markov Decision Process，**MDP**）問題的方法，這種方法事實上是一整套被稱作「策略梯度」（Policy Gradients，**PG**）的方法。本章將介紹這些方法的概觀、它們的動機，以及與讀者已經非常熟悉的「Q 學習」相比，它們有哪些優缺點。我們將從名為 **REINFORCE** 的簡單「策略梯度法」開始說明，嘗試將其應用於 CartPole 環境，並將它與「深度 Q 網路」（Deep Q-Networks，**DQN**）方法進行比較。

值與策略

在我們開始談論「策略梯度」之前，讓我們複習一下**本書第二部分**中所介紹的許多方法的共同特徵。「Q 學習」的核心是「狀態」或「行動＋狀態對」的「值」。「值」被定義為「折扣總獎勵」（discounted total reward），我們可以從該「狀態」中收集，或是從「狀態」選用特定的「行動」來收集。如果知道「值」是什麼，那們每一步該如何「行動」就變得簡單又明顯了：我們只是對「值」以貪婪法來選取「行動」，這能保證我們在「回合」結束時獲得很好的「總獎勵」。因此，「**狀態值**」（在「**值迭代法**」的情況下）或「**狀態＋行動**」（在「**Q 學習法**」的情況下）就是我們和**最佳獎勵**之間的橋樑。而我們使用「貝爾曼方程式」來計算這些「值」，而這個方程式是以「下一個步驟的值」來表示「當前步驟的值」。

在「第 1 章」中，我們將「**策略**」（policy）定義為：一個可以告訴我們在一個「狀態」中要選擇什麼「行動」的實體。與「Q 學習法」一樣，當「**值**」告訴我們該如何行動時，它們實際上就是在定義我們的「策略」。形式上，這可以寫成 $\pi(s) = \arg\max_a Q(s, a)$，這表示我們的「**策略** π」是每個「狀態 s」上具有最大 Q 的「行動」。

這種「策略－價值」的關聯是顯而易見的，因此在之前的章節中，我們並沒有把「策略」特別強調為一個單獨的實體，而是將大部分的時間放在談論「值」以及正確計算出「值」的方式。本章是本書的**第三部分的第一個章節**，現在是時候來研究這個關聯了，我們會暫時忘記「值」（values），並將注意力轉向「策略」（policy）。

為什麼是策略？

有幾個原因讓「策略」成為一個值得探討的有趣話題。首先，當我們在解決「強化學習」問題的時候，**「策略」**正是我們尋找的目標。當「代理人」獲得「觀察」、並決定下一步該做什麼的時候，我們需要的不是「狀態」或特定「行動」的「值」，而是**「策略」**。雖然我們的確很關心「總獎勵」，但對於某個特定「狀態」，我們對它的「狀態值」就不是那麼感興趣了。

想像一下這個情境：你走在叢林中，突然意識到有一隻餓壞的老虎藏在灌木叢中。你有幾種選擇，比如說，跑走、躲起來或者是拿背包丟牠，但問題是：「跑走這個行動的確切價值是什麼？它是否大於什麼都不做的價值？」這看起來有點蠢。因為當下我們根本不關心價值，我們必須立即做出決定，就是這樣。我們的「Q 學習法」試圖以「近似狀態值」來間接回答「策略問題」，並嘗試選擇最佳的替代方案，但是如果我們對「值」不感興趣，那又為什麼要做這些額外的工作呢？

「策略」可能比「值」更具吸引力的另一個原因是，在極端的情況下，「環境」可以具有許多「行動」，可以具有**「連續行動空間」**（continuous action space）。為了能夠以 $Q(s, a)$ 來決定該選用的「最佳行動」，我們需要解決一個小小的最佳化問題：有什麼可以用來最大化 $Q(s, a)$ 呢？在具有多個離散行動的 Atari 遊戲情境中，這不是一個大問題：我們只要近似出所有的「行動值」，並選用具有「最大 Q 值」的「行動」。但如果我們「行動」不是一個小小的離散集合，而是一個「純量」，例如：「方向盤旋轉角度」或「我們想要跑離老虎的速度」，這個最佳化的問題就會變得非常困難，因為 Q 通常是由高度非線性的「類神經網路」來表示，因此，找到最大化函數的參數值可能會非常棘手。在這種情況下，直接使用「策略」而不是使用「值」，顯然更為可行。

一個具有**「隨機性」**（stochasticity）的「環境」，事實上是更適合使用「策略學習法」的。正如我們在「第 7 章」中所看到的，「類別 DQN」不是使用「預期平均值」來處理，而是使用「Q 值」的機率分佈來處理，而且可以得到很好的結果，因為我們的網路可以更精確地抓出潛在的機率分佈。正如我們將在下一節中看到的那樣，「策略」很自然地會以「行動的機率」（probability of actions）來表示，這一步與「類別 DQN 法」基本上是一樣的。

策略表示法

既然瞭解了「策略」的好處，就讓我們試著來使用它。首先，我們該如何表示「策略」呢？在使用「Q值」的情況下，它們是被參數化為「類神經網路」的回傳，而「類神經網路」將「行動值」以「純量」的方式回傳。如果我們希望我們的網路參數化「行動」，那麼我們有幾個選擇。第一種，可能也是最簡單的方法，就是回傳「行動」的辨識碼（在一組離散行動的情況下）。但是這並不是處理離散行動集合的最佳方法。在分類任務中，一個被大量使用、更常見的解決方案是回傳我們的「行動」的機率分佈。換句話說，對於 N 個互斥行動，我們回傳 N 個數字，分別表示在特定的「狀態」下（即我們傳遞給網路的輸入），每個「行動」的機率。這種表示法如下圖所示。

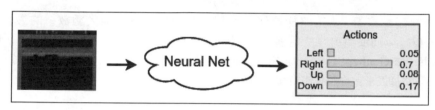

圖 9.1：對於一組離散行動，使用「類神經網路」進行「策略近似」（Policy approximation）

這種以機率當作「行動」的表示法具有「**平滑表示**」（**smooth representation**）的額外優點：如果我們稍微改變網路的加權，網路的輸出也會改變。在輸出是離散數字的情況下，即使對加權稍微調整一下，也有可能導致結果跳到另一個不同的「行動」去。但是，如果我們的輸出是機率分佈，那麼加權的微小變化通常只會導致輸出分佈的微小變化，例如：略微增加某一個「行動」相對於其他「行動」的機率。這是一個非常好的特性，因為「梯度最佳化的方法」都是在討論如何稍微調整模型的參數，以便改進最後的結果。「策略」通常以數學符號 $\pi(s)$ 來表示，我們在這裡也會以這種方式來表示。

策略梯度

我們定義了「策略」的表示法，但是到目前為止，還沒有看到我們將會如何改變「網路的參數」來改進「策略」。如果你還記得「第 4 章」中所介紹的「交叉熵法」，它解決了一個非常類似的問題：我們的網路將「觀察」作為輸入並回傳「行動」的機率分佈。事實上，「交叉熵法」是「我們將在本書這一部分所討論的方法」的「一個**更年輕的**同一種類的方法」。首先，我們將介紹名為 **REINFORCE** 的方法，這個方法與「交叉熵法」的差別非常小，但是我們會先說明一些我們將在本章和後續章節中使用到的數學符號。

我們將「策略梯度」定義為 $\nabla J \approx \mathbb{E}[Q(s,a)\nabla \log \pi(a|s)]$。當然它有一個紮實的證明,但它並不是那麼重要。我們更感興趣的是這個表示法的意義。

「策略梯度」定義了網路參數改變的方向,以便根據累積「總獎勵」來改進「策略」。**「梯度縮放規模」**(scale of the gradient)與所採取的「行動值」成正比,「行動值」就是前面公式中的 $Q(s,a)$,而「梯度」本身等於所採取的「行動」的「對數機率梯度」。直觀地來說,這表示:對於那些可以提供良好「總獎勵」的「行動」,我們嘗試去「增加」它們的機率,並降低那些最終結果不好「行動」的機率。公式中的期望值 E 僅表示我們在環境中採用了幾個步驟,並將梯度做了平均。

從實作的觀點來看,「策略梯度法」可以實作為完成該「損失函數」的最佳化:$\mathcal{L} = -Q(s,a)\log\pi(a|s)$。這裡的**減號**非常重要,因為在「**隨機梯度下降**」(Stochastic Gradient Descent,**SGD**)期間「損失函數」需要**最小化**,即希望**最大化**我們的「策略梯度」。你將在本章和後續章節中看到「策略梯度法」的程式碼範例。

REINFORCE 法

我們前面看到的「策略梯度」公式,被大多數「基於策略」(policy-based)的方法所使用,但使用細節可能有所不同。非常重要的一點是:精確的「梯度縮放規模」$Q(s, a)$ 是如何計算出來的。在「第 4 章」中介紹的「交叉熵法」,我們執行「回合」,計算每「回合」的「總獎勵」,並以「優於平均獎勵」的標準來進行「回合」轉移訓練。這個訓練程序就是一個「策略梯度法」,它以 $Q(s, a) = 1$ 來表示一個從「**好**回合」(具有更大的「總獎勵」)而來的「行動」,並以 $Q(s, a) = 0$ 來表示從「**差**回合」而來的「行動」。

「交叉熵法」甚至可以在這麼簡單的假設之下運作,但是一個明顯的改進是使用 $Q(s, a)$ 來進行訓練,而不是只用 0 和 1。那麼為什麼這樣會有幫助呢?答案是:更精細的「回合」分離。例如,「總獎勵」= 10 的「回合」相對於「總獎勵」= 1 的「回合」,應該有**更多的**梯度貢獻。使用 $Q(s, a)$ 而不只是常數 0 或 1 的第二個原因是:在「回合」剛開始的時候增加「好行動」的可能性,並減少接近「回合結束」時的「行動」。這正是名為 **REINFORCE** 法的想法。它的步驟如下所示:

1. 隨機初始化網路加權
2. 播放 N 集「完整回合」,儲存它們的 (s, a, r, s') 轉移

3. 對於「回合」k 的每個「步驟」t，計算後續步驟的「折扣總獎勵」：

$$Q_{k,t} = \sum_{i=0} \gamma^i r_i$$

4. 計算所有轉移的損失函數：$\mathcal{L} = -\sum_{k,t} Q_{k,t} \log(\pi(s_{k,t}, a_{k,t}))$

5. 對加權執行 SGD 更新，以便最小化損失

6. 從**步驟 2** 開始重複，直到收斂

上面介紹的演算法與「Q 學習」，在以下幾個重要的地方是**不同的**：

- 不需要明確的「探索」。在「Q 學習」中，我們使用「小值－貪婪策略」來探索「環境」，並防止我們的「代理人」陷入「非最佳策略」。現在，利用網路回傳的機率，自動執行「探索」。網路一開始使用「隨機加權」來進行初始化，而且網路會回傳均勻的機率分佈。這個機率分佈相對應於「代理人」的隨機行為。

- 不需要使用「重播緩衝區」。一個「同境策略」（on-policy）的「策略梯度」方法表示我們不能使用從「舊策略」取得的數據來進行訓練。這很好、也很不好。好的方面是這種方法通常會更快地收斂。不好的那一面則是，與 DQN 等「異境策略」（off-policy）方法相比，它們通常需要與「環境」進行更多的互動。

- 不需要「目標網路」。這裡我們會使用「Q 值」，但它們是我們從「環境」的經驗中所取得的。在 DQN 中，我們使用「目標網路」來打破「Q 值近似」之間的相關性，但我們不再對它進行近似。稍後，我們將會看到，「目標網路」的技巧在「策略梯度法」當中仍然很有用處。

CartPole 範例

要看看這個方法是如何運作的，讓我們在大家熟悉的 CartPole 環境中實作 REINFORCE 方法吧。這個範例的完整程式碼在 Chapter09/02_cartpole_reinforce.py 之中。

```
GAMMA = 0.99
LEARNING_RATE = 0.01
EPISODES_TO_TRAIN = 4
```

在一開始的地方，我們定義「超參數」（省略匯入的部分）。EPISODES_TO_TRAIN 的值表示我們將用多少完整的「回合」來做訓練。

```
class PGN(nn.Module):
    def __init__(self, input_size, n_actions):
        super(PGN, self).__init__()
```

```python
        self.net = nn.Sequential(
            nn.Linear(input_size, 128),
            nn.ReLU(),
            nn.Linear(128, n_actions)
        )

    def forward(self, x):
        return self.net(x)
```

您應該已經很熟悉網路本身。**請注意**，儘管網路回傳的是機率，我們並沒有在輸出上叫用 softmax 非線性函數。這背後的原因是我們將使用 PyTorch 的 log_softmax 函數來計算 softmax 輸出的對數。這種計算方式在數值上更加穩定；另一方面，我們要記住的是，網路輸出不是機率，而是「原始分數」（通常被稱為 logits）。

```python
def calc_qvals(rewards):
    res = []
    sum_r = 0.0
    for r in reversed(rewards):
        sum_r *= GAMMA
        sum_r += r
        res.append(sum_r)
    return list(reversed(res))
```

這個函數相當精巧。它接受完整「回合」的獎勵串列，並會計算每一步的「折扣總獎勵」。為了能有效率地做到這一點，我們從「區域獎勵」串列的尾端來計算「獎勵」。實際上，「回合」最後一步的「總獎勵」等於其「區域獎勵」。最後一步之前那一步，其「總獎勵」為：$r_{t-1} + \gamma\, r_t$（如果 t 是最後一步的索引）。我們的 sum_r 變數包含前面步驟的「總獎勵」，因此，若要獲得上一步的「總獎勵」，我們需要將 sum_r 乘上「折扣因子」gamma 並加上「區域獎勵」。

```python
if __name__ == "__main__":
    env = gym.make("CartPole-v0")
    writer = SummaryWriter(comment="-cartpole-reinforce")

    net = PGN(env.observation_space.shape[0], env.action_space.n)
    print(net)

    agent = ptan.agent.PolicyAgent(net, preprocessor=ptan.agent.
float32_preprocessor,
                                   apply_softmax=True)
    exp_source = ptan.experience.ExperienceSourceFirstLast
(env, agent, gamma=GAMMA)

    optimizer = optim.Adam(net.parameters(), lr=LEARNING_RATE)
```

訓練迴圈之前的準備步驟，您也應該非常熟悉。唯一的新元素是 ptan 函式庫中的「代理人」類別。這裡我們使用 ptan.agent.PolicyAgent，它需要對每個「觀察」的「行動」做出決定。由於現在的網路以「行動機率」來選擇「行動」，以這個形式當作「策略」來回傳，我們需要從網路取得機率，然後從這個機率分佈中執行隨機抽樣。

當我們使用 DQN 的時候，網路的輸出是「Q 值」，因此，如果某個「行動」的值為 0.4 且另一個「行動」為 0.5，則第二個「行動」百分之百會是首選。在機率分佈的情況下，如果第一個「行動」的機率為 0.4，第二個「行動」的機率為 0.5，那麼我們的「代理人」有 40% 的機率會選用第一個「行動」，有 50% 的機率會選用第二個「行動」。當然，我們的網路可以百分之百採取選用第二個「行動」，在這種情況下，它回傳第一個「行動」的機率為 0 和第二個「行動」的機率為 1。

理解這個「差異」對了解這個方法來說是很重要的，但是實作方面的修改卻不是很大。我們在 PolicyAgent 的內部，會以「網路的機率」叫用 NumPy 的 random.choice 函數。參數 apply_softmax 要求它先叫用 softmax，將網路的輸出轉換為機率。第三個參數預處理器，則會將 Gym 裡面的 CartPole 環境當中，型別是 float64 的「觀察回傳結果」，轉型成為 PyTorch 所期待的 float32。

```
total_rewards = []
done_episodes = 0

batch_episodes = 0
cur_rewards = []
batch_states, batch_actions, batch_qvals = [], [], []
```

在我們開始訓練迴圈之前，我們需要幾個變數。第一組變數用來製作報告，紀錄了「回合」的「總獎勵」，也紀錄了完成「回合」的數目。第二組變數則用來收集訓練數據。串列 cur_rewards 包含當前「回合」的「區域獎勵」。當這一「回合」結束時，我們使用 calc_qvals 函數以「區域獎勵」來計算「折扣總獎勵」，並將它們加到 batch_qvals 串列之中。串列 batch_states 和 batch_actions 則包含我們從上一次訓練中所看到的「狀態」和「行動」。

```
for step_idx, exp in enumerate(exp_source):
    batch_states.append(exp.state)
    batch_actions.append(int(exp.action))
    cur_rewards.append(exp.reward)

    if exp.last_state is None:
        batch_qvals.extend(calc_qvals(cur_rewards))
        cur_rewards.clear()
        batch_episodes += 1
```

以上是訓練迴圈一開始的部分。我們從「經驗來源」取得的每一個經驗都包含了：「狀態」、「行動」、「區域獎勵」和「下一個狀態」。如果已經到了「回合」的最後，則下一個「狀態」會是 None。對於不是最後一個的「經驗」，我們只會在串列中儲存「狀態」、「行動」和「區域獎勵」。在「回合結束」時，我們將「區域獎勵」轉換為「Q值」並增加「回合計數器」。

```
new_rewards = exp_source.pop_total_rewards()
if new_rewards:
    done_episodes += 1
    reward = new_rewards[0]
    total_rewards.append(reward)
    mean_rewards = float(np.mean(total_rewards[-100:]))
    print("%d: reward: %6.2f, mean_100: %6.2f, episodes: %d" % (
        step_idx, reward, mean_rewards, done_episodes))
    writer.add_scalar("reward", reward, step_idx)
    writer.add_scalar("reward_100", mean_rewards,
step_idx)
    writer.add_scalar("episodes", done_episodes, step_idx)
    if mean_rewards > 195:
        print("Solved in %d steps and %d episodes!" %
(step_idx, done_episodes))
        break
```

訓練迴圈中的這一個部分會在「回合結束」時執行，它負責回報當前進度，並將各項效能指標寫入 TensorBoard。

```
if batch_episodes < EPISODES_TO_TRAIN:
    continue

optimizer.zero_grad()
states_v = torch.FloatTensor(batch_states)
batch_actions_t = torch.LongTensor(batch_actions)
batch_qvals_v = torch.FloatTensor(batch_qvals)
```

自從訓練步驟的最後一步完成、有了足夠的「回合」時，我們會對收集而來的樣本做最佳化。而第一步，會將「狀態」、「行動」和「Q值」轉成適當的 PyTorch 格式與型別。

```
logits_v = net(states_v)
log_prob_v = F.log_softmax(logits_v, dim=1)
log_prob_actions_v = batch_qvals_v *
log_prob_v[range(len(batch_states)), batch_actions_t]
loss_v = -log_prob_actions_v.mean()
```

然後我們計算步驟的損失。為了完成這個工作,我們要求我們的網路將「狀態」計算為 logits,並計算它們的 logarithm + softmax。第三行指令,我們從所選取的「行動」中選擇「對數機率」,並使用「Q 值」進行縮放。最後一行指令,對這些縮放過的值做平均,並將它變號(**變成負號**)來取得最小化的損失。再次強調,這個**負號**非常重要,因為我們的「策略梯度」需要最大化以改進策略。由於 PyTorch 中的優化器是相對於損失函數來做最小化,我們需要將「策略梯度」變號。

```
        loss_v.backward()
        optimizer.step()

        batch_episodes = 0
        batch_states.clear()
        batch_actions.clear()
        batch_qvals.clear()

    writer.close()
```

其餘的程式碼很直觀:我們執行「反傳遞」來收集「變數中的梯度」,並要求優化器執行 SGD 更新。在訓練迴圈結束的時候,我們重設「回合計數器」並清除我們的串列,以便收集新數據。

結果

我在 CartPole 環境中實作了 DQN,做為參考用,它與上面 **REINFORCE** 範例中所介紹的「超參數」幾乎相同。程式碼在 Chapter09/01_cartpole_dqn.py 之中。這兩個範例都不需要任何命令列參數,而且應該能在一分鐘內完成收斂。

```
rl_book_samples/chapter09$ ./02_cartpole_reinforce.py
PGN (
  (net): Sequential (
    (0): Linear (4 -> 128)
    (1): ReLU ()
    (2): Linear (128 -> 2)
  )
)
63: reward: 62.00, mean_100: 62.00, episodes: 1
83: reward: 19.00, mean_100: 40.50, episodes: 2
99: reward: 15.00, mean_100: 32.00, episodes: 3
125: reward: 25.00, mean_100: 30.25, episodes: 4
154: reward: 28.00, mean_100: 29.80, episodes: 5
...
27676: reward: 200.00, mean_100: 193.58, episodes: 224
27877: reward: 200.00, mean_100: 194.07, episodes: 225
```

```
28078: reward: 200.00, mean_100: 194.07, episodes: 226
28279: reward: 200.00, mean_100: 194.53, episodes: 227
28480: reward: 200.00, mean_100: 195.09, episodes: 228
Solved in 28480 steps and 228 episodes!
```

DQN 和 REINFORCE 的收斂動態如下圖所示。

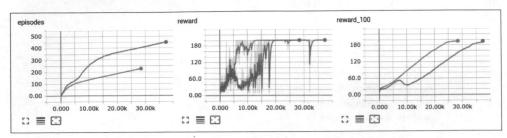

圖 9.2：DQN（橘線）和 REINFORCE（藍線）的收斂動態

如你所見，REINFORCE 的收斂速度比較快，需要更少的訓練步驟和「回合」就能解決 CartPole 環境。如果你還記得「第 4 章」所介紹的「交叉熵法」，它需要大約 40「批」、每「批」16「回合」、共計 **640**「回合」，才能解決 CartPole 環境。而 REINFORCE 方法卻能夠在**不到 300**「回合」就完成同樣的工作，這是一個很好的改進。

基於策略與基於值的比較

現在讓我們從剛剛看到的程式碼中後退一步，討論這兩種方法的差異：

- 「基於策略方法」直接對我們關心的內容來做最佳化：也就是我們的「行為」。而像是 DQN 之類的「基於值方法」則間接地完成同樣的事情：首先學習出「值」，並基於這個「值」向我們提供策略。

- 「基於策略方法」是「同境策略」，需要來自「環境」的新樣本。「基於值方法」可以從「舊策略」、「人類示範」和「其他來源」獲得的舊數據中獲益。

- 「基於策略方法」的樣本效率通常比較「低」，這意味著它們需要與「環境」進行更多的互動。「基於值方法」則可以從大型的「重播緩衝區」中得利。然而，樣本效率並不代表「基於值方法」的計算效率會比較高，而且常常是恰好相反。上面例子中的訓練過程，我們只需要造訪我們的「類神經網路」一次，就能取得「行動」的機率。但是在 DQN 中，我們需要處理兩批「狀態」：一個是「當前狀態」，另一個則是「貝爾曼更新」中的「下一個狀態」。

如你所見,「基於策略」的方法群與「基於值」的方法群,並沒有特別強烈的偏好。在某些情況下,「基於策略」的方法會是更自然的選擇,例如:連續控制問題,或是存取「環境」是非常經濟且快速的情況。然而,在很多情況下,「基於值方法」會大放異彩,例如:最近研究人員以 DQN 的變形,實現 Atari 遊戲的最新、最好的成果。在理想情況下,你應該平等地對待、學習這兩群的方法,並了解這兩個陣營的強項、弱項。在下一節中,我們將會討論 REINFORCE 方法的局限性、改進方法,以及如何將「策略梯度法」應用在我們最喜歡的兵乓遊戲。

REINFORCE 的問題

在上一節中,我們討論了 REINFORCE 方法,它是「第 4 章」中「交叉熵」的自然延伸。很不幸的是,REINFORCE 和「交叉熵法」仍然存在著幾個問題,這使得它們都被局限在處理簡單的「環境」。

需要完整的回合

首先,我們需要等到有了「完整的回合」才能開始訓練。更糟糕的是,REINFORCE 和「交叉熵法」在有更多的「回合」下,會表現得更好(而更多「回合」表示更多的訓練數據,這代表更準確的「策略梯度」)。對於像 CartPole 這種「短回合」的情況,我們還可以處理;問題是,在一開始的時候,我們幾乎不能維持這根「棍子」超過 10 步。但在乒乓遊戲中,這就完全不同了:每「回合」可以持續數百甚至數千幀。從訓練的角度來看,也是一樣的糟糕,我們的訓練批次會變得非常大,而且樣本效率也是很差;只為了執行一個訓練步驟,我們就需要與「環境」進行大量的溝通與互動。

要求「完整的回合」的原因是盡可能準確地進行 Q 估計。當談到 DQN 的時候,在實作中我們看到,使用「一步貝爾曼方程」:$Q(s,a) = r_a + \gamma V(s')$ 來做估計,並用這個估計替換「折扣獎勵」的確切值,這是可行且沒有問題的。為了計算 $V(s)$,我們使用了我們自己的 Q 估計,但是在「策略梯度」的情況下,我們不再會有 $V(s)$ 或 $Q(s, a)$。

有兩種方法可以克服這個問題。一方面,我們可以要求我們的網路估計 $V(s)$ 並使用這個估計來取得 Q。這種方法會在下　章中討論,它被稱作「行動-評論者方法」(Actor-Critic method),這是「策略梯度」方法群中,最受歡迎的一個方法。

另一方面,我們可以用「貝爾曼方程式」向前展開 N 步,當「折扣因子」gamma 小於 1 時,這將有效地「探索」(exploit),而「值」的貢獻會逐漸減少。實際上,當

gamma=0.9 時，第 10 步的「值係數」是 0.9^{10}=0.35。在第 50 步時，這個係數會是 0.9^{50} = 0.00515，這對「總獎勵」的貢獻其實非常小。在「折扣因子」**gamma=0.99** 的情況下，所需的步數會變得較大，但是我們仍然可以完成這個工作。

高梯度變異

在「策略梯度」的公式中：$\nabla J \approx \mathbb{E}[Q(s,a)\nabla \log \pi(a|s)]$，給定一個「狀態」的「梯度」會與「折扣獎勵」成正比。但是，這個「獎勵」的範圍嚴重相依於「環境」。例如，在 CartPole 環境中，在每個時間戳記上，如果能維持「棍子」不倒下來，就可以得到 **1** 的獎勵。如果可以維持五個時步不倒下來，那麼當然就可以得到 **5** 的（未打折的）「總獎勵」。如果我們的「代理人」很聰明，而且可以保持「棍子」垂直，比如說 100 步，那麼總獎勵會是 **100**。這兩種情境的「總獎勵」相差 20 倍，這代表「不成功樣本的梯度」會比「成功樣本的梯度」**低 20 倍**。這麼大的差異會嚴重影響我們的訓練動態，因為一個幸運的「回合」會在最終的梯度中，占了主導的地位。

以數學的術語來說，我們的「策略梯度」具有很大的「**變異**」（variance），在一個複雜的「環境」中，我們需要做些事情來處理它，不然的話，訓練過程會變得很不穩定。處理這個問題常用的一個方法是：從 Q 中減去一個稱為「**基線**」（baseline）的值。「基線」的可能選擇方式如下：

1. 一些常數值，通常是「折扣獎勵」的平均值
2. 「折扣獎勵」的移動平均值
3. 「狀態值」$V(s)$

探索

即使將「策略」表示為機率分佈，「代理人」也很有可能收斂到某個「區域最佳策略」並停止「探索」環境。在 DQN 中，我們使用「小值－貪婪」策略來選擇「行動」，以解決這個問題：「代理人」使用機率 epsilon 選取了一些隨機的「行動」，而不是使用「當前策略」所指定的「行動」。當然，我們可以使用相同的方法，但「策略梯度」提供我們一條更好的路徑，稱為「**熵紅利**」（entropy bonus）。

在資訊理論中，「熵」（entropy）是用來度量某個系統的「不確定性」（uncertainty）。應用於「代理人策略」的話，「熵」顯示了「代理人」程序在採取某「行動」時到底有多不確定。以數學符號來表示的話，「**策略熵**」被定義為：

$$H(\pi) = -\sum \pi(a|s) \log \pi(a|s) \text{ 。}$$

當「策略」一致時,「熵」的值一定會**大於零**並且有一個**最大值**。換句話說,所有「行動」都具有相同的機率。當我們的「策略」對於某個「行動」是 1、所有其他「行動」是 0 時,「熵」會變得最小,這表示「代理人」**百分之百確定**該做什麼。為了防止我們的「代理人」陷入區域最小值,我們從損失函數中減去「熵」,懲罰「代理人」過度確定所要選取的「行動」。

樣本之間的相關性

正如我們在「第 6 章,深度 Q 網路」中所討論的那樣,一「回合」中的訓練樣本通常是高度相關的,這對 SGD 的訓練是很不利的。在 DQN 的情況下,我們是使用包含了 100k 至 1M「觀察值」的大型「重播緩衝區」,從中採樣訓練批次,以這個方式來解決這個問題。由於這些方法屬於「同境策略」,因此這個解決方案不再屬於「策略梯度」系列。它背後的意義很簡單:使用「舊策略」產生的舊樣本,我們就會獲得「舊策略」的「策略梯度」,而不是由我們當前「策略」所導出來的。

顯而易見,但很不幸是錯誤的,解決方案是:減少「重播緩衝區」的大小。這可能在一些簡單的情況下可以產生作用,但是總體來說,我們需要使用當前「策略」所產生的新訓練數據。為了解決這個問題,通常會使用「**平行環境**」(parallel environments)。這種想法很簡單:與其僅僅和一個「環境」互動,我們可以同時使用許多「環境」,並用它們的狀態轉移當作訓練數據。

以策略梯度處理 CartPole

現在幾乎沒有人會使用基本的「策略梯度法」,因為有更穩定的「行動－評論者方法」(Actor-Critic method),這是後兩章的主題。但是,我仍然希望示範一下「策略梯度法」的實作,因為它建立了非常重要的觀念和指標,來檢查「策略梯度法」的性能。因此,我們將從簡單的 CartPole 環境開始說明,而在下一節中,將會檢查它在我們最喜歡的乒乓環境上的性能。檔案 Chapter09/04_cartpole_pg.py 中包含下面範例的完整程式碼。

```
GAMMA = 0.99
LEARNING_RATE = 0.001
ENTROPY_BETA = 0.01
BATCH_SIZE = 8
REWARD_STEPS = 10
```

除了大家已經熟悉的「超參數」之外，我們還有兩個新參數。「熵」的 beta 值是「熵紅利」（entropy bonus）的「縮放比」值。REWARD_STEPS 值則是「貝爾曼方程式」向前展開的步數，用它估計每次轉移的「折扣總獎勵」。

```python
class PGN(nn.Module):
    def __init__(self, input_size, n_actions):
        super(PGN, self).__init__()

        self.net = nn.Sequential(
            nn.Linear(input_size, 128),
            nn.ReLU(),
            nn.Linear(128, n_actions)
        )

    def forward(self, x):
        return self.net(x)
```

網路架構與之前的 CartPole 範例完全相同：隱藏層中有 **128 個神經元**的雙層網路。準備部分的程式碼也與之前相同，除了我們在這裡會要求「經驗來源」將「貝爾曼方程」展開 **10** 步：

```python
exp_source = ptan.experience.ExperienceSourceFirstLast(env, agent,
gamma=GAMMA, steps_count=REWARD_STEPS)
```

在訓練迴圈中，我們記錄每次轉移的「折扣獎勵」的總和，並使用它來計算「策略縮放規模」的「基線」。

```python
for step_idx, exp in enumerate(exp_source):
    reward_sum += exp.reward
    baseline = reward_sum / (step_idx + 1)
    writer.add_scalar("baseline", baseline, step_idx)
    batch_states.append(exp.state)
    batch_actions.append(int(exp.action))
    batch_scales.append(exp.reward - baseline)
```

至於損失的計算，我們使用與以前相同的程式碼來計算「策略損失」（即負的「策略梯度」）。

```python
optimizer.zero_grad()
logits_v = net(states_v)
log_prob_v = F.log_softmax(logits_v, dim=1)
log_prob_actions_v = batch_scale_v *
log_prob_v[range(BATCH_SIZE), batch_actions_t]
loss_policy_v = -log_prob_actions_v.mean()
```

然後我們把「熵紅利」加到損失中，計算批次的「熵」，並將「損失」減去「熵」。由於「熵」在均勻機率分佈時具有最大值，而且我們希望將訓練推向該最大值，我們需要從損失中減去「熵」。

```
prob_v = F.softmax(logits_v, dim=1)
entropy_v = -(prob_v * log_prob_v).sum(dim=1).mean()
entropy_loss_v = -ENTROPY_BETA * entropy_v
loss_v = loss_policy_v + entropy_loss_v

loss_v.backward()
optimizer.step()
```

然後，我們計算「Kullback-Leibler 散度」：新策略與舊策略之間的差異。「Kullback-Leibler 散度」是資訊理論中的一種測量方式，表示「一種機率分佈」是如何偏離「另一種預期的機率分佈」。在我們的範例中，它用於「比較」最佳化步驟**之前**和**之後**「模型回傳的策略」。具有「Kullback-Leibler 散度」高峰通常不是一個好現象，那代表我們的策略被推到太遠的地方了，這在大多數情況下是一個壞主意（因為我們的「類神經網路」在高維空間通常是非線性的，因此「模型加權的大變化」可能對「策略」產生非常巨大的影響）。

```
new_logits_v = net(states_v)
new_prob_v = F.softmax(new_logits_v, dim=1)
kl_div_v = -((new_prob_v / prob_v).log() *
prob_v).sum(dim=1).mean()
writer.add_scalar("kl", kl_div_v.item(), step_idx)
```

最後，我們計算這個訓練步驟中「關於梯度的統計數據」。一個廣為接受的好做法是顯示梯度的「**最大值**」和「**L2 範數**」（L2-norm）圖，以便了解訓練動態。

```
grad_max = 0.0
grad_means = 0.0
grad_count = 0
for p in net.parameters():
    grad_max = max(grad_max, p.grad.abs().max().item())
    grad_means += (p.grad ** 2).mean().sqrt().item()
    grad_count += 1
```

在訓練迴圈結束的時候，我們將所有需要「監控」的值儲存到 TensorBoard。

```
writer.add_scalar("baseline", baseline, step_idx)
writer.add_scalar("entropy", entropy_v.item(), step_idx)
writer.add_scalar("batch_scales", np.mean(batch_scales),
step_idx)
```

```
        writer.add_scalar("loss_entropy", entropy_loss_v.item(),
step_idx)
        writer.add_scalar("loss_policy", loss_policy_v.item(),
step_idx)
        writer.add_scalar("loss_total", loss_v.item(), step_idx)
        writer.add_scalar("grad_l2", grad_means / grad_count,
step_idx)
        writer.add_scalar("grad_max", grad_max, step_idx)

        batch_states.clear()
        batch_actions.clear()
        batch_scales.clear()
```

結果

在這個例子中，我們在 TensorBoard 中繪製了許多圖表。讓我們從最熟悉的一個開始：
獎勵動態圖。如下圖所示，它的「動態」和「性能」與 REINFORCE 方法並沒有太大的
差別。

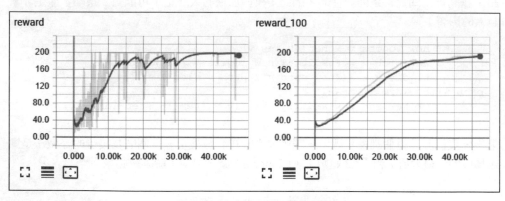

圖 9.3：策略梯度法的獎勵動態

接下來的兩個圖表與我們的「基線」和「策略」的「梯度縮放規模」有關。我們預期
「基線」會收斂到 $1 + 0.99 + 0.99^2 + ... + 0.99^9$，約為 **9.56**。我們也預期「策略梯度」的
比例應該會在零附近振盪。我們在下圖中所看到的，也正是如此。

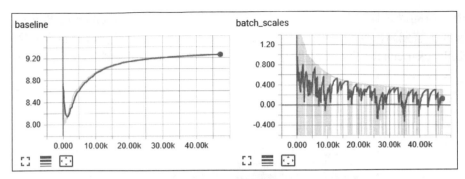

圖 9.4：基線動態

隨著時間的推移，「熵」從 **0.69** 降低到 **0.52**。起始值對應於具有兩個「行動」的「最大熵」（也就是：$-2 \cdot \frac{1}{2} \log\left(\frac{1}{2}\right) \approx 0.69$）。在訓練期間，「熵」減少的事實表示我們的「策略」正從「均勻分佈」轉向「更明確的行動」。

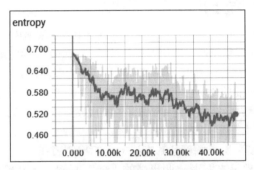

圖 9.5：訓練期間的熵動態

下一組圖與「損失」有關，包括「策略損失」、「熵損失」與它們的「和」。「熵損失」是經過縮放的，並包含上方「熵」動態圖的鏡像。「策略損失」顯示了「批次計算的策略梯度」的「平均縮放規模和方向」。在這裡我們應該檢查兩者的相對大小，以防止「熵損失」占了主導的地位。

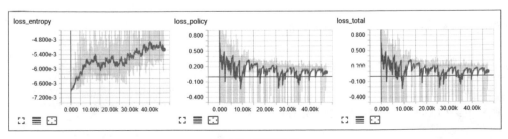

圖 9.6：損失動態

最後一組圖表是梯度的「最大值」、「L2 值」和「Kullback-Leibler 散度」。我們的梯度在整個訓練期間看起來很好：它們不是太大也不是太小，沒有巨大的峰值。「Kullback-Leibler 散度」圖表也很正常，雖然有一些峰值，但它們沒有超過 1e-3。

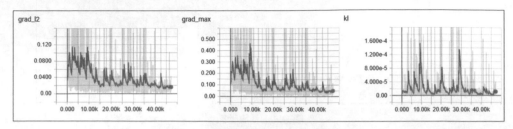

圖 9.7：梯度與 Kullback-Leibler 散度

以策略梯度處理乒乓遊戲

如上一節所述，基本的「策略梯度法」在簡單的 CartPole 環境中運作得很好，但在更複雜的環境中，表現得卻非常糟糕。即使在相對簡單的 Atari 乒乓遊戲中，我們的 DQN 能夠在 1 百萬幀中完全解決它，並且只用了 10 萬幀就能顯示出正向的「獎勵」動態，但是「策略梯度」根本不能收斂。由於「策略梯度」訓練的不穩定性，以及很難找到好的「超參數」，整體效能對於這些「超參數」的值仍然是非常敏感的。

這並不代表「策略梯度」是一個糟糕的方法，正如我們將在下一章中看到的那樣，只要對網路架構做一些調整，來取得一個更好的「梯度基線」，我們就可以將「策略梯度法」轉成為最佳方法之一的「非同步優勢行動－評論者」（Asynchronous Advantage Actor-Critic）。當然，也有可能是我用的「超參數」完全錯誤，或是程式碼包含一些隱藏的錯誤，或是其他什麼因素。無論如何，不成功的結果仍然有相當的價值，至少能當做一個不良收斂動態的證明。這個範例的完整程式碼在 Chapter09/05_pong_pg.py 之中。

與前一個範例程式碼的三個主要差異如下：

- 使用 1 百萬個過去轉移樣本的移動平均值做為「基線」，而不是用所有樣本
- 同時使用「多個環境」
- 「裁剪梯度」以便提高訓練穩定性

為了更快地計算移動平均，這裡建立了一個 deque-backed 緩衝區。

```
class MeanBuffer:
    def __init__(self, capacity):
        self.capacity = capacity
        self.deque = collections.deque(maxlen=capacity)
        self.sum = 0.0

    def add(self, val):
        if len(self.deque) == self.capacity:
            self.sum -= self.deque[0]
        self.deque.append(val)
        self.sum += val

    def mean(self):
        if not self.deque:
            return 0.0
        return self.sum / len(self.deque)
```

這個範例中的第二個不同之處是使用了「多個環境」（multiple environments），而 ptan 函式庫支援這個功能。我們要做的唯一操作是將 Env 物件形成的「陣列」傳遞給 ExperienceSource 類別，其餘部分都是自動完成的。在「多個環境」的情況下，「經驗來源」會輪流對它們進行採樣，以這種方式來提供「相關性較低」的訓練樣本。與 CartPole 範例的最後一個差異是「裁剪梯度」（gradient clipping），它是使用 torch.nn.utils 套件中的 PyTorch 函數 clip_grad_norm 來完成的。

最好的「超參數」變形如下：

```
GAMMA = 0.99
LEARNING_RATE = 0.0001
ENTROPY_BETA = 0.01
BATCH_SIZE = 128

REWARD_STEPS = 10
BASELINE_STEPS = 1000000
GRAD_L2_CLIP = 0.1

ENV_COUNT = 32
```

結果

好的，讓我們來看看這個例子中最好的一個執行結果。下面顯示的是「獎勵圖」，您可以看到，在訓練期間，「獎勵」幾乎沒有改變；一段時間之後，開始有一些增長，然後增長被「一塊平坦區域」打斷，它們有「最小獎勵」**-21**。

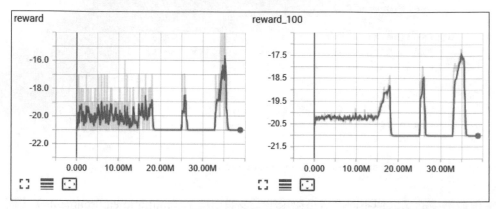

圖 9.8：乒乓遊戲的獎勵圖

在「熵」的圖上，我們可以看到那些對應於「熵」為零的平坦區域，這代表我們的「代理人」百分之一百確定它的「行動」。在這些平坦區域的時間間隔內，梯度也為零，因此我們的訓練過程能夠從那些平坦區域中恢復，實在是非常令人驚訝。

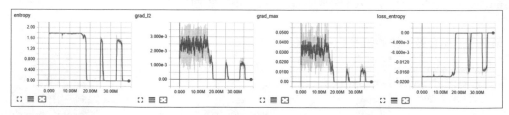

圖 9.9：以「策略梯度」處理乒乓遊戲的另一組測試圖

「基線」的圖表主要依據「獎勵」，而且它具有相同的模式。

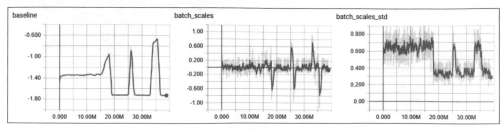

圖 9.10：「基線」、「縮放規模」與「縮放規模的標準差」

「Kullback-Leibler 散度」圖表在「**零熵**」轉移的時候有高的峰值，表示這個「策略」在
回傳分佈時苦於嚴重的峰值跳躍。

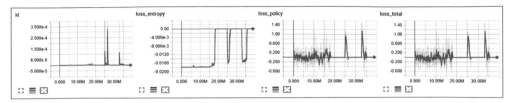

圖 9.11：訓練期間的 Kullback-Leibler 散度與損失

小結

在本章中，我們看到了解決「強化學習」問題的另一種方法：「策略梯度」（PG），它
在許多方面與我們熟悉的 DQN 方法不同。我們也研究了被稱為 REINFORCE 的基本方
法，它是「強化學習交叉熵」領域中，我們所介紹的第一種「一般化」方法。這個方法
很簡單，但是用於兵乓遊戲環境中，並沒有顯示出良好的效果。

下一章中，我們將試著結合「基於值」和「基於策略」方法；結合這兩類方法，來提高
「策略梯度」的穩定性。

10

行動－評論者方法

在「第 9 章，策略梯度－另一個選項」中，我們開始研究「基於值方法」群的一個替代方案，稱為「基於策略方法」。我們將重心特別放在名為 REINFORCE 的方法及其修正，它使用「折扣獎勵」來獲得「策略梯度」（這為我們提供了「策略」改進的方向）。兩種方法都適用於「小型的問題」（如 CartPole），但是對於更複雜的「乒乓遊戲」環境，收斂動態會變得非常的緩慢。

在本章中，我們將討論「**基本策略梯度法**」（vanilla PG method）的另一個擴充，這個新方法可以很神奇地提高的穩定性和收斂速度。儘管修改很小，但是這個新方法仍然有它自己的名字：「**行動－評論者**」（Actor-Critic），它是「**深度強化學習**」中威力最強大的方法之一。

變異數的降低

在前一章中，我們簡單地提到，提高「策略梯度法」穩定性的方法之一是「減少」梯度的變異數。現在讓我們試著理解為什麼這項工作如此重要，以及降低變異數代表了什麼。在統計學中，變異數是隨機變數與該變數期望值的平方偏差。

$$\text{Var}[x] = \mathbb{E}[(x - \mathbb{E}[x])^2]$$

變異數顯示資料值相對於平均數的分散程度。當變異數很高時，隨機變數可以取到偏離平均值很遠的值。下圖的「常態（高斯）分佈」具有相同的平均值 $\mu = 10$、但具有不同的變異數值。

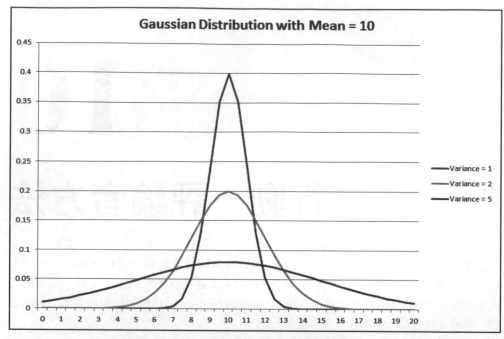

圖 10.1：變異數對「高斯分佈」的影響

現在讓我們回到「策略梯度」吧。在前一章已經說過，該方法的想法是增加「好行動」的機率，並減少「壞行動」的機率。以數學符號來表示的話，我們的「策略梯度」被寫成了：$\nabla J \approx \mathbb{E}[Q(s,a)\nabla \log \pi(a|s)]$。「縮放規模」因子 $Q(s, a)$ 設定了「在特定狀態之下」、我們想要增加或減少選取「行動」的機率。在 REINFORCE 方法中，我們使用「折扣總獎勵」作為梯度的「縮放規模」。而為了提高 REINFORCE 的穩定性，我們從「梯度縮放規模」中減掉「平均獎勵」。

為了理解為什麼這樣做會有幫助，讓我們考慮一個非常簡單的最佳化步驟；假設有三個不同「折扣總獎勵」的「行動」：Q_1、Q_2 和 Q_3。現在，讓我們來看看相對於這些 Q 值的「策略梯度」。

做為本章的第一個例子，我們令 Q_1 和 Q_2 為一些「很小的正數」，令 Q_3 為一個「很大的負數」。因此，第一和第二個「行動」能導致一些小的「獎勵」，而第三個「行動」則是一個很不好的選擇。因此，由這三個選擇所產生的**組合梯度**（**combined** gradient），會試圖將我們的「策略」推離第三個「行動」，並略微傾向第一個和第二個「行動」，這當然是一個完全合理的處理方式。

現在讓我們假設我們的「總獎勵」永遠是正的，而值的大小會不同。這相當於對上面介紹的 Q_1、Q_2 和 Q_3 加上一個常量。在這種情況下，Q_1 和 Q_2 會變成「很大的正數」，而 Q_3 是一個「很小的正值」。然而，如此一來，我們的「策略」更新將會變得跟之前不一樣了！因為接下來，我們會非常努力地將「策略」推向第一個和第二個「行動」，而稍微傾向第三個「行動」。嚴格的來說，儘管相對「獎勵」是相同的，但是我們現在不會再試圖避免選用第三個「行動」了。

我們的「策略更新」是相依於加到「獎勵」上的常數，而這會顯著地降低我們訓練的速度，因為我們可能需要更多的樣本來**平均掉**「策略梯度」中「像這樣移位的影響」。更糟糕的是，我們的「折扣總獎勵」隨著時間的推移而有所變化，當「代理人」學習如何更好地「行動」時，我們的「策略梯度」變異也可能會發生變化。例如，在 Atari 乒乓遊戲的環境中，一開始的「平均獎勵」是「-21...-20」，因此所有「行動」看起來幾乎同樣糟糕。

為了克服這一點，在前一章中，我們從「Q 值」中減去了「平均總獎勵」，並將它稱為「**平均基線**」（mean baseline）。這個技巧可以正規化我們的「策略梯度」；就以「平均獎勵」為「-21」的情況來說，獲得「-20」的「獎勵」看起來像是「代理人」的勝利，且會將其「策略」推向這個能夠獲得「-20 的獎勵」的「行動」。

CartPole 的變異數

為了在實作中檢查這個理論的結論，讓我們在「基線版本」和「無基線版本」的訓練過程中，繪製「策略梯度」的變異數。完整的範例在 Chapter10/01_cartpole_pg.py 中，大部分程式碼與「第 9 章」的程式碼相同。這個版本的差異如下：

- 它現在接受命令列參數 --baseline，其啟動了「獎勵減去平均」。預設情況下是不會啟用這個「基線」的。
- 在每個訓練迴圈中，我們從「策略損失」中收集「梯度」，並使用這個數據來計算變異數。

為了從「策略損失」中只收集「梯度」，並排除為了「探索」目的而增加的「熵紅利」，我們需要分「兩個階段」來計算「梯度」。幸運的是，PyTorch 可以輕鬆地完成這項工作。下面的程式片段僅包含訓練迴圈的相關部分，以便說明這個想法。

```
        optimizer.zero_grad()
        logits_v = net(states_v)
        log_prob_v = F.log_softmax(logits_v, dim=1)
        log_prob_actions_v = batch_scale_v *
  log_prob_v[range(BATCH_SIZE), batch_actions_t]
        loss_policy_v = -log_prob_actions_v.mean()
```

我們像以前一樣計算「策略損失」，透過「所選取行動的機率」來計算對數（log），並將它乘上「策略縮放規模」（如果我們沒有使用「基線」或是「總獎勵」減去「基線」的話，這就是「折扣總獎勵」）。

```
        loss_policy_v.backward(retain_graph=True)
```

下一步我們要求 PyTorch 反傳遞「策略損失」、計算「梯度」，並將它們儲存在模型的緩衝區中。正如我們之前所執行的 optimizer.zero_grad()，這些緩衝區僅會包含「策略損失」的「梯度」。這裡有一個要注意的地方：當我們叫用 backward() 時的 retain_graph = True 選項。這個選項會要求 PyTorch 儲存變數的圖形結構。通常，這會被 backward() 所破壞，但是在我們的例子中，這不是我們想要的。一般來說，當我們在使用優化器之前，需要「反傳遞」損失很多次，如此一來，儲存圖形就會很有用。這不是一個常見的情況，但有時會變得很方便。

```
        grads = np.concatenate([p.grad.data.numpy().flatten()
                                for p in net.parameters()
                                if p.grad is not None])
```

然後，我們迭代模型中的所有參數（我們模型的每個參數都是具有「梯度」的「張量」），並在平坦化之後的 NumPy 陣列中，提取它們的 grad 欄位。這會給我們一個長陣列，其中包含模型變數的所有「梯度」。但是，我們的「參數更新」不僅要考慮「策略梯度」，還要考慮「熵紅利」所提供的「梯度」。為此，我們計算「熵損失」並再次叫用 backward()。為了能夠再次執行這個操作，我們需要傳遞 retain_graph = True。

在第二次的 backward() 叫用中，PyTorch 將會「反傳遞」我們的「熵損失」並將「梯度」加到「內部的梯度緩衝區」當中。那麼我們現在需要做的，只是讓我們的優化器使用這些「組合梯度」，來執行最佳化的步驟。

```
        prob_v = F.softmax(logits_v, dim=1)
        entropy_v = -(prob_v * log_prob_v).sum(dim=1).mean()
        entropy_loss_v = -ENTROPY_BETA * entropy_v
        entropy_loss_v.backward()
        optimizer.step()
```

然後我們唯一需要做的，就只是將我們感興趣的統計數據寫入 TensorBoard。

```
        writer.add_scalar("grad_l2",
np.sqrt(np.mean(np.square(grads))), step_idx)
        writer.add_scalar("grad_max", np.max(np.abs(grads)),
step_idx)
        writer.add_scalar("grad_var", np.var(grads), step_idx)
```

透過執行這個範例**兩次**，一次使用 --baseline 命令行選項、一次不使用它，我們可以得到「策略梯度」的變異數圖（a plot of variance）。以下是它「獎勵動態」的圖表：

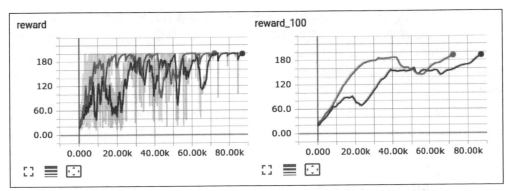

圖 10.2：「有基線」（橘色線）和「無基線」（藍色線）版本的收斂動態圖

下面三張圖表顯示了「梯度」的幅度（magnitude）、最大值（maximum value）和變異數（variance）：

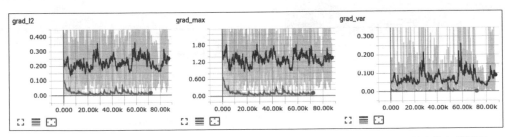

圖 10.3：扣除「基線」（橘色線）和「有基線」（藍色線）版本的 L2 梯度，最大值和變異數

如您所見，「有基線」版本比「無基線」版本**低**兩到三個級數，這有助於系統更快地收斂。

行動－評論者

減少變異數之後的下一步是使我們的「基線」可以「狀態依賴」（state-dependent）（直觀地說，這是一個好主意，因為不同的「狀態」可能有非常不一樣的「基線」）。實務上，為了確定「特定行動」在「特定狀態」上的適用性，我們使用「行動」的「折扣總獎勵」。然而，「總獎勵」本身可以被表示為「狀態值」加上「行動優勢」：$Q(s, a) = V(s) + A(s, a)$。我們在「第 7 章」中看到了這一點，當時我們在討論 DQN 的改進方式，特別是「對決 DQN」。

那麼，為什麼我們不能使用 $V(s)$ 當作「基線」呢？在這種情況下，我們的「梯度縮放規模」將會只是「優勢」$A(s, a)$，這僅代表相對於「平均狀態值」而言，「這個選取的行動」來得更好。事實上，我們真的可以這麼做，這的確是改進「策略梯度法」的一個非常好的想法。這裡唯一的問題是：我們不知道該從「折扣總獎勵 $Q(s, a)$」減去的「**狀態值 $V(s)$**」到底是多少。為了解決這個問題，讓我們使用另一個「類神經網路」，它將近似每個「觀察」的 $V(s)$。為了訓練它，我們可以利用我們在 DQN 方法中所使用的相同訓練程序：我們將執行「貝爾曼步驟」，然後「最小化」均方誤差，以改進 $V(s)$ 近似。

當我們知道任何一個「狀態值」（或者，至少知道一些「近似值」）時，我們可以用它來計算「策略梯度」並更新我們的「策略網路」，以便增加那些具有良好「優勢值行動」的機率，並降低那些不好「優勢值行動」的機率。策略網路（回傳「行動」的機率分佈）就被稱為「**行動者**」（**actor**），因為它告訴我們**該做什麼**。另一個網路則被稱為「**評論者**」（**critic**），因為它能讓我們**了解**自己的行為到底有多好。下圖是這個架構的說明。

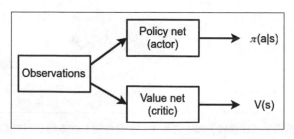

圖 10.4：A2C 架構

在實作上，「策略網路」和「值網路」有部分重疊，主要是由於「效率」和「收斂」的因素。在這種情況下，「策略網路」和「值網路」被實作成兩個分開的端點，以「共同部分的輸出」當作輸入，並將它轉換為機率分佈和表示「狀態值」的單一數值。這樣就可以讓兩個網路共享低階的功能（例如：Atari「代理人」中的卷積濾波器），但是以不同的方式組合它們。這個架構如下所示。

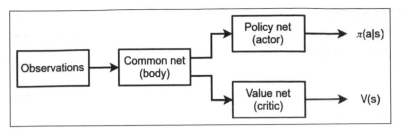

圖 10.5：具有「共享網路主體」的 A2C 架構

從訓練的角度來看，我們完成了以下的步驟：

1. 用「隨機值」初始化「網路參數 θ」

2. 使用當前「策略 π_θ」在「環境」中播放 N 個步驟，儲存「狀態 s_t」、「行動 a_t」，「獎勵 r_t」

3. 如果達到「回合結束」時 **R = 0** 或 $V_\theta(s_t)$

4. 迭代 $i = t - 1 \ldots t_{start}$（**請注意**，步驟是**向後**在處理）：

   ⬦ $R \leftarrow r_i + \gamma R$

   ⬦ 累加「策略梯度」：$\partial\theta_\pi \leftarrow \partial\theta_\pi + \nabla_\theta \log \pi_\theta(a_i|s_i)(R - V_\theta(s_i))$

   ⬦ 累加「值梯度」：$\partial\theta_v \leftarrow \partial\theta_v + \frac{\partial(R - V_\theta(s_i))^2}{\partial\theta_v}$

5. 使用「累加的梯度」更新網路參數，沿著「策略梯度」$\partial\theta_\pi$ 的方向移動，並沿「值梯度」的反方向移動 $\partial\theta_v$

6. 從**步驟 2** 開始重複，直到**收斂**為止

前面的演算法是一個大綱，類似於一般出現在研究論文中「演算法的呈現方式」。在實務上，還需要考慮一些因素：

- 通常會增加「熵紅利」以改善「探索性」。它通常是以被加至損失函數的「熵值」來呈現：$\mathcal{L}_H = \beta \sum_i \pi_\theta(s_i) \log \pi_\theta(s_i)$。當機率分佈是均勻的時候，這個函數具有最小值，因此將它加到損失函數中，可以將我們的「代理人」推離它過於確定的「行動」。

- 「梯度」的累積通常以損失函數來實作，它結合三個元素：「策略損失」（policy loss）、「值損失」（value loss）和「熵損失」（entropy loss）。您應該注意這些損失的「正負號」，因為「策略梯度」顯示的是「策略」改進的方向，而「值損失」和「熵損失」這兩個值都應該要「最小化」。

- 為了提高穩定性，可以使用多個「環境」，平行地向您提供「觀察」（當我們有多個「環境」時，我們會根據對這些「環境」的「觀察結果」來建立訓練批次）。我們將在下一章中介紹幾個方法來完成這個工作。

上述方法稱為「**行動－評論者**」（Actor-Critic），有時也被稱為「**優勢行動－評論者**」（Advantage Actor-Critic，**A2C**）。具有多個平行運行的環境版本，則被稱為「**非同步優勢行動－評論者**」（Asynchronous Advantage Actor-Critic，**A3C**）。A3C 方法是下一章的主題，現在讓我們來實作 A2C 吧。

以 A2C 處理乒乓問題

在上一章中，我們看到了一個（不太成功的）嘗試，即使用「策略梯度」來解決我們最喜歡的乒乓環境。讓我們再次使用「行動－評論者法」來處理它。

```
GAMMA = 0.99
LEARNING_RATE = 0.001
ENTROPY_BETA = 0.01
BATCH_SIZE = 128
NUM_ENVS = 50

REWARD_STEPS = 4
CLIP_GRAD = 0.1
```

像以往一樣，我們從定義「超參數」開始（匯入部分省略）。這些參數值沒有微調，微調會在本章的下一節中來討論。在這裡有一個新的「超參數」：CLIP_GRAD。這個「超參數」指定「**梯度裁剪**」（Gradient Clipping）的門檻，基本上它可以防止我們在最佳化階段的過程中，「梯度」變得太大，並將「策略」推得太過頭。「梯度裁剪」是使用 PyTorch 的函數來完成的，但其實它的基本想法非常簡單：如果「梯度」的 L2 範數大於這個「超參數」，則將「梯度向量」裁剪（clipped）為這個值。

REWARD_STEPS「超參數」設定每個「行動」該**向前**走多少步驟，來近似「折扣總獎勵」。在「策略梯度」中，我們使用了大約 10 個步驟；但是在 A2C 中，我們將使用我們的「值近似」來得到未來步驟的「狀態值」，因此可以用**較少的步數**。

```
class AtariA2C(nn.Module):
    def __init__(self, input_shape, n_actions):
        super(AtariA2C, self).__init__()

        self.conv = nn.Sequential(
            nn.Conv2d(input_shape[0], 32, kernel_size=8,
```

```
stride=4),
        nn.ReLU(),
        nn.Conv2d(32, 64, kernel_size=4, stride=2),
        nn.ReLU(),
        nn.Conv2d(64, 64, kernel_size=3, stride=1),
        nn.ReLU()
    )

    conv_out_size = self._get_conv_out(input_shape)
    self.policy = nn.Sequential(
        nn.Linear(conv_out_size, 512),
        nn.ReLU(),
        nn.Linear(512, n_actions)
    )

    self.value = nn.Sequential(
        nn.Linear(conv_out_size, 512),
        nn.ReLU(),
        nn.Linear(512, 1)
    )
```

我們的網路架構有一個共用的卷積部分和兩個端點：第一個會回傳「策略」，它是我們「行動」的機率分佈；第二個會回傳「一個數字」，它是近似的「狀態值」。它可能看起來很像我們在「第 7 章」中介紹的「對決 DQN」架構，但是它們的訓練過程是不同的。

```
def _get_conv_out(self, shape):
    o = self.conv(torch.zeros(1, *shape))
    return int(np.prod(o.size()))

def forward(self, x):
    fx = x.float() / 256
    conv_out = self.conv(fx).vicw(fx.size()[0], -1)
    return self.policy(conv_out), self.value(conv_out)
```

透過網路的前向傳遞來計算，會回傳兩個「張量」的常數串列：「策略」和「值」。現在我們有一個龐大而重要的函數，它接受一批「環境」轉換，並回傳三個「張量」：一批「狀態」、一批選取的「行動」，以及使用公式 $Q(s, a) = \sum_{i=0}^{N-1} \gamma^i r_i + \gamma^N V(s_N)$ 所計算的 一批「Q 值」。該「Q 值」會被用在**兩個地方**：計算均方誤差（MSE）損失，以便改進「值近似」，這部分與 DQN 一樣；另一個地方則是計算「行動」的優勢。

```
def unpack_batch(batch, net, device='cpu'):
    states = []
    actions = []
    rewards = []
```

```
    not_done_idx = []
    last_states = []
    for idx, exp in enumerate(batch):
        states.append(np.array(exp.state, copy=False))
        actions.append(int(exp.action))
        rewards.append(exp.reward)
        if exp.last_state is not None:
            not_done_idx.append(idx)
            last_states.append(np.array(exp.last_state,
copy=False))
```

在第一個迴圈中，我們只需要走訪我們的「批次轉移」，並將其欄位複製到串列之中。**請注意**，「獎勵值」是已經包含 REWARD_STEPS 的「折扣獎勵」，因為我們使用了 ptan. ExperienceSourceFirstLast 類別。我們還需要處理「回合」結束的情況，並記住那些「非最終回合」在「批次」當中的索引。

```
    states_v = torch.FloatTensor(states).to(device)
    actions_t = torch.LongTensor(actions).to(device)
```

在前面的程式碼中，我們將所收集的「狀態」和「行動」，轉換為 PyTorch 張量，並在需要時將它們複製到 GPU 中。函數的其餘部分在計算「Q 值」，同時要考慮「最終回合」的情況。

```
    rewards_np = np.array(rewards, dtype=np.float32)
    if not_done_idx:
        last_states_v = torch.FloatTensor(last_states).to(device)
        last_vals_v = net(last_states_v)[1]
        last_vals_np = last_vals_v.data.cpu().numpy()[:, 0]
        rewards_np[not_done_idx] += GAMMA ** REWARD_STEPS *
last_vals_np
```

前面的程式碼使用轉換鏈中的最後一個「狀態」來準備變數，並查詢網路中的 $V(s)$ 近似。然後將這個近似值加到「折扣獎勵」中，再乘上經過多個步驟「折扣因子」指數次方的處理。

```
    ref_vals_v = torch.FloatTensor(rewards_np).to(device)
    return states_v, actions_t, ref_vals_v
```

在函數一開始的地方，我們將「Q 值」打包成適當的形式並回傳。

```
if __name__ == "__main__":
    parser = argparse.ArgumentParser()
    parser.add_argument("--cuda", default=False,
action="store_true", help="Enable cuda")
```

```
    parser.add_argument("-n", "--name", required=True,
help="Name of the run")
    args = parser.parse_args()
    device = torch.device("cuda" if args.cuda else "cpu")

    make_env = lambda: ptan.common.wrappers.wrap_dqn(gym.make
("PongNoFrameskip-v4"))
    envs = [make_env() for _ in range(NUM_ENVS)]
    writer = SummaryWriter(comment="-pong-a2c_" + args.name)
```

訓練迴圈準備部分的程式碼與之前相同,只是我們現在使用包含許多「環境」的「環境陣列」來收集「經驗」,而不是單獨一個「環境」。

```
    net = AtariA2C(envs[0].observation_space.shape,
envs[0].action_space.n).to(device)
    print(net)

    agent = ptan.agent.PolicyAgent(lambda x: net(x)[0],
apply_softmax=True, device=device)
    exp_source = ptan.experience.ExperienceSourceFirstLast(envs,
agent, gamma=GAMMA, steps_count=REWARD_STEPS)

    optimizer = optim.Adam(net.parameters(), lr=LEARNING_RATE,
eps=1e-3)
```

這裡有一個**非常重要的細節**,就是要將 eps 參數傳遞給優化器。如果您熟悉 **Adam** 最佳化演算法的話,您應該知道 epsilon 是一個很小的分數值,加到分母上,以防止除以零的情況。通常,這個值會被設為某個很小的數字,例如:1e-8 或 1e-10,但是對於我們的例子而言,這些值都太小了。我對這個現象沒有數學上嚴格的解釋,但是使用預設的 epsilon 的話,演算法根本不會收斂。這很可能是,以 1e-8 的小值劃分會使「梯度」變得太大,這對「訓練的穩定性」來說是致命的問題。

```
    batch = []

    with common.RewardTracker(writer, stop_reward=18) as tracker:
        with ptan.common.utils.TBMeanTracker(writer,
batch_size=10) as tb_tracker:
            for step_idx, exp in enumerate(exp_source):
                batch.append(exp)

                # handle new rewards
                new_rewards = exp_source.pop_total_rewards()
                if new_rewards:
                    if tracker.reward(new_rewards[0], step_idx):
                        break
```

```
                    if len(batch) < BATCH_SIZE:
                        continue
```

在訓練迴圈中,我們使用兩個「包裝器」。 第一個是你已經非常熟悉的:common. RewardTracker,它會計算過去 100 個「回合」的平均獎勵,並告訴我們這個平均獎勵什麼時候超過了預期的門檻。另一個「包裝器」是來自 ptan 套件中的 TBMeanTracker,它負責將「最後 10 步測量參數的平均值」寫入 TensorBoard。當訓練可能需要數百萬步的時候,這個機制是很有用的,因此我們不希望將數百萬個點寫入 TensorBoard,而是**每 10 步**寫入一個平均之後的平滑值。下一個程式碼區塊負責計算損失,這是 A2C 方法的核心。

```
                    states_v, actions_t, vals_ref_v =
    unpack_batch(batch, net, device=device)
                    batch.clear()

                    optimizer.zero_grad()
                    logits_v, value_v = net(states_v)
```

首先,我們使用前面說明的函數來解壓縮批次,並要求我們的網路回傳這批處理的「策略」和「值」。策略以非正規化的形式回傳,因此要將其轉換為機率分佈,我們需要對其套用 softmax。我們延遲使用 log_softmax,因為不使用它的話,在數值上會更穩定。

```
                    loss_value_v = F.mse_loss(value_v.squeeze(-1),
    vals_ref_v)
```

「值損失」部分幾乎是微不足道的:我們只計算了「網路回傳的值」與「使用貝爾曼方程式向前展開四步所計算出的近似值」之間的「均方誤差」(MSE)。

```
                    log_prob_v = F.log_softmax(logits_v, dim=1)
                    adv_v = vals_ref_v - value_v.detach()
                    log_prob_actions_v = adv_v *
    log_prob_v[range(BATCH_SIZE), actions_t]
                    loss_policy_v = -log_prob_actions_v.mean()
```

在這裡,我們計算「策略損失」以便取得「策略梯度」。前兩個步驟會讓我們得到「策略」的對數(log),且會計算「行動」的優勢,即:$A(s, a) = Q(s, a) - V(s)$。呼叫 value_v.detach() 函數非常重要,因為我們不希望將「策略梯度」傳播到我們「損失值」的端點之中。然後我們取用「所選取行動的機率」作為對數,並以「優勢」來擴展它們。我們「策略梯度的損失值」將會**等於**「這個縮放後策略對數的負均值」,因為

「策略梯度」會告訴我們「策略」改進的方向，但「損失值」應該被最小化。

```
prob_v = F.softmax(logits_v, dim=1)
entropy_loss_v = ENTROPY_BETA * (prob_v *
log_prob_v).sum(dim=1).mean()
```

我們損失函數的最後一部分在計算「熵損失」，它等於我們「策略」縮放後的「熵」，這裡要使用**負號**（「熵」以這個公式來計算：$H(\pi) = -\sum \pi \log \pi$）。

```
loss_policy_v.backward(retain_graph=True)
grads = np.concatenate([p.grad.data.cpu().numpy().
flatten()
                            for p in net.parameters()
                            if p.grad is not None])
```

在前面的程式碼中，計算並取出我們「策略」的「梯度」；這些「梯度」將用來追蹤「最大梯度」、它的變異數和 L2 範數。

```
loss_v = entropy_loss_v + loss_value_v
loss_v.backward()
nn_utils.clip_grad_norm_(net.parameters(),
CLIP_GRAD)
optimizer.step()
loss_v += loss_policy_v
```

做為我們訓練的最後一步，我們反傳遞「熵損失」、「損失值」和「裁剪梯度」，並要求我們的優化器更新網路。

```
tb_tracker.track("advantage",       adv_v, step_idx)
tb_tracker.track("values",          value_v, step_idx)
tb_tracker.track("batch_rewards",   vals_ref_v,
step_idx)
tb_tracker.track("loss_entropy",    entropy_loss_v,
step_idx)
tb_tracker.track("loss_policy",     loss_policy_v,
step_idx)
tb_tracker.track("loss_value",      loss_value_v,
step_idx)
tb_tracker.track("loss_total",      loss_v, step_idx)
tb_tracker.track("grad_l2",         np.sqrt(np.mean
(np.square(grads))), step_idx)
tb_tracker.track("grad_max",        np.max(np.abs(grads)),
step_idx)
tb_tracker.track("grad_var",        np.var(grads),
step_idx)
```

在訓練迴圈結束時，我們會追蹤我們將在 TensorBoard 中監控的所有值。有很多這種值，我們會在下一節討論它們。

A2C 處理乒乓問題的結果

要開始訓練，請使用 --cuda 和 -n 參數選項來執行 02_pong_a2c.py（它提供 TensorBoard 執行的名稱）：

```
rl_book_samples/Chapter10$ ./02_pong_a2c.py --cuda -n t2
AtariA2C (
  (conv): Sequential (
    (0): Conv2d(4, 32, kernel_size=(8, 8), stride=(4, 4))
    (1): ReLU ()
    (2): Conv2d(32, 64, kernel_size=(4, 4), stride=(2, 2))
    (3): ReLU ()
    (4): Conv2d(64, 64, kernel_size=(3, 3), stride=(1, 1))
    (5): ReLU ()
  )
  (policy): Sequential (
    (0): Linear (3136 -> 512)
    (1): ReLU ()
    (2): Linear (512 -> 6)
  )
  (value): Sequential (
    (0): Linear (3136 -> 512)
    (1): ReLU ()
    (2): Linear (512 -> 1)
  )
)
37799: done 1 games, mean reward -21.000, speed 722.89 f/s
39065: done 2 games, mean reward -21.000, speed 749.92 f/s
39076: done 3 games, mean reward -21.000, speed 755.26 f/s
...
```

這裡要**警告**一下：訓練過程是**非常漫長**的。如果使用原始的「超參數」，需要超過 8 百萬幀才能解決這個問題，在 GPU 上大約需要 3 個小時。在下一節中，我們將「調整參數」以提高收斂速度，但是，現在的執行時間大約就是 3 個小時。為了進一步改善這種狀況，在下一章中我們將會看到分散式的版本（distributed version），它會在一個單獨的行程中執行「環境」，但先讓我們看一下 TensorBoard 中的圖表吧。

首先，「獎勵動態」看起來比前一章的例子要好得多了：

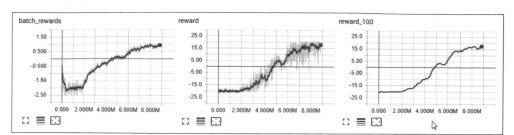

圖 10.6：A2C 方法的收斂動態（Convergence dynamics）

（**圖 10.6** 當中，）第一張圖 batch_rewards 顯示了使用「貝爾曼方程式」近似的「Q值」和 Q 近似中的「總體正動態」（overall positive dynamic）。接下來的兩張圖是「未折扣總獎勵」圖和「最後 100 集的平均獎勵」圖。這表示我們的訓練過程隨著時間的推移，或多或少可以保持一致地改進。

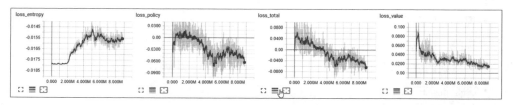

圖 10.7：訓練期間的損失部件

（**圖 10.7** 當中，）接下來的四張圖表都與我們的「損失」有關，包括「個別損失」和「總損失」（total loss）。在這裡，我們可以看到各式各樣的損失動態。首先，我們的「值損失」（value loss）有持續下降，這表示我們的 *V(s)* 近似值在訓練期間是有改進的。我們可以發現在第一張圖中的「熵損失」（entropy loss）是正成長，但它並不會在「總損失」中占主導地位。這基本上表示我們的「代理人」對它的行為越來越有自信了，因為「策略」逐漸變得不那麼統一。這裡要**注意**的最後一點是，大多數時間「策略損失」（policy loss）都在減少，而「策略損失」與「總損失」相關，這是好的現象，因為我們對「策略梯度」最感興趣了。

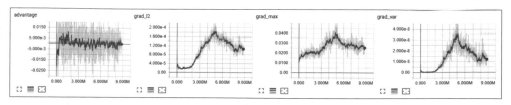

圖 10.8：訓練期間的優勢和梯度指標

（圖 10.8 當中，）最後一組圖表顯示了「優勢值」（advantage value）和「策略梯度」指標。「優勢」是「策略梯度」縮放之後的結果，它等於 $Q(s, a) - V(s)$。我們預期它在**零（橫軸）**附近震盪，而圖表也的確符合我們的預期。「梯度圖」顯示我們的「梯度」不會太小、也不會太大。訓練開始的時候，差異非常小（前 150 萬幀），但後來開始增大，這代表我們的「策略」正在發生變化。

超參數調校

在上一節中，我們的乒乓遊戲可以在「3 小時的最佳化和使用 9 百萬幀」中得到解決。現在是時候來調整我們的「超參數」了，好讓這個收斂過程能夠更快。「超參數調校」的黃金法則是**一次調整一個參數**，做結論時要非常小心，因為整個過程是**隨機**的。

在本節中，我們將從原始「超參數」開始微調，並進行以下的實驗：

- 提高「學習速率」
- 提高「熵 beta」的值
- 更改我們用來收集經驗的「環境」個數
- 調整批次的大小

嚴格來說，下面的實驗不算是適當的「超參數」調校，只是為了能夠更清楚的理解「A2C 收斂動態」與「超參數」之間的相依關係。使用完整的「網格搜尋」（grid search）或是「值的隨機抽樣」可以得到更好的實驗結果、更好的最佳參數集，但是這需要「更多的時間和資源」來進行。

學習速率

我們的起始「**學習速率**」（learning rate，**LR**）設為 0.001，我們可以假設，一個更大的「學習速率」能讓模型更快地收斂。在我的測試中證明這個假設是正確的，但僅僅在一定程度上為真：「學習速率」增加到 0.003，收斂速度都會增加，但是對於更大的「學習速率」，系統則根本不會收斂。

性能結果如下：

- **LR=0.002**：480 萬幀，1.5 小時

- **LR=0.003**：360 萬幀，1 小時
- **LR=0.004**：不會收斂
- **LR=0.005**：不會收斂

下面的圖表顯示了「獎勵動態」和「值損失」。較大的「學習速率」會導致較低的「值損失」；這表示對「策略端」和「值端」（具有不同的「學習速率」）使用「兩個優化器」的話，學習可以更穩定。

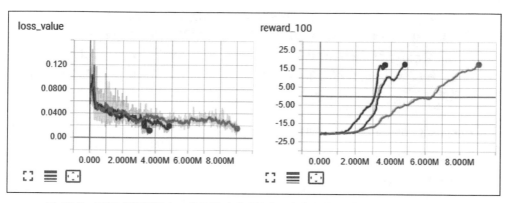

圖 10.9：不同「學習速率」的實驗（「更快的收斂」對應於「較大的學習速率」）

熵 beta

我嘗試了兩個「熵損失」的縮放比例值：0.02 和 0.03。第一個值能提高速度，但是第二個值卻變得更糟，所以最佳值應該是在它們兩者之間。結果如下所示：

- **beta=0.02**：680 萬幀，2 小時
- **beta=0.03**：1200 萬幀，4 小時

環境個數

「環境個數」的選擇並沒有明顯的原則，所以我嘗試了幾次實驗，將初始值設為小於和大於 50 的數字。結果是矛盾的，但是似乎有更多的「環境」，收斂的速度會更快：

- **Envs=40**：860 萬幀，3 小時
- **Envs=30**：620 萬幀，2 小時（看起來像是一個幸運的亂數種子）

- **Envs=20**：950 萬幀，3 小時
- **Envs=10**：不會收斂
- **Envs=60**：1160 萬幀，4 小時（看起來像是一個糟糕的亂數種子）
- **Envs=70**：770 萬幀，2.5 小時

批次大小

批次大小的實驗倒是產生了意想不到的結果：較小的批次收斂速度更快，但是過小的批次，「獎勵」就不會增加，導致不會收斂。從「強化學習」的角度來看，這是合乎邏輯的，因為批次較小的話，網路的更新會更加頻繁，而且需要的「觀察」比較少，但是這卻違反了「深度學習」的直觀認知，因為較大的批次通常會包含更多「獨立且同分佈」的訓練數據：

- **Batch=64**：490 萬幀，1.7 小時
- **Batch=32**：380 萬幀，1.5 小時
- **Batch=16**：不會收斂

小結

在本章中，我們看到了「深度強化學習」中最被廣泛使用的方法之一：**A2C**，它很聰明地將「策略梯度更新」與「狀態近似值」相結合。我們首先分析「統計基線」和「梯度收斂性」的影響，來介紹 A2C 背後的想法。然後我們檢視了「基線」的擴展方法：**A2C**，其中一個網路端點能為我們提供「當前狀態」的「基線」。

在下一章中，我們將會研究如何以分散式的機制來執行相同的演算法。

11

非同步優勢行動－評論者

本章的重心在於擴展我們在前一章中所詳細討論的「**行動－評論者**」（Actor-Critic，**A2C**）方法。這個擴展加入了與「非同步環境」的真正互動。全名是「**非同步優勢行動－評論者**」（Asynchronous Advantage Actor-Critic），通常縮寫為 **A3C**。該方法是「強化學習」從業人員最廣泛使用的方法之一。我們將介紹兩種方法，來將「非同步行為」加至「基本 A2C 方法」之中。

相關性與樣本效率

提高「**策略梯度**系列方法」穩定性的方法之一是「平行使用多個環境」。使用多個「環境」背後的原因是我們在「第 6 章」中討論過的基本問題；當我們討論樣本之間的相關性（correlation）時，「**單一環境**」會打破「**獨立且同分佈**」（i.i.d.）的假設，而這個假設對於「**隨機梯度下降法**」（**SGD**）的最佳化是至關重要的。這種相關性所造成的影響是「梯度的變異數」會變得非常大，這表示訓練批次中包含非常相似的樣本，所有這些樣本都以「相同的方向」來推動我們的網路。然而，從全域的角度來看，這可能是完全錯誤的方向，因為所有這些相關的樣本，可能都來自同一個「幸運的回合」或「不幸的回合」。

使用「**深度 Q 網路**」（Deep Q-Network，**DQN**），我們在「重播緩衝區」中儲存大量的「先前狀態」，並從這個「重播緩衝區」中對我們的訓練批次進行採樣，來解決這個問題。如果緩衝區夠大，那麼從它選取出來的「隨機樣本」就能更適當地表示「狀態」的分佈。很不幸的是，這個解決方案不適用於「策略梯度法」，因為它們大多數是「同境政策」，這代表我們必須以「當前策略」所產生的樣本來訓練「策略」，因此「記住舊的轉移」是不可能的。您可以嘗試執行這個方法，但產生的「策略梯度」是用「舊策略」所產生的樣本完成的，而不是您要更新的「當前策略」。

這些年來，這個問題一直是研究人員的研究焦點，並且提出了幾個解決方案，但是這個問題本質上還沒有被徹底的解決。最常用的解決方案就是使用多個平行「環境」來收集轉換，所有這些「環境」都利用「當前策略」。這可以打破「單一回合」中樣本的相關性，因為我們現在是用「不同環境」中的「不同回合」來做訓練。同時，我們仍然在使用「當前策略」。這樣做有一個嚴重的缺點，就是**「樣本效率低落」（sample inefficiency）**，因為基本上，經過一次單獨訓練之後，我們會丟棄所有獲得的經驗。將「DQN 法」與「策略梯度法」做比較是非常簡單的。例如，如果是 DQN 法的話，我們使用一個包含 1 百萬個樣本的「重播緩衝區」，每個新幀包含了 32 個訓練樣本，每個單獨的轉移在被堆出「重播緩衝區」之前會被使用 32 次。對於「第 7 章」中所討論的「優先重播緩衝區」，這個數字要高得多，因為樣本機率不均勻。在「策略梯度法」的情況下，從「環境」中獲得的「每一個經驗」只能被使用一次，因為我們的方法需要新數據，因此「策略梯度法」的「樣本效率」可能比「基於值」的「異境策略方法」要**低**一個量級。

另一方面，我們的「A2C 代理人」可以用 8 百萬幀來讓乒乓遊戲收斂，這是「第 6 章」和「第 7 章」中所介紹的「基本 DQN 法的 1 百萬幀」的 **8 倍**。所以，這告訴我們「策略梯度法」並非一無是處；它們只是不同而已，並且有一些特殊規範，在您選取方法的時候必須一併考慮進去。如果您的「環境」與「代理人」之間的互動很便宜（「環境」執行得很快，記憶體使用量少，而且支援平行處理等等），「策略梯度法」可能是更好的選擇。另一方面，如果與「環境」的互動很昂貴，並且取得的大量經驗可能會降低訓練過程，那麼選用「基於值的方法」可能會更加明智。

加一個額外的 A 到 A2C 中

從實作的角度來看，與幾個平行的「環境」進行溝通很簡單，其實我們在前一章中已經完成了這一點，只是沒有做明確的說明而已。在「A2C 代理人」中，我們將一個「Gym 環境陣列」傳遞給 ExperienceSource 類別，將其切換到「循環數據收集模式」：每當我們從「經驗來源」要求轉換時，這個類別會使用陣列中的下一個「環境」來採樣（當然，會記錄每個「環境」的「狀態」）。這種簡單的方法等同於「與平行的環境互動」，而其中只有一個區別：嚴格來說，這樣的互動不是真的平行（parallel），而是以序列的方式（a serial way）在執行。但是，來自「經驗來源」的樣本的確會被攪亂。這個想法如下圖所示：

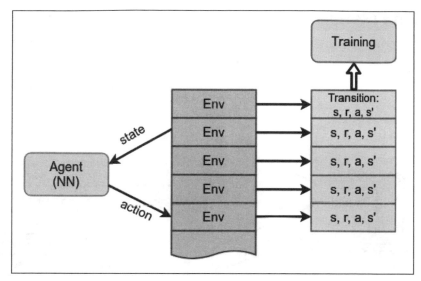

圖 11.1：使用「來自多個平行環境的數據」來訓練代理人

這種方法的工作情況良好，我們可以用「A2C 法」得到收斂，但是在計算資源的利用率方面，仍然未臻完善。現在即使是一般的工作站也有好幾個 CPU 核心可以用來做計算，例如：做訓練，以及與「環境」做互動。另一方面，如果您學習過執行緒，應該可以瞭解「平行程式設計」比傳統方法難得多。幸運的是，Python 是一種表現力、靈活性都非常高的程式語言，擁有大量第三方函式庫，可以讓您輕鬆地進行平行程式設計。另一個好消息是 PyTorch 本身在其 torch.multiprocessing 模組中有支援「平行程式設計」的機制。平行程式設計和分散式程式設計是一個非常廣的主題，它遠遠超出了本書的範圍。在這裡，我們只會介紹大型平行化領域中的一小部分，這個領域中還有更多可以學習的內容。

這裡介紹兩種平行化的「行動－評論者方法」：

1. **數據平行化（Data parallelism）**：我們可以有幾個行程，每個行程與一個或多個「環境」進行互動，並為我們提供轉換：(s, r, a, s')。所有這些樣本都會集中到一個「訓練行程」之中，計算損失並完成 SGD 更新。然後將「更新的神經網路參數」廣播到所有其他行程，以便在未來的「環境」互動中使用。

2. **梯度平行化（Gradients parallelism）**：由於訓練過程的目標是計算、更新網路的「梯度」，我們可以透過幾個行程，以它們自己的訓練樣本來計算「梯度」。然後可以在一個行程中將這些「梯度」相加起來，以便更新 SGD。當然，更新的網路加權也需要傳播給所有「工作者」（worker），以便讓數據維持「同境政策」。

下面的**圖 11.2** 和**圖 11.3** 說明了這兩種方法。

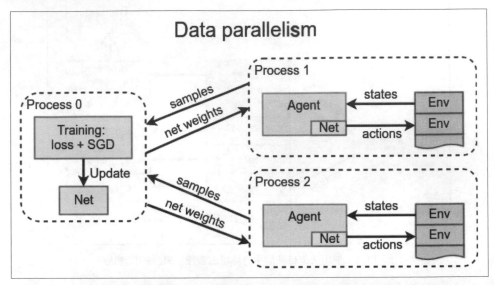

圖 11.2：第一種「行動－評論者」平行化方法，以「分散式的方法」來收集「訓練樣本」

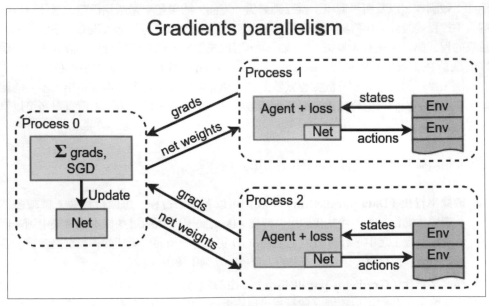

圖 11.3：第二種平行化方法，收集模型的「梯度」

若是只看圖，這兩種方法之間的差異可能不是很重要，但是您需要了解什麼是計算成本（computation cost）。在 A3C 最佳化中，計算最繁複的部分是訓練過程，它包含以數據樣本來計算損失（前饋）和計算相對於這個損失的「梯度」。SGD 優化步驟則是非常輕量的，基本上只是將「縮放後的梯度」加到網路的加權之上。只要將第二種方法中的「損失計算」和「梯度計算」從程序中移除，就能消除主要的潛在瓶頸，使整個程序更具有擴展性。

在實務上，方法的選擇主要取決於您所擁有的資源和您的目標。如果您有一個最佳化問題和大量分散式計算資源，例如：分散在網路中的許多電腦上的數十個 GPU，那麼「梯度平行化」是加速訓練程序的最佳方法。但若是在只有一顆 GPU 的情況下，兩種方法的性能是類似的，而「第一種方法」通常更容易實作，因為您不需要處理低階的「梯度值」。在本章中，我們將在我們最喜歡的乒乓遊戲中實作這兩種方法，以便檢查方法之間的差異，並查看 PyTorch 平行處理的功能。

Python 的多行程

Python 包含多行程模組 multiprocessing（大多數情況會縮寫為 mp），以便支援「行程等級的平行處理」與「必需的通訊機制」。在我們的範例當中，我們將使用這個模組中的兩個主要類別：

- `mp.Queue`：平行的「多生產者」（multi-producer），「多消費者」（multi-consumer）FIFO（先進先出）的佇列，對佇列中的物件進行「透明序列化」和「反序列化」
- `mp.Process`：在子行程中執行一段程式碼，以及從父行程中控制它們的方法

PyTorch 有提供一個輕薄簡單的包裝器，將標準函式庫的 multiprocessing 模組包裝起來。這個包裝器能幫我們處理 CUDA 設備上的「張量」與「變數」和處理「共享記憶體」。它提供的函數與標準函式庫 multiprocessing 中所提供的函數完全相同，因此您需要做的只是 import torch.multiprocessing 而不是 import multiprocessing。

A3C 數據平行化

我們將會檢查的是第一個 A3C 平行化版本（如**圖 11.2** 所示），包含一個用來進行訓練的主行程，和許多「與環境進行通訊」並「收集經驗來做訓練」的子行程。為了簡單性和有效性，這裡並沒有實作從「訓練行程」開始的「**類神經網路**」加權廣播。使用

PyTorch 內建功能，這個網路可以被所有行程共享，而不是用「明確的方式」從個別的子行程中收集和傳送加權；只要在建立「類神經網路」的時候呼叫 share_memory() 方法，就可以讓我們使用相同的 nn.Module 物件以及它在不同行程中的加權。在這樣的情境下，這種平行化方法對於 CUDA **沒有**額外的計算成本（因為本機的所有行程可以共享 GPU 記憶體）；這種方法在 CPU 計算情況下，對共享記憶體 IPC（Inter-Process Communication，行程間的通訊）**亦沒有**額外的計算成本。在 CUDA 和 CPU 這兩種情況下，這個平行化方法都能提高性能，但是它**限制**我們只能在「單一機器上」使用一個 GPU 顯卡進行訓練和數據收集。這對我們的乒乓遊戲範例來說並不是非常嚴格的限制，但是如果您需要更大的擴充性，則應該要使用「明確的方式」來共享網路加權，以擴展這個範例。

完整的程式碼位於 Chapter11/01_a3c_data.py 檔案中，它使用 Chapter11/lib/common.py 模組與下列功能：

- class AtariA2C(nn.Module)：這個類別實作了「行動－評論者」網路模組
- class RewardTracker：它會處理完整一「回合」的「未折扣獎勵」，將其寫入 TensorBoard，並檢查遊戲**是否已經被解決**
- unpack_batch(batch, net, last_val_gamma)：這個函數將 n「回合」步驟的一批轉換（state、reward、action、last_state）轉換為適合訓練的數據

我們在前面的章節中，已經看過這些類別和函數的相關程式碼，因此我們在這裡就不再重複顯示它們。現在讓我們檢查一下主模組的程式碼，其中包括子行程的函數和主要的訓練迴圈。

```python3
#!/usr/bin/env python3
import gym
import ptan
import numpy as np
import argparse
import collections
from tensorboardX import SummaryWriter

import torch.nn.utils as nn_utils
import torch.nn.functional as F
import torch.optim as optim
import torch.multiprocessing as mp

from lib import common
```

一開始的地方，我們匯入所有需要的模組。除了 `torch.multiprocessing` 模組以外，這部分沒有什麼新的東西。

```
GAMMA = 0.99
LEARNING_RATE = 0.001
ENTROPY_BETA = 0.01
BATCH_SIZE = 128

REWARD_STEPS = 4
CLIP_GRAD = 0.1

PROCESSES_COUNT = 4
NUM_ENVS = 15

ENV_NAME = "PongNoFrameskip-v4"
NAME = 'pong'
REWARD_BOUND = 18
```

我們有兩個新的「超參數」：

- `PROCESSES_COUNT` 設定我們用來收集訓練數據的子行程個數。這個工作主要是「CPU 限制」（CPU-bound），因為這裡最重的（the heaviest）操作是 Atari 幀的預處理，因此應該要將這個「超參數」設為**等於**我的電腦上 CPU 核心的數目。
- `NUM_ENVS` 是每個子行程用來收集數據的「環境」個數。「這個數字」乘以「行程數目」就是我們能夠從中取得訓練數據的「平行環境」總數目。

```
def make_env():
    return ptan.common.wrappers.wrap_dqn(gym.make(ENV_NAME))

TotalReward = collections.namedtuple('TotalReward', field_
names='reward')
```

在我們進入子行程函數之前，我們需要「環境」的建構函數和一個小包裝器；我們將用它們把「回合的總獎勵」傳送到「主要的訓練行程」之中。

```
def data_func(net, device, train_queue):
    envs = [make_env() for _ in range(NUM_ENVS)]
    agent = ptan.agent.PolicyAgent(lambda x: net(x)[0],
      device=device, apply_softmax=True)
    exp_source = ptan.experience.ExperienceSourceFirstLast(envs,
      agent, gamma=GAMMA, steps_count=REWARD_STEPS)

    for exp in exp_source:
        new_rewards = exp_source.pop_total_rewards()
```

```
        if new_rewards:
          train_queue.put(TotalReward
            (reward=np.mean(new_rewards)))
        train_queue.put(exp)
```

上面的函數非常簡單，但是它很特別，因為它將會在「子行程」中執行（我們將會使用
mp.Process 類別，在「主程式區塊」中啟動這些行程）。我們會傳入三**個**參數：我們的
「類神經網路」、我們用來執行計算的裝置（字串 cpu 或 cuda），以及我們將用來「從
子行程向我們的主行程傳送數據」的佇列，它將會執行訓練。這個佇列用於「多生產
者」（many-producers）和「單一消費者」（one-consumer）模式，而且可以包含兩個
不同類型的物件：

- TotalReward：這是我們之前定義的一個物件，它只有一個欄位：「獎勵」，其是一
  個浮點數，代表「完成的一個回合」的「未折扣總獎勵」。

- ptan.experience.ExperienceFirstLast：這個物件會將 REWARD_STEPS 子序列中
  的「第一個狀態」、「它所選取的行動」、「此子序列的折扣獎勵」以及「最後一
  個狀態」，將（以上這四項）包裝起來。這就是我們用來訓練的「經驗」。

這一段是關於子行程（children processes）的程式碼，現在讓我們檢查一下主行程
（main process）和訓練迴圈的起始程式碼吧。

```
if __name__ == "__main__":
    mp.set_start_method('spawn')
    parser = argparse.ArgumentParser()
    parser.add_argument("--cuda", default=False,
        action="store_true", help="Enable cuda")
    parser.add_argument("-n", "--name", required=True,
        help="Name of the run")
    args = parser.parse_args()
    device = "cuda" if args.cuda else "cpu"
    writer = SummaryWriter(comment="-a3c-data_" + NAME + "_" +
args.name)
```

在一開始的地方，我們使用大家已經非常熟悉的步驟；除了呼叫了一次 mp.set_start_
method，這個方法指定了 multiprocessing 模組中，我們想要使用平行化的類型。
Python 內建的「多行程函式庫」支援許多種啟動「子行程」的方法，但是由於 PyTorch
對「多行程」的限制，spawn 是最佳選擇。

```
env = make_env()
net = common.AtariA2C(env.observation_space.shape,
  env.action_space.n).to(device)
net.share_memory()
optimizer = optim.Adam(net.parameters(),
  lr=LEARNING_RATE, eps=1e-3)
```

然後建立我們的「類神經網路」，將其移動到 CUDA 裝置上，並要求它共享它的加權。預設情況下，CUDA 張量是共用的，但是在 CPU 模式中，需要呼叫 share_memory。

```
train_queue = mp.Queue(maxsize=PROCESSES_COUNT)
data_proc_list = []
for _ in range(PROCESSES_COUNT):
    data_proc = mp.Process(target=data_func,
      args=(net, device, train_queue))
    data_proc.start()
    data_proc_list.append(data_proc)
```

然後我們必須啟動子行程，但是在此之前，我們要先建立一個佇列，讓這些子行程來使用，以便能向我們傳遞數據。「佇列建構函數的參數」指定了佇列的「最大容量」。當佇列裝滿的時候，所有將新元素加到佇列當中的「嘗試」都會被禁止，這可以很方便地讓我們將數據樣本保持在「同境政策」。建立佇列之後，我們使用 mp.Process 類別啟動所指定數目的子行程，並將它們儲存在串列之中，以便之後能夠正確地關閉它們。在呼叫 mp.Process.start() 之後，我們的 data_func 函數將會由子行程來執行。

```
batch = []
step_idx = 0

try:
    with common.RewardTracker(writer,
stop_reward=REWARD_BOUND) as tracker:
        with ptan.common.utils.TBMeanTracker(writer,
batch_size=100) as tb_tracker:
            while True:
                train_entry = train_queue.get()
                if isinstance(train_entry, TotalReward):
                    if tracker.reward(train_entry.reward,
step_idx):
                        break
                    continue
```

在訓練迴圈開始的地方，我們從佇列中取得下一個項目，並處理可能的 TotalReward 物件，我們將其傳遞給「獎勵」追蹤器。

```
step_idx += 1
batch.append(train_entry)
if len(batch) < BATCH_SIZE:
    continue
```

由於佇列中只有**兩種**類型的物件（TotalReward 和經驗轉移），我們只需要檢查「從佇列中取得的元素」一次，就能知道它是什麼型別。在處理 TotalReward 元素之後，我們將經驗物件放入「數據批次」之中，直到達到「所需的批次大小」為止。

```
states_v, actions_t, vals_ref_v = \
        common.unpack_batch(batch, net,
last_val_gamma=GAMMA**REWARD_STEPS, device=device)
batch.clear()
```

當取得所需的「經驗樣本」數量時，我們使用 unpack_bach 函數將它們轉換為訓練數據，並清除「批次」。需要**注意**的一點是：由於我們的「經驗樣本」是包含**四個**步驟的子序列（因為 REWARD_STEPS 為 **4**），我們需要套用適當的「折扣因子」γ^4 在最後一個「獎勵」*V(s)* 之上。訓練迴圈的其餘部分則是在計算標準「行動－評論者方法」的損失，它的執行方式與前一章的說明完全相同：我們使用「當前網路」來計算「策略與值估計的 logits」，並計算「策略損失」、「值損失」和「熵損失」。

```
optimizer.zero_grad()
logits_v, value_v = net(states_v)

loss_value_v = F.mse_loss(value_v.squeeze(-1),
  vals_ref_v)

log_prob_v = F.log_softmax(logits_v, dim=1)
adv_v = vals_ref_v - value_v.detach()
log_prob_actions_v = adv_v *
  log_prob_v[range(BATCH_SIZE), actions_t]
loss_policy_v = -log_prob_actions_v.mean()

prob_v = F.softmax(logits_v, dim=1)
entropy_loss_v = ENTROPY_BETA * (prob_v *
  log_prob_v).sum(dim=1).mean()

loss_v = entropy_loss_v + loss_value_v +
  loss_policy_v
loss_v.backward()
nn_utils.clip_grad_norm_(net.parameters(),
```

```
            CLIP_GRAD)
        optimizer.step()
```

我們會在最後一步，將「計算出的張量」傳遞給 TensorBoard 的 `tracker` 類別，該類別將「我們想要監控的數據」做平均並儲存起來。

```
                tb_tracker.track("advantage", adv_v, step_idx)
                tb_tracker.track("values", value_v, step_idx)
                tb_tracker.track("batch_rewards", vals_ref_v,
                  step_idx)
                tb_tracker.track("loss_entropy",
                  entropy_loss_v, step_idx)
                tb_tracker.track("loss_policy", loss_policy_v,
    step_idx)
                tb_tracker.track("loss_value", loss_value_v,
                  step_idx)
                tb_tracker.track("loss_total", loss_v,
                  step_idx)
    finally:
        for p in data_proc_list:
            p.terminate()
            p.join()
```

在最後的 `finally` 區塊，會在異常發生時執行（例如：*Ctrl + C*），或是在 *game solved*（遊戲解決條件被滿足時）執行；我們會終止子行程，並等待它們結束後，合併子行程。這個工作是必要的，避免有遺漏的子行程。

結果

我們像過去一樣的啟動範例；經過一段時間的等待，它應該會開始寫入「性能」和「平均獎勵」等相關數據。在 GTX 1080Ti 4-core 的機器上，它的速度大約是「每秒 1800幀」，與前一章中所得到的「每秒 600 幀」相比，這是一個很好的改進。

```
rl_book_samples/Chapter11$ ./01_a3c_data.py --cuda -n final
44830: done 1 games, mean reward -21.000, speed 1618.10 f/s
44856: done 2 games, mean reward -21.000, speed 2053.09 f/s
45037: done 3 games, mean reward -21.000, speed 2036.78 f/s
45351: done 4 games, mean reward -21.000, speed 1894.14 f/s
45562: done 5 games, mean reward -21.000, speed 2204.78 f/s
45573: done 6 games, mean reward -21.000, speed 629.41 f/s
...
```

至於收斂動態方面，「新版本」與「具有平行環境的 A2C」類似，並且可以在 7 百萬到 8 百萬個「觀察」中解決乒乓遊戲。但是，處理這 8 百萬幀的時間大概是一小時多一點點，而不再是三個小時的等待。

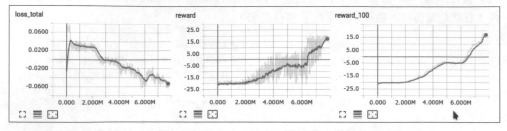

圖 11.4：乒乓遊戲上「數據平行化版本 A3C」的收斂動態

A3C 梯度平行化

下一個我們要來研究的「A2C 平行化方法」有多個子行程，但是它們不是用來把「訓練數據」提供給「主訓練迴圈」，而是要它們使用「其區域訓練數據」來計算「梯度」，並將這些「梯度」送回至「主行程」。而主行程只負責將這些回傳的「梯度」組合在一起（基本上只是將它們**相加**），並在共享網路上執行 SGD 更新。

這個方法與「數據平行化」的差異看起來可能很小，但是這種方法具有更高的可擴展性，特別是如果您有幾個功能強大、包含多個 GPU 並且連接上網路的計算節點。在這種情境下，「數據平行化」模型中的主行程很快會成為瓶頸，因為「損失計算」和「反傳遞」的計算量是非常高的。而「梯度平行化」則可以將計算工作分散在多個 GPU 之上，而中心的主行程僅僅執行相對簡單的「梯度」結合操作。

完整的範例在 Chapter11/02_a3c_grad.py 中，它也使用了「前一個範例」中也有用到的 Chapter11/lib/common.py。

```
GAMMA = 0.99
LEARNING_RATE = 0.001
ENTROPY_BETA = 0.01

REWARD_STEPS = 4
CLIP_GRAD = 0.1

PROCESSES_COUNT = 4
NUM_ENVS = 15
```

```
GRAD_BATCH = 64
TRAIN_BATCH = 2
ENV_NAME = "PongNoFrameskip-v4"
NAME = 'pong'
REWARD_BOUND = 18
```

一如往常,我們先定義「超參數」,它們與前面的範例大致相同,只是 BATCH_SIZE 被兩個參數替代:GRAD_BATCH 和 TRAIN_BATCH。GRAD_BATCH 定義每個子行程用於「計算損失」並取得「梯度」的「批次大小」。第二個參數 TRAIN_BATCH 則設定了「在每次 SGD 迭代中」,要將「多少個子行程的梯度批次」做結合。每個子行程所產生的項目,其形狀都與我們的網路參數相同,且我們會將它們的 TRAIN_BATCH 值相加在一起。因此,對於每個最佳化步驟,我們使用 TRAIN_BATCH * GRAD_BATCH 訓練樣本。由於「計算損失」和「反傳遞」的計算量非常繁重,我們可以使用較大的 GRAD_BATCH 來提高它們的效率。相對於這個較大的「批次」,我們應該讓 TRAIN_BATCH 的值相對較小,以便網路更新能保持「同境政策」。

```
def make_env():
    return ptan.common.wrappers.wrap_dqn(gym.make(ENV_NAME))


def grads_func(proc_name, net, device, train_queue):
    envs = [make_env() for _ in range(NUM_ENVS)]

    agent = ptan.agent.PolicyAgent(lambda x: net(x)[0],
      device=device, apply_softmax=True)
    exp_source = ptan.experience.ExperienceSourceFirstLast(envs,
      agent, gamma=GAMMA, steps_count=REWARD_STEPS)

    batch = []
    frame_idx = 0
    writer = SummaryWriter(comment=proc_name)
```

前面是子行程所執行的函數,它比我們的「數據平行化範例」子行程的程式碼要複雜得多。而另一方面,主行程中的訓練迴圈則變得幾乎微不足道。在建立子行程時,我們會將下面幾個參數傳遞給函數:

- 行程的名稱,用於建立 TensorBoard 輸出器。在這個範例中,每個子行程都會輸出到「子行程自己的 TensorBoard 數據集」。
- 共享的「類神經網路」。
- 用來執行計算的裝置(字串 cpu 或 cuda)。
- 一個佇列,被用來傳遞「計算出來的梯度」給「主行程」。

我們的子行程函數看起來與「數據平行化」版本中的「主要訓練迴圈」非常相似,這並不令人感到奇怪,因為這就是我們的子行程所增加的額外責任。但是,我們不是在要求優化器更新網路,而是收集「梯度」,並將它們傳送到佇列之中。其餘的程式碼則幾乎完全相同。

```
    with common.RewardTracker(writer, stop_reward=REWARD_BOUND) as
tracker:
        with ptan.common.utils.TBMeanTracker(writer,
batch_size=100) as tb_tracker:
            for exp in exp_source:
                frame_idx += 1
                new_rewards = exp_source.pop_total_rewards()
                if new_rewards and tracker.reward(new_rewards[0],
frame_idx):
                    break

                batch.append(exp)
                if len(batch) < GRAD_BATCH:
                    continue
```

到目前為止,我們收集了「具有轉移的批次」,並處理了「回合結束」時的「獎勵」。

```
                states_v, actions_t, vals_ref_v = \
                    common.unpack_batch(batch, net,
last_val_gamma=GAMMA**REWARD_STEPS, device=device)
                batch.clear()

                net.zero_grad()
                logits_v, value_v = net(states_v)
                loss_value_v = F.mse_loss(value_v.squeeze(-1),
vals_ref_v)

                log_prob_v = F.log_softmax(logits_v, dim=1)
                adv_v = vals_ref_v - value_v.detach()
                log_prob_actions_v = adv_v *
log_prob_v[range(GRAD_BATCH), actions_t]
                loss_policy_v = -log_prob_actions_v.mean()

                prob_v = F.softmax(logits_v, dim=1)
                entropy_loss_v = ENTROPY_BETA * (prob_v *
log_prob_v).sum(dim=1).mean()

                loss_v = entropy_loss_v + loss_value_v +
loss_policy_v
                loss_v.backward()
```

在上一節中，我們使用訓練數據計算出結合損失，並執行損失的反傳遞，這可以有效地將每個網路參數的「梯度」儲存在 `Tensor.grad` 欄位之中。這可以在不與其他「工作者」做同步的情況下完成，因為我們的網路參數是共享的，但是「梯度」則是由每個子行程所自行配置的。

```
tb_tracker.track("advantage", adv_v, frame_idx)
tb_tracker.track("values", value_v, frame_idx)
tb_tracker.track("batch_rewards", vals_ref_v,
    frame_idx)
tb_tracker.track("loss_entropy", entropy_loss_v,
    frame_idx)
tb_tracker.track("loss_policy", loss_policy_v,
    frame_idx)
tb_tracker.track("loss_value", loss_value_v,
    frame_idx)
tb_tracker.track("loss_total", loss_v, frame_idx)
```

在上面的程式碼中，把我們將會「在訓練過程中」進行監控的「那些中間值」發送到 TensorBoard。

```
nn_utils.clip_grad_norm_(net.parameters(),
    CLIP_GRAD)
grads = [param.grad.data.cpu().numpy() if
    param.grad is not None else None
            for param in net.parameters()]
train_queue.put(grads)
```

在迴圈結束的時候，我們需要「裁剪梯度」，並把它們從網路參數中提取出來，儲存在一個單獨的緩衝區當中（以防止它們在迴圈下一次的迭代之中被破壞）。

```
train_queue.put(None)
```

函數 `grads_func` 的最後一行把 None 放進佇列之中，表示這個子行程已達到 *game solved*（遊戲解決）的狀態，應該要停止訓練了。

```
if __name__ == "__main__":
    mp.set_start_method('spawn')
    parser = argparse.ArgumentParser()
    parser.add_argument("--cuda", default=False,
        action="store_true", help="Enable cuda")
    parser.add_argument("-n", "--name", required=True,
        help="Name of the run")
    args = parser.parse_args()
    device = "cuda" if args.cuda else "cpu"
```

```
env = make_env()
net = common.AtariA2C(env.observation_space.shape,
  env.action_space.n).to(device)
net.share_memory()
```

主行程從「建立網路」與「共享加權」開始。

```
optimizer = optim.Adam(net.parameters(), lr=LEARNING_RATE,
  eps=1e-3)

train_queue = mp.Queue(maxsize=PROCESSES_COUNT)
data_proc_list = []
for proc_idx in range(PROCESSES_COUNT):
    proc_name = "-a3c-grad_" + NAME + "_" + args.name + "#%d"
      % proc_idx
    data_proc = mp.Process(target=grads_func, args=(proc_name,
      net, device, train_queue))
    data_proc.start()
    data_proc_list.append(data_proc)
```

然後，和以前一樣，我們建立通訊佇列，並產生所需要的子行程。

```
batch = []
step_idx = 0
grad_buffer = None

try:
    while True:
        train_entry = train_queue.get()
        if train_entry is None:
            break
```

「梯度平行化版本」的 A3C 與「數據平行化版本」之間**主要的區別**在於訓練迴圈
（training loop）；訓練迴圈在這裡要簡單得多，因為子行程為我們完成了所有繁複的計
算工作。在迴圈開始的時候，我們要處理「當其中一個行程達到所要求的平均獎勵了，
需要將它停止訓練」的情況。在這種情況下，我們只是中斷並退出迴圈。

```
        step_idx += 1

        if grad_buffer is None:
            grad_buffer = train_entry
        else:
            for tgt_grad, grad in zip(grad_buffer, train_entry):
                tgt_grad += grad
```

為了平均來自不同子行程的「梯度」，對每個取得的 TRAIN_BATCH「梯度」，都會叫用優化器的 step() 函數。對於中間步驟，我們只是將相對應的「梯度」加總在一起。

```
if step_idx % TRAIN_BATCH == 0:
    for param, grad in zip(net.parameters(), grad_buffer):
        grad_v = torch.FloatTensor(grad).to(device)
        param.grad = grad_v

    nn_utils.clip_grad_norm_(net.parameters(), CLIP_GRAD)
    optimizer.step()
    grad_buffer = None
```

當我們累積了「足夠的梯度片段」時，我們將「梯度總和的型別」，轉換為 PyTorch 的 FloatTensor，並將網路參數 grad 欄位的值設成這個「梯度總和」。接下來要做的就只是「叫用優化器的 step() 函數」，並使用累積的「梯度」來更新網路參數。

```
finally:
    for p in data_proc_list:
        p.terminate()
        p.join()
```

在退出訓練迴圈時，即使是按下 *Ctrl + C* 來停止優化，我們都要「明確的停止」所有子行程，以確保它們會結束。這是為了防止「殭屍行程」佔用 GPU 資源所必需的指令。

結果

這個例子會像以前一樣，開始之後，需要等待一會兒，它就會開始顯示「速度」和「平均獎勵」；但是，您要知道「所顯示的資訊」是相對於子行程的區域資訊，這代表了「速度」、「完成的遊戲數量」和「幀數」需要乘以行程的數量。我的「基線」測試表示，每個子行程的處理速度大約為每秒 550 到 600 幀，總共約為每秒 2200 到 2400 幀。

```
rl_book_samples/Chapter11$ ./02_a3c_grad.py --cuda -n final
11278: done 1 games, mean reward -21.000, speed 520.23 f/s
11640: done 2 games, mean reward -21.000, speed 610.54 f/s
11773: done 3 games, mean reward -21.000, speed 485.09 f/s
11803: done 4 games, mean reward -21.000, speed 359.42 f/s
11765: done 1 games, mean reward -21.000, speed 519.00 f/s
11771: done 2 games, mean reward -21.000, speed 531.22 f/s
...
```

收斂動態也與之前的版本非常相似。觀測總數約為 8 百萬至 1 千萬幀，需要一個半小時才能完成。

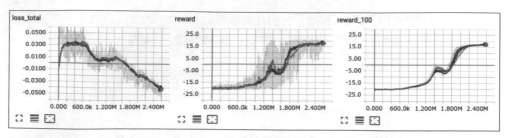

圖 11.5：乒乓遊戲上「梯度平行化版本 A3C」的收斂動態

小結

在本章中，基於「策略梯度法」的「同境政策」本質，我們討論了「策略梯度法」從「多個環境」收集訓練數據的重要性。我們還為 A3C 實作了兩種不同的平行化方法，並穩定訓練過程。在本書討論「黑箱優化法」的章節當中，我們會再次看到平行化的機制（詳見「第 16 章，強化學習中的黑箱優化」）。而在下一章中，我們將會來看一下可以使用「策略梯度法」解決的實際問題，它會結束本書「策略梯度法」的部分。

12

以強化學習法
訓練聊天機器人

在本章中，我們將介紹「**深度強化學習**」（Deep Reinforcement Learning，**Deep RL**）的另一個實際應用，它在過去兩年中變得非常受歡迎：用「強化學習法」訓練自然語言模型。它始於 2014 年所發表的一篇名為《Recurrent Models of Visual Attention》的論文，並成功地應用於「**自然語言處理**」（Natural Language Processing，**NLP**）領域中的各種問題。

為了理解這個方法，我們首先將會簡單地介紹 NLP 的基礎知識，包括「**遞迴類神經網路**」（Recurrent Neural Networks，**RNNs**）、「**字嵌入**」（word embeddings）和 **seq2seq** 模型。然後我們會討論「自然語言處理」和「強化學習」問題之間的相似性，並看看如何使用「強化學習法」改進「自然語言處理」seq2seq 訓練的原始想法。本章的核心是在「電影對話數據集」上訓練的「對話系統」。

聊天機器人概述

AI 驅動的「聊天機器人」是 2017 年眾多的熱門話題之一。關於這個主題有許多各式各樣的想法和意見，從「完全沒有用的東西」到「令人拍案叫絕的想法」，但有一點大家都有共識、且很難去質疑：「聊天機器人」為人們開啟了「與電腦進行溝通」的新時代，與我們都習慣的舊介面相比，這些電腦比人類更像人類（more human-like）、也更自然（natural）。

「聊天機器人」的核心是一個電腦程式，它使用自然語言，以「**對話**」（dialogue）的形式與其他方（人或其他電腦程式）進行溝通。這種情境可能存在許多不同的形式，像是「一個聊天機器人」與使用者交談，或者「許多個聊天機器人」彼此交談…等等。例如，可以製作一個「技術支援機器人」（technical support bot），專門回答使用者（隨意格式文字）的問題。然而，一般來說，「聊天機器人」共享「對話互動的共同屬性」（使用者提出問題，但「聊天機器人」可以提出「澄清問題」，以獲得遺漏的資訊）；「聊天機器人」也共享「**自由形式的自然語言**」（這使它與「電話按鍵選單」（phone menus）有所不同，例如，提供使用者「固定的選項」，像是「請按 N 鍵，進入 X 類別」，或「查詢餘額，請輸入銀行帳號」…等等）。

長久以來，理解自然語言就是一個很科幻的觀念。在電影中，你只要與太空船上的電腦說上兩句，就可以獲得有關最近外星人入侵的有用資訊，無需按下任何按鈕。幾十年來，這種情境不斷地被許多作者所使用，但是在現實生活中，這種與電腦的互動在最近幾年才真正實現。雖然你仍然無法與你的太空船交談，但是你至少可以在不用按任何按鈕的情況下，打開或關閉烤麵包機，毫無疑問的，這個領域的確是向前邁出了一大步！

讓電腦花了這麼長的時間才能理解自然語言的原因，其實就是自然語言本身非常複雜。即使在極度簡單的情境下，比如說，**按下烤麵包機開關！**你都可以想出很多不同的命令句來描述這個動作，而且通常很難用「一般電腦程式設計的技術」，來事先了解所有這些命令句、甚至可能是病態的命令句。很遺憾的是，在傳統的電腦程式設計範式，你需要提供「精準、明確的指令」給電腦；而一個病態的案例（corner case），或是語意模糊的輸入，都有可能會讓你超級複雜的程式碼失敗。

「**機器學習**」（ML）和「**深度學習**」（DL）及它們應用程式的最新進展，則是第一次打破了傳統電腦程式設計嚴格的範式，以其他不同的設計方法來替代：讓電腦程式從數據中自己找出「模式」來解決問題。這種方法在某些領域裡面非常成功，現在每個人都對這個新方法與其潛在的應用，感到非常的興奮。「深度學習」的復興從「電腦視覺」（computer vision）開始，然後接手的是「自然語言處理」（NLP）這個領域，在可見的未來，你一定可以看到「越來越多全新、成功也非常有用的應用程式」套用在不同的領域之中。

好的，回到我們的「聊天機器人」吧，「自然語言的複雜性」是實際應用上的主要障礙。有很長的一段時間，「聊天機器人」大多是由無聊的工程師，為了打發時間，以娛樂為目的所創造出來的玩具範例。在這些古老的系統中，最受歡迎的例子之一是**ELIZA**，建立於 20 世紀的 60 年代（https://en.wikipedia.org/wiki/ELIZA）。儘管 ELIZA在模仿心理醫師這個應用領域上非常成功，但它事實上對使用者輸入短句的語意一無所

知，程式只是包含了一組由專家手動建立的模式，依據使用者輸入，以經典的回答來回應使用者而已。在「前深度學習時代」，這種方法是實作這類系統的主流方法，當時人們普遍認為：只要我們加入了更多的模式，就可以處理所有（包含病態）的案例。那麼在一段時間之後，電腦將能夠理解人類語言。很不幸的是，這個想法被證明是不切實際的，因為人類需要處理的規則，以及矛盾案例的數量，實在是太大了，且人工建立規則也是非常複雜的。

「機器學習」方法允許你從不同的方向來解決複雜性。你不再是手動建立大量的規則來處理使用者的輸入，而是收集大量的訓練數據，並允許「機器學習演算法」找到解決問題的最佳方法。這種方法有它自己與 NLP 領域相關的具體細節，我們會在本章的下一節中簡單地介紹它們。現在，更重要的是，軟體開發人員發現了可以使用「自然語言」來解決問題的一般方法，就像他們所使用的許多「方便於電腦」（computer-friendly）的事物一樣，例如：文件格式、網路通訊協定，或是程式語言的語法。即便如此，這仍然不是一件簡單的工作，需要投入大量的時間來處理，有時你會踏入一個未知的領域，但是至少這種方法（有時候）是有效的，且不需要你將好幾百個語言學家鎖在一個房間裡面幾十年，只為了能夠收集足夠的 NLP 規則！

從「聊天機器人」的角度來看，它們仍然是非常新穎的，也多半是實驗性的系統，但總體的想法是希望電腦能以「自然的文字對話形式」與使用者進行溝通，而不是其他更正式的方式。讓我們以網路購物為例。當你想要買東西時，你上網路商店，例如：亞馬遜或 eBay，並瀏覽商品類別，或是使用網站的搜尋功能找到你想要的商品。但是這種情境事實上有許多問題。首先，大型網路商店可以用「不確定的方式」將數百萬個商品，分在數千個類別之中。一個簡單的兒童玩具可以屬於多個類別，如：「拼圖類」、「教育遊戲類」，同時也是「5 到 10 歲類」。另一方面，如果你不確定自己想要什麼商品，或者你不知道它屬於哪一個類別，你可能會一不小心就花了好幾個小時在瀏覽「無窮無盡的類似項目列表」，希望能找到你想要尋找的東西。網站的搜尋引擎只是部分地解決了這個問題，因為只有當你用一些「獨特的搜尋關鍵字」或「正確的品牌名稱」來做搜尋，才有可能獲得有意義的結果。

這個問題的另一種觀點是，「聊天機器人」可以詢問使用者「他或她的意圖」、「價格範圍」和「目的」，來限制搜尋的範圍。當然，以這種方法尋找商品並不普遍，不應該被視為可以 100% 取代「現有網路商城上的分類搜尋機制」，也不應該被視為可以 100% 取代「其他多年來所開發的 UI 解決方案」。但是它的確可以在某些使用案例中，或為某些使用者，提供一個某種程度上更好的替代選擇（相較於傳統的、舊的互動方式）。

深度 NLP 基礎

希望您對「聊天機器人」及其潛在的應用程式能夠感到興奮。現在讓我們先來看看 NLP 建構模塊和標準方法的一些枯燥細節吧。與「機器學習」中其他內容幾乎完全一樣，「深度 NLP」經歷過一段炒作期，而現在正在快速發展中，而這一小節僅僅介紹最常見的和標準的建構模塊。有關「深度 NLP」更詳細的描述，可以參考 Richard Socher 的線上課程 CS224d（http://cs224d.stanford.edu），它是一個非常好的起點。

遞迴類神經網路

NLP 有它本身特殊的特徵，使它與「電腦視覺」和其他領域不同。其中一個特徵是「可變長度物件」的處理（processing of variable-length objects）。在不同程度上，NLP 處理的物件可能具有不同的長度，例如：英文中的單字可能包含多個字母（或字元）。一個句子則是由「長度不同的單字序列」所組成。段落或文件是由「不同數量的句子」所組成。這種可變性（variability）不是只能出現在 NLP 之中，它還可以出現在許多不同的領域之中，例如：在「信號處理」（signal processing）或「影片處理」（video processing）之中。甚至「標準的電腦視覺問題」也可以被視為是物件的序列，例如：「圖片的自動下標題」問題（image captioning problem），我們可以用「**類神經網路**」聚焦在圖片不同的區域，將這些區域經過「影像辨識」之後，再來下標題。

其中一個標準建構模塊是 RNN。RNN 的觀念是具有固定輸入和輸出的網路，它被應用在物件序列上，而且可以沿著這個序列傳遞資訊。這個資訊就被稱為「**隱藏狀態**」（hidden state），通常只是某個（大小不固定的）數字向量。

在下圖中，我們有一個「具有一個輸入的 RNN」，它是一個數字向量，而它的輸出則是另一個向量。它與標準的「前饋網路」或「卷積網路」的不同之處在於它具有兩個額外的「**閘**」（gate）：一個「**輸入**」和一個「**輸出**」。「額外的輸入」將「前一項的隱藏狀態」送到 RNN 單元之中，而「額外的輸出」則將「變換後的隱藏狀態」提供給下一個序列。

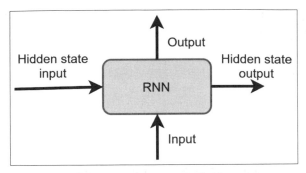

圖 12.1：RNN 建構模塊的結構

這應該要能解決上面的「可變長度問題」，事實上它確實能夠解決。由於 RNN 有兩個輸入，它可以套用於任何長度的輸入序列，只需將「前一個項目所產生的隱藏狀態」傳遞給「下一個項目」就可以了。在**圖 12.2** 中，RNN 套用在句子 this is a cat 之上，為序列中的每個單字產生輸出。應用程式處理期間，我們將相同的 RNN 套用在每個輸入項目之上，由於是使用了「隱藏狀態」，現在它就可以沿著序列傳遞資訊。這類似於「卷積類神經網路」（convolution neural networks），也就是當我們將「相同的一組濾波器」套用在圖片中的各個位置。它們之間不同之處在於「卷積類神經網路」不能傳遞「隱藏狀態」。

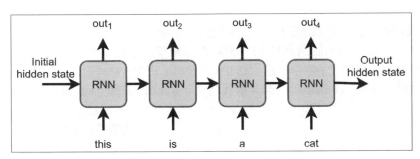

圖 12.2：如何將 RNN 套用在句子之上

儘管這個模型很簡單，但是它在「標準前饋網路的模型」上增加了額外的自由度。「前饋網路」是由它們的輸入來決定的，而且對於「某些固定的相同輸入」，一定會產生「相同的輸出」（當然這裡是指「測試模式」時輸出會相同，而不是指加權會改變的訓練期間）。RNN 的輸出不僅取決於輸入，同時也要考慮「隱藏狀態」，「隱藏狀態」可由網路本身來改變。因此，網路可以將一些資訊從序列的開頭一路傳遞到結尾，且在不同的上下文中，相同的輸入可以產生不同的輸出。這種「**上下文相依**」（context-dependency）在 NLP 中非常重要，因為在自然語言中，一個單字在不同的上下文中，可能具有「完全不同的意義」，並且整個句子的意義可能由一個單字來改變。

當然，這種靈活性是要付出代價的。RNN 通常需要「更多的時間」來進行訓練，而且可能會產生一些奇怪的行為，例如：訓練期間的損失振盪（loss oscillations）或突然間的失憶（sudden amnesia）。然而，研究人員已經做了大量的工作，仍然持續努力使 RNN 更加具有實用性，並提高穩定性，因此，若是要處理「可變長度的輸入」，RNN 可以說是標準的建構模塊。

字嵌入

另一個由現代「深度學習」所驅動的 NLP 標準建構模塊是「**字嵌入**」（word embeddings），也被稱為 **word2vec**。這個想法來自「在類神經網路中，表示我們的語言序列的問題」。通常「類神經網路」使用固定大小的數字向量，但在 NLP 中，我們通常使用「**單字**」（word）或「**字元**」（characters）當作模型的輸入。

其中一個解決方案是對所有字詞建立「獨熱編碼」（one-hot encoding），每個字在輸入向量中都有一個自己的位置，而當我們在輸入序列中有這個字的話，就將這個向量數字設為 1。這是當你在處理一些不是非常大的離散元素，而且希望以「類神經網路」友善的方式表示它們的時候，「獨熱編碼」是「類神經網路」中的標準處理方式。但是很不幸的是，由於下面幾個原因，「獨熱編碼」的效果其實並不好。

首先，我們的「輸入集」通常不小。如果我們只想編碼最常用的英語字典，它會包含至少幾千個單字。牛津英語詞典有「170,000 個常用單詞」和「50,000 個過時字和罕用字」。而這只是已建立的單字而已，還不包括俚語、新字、科學術語、縮寫、拼錯字、笑話、推特「迷因」（meme）…等。而我們只是在討論「英語」而已！

以單字來做「獨熱編碼」的第二個相關問題是，單字出現的頻率並不均勻。有一個相對很小的集合，它包含那些出現頻率極高的單字，例如：a、cat 等等。但是，卻有一個相對很大的集合，它包含那些極少被使用的單字，例如：covfefe 或 bibliopole，而那些罕用字在一個很大的文本語料庫之內，往往只會出現一、兩次。因此，「獨熱編碼表示法」在空間的使用率上，其實是非常低的。

簡單「獨熱編碼」的另一個問題是：沒有辦法描述「字與字之間的關係」。例如，有一些字是所謂的同義字（synonyms），具有相同的含義，但是它們將會由「不同的向量入口」來表示。另外，有一些字經常會以「片語的方式」被使用，比如說，united nations 或是 fair trade，而這個事實也沒有在「獨熱編碼」的表示法中被呈現出來。

為了克服這些問題，我們可以使用「字嵌入」法來處理，它將「某個詞彙表中的每個字」對應到「一個密集的、長度固定的數字向量」。這些數字不是隨機的，而是使用「大量文本語料庫」所訓練出來的單字上下文。「字嵌入」的詳細描述超出了本書的範圍，但是這是一種能力非常強大且被廣泛使用的 NLP 技術，用來以某種順序表示單字、字元和其他物件。現在，你可以將「字嵌入」視為只是從「單字」對到「數字向量」的對應表，這種對應（mapping）可以方便「網路」區分「單字」。

有兩種方法可以取得這種對應。首先，你可以下載所需語言的「預訓練向量」。只需在 Google 上以關鍵字 glove pretrained vectors 或 word2vec pretrained 搜尋，就可以找到許多可用的「字嵌入」（GloVE 和 word2vec 是用於訓練這類向量的不同方法，它們會產生類似的結果）。

另一種取得「字嵌入」的方法是在你自己的數據集上訓練它們。要做到這一點，你可以使用一些特殊的工具，例如，由 Facebook 開發的開源工具 fasttext，或者隨機初始化「字嵌入」，並讓你的模型在正常的訓練期間調整它們。

編碼器－解碼器

在 NLP 中被廣泛使用的另一種模型被稱作**「編碼器-解碼器」**（Encoder-Decoder）或是 **seq2seq**。它最初是用來做「機器翻譯」，即系統輸入某個來源語言的單字序列，然後翻譯成目標語言的另一個單字序列。seq2seq 背後的想法是使用 RNN 處理輸入序列，並將該序列「編碼」為某個固定長度的表示法。這個 RNN 就被稱為「**編碼器**」（encoder）。然後把「編碼向量」提供給另一個被稱作「**解碼器**」（decoder）的RNN，這個 RNN 必須以目標語言來產生結果序列。下面是這個想法的一個範例，我們將一個英文句子翻譯成俄文：

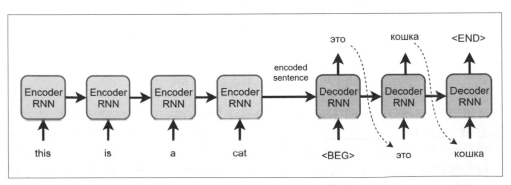

圖 12.3: 機器翻譯中的「編碼器－解碼器」

這個模型（包含許多精巧的調整和擴展）目前仍然是機器翻譯的主要工具，但它是一個通用的工具，可以以應用在更廣泛的領域之中，例如：音頻處理、圖片下標、影片字幕…等。在我們的「聊天機器人」範例中，在輸入一個給定的單字序列時，我們會用它來產生一個回覆句。

訓練 seq2seq

這一切看起來都非常有趣，但是它跟「強化學習」有什麼關係呢？這個關係是出現在seq2seq 模型的訓練過程當中，但是在我們討論以「現代強化學習方法」處理問題之前，我們要先說明一下標準的訓練方法。

對數概似訓練

想像一下，假如我們要使用 seq2seq 模型來建立一個機器翻譯系統，從一種語言（比如說，法語）到另一種語言（英語）。讓我們假設我們有一個數據集，包含品質良好、為數眾多的「法語句子－英語句子」的成對翻譯樣本，我們將用它來訓練我們的模型。那麼我們該如何完成這個訓練呢？

編碼部分是顯而易見的：我們只是將「編碼器 RNN」套用於「訓練對」中的「第一個句子」，這會產生該句子的編碼表示。而這種表示法明顯的候選者是從最後一個 RNN 應用程式回傳的「隱藏狀態」。在「編碼階段」，我們會忽略 RNN 的輸出，只考慮最後一個 RNN 應用程式的「隱藏狀態」。我們另外還使用了一個特殊標記 <END> 來擴展我們的句子，這個標記告訴「編碼器」，**這裡是句子的結尾**。整個過程如下圖所示：

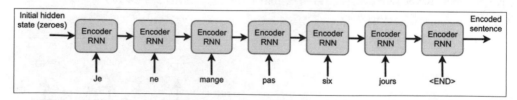

圖 12.4：編碼步驟

現在可以開始解碼了，我們將編碼表示法傳遞到「解碼器」的「輸入隱藏狀態」，並以標記 <BEG> 作為開始解碼的信號。在這個步驟中，「解碼器 RNN」必須將翻譯好句子的第一個「標記」（token）回傳給我們。然而在訓練一開始的時候，若是「編碼器」和「解碼器 RNN」都用隨機加權做初始化，那麼「編碼器」的輸出將會是隨機的，而我們的目標是使用「**隨機梯度下降法**」（Stochastic Gradient Descent，**SGD**）將加權朝正確的方向推移。

當我們的「解碼器」需要將「欲解碼語句」當前位置上「標記」的機率分佈回傳時，傳統的方法會將這個問題視為一個「分類」問題。通常這是用「淺層前饋網路」轉換「解碼器」的輸出，並產生向量來完成的，而這個向量的長度，就是字典的大小。然後我們用這個「機率分佈」和「標準損失」來處理分類問題：「交叉熵」（也被稱為「對數概似損失」，log-likelihood loss）。

對於解碼序列中的第一個「標記」，這是很明確的，它應該是由輸入的 <BEG>「標記」來產生，但是序列的其餘部分呢？這裡有兩個選擇。第一個選擇是從參考句中餵入「標記」。例如，如果訓練數據中有一個訓練對 Je ne mange pas six jours → I haven't eaten for six days，我們將「標記」（I、haven't、eaten...）餵給「解碼器」，然後在「RNN 的輸出」和「句子中下一個標記」之間，使用「交叉熵損失」。這種訓練模式被稱為**「導師強迫法」（teacher forcing）**，在每一步中，我們從正確的翻譯中餵入一個「標記」，要求 RNN 產生正確的下一個「標記」。這個過程如下圖所示：

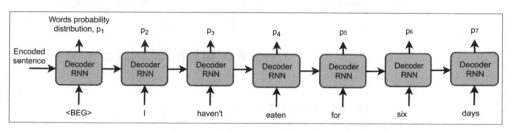

圖 12.5：如何在「導師強迫法」的模式下將「編碼向量」解碼

前面範例的損失表示，是以如下的方式計算出來的：

```
L = xentropy(p1,"I") + xentropy(p2,"haven't") + xentropy(p3,"eaten")
+ xentropy(p4,"for") + xentropy(p5,"six") + xentropy(p6,"days") +
xentropy(p7,"<END>")
```

由於「解碼器」和「編碼器」都是可微分的「類神經網路」，我們可以反過來推測損失，如此一來，才能把它們推向「未來能夠將這個例子分類得更好」的方向，就像我們在訓練「圖片分類器」一樣。

不幸的是，前面的過程並沒有完全解決 seq2seq 的訓練問題，而且這個問題其實與模型的使用方式是相關的。在訓練期間，我們不僅知道輸入序列，也知道理想的輸出序列，因此我們可以將「有效的理想輸出序列」餵給「解碼器」，「解碼器」則僅僅被要求產生序列的下一個「標記」。

在模型訓練完成之後，我們就不再有理想的目標序列（因為這個目標序列，理論上應該是要由模型產生出來的）。因此，這個模型最簡單的使用方法，就是使用「編碼器」對輸入序列進行編碼，然後要求「解碼器」一次產生一個輸出項目，將產生的「標記」餵到「解碼器」之中。

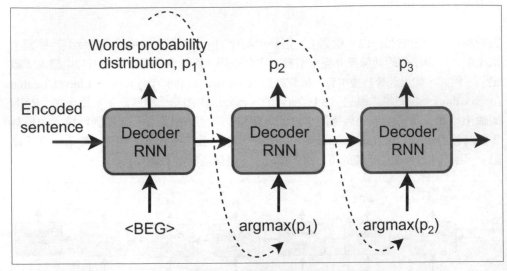

圖 12.6: 如何在「課程學習」模式中進行解碼

將前面一個結果傳給「輸入」可能看起來很自然，但是事實上這存在著風險。在訓練期間，我們沒有要求我們的「解碼器 RNN」使用「它自己的輸出」作為輸入，因此在產生期間的一個單一錯誤，就可能會混淆「解碼器」，並導致輸出垃圾資訊。

第二種 seq2seq 訓練方法，就是為了克服這個問題，它被稱為**「課程學習法」（curriculum learning）**。這種方法一樣使用了「交叉熵損失」；不過，就像我們在訓練過後將如何使用「解碼器」一樣，現在就是用「相同的方式」要求「解碼器」解碼序列，而不是將「整個目標序列」當作「輸入」餵給「解碼器」。這個過程如上圖所示。這能夠增加「解碼器」的「強固性」（robustness），能為模型的實際應用提供一個更好的結果。這種模式的缺點是：它的訓練時間可能會很長，因為我們的「解碼器」在學習如何對一個個「標記」，逐一地產生所需要的輸出。在實務上，為了降低這個缺點的影響程度，我們通常會同時使用「導師強迫法」和「課程學習法」來訓練一個模型，而在每個「批次」過程中，隨機選擇這兩個模型其中之一來做訓練。

雙語評估互補（BLEU）分數

在進入本章的主題（seq2seq 的「強化學習」）之前，我們需要介紹一些 NLP 問題中，常被用來度量機器翻譯輸出品質的方式。這個度量標準被稱為「**雙語評估互補**」（Bilingual evaluation understudy，**BLEU**），它是將「機器產生的輸出序列」與「某組參考輸出」進行比較的標準方法之一。它允許使用多個輸出參考（一個句子可以使用各種不同的方式來翻譯），它的核心是計算所產生的「輸出」和「參考句子」之間共享的「單元」（unigram）、「二元」（bigrams）…等等的比率。

其實還有幾種替代方案，例如：CIDEr 或是 ROGUE。在這個範例中，我們將使用 Python 的 nltk 函式庫（nltk.translate.bleu_score 套件）當中所實作的 BLEU。

seq2seq 強化學習

「強化學習」和「文本產生」看起來可能非常不相關，但是它們之間的確有一些連結，可用來提高 seq2seq 模型的訓練品質。首先要注意的是我們的「解碼器」在每一步會輸出機率分佈，這與「**策略梯度**」（Policy Gradient，**PG**）模型非常類似。從這個角度來看，我們的「解碼器」可以被視為：嘗試去決定在每一步該產生哪個「標記」的「代理人」。這種解碼解釋過程有如下幾個優點。

首先，我們的解碼過程是隨機的，我們可以將它想成是一個多目標序列的環境。例如，Hello! How are you? 這個短語有許多正確的回覆。經由最佳化「對數概似」這個目標，我們的模型將嘗試去學習所有這些回覆的平均值，但這些短語的平均值 I'm fine, thanks! 和 not very good，卻不一定是一個有意義的短語。透過回傳機率分佈，並從中選取下個「標記」，我們的「代理人」能夠學習如何產生可能回覆的所有變形，而不是只學習一些平庸的回覆。

第二個好處是：它會最佳化我們關心的目標。在「對數概似」訓練中，我們會最小化「所產生的標記」與「參考標記」之間的「交叉熵」，但是在機器翻譯和其他許多 NLP 的問題當中，我們並不是真的關心「對數概似」：我們只是想要最大化產生序列的 BLEU 分數。不幸的是，BLEU 分數不可微分，所以我們不能拿來做反傳遞。然而，即使「獎勵」不可微分，像（「第 9 章」中介紹的）REINFORCE 的「策略梯度法」也能發揮作用：我們只是增加「成功回合」的機率，降低「糟糕回合」的機率。

我們可以利用的第三個優點是：序列的產生過程事實上是由我們自己定義的，我們知道它的內部狀態。經由將「隨機性」引入解碼過程，我們可以重複解碼過程許多次，從一個訓練樣本中，收集許多不同的解碼情境。當我們的訓練數據集是有限的時候（幾乎大多數情況下都是如此），這是非常有幫助的，除非您是 Google 或 Facebook 的員工。

為了理解我們如何將訓練從「對數概似目標」轉換為「強化學習情境」，讓我們從數學的角度來看待它們吧。「對數概似估計」表示是要經由調整模型的參數，來最大化 $\sum_{i=1}^{N} \log p_{model}(y_i|x_i)$，這和最小化「數據機率分佈」與「模型所參數化的機率分佈」之間的「Kullback-Leibler 散度」完全相同。而這可以被寫成最大化 $\mathbb{E}_{x \sim p_{data}} \log p_{model}(x)$。

另一方面，REINFORCE 方法的目標是最大化 $\mathbb{E}_{s \sim data, a \sim \pi(a|s)} Q(s, a) \log \pi(a|s)$。它們的關聯是顯而易見的，兩者之間的差異只是做「對數」之前的比例和我們選擇「行動」的方式（即我們字典中的「標記」）。

在實務上，以 REINFORCE 訓練的 seq2seq 可以被寫成以下的演算法：

1. 對於數據集中的每個樣本，使用「編碼器 RNN」取得編碼表示 E
2. 使用特殊的「開始 begin 標記」初始化「當前標記」：T ='<BEG>'
3. 使用「空序列」初始化「輸出序列」：Out = []
4. 當 T != '<END>' 時
   ◇ 取得「標記」的機率分佈和新的「隱藏狀態」，傳遞當前「標記」和「隱藏狀態」：p, H = Decoder(T, E)
   ◇ 從機率分佈中採樣，並輸出「標記」T$_{out}$
   ◇ 記住機率分佈 p
   ◇ 將 T$_{out}$ 加到輸出序列 Out += T$_{out}$
   ◇ 設定「當前標記」：T ← T$_{out}$, E ← H

5. 計算 Out 與參考序列之間的「BLEU 分數」或「其他度量方法的分數」：Q = BLEU(Out, Out$_{ref}$))
6. 估計梯度 $\nabla J = \sum_T Q \nabla \log p(T)$
7. 使用 SGD 更新模型
8. 重複上述步驟直到收斂

自我批判序列訓練

上面所描述的方法儘管有建設性的一面,但是也有一些複雜性。首先,幾乎沒有必要從頭開始訓練。即使是非常簡單的對話,輸出序列通常至少包含 5 個或更多的字,每個字來自幾千個字所形成的字典。假設一本字典有 1000 個字,那以大小為 5 個字所形成的片語數量,等於 5^{1000},略小於 10^{700}。因此,在訓練一開始的時候,就能獲得正確答覆的機率(尤其是當我們的「編碼器」和「解碼器」的初始加權都是隨機的)當然可以忽略不計。為了克服這一點,我們可以結合「對數概似」和「強化學習」方法,並首先使用「強化學習」目標(在「導師強迫法」和「課程學習法」之間做切換)預訓練我們的模型,並在模型的品質達到某種程度之後,再切換到 REINFORCE 方法微調模型。一般來說,當「行動空間」非常大的時候,一個「隨機行動」的「代理人」在一開始時就是不可行的,而上述的方式可以被視為處理「這種複雜強化學習問題」的通用解決方法,因為「這樣的代理人」能隨機到達正確目標的機會可以「忽略不計」。有大量的研究主題圍繞著將「外部產生的樣本」納入「強化學習」的訓練過程,而這種以「正確的行動」用「對數概似」做預訓練的方法,正是其中一種方法。

基本 REINFORCE 方法的另一個問題是我們在「第 10 章」中所討論過的「高變異數」問題。您可能還記得,為了解決這個問題,我們使用了「**行動-評論者**」(Actor-Critic,**A2C**)方法,這個方法使用特別估計的「狀態值」當作變異數。當然我們可以使用這種 A2C 方法,擴展我們的「解碼器」,建立另一個「端點」,它在給定解碼序列的情況下,回傳 BLEU 分數估計。但是,其實有另一種更好的方法,在由 S. Rennie 和 E. Marcherett 等人於 2016 年發表的文章《Self-Critical Sequence Training for Image Captionings》之中,他們提出了一個更好的「基線」,也就是「**自我批判序列訓練法**」(self-critical sequence training,**SCST**)。

為了獲得「基線」,上述論文的作者以 argmax 模式的「解碼器」來產生序列,然後將其用於計算像「BLEU 分數」或「類似的相似性度量」。使用 argmax 模式的「解碼器」處理過程是完全「明確的」(deterministic),並以如下公式為「REINFORCE 策略梯度」提供「基線」:

$$\nabla J = \mathbb{E}[(Q(s) - b(s))\nabla \log p(a|s)]$$

在下一節中,我們將以電影數據集,訓練並實作一個簡單的「聊天機器人」。

聊天機器人範例

在本章開始的小節中，我們討論了「聊天機器人」和「自然語言處理」，現在讓我們嘗試使用 seq2seq 和「強化學習」訓練，來實作一些簡單的東西吧。「聊天機器人」一共有兩大類：「**模仿人類娛樂導向**」（entertainment human-mimicking）和「**目標導向**」（goal-oriented）的「聊天機器人」。第一類「聊天機器人」理論上會對使用者的短語輸入，以類似人類的方式提出回覆，用這種方式來娛樂使用者，而不需要完全理解他們。第二類「聊天機器人」則很難實作，而它們理論上應該要能對使用者的問題提供額外的資訊、更改使用者的預約，或做出開啟、關閉家裡的烤麵包機的動作。製作「聊天機器人」的從業人員，將大多數的時間和努力都放在「目標導向」的「聊天機器人」上面，但是問題還沒有得到完全的解決。由於本章的目標是用「簡短的範例」來描述、解釋方法，我們會將重心放在使用線上數據集（包含從電影中提取出來的對話短句）來訓練的「娛樂機器人」（an entertainment bot）。

儘管這個問題很簡單，但解決它的程式碼和程式碼中所包含的新觀念，卻是非常龐大的，所以本書的文本並沒有包含這個範例的完整程式碼。我們將重心放在「負責訓練模型」與「模型使用」的核心部分，但是大部分的函數都會以簡介的方式做說明。

範例結構

完整範例在 `rl_book_samples/Chapter12` 資料夾中，它包含以下部分：

- `data`：包含 `get_data.sh` 腳本程式的目錄，它用來下載和解壓縮我們將會在範例中使用的數據集。數據集名為 **Cornell Movie-Dialogs Corpus**，大小約為 10 MB，包含從各種來源擷取出來的結構化對話，可以從如後的網頁中取得：https://www.cs.cornell.edu/~cristian/Cornell_Movie-Dialogs_Corpus.html。
- `libbots`：包含共享 Python 模組的目錄，本章中各個範例的元件都會使用它們。我們將在下一章中介紹這些模組。
- `tests`：這個目錄包含函式庫模組的「單元測試」。
- 根目錄中包含兩個用來訓練模型的程式：`train_crossent.py`，用在開始時的模型訓練；`train_scst.py`，使用 REINFORCE 演算法來微調預訓練的模型。
- 用於顯示數據集中的各種統計資訊和數據的腳本：`cor_reader.py`。
- 將訓練模型套用於數據集的一個腳本程式，並顯示品質指標：`data_test.py`。
- 以使用者所提供的短句，來使用模型的腳本：`use_model.py`。
- 使用預訓練模型，可以用在 Telegram messenger 上的機器人：`telegram_bot.py`。

我們將從範例中「與數據相關的部分」開始介紹，然後介紹兩個訓練腳本程式，接著說明模型的使用方式。

模組：cornell.py 與 data.py

與訓練模型數據集相關的兩個模組是 cornell.py 和 data.py。兩個模組都與數據處理高度相關，用來將數據集轉換為適合用在不同「層」上的訓練工作的不同形式。

檔案 cornell.py 中包含低階函數，用在解析以 Cornell Movie-Dialogs Corpus 格式儲存的數據，並轉換成適合後續處理的表示法。這個模組的主要目標是載入一個串列的電影對話。由於數據集中包含有關電影的「定義數據」（metadata），我們可以依照「各式各樣的條件」來過濾並載入電影對話，但是目前只實作了一種「類型過濾器」。在回傳的對話串列中，每個對話都被表示為「短句串列」，每個短句都是一個小寫單字（被稱為「**標記**」）的串列。 例如，短句可以是 ["hi", "!", "how", "are", "you", "?"]。

將句子轉換為「標記串列」，在「自然語言處理」中被稱為「**標記化**」（tokenization），即便是這樣一個觀念上非常簡單的步驟，本身事實上也是一個棘手的過程，因為您需要處理「標點符號」、「縮寫」、「引號」、「撇號」和其他自然語言的細節。幸運的是，nltk 函式庫包含了幾個「標記器」，只需要叫用相關的函數，就能將一個句子轉成一個「標記串列」，這可以大大的降低我們的負擔。我們主要會從外部來使用 cornell.py 之中的函數是 load_dialogues()，它會以選用的「類型過濾器」，來載入對話數據。

模組 data.py 則是以更高階的方式在運作，它沒有關聯到任何特定的數據集。它提供以下功能，而且在範例中幾乎到處都會使用到：

- 使用「標記」所對應的整數 ID 來工作：從文件中儲存和載入（save_emb_dict() 和 load_emb_dict() 函數）；將「標記串列」編碼為「ID 串列」（encode_words()）；將整數「ID 串列」解碼為「標記串列」（decode_words()）；從訓練數據產生對應字典（phrase_pairs_dict()）
- 使用訓練數據工作：迭代給定大小的批次（iterate_batches()）；將數據拆分為訓練部分與測試部分（split_train_test()）
- 函數 load_data()：載入對話數據，並將其轉換為適合訓練的成對「短句－回覆」（phrase-reply pairs）

在載入數據和建立字典的時候，我們還會額外加入事先定義好 ID 的特殊「標記」：

- 「標記」#UNK 用來表示不認識（unknown）、不在字典之中的字
- 「標記」#BEG 用來表示序列開頭（beginning），所有序列前面都有這個「標記」
- 「標記」#END 用來表示序列結束（end）

除了可以選用「類型過濾器」（可用來在實驗期間限制數據的大小）之外，還可以將其他幾個過濾器套用在載入的數據集上。第一個過濾器限制訓練對中的「最大標記數」。以運算次數和記憶體的使用量來說，RNN 訓練可能很昂貴，因此我只保留 20 個訓練對，用於第一次和第二次的訓練。這也有助於加快收斂速度，因為「短句對話的可變性」要小得多，因此，我們的 RNN 可以更容易地訓練這些數據。另一方面，這也是我們的模型的缺點，它只能產生簡短的回覆。

套用於數據上的第二個過濾器與「字典」相關。字典中的單字量對於「訓練速度」和「所需的 GPU 記憶體大小」有顯著的影響，因為我們的**「嵌入矩陣」**（儲存每個「字典標記」的「嵌入向量」）和「解碼器」輸出的**「投影矩陣」**（將「解碼器 RNN」的輸出轉換為機率分佈），這兩個矩陣，它們其中一個維度是字典的大小。因此，減少字典中的單字數，我們就可以減少記憶體的需求並提高訓練的速度。為了在數據載入期間完成降低字典量，我們計算字典中每個單字的出現次數，並將所有出現次數小於 10 的單字，對應成「未知標記」#UNK。然後，所有帶有「未知標記」的訓練對，都會從訓練集中刪除。

BLEU 分數和 utils.py

我們使用 nltk 函式庫來計算 BLEU 分數，為了能更方便的計算 BLEU 分數，我們實作了兩個包裝函數：calc_bleu(candidate_seq, reference_seq)，當我們有一個「候選序列」和一個「參考序列」的時候，用來計算 BLEU 分數；還有 calc_bleu_many(candidate_seq, reference_sequences)，當有多個「參考序列」與我們的「候選序列」進行比較時，我們可以用它取得 BLEU 分數。在有多個「候選序列」的情況下，會計算並回傳最佳 BLEU 分數。

另外，為了適當呈現我們數據集中的短句，BLEU 僅針對「單元」（unigram）和「二元」（bigrams）進行計算。以下是 utils.py 模組中的程式碼，它負責計算 BLEU 分數，另外兩個函數則用於句子「標記化」並將「標記串列」轉換回原始字串。

```
import string
from nltk.translate import bleu_score
from nltk.tokenize import TweetTokenizer


def calc_bleu_many(cand_seq, ref_sequences):
    sf = bleu_score.SmoothingFunction()
    return bleu_score.sentence_bleu(ref_sequences, cand_seq,
                                    smoothing_function=sf.method1,
                                    weights=(0.5, 0.5))

def calc_bleu(cand_seq, ref_seq):
    return calc_bleu_many(cand_seq, [ref_seq])

def tokenize(s):
    return TweetTokenizer(preserve_case=False).tokenize(s)

def untokenize(words):
    return "".join([" " + i if not i.startswith("'") and i not in
string.punctuation else i for i in words]).strip()
```

模型

與「訓練程序」和「模型本身」相關的函數定義在 libbots/model.py 檔案之中。由於理解訓練程序是非常重要的，因此在這裡顯示帶有註釋的程式碼，如下所示。

```
HIDDEN_STATE_SIZE = 512
EMBEDDING_DIM = 50
```

上面這兩個「超參數」定義了「編碼器 RNN」和「解碼器 RNN」所使用的「隱藏狀態」大小。在 PyTorch 實作的 RNN 中，HIDDEN_STATE_SIZE 這個值一次定義了三個參數：

● 「隱藏狀態」預期的輸入維度，並作為 RNN 單元的輸出回傳
● RNN 回傳的輸出維度。儘管具有相同的維度，但 RNN 的輸出與隱藏狀態不同
● 用於 RNN 轉換的神經元個數

第二個「超參數」EMBEDDING_DIM 定義了「嵌入維度」，「嵌入」是一組用於表示字典中每個「標記」的向量集合。對於這個範例，我們不使用預訓練的「嵌入」，如 GLoVe 或 word2vec，但會使用它們一起訓練模型。由於我們的「編碼器」和「解碼器」都是接受輸入「標記」，因此這個「嵌入」的維度也同時定義了 RNN 輸入的大小。

```
class PhraseModel(nn.Module):
    def __init__(self, emb_size, dict_size, hid_size):
        super(PhraseModel, self).__init__()

        self.emb = nn.Embedding(num_embeddings=dict_size,
embedding_dim=emb_size)
        self.encoder = nn.LSTM(input_size=emb_size,
hidden_size=hid_size,
                               num_layers=1, batch_first=True)
        self.decoder = nn.LSTM(input_size=emb_size,
hidden_size=hid_size,
                               num_layers=1, batch_first=True)
        self.output = nn.Sequential(
            nn.Linear(hid_size, dict_size)
        )
```

在模型的建構函數中,我們建立「嵌入」、「編碼器」、「解碼器」和「輸出投影元件」。這裡使用了 LSTM（Long Short-Term Memory）實作 RNN。參數 `batch_first` 表示 RNN「輸入張量」的第一個維度是所提供的批次。「投影層」（projection layer） 是做線性變換,其將「解碼器」的輸出轉換為「字典機率分佈」。

模型其餘的部分是許多的方法,它們會使用 seq2seq 模型執行不同的數據轉換。嚴格來說,這個類別打破了 PyTorch 傳統,它「覆寫」網路中要套用在數據上的 `forward` 方法。我們是故意這麼做的,以便強調 seq2seq 模型**不可以**解釋成「輸入數據到輸出結果之間單獨、唯一的轉換」。在我們的範例中,我們將以不同的方式來使用模型,例如,在「導師強迫模式」下處理目標序列,或使用 argmax 逐一解碼序列,或執行單一解碼步驟。做為「基底類別」（base class）的方法,`nn.Module.forward` 只是叫用掛載（hooks）而已（而在我們的例子當中並沒有使用它）,所以可以省略 `forward` 方法的重新定義。

```
def encode(self, x):
    _, hid = self.encoder(x)
    return hid
```

上述方法在我們的模型中執行了最簡單的操作:它對輸入序列進行編碼,並從「編碼器 RNN」的最後一步回傳「隱藏狀態」。在 PyTorch 之中,所有的 RNN 類別都會回傳由兩個物件形成的常數串列。常數串列的第一個分量是每個套用 RNN 的輸出,第二個是輸入序列中最後一項的「隱藏狀態」。我們對「編碼器」的輸出並不感興趣,所以只回傳「隱藏狀態」。

```
def get_encoded_item(self, encoded, index):
    # For RNN
    # return encoded[:, index:index+1]
    # For LSTM
    return encoded[0][:, index:index+1].contiguous(), \
           encoded[1][:, index:index+1].contiguous()
```

上述方法是一個工具函數，用來存取輸入批次中個別元件的「隱藏狀態」。這是一個必要的工具，因為我們呼叫這個函數一次，就會編碼整批的序列（使用 encode() 方法），但是會對每個批次處理序列，單獨執行解碼。這個方法用來擷取批次中索引所指的「隱藏狀態」。這個擷取的細節取決於 RNN 實作方式。例如，LSTM 具有「隱藏狀態」，以兩個「張量」形成的常數串列來表示：「**單元狀態**」（cell state）和「**隱藏狀態**」。但是，簡單的 RNN 實作，如基本的 torch.nn.RNN 類別或是更複雜的 torch.nn.GRU 類別，都將「**隱藏狀態**」視為單一張量。這些知識已經被封裝在這個方法之中，如果您切換底層 RNN 類型的「編碼器」和「解碼器」，則應該調整這個方法。

其餘的方法僅與不同形式的解碼過程有關。

```
def decode_teacher(self, hid, input_seq):
    # Method assumes batch of size=1
    out, _ = self.decoder(input_seq, hid)
    out = self.output(out.data)
    return out
```

最簡單也最有效的解碼方法是「導師強迫模式」。在這個模式中，我們簡單地將「解碼器 RNN」套用在「參考序列」（訓練樣本的回覆短句）。在「導師強迫模式」中，每個步驟的輸入都是事先知道的，而 RNN 在步驟之間唯一的相依性是其「隱藏狀態」，這使我們能夠非常有效率地執行 RNN 轉換，而不用將數據傳到 GPU，而且是實作在底層的 CuDNN 函式庫中。

其他解碼方法，則無法完成如下的工作：使用每個「解碼器」步驟的輸出，就能定義下一個步驟的輸入。輸出和輸入之間的這種連接，是以 Python 程式碼中的指令來完成的，因此解碼是逐步進行的，不一定要傳輸數據（因為我們所有的「張量」都已經存在 GPU 記憶體之中）；但是，這裡是由 Python 程式碼所定義的指令來控制，而不是由高度優化的 CuDNN 函式庫來完成的。

```
def decode_one(self, hid, input_x):
    out, new_hid = self.decoder(input_x.unsqueeze(0), hid)
    out = self.output(out)
    return out.squeeze(dim=0), new_hid
```

上面這個方法針對一個例子，執行單一解碼步驟。我們傳遞「隱藏狀態」給「解碼器」（在第一步設為編碼序列），並輸入具有「輸入標記嵌入向量」的「張量」。然後，「解碼器」的回傳結果會傳到「輸出投影」以便取得字典中「每個標記的原始分數」。它不是機率分佈，因為我們並不是通過 softmax 函數傳遞輸出，它只是一個原始分數（也被稱作 logits）。這個函數的執行結果就是那些 logits 和「解碼器」回傳的「新隱藏狀態」。

```
    def decode_chain_argmax(self, hid, begin_emb, seq_len, stop_at_
token=None):
        res_logits = []
        res_tokens = []
        cur_emb = begin_emb
```

函數 decode_chain_argmax() 會執行編碼序列的解碼，它使用 argmax 將「機率分佈」對應到「產生的標記索引」。這個函數的參數如下：

● hid：針對某輸入序列，「編碼器」所回傳的「隱藏狀態」。

● begin_emb：使用 #BEG「標記」註記開始解碼的嵌入向量。

● seq_len：解碼序列的最大長度。如果「解碼器」回傳 #END「標記」，則產生的序列可能會更短，但絕對不會更長。當「解碼器」開始無限地重複自己時，它有助於停止解碼過程，而這有可能發生在訓練剛開始的時候。

● stop_at_token：可選用的「標記 ID」（通常是 #END「標記」），用來停止解碼過程。

該函數應該會回傳兩個值：一個「張量」，在每個步驟中由「解碼器」所回傳的結果，與所產生的「標記 ID 串列」。第一個回傳值用於訓練，因為我們需要「輸出張量」來計算損失，而第二個回傳值則傳給「品質度量函數」，在目前的情境下是計算 BLEU 分數的函數。

```
        for _ in range(seq_len):
            out_logits, hid = self.decode_one(hid, cur_emb)
            out_token_v = torch.max(out_logits, dim=1)[1]
            out_token = out_token_v.data.cpu().numpy()[0]

            cur_emb = self.emb(out_token_v)

            res_logits.append(out_logits)
            res_tokens.append(out_token)
            if stop_at_token is not None and out_token ==
stop_at_token:
```

```
            break
        return torch.cat(res_logits), res_tokens
```

在每個解碼循環迭代中,我們將「解碼器 RNN」應用於「單一標記」,將「當前隱藏狀態」傳遞給「解碼器」(在一開始的時候它等於編碼向量),並將「當前標記的向量」做「嵌入」。「解碼器 RNN」的輸出是「具有 logits 的常數串列」(字典中每個單字的未正規化機率)和「新隱藏狀態」。我們使用 argmax 函數作為方法的名稱,來將 logits 轉成「解碼的標記 ID」。 接著,在取得「解碼的標記嵌入」之後,在結果串列中儲存「logits」和「標記 ID」,並檢查是否滿足停止條件。

```
    def decode_chain_sampling(self, hid, begin_emb, seq_len,
  stop_at_token=None):
        res_logits = []
        res_actions = []
        cur_emb = begin_emb

        for _ in range(seq_len):
            out_logits, hid = self.decode_one(hid, cur_emb)
            out_probs_v = F.softmax(out_logits, dim=1)
            out_probs = out_probs_v.data.cpu().numpy()[0]
            action = int(np.random.choice(out_probs.shape[0],
  p=out_probs))
            action_v = torch.LongTensor([action]).to(begin_emb.device)
            cur_emb = self.emb(action_v)

            res_logits.append(out_logits)
            res_actions.append(action)
            if stop_at_token is not None and action == stop_at_token:
                break
        return torch.cat(res_logits), res_actions
```

執行序列解碼的下一個函數,也是最後一個函數,它與 decode_chain_argmax() 幾乎相同,但它不是 argmax,而是從回傳的機率分佈中執行隨機採樣。其餘的程式邏輯是一樣的。

除了 PhraseModel 類別之外,model.py 檔案中還包含幾個用來準備模型輸入的函數,這些輸入都必須以「張量」的形式呈現,PyTorch RNN 才能正常運作。

```
def pack_batch_no_out(batch, embeddings, device="cpu"):
    assert isinstance(batch, list)
    # Sort descending (CuDNN requirements)
    batch.sort(key=lambda s: len(s[0]), reverse=True)
    input_idx, output_idx = zip(*batch)
```

這個函數將「輸入批數據」（一個包含常數串列 (phrase, replay) 的串列）打包成「適合編碼、適合 decode_chain_* 函數的格式」。在第一步中，我們按照降冪順序排列第一個短句的長度。這是 PyTorch 中 CUDA 後端的 CuDNN 函式庫的要求。

```
# create padded matrix of inputs
lens = list(map(len, input_idx))
input_mat = np.zeros((len(batch), lens[0]), dtype=np.int64)
for idx, x in enumerate(input_idx):
    input_mat[idx, :len(x)] = x
```

然後我們建立一個維度是 [batch, max_input_phrase] 的矩陣，並複製我們的輸入短句。這種格式稱為「**填補序列**」（**padded sequence**），因為我們的「可變長度序列」，會「**零填補**」（padded with zeros）為長度與「最長序列」相同的大小。

```
input_v = torch.tensor(input_mat).to(device)
input_seq = rnn_utils.pack_padded_sequence(input_v, lens,
batch_first=True)
```

在下一步中，我們將這個矩陣包裝成 PyTorch「張量」，並使用 PyTorch RNN 模組中的特殊函數，將這個矩陣從「填補格式」（padded form）轉換為所謂的「**打包格式**」（**packed form**）。在「打包格式」中，我們的序列是以「**行為基準**」（column-wise）儲存（即轉置格式），以便保持每一行的長度。例如，在第一列（row）中，我們擁有來自所有序列的第一個「標記」。在第二列中，對於所有長度大於 1 的序列，我們有它們在第二個位置的「標記」，依此類推。這個表示法可以讓 CuDNN 非常有效地執行 RNN 處理，一次處理一批的序列。

```
# lookup embeddings
r = embeddings(input_seq.data)
emb_input_seq = rnn_utils.PackedSequence(r, input_seq.batch_sizes)
return emb_input_seq, input_idx, output_idx
```

在函數結尾的地方，我們將數據從「整數標記 ID」轉換為「嵌入」，這可以在一個步驟中完成，因為我們的「標記 ID」已經被打包到「張量」之中了。然後我們回傳結果常數串列，它包含三個元素：要傳遞給「編碼器」的「打包序列」和兩個帶有輸入序列和輸出序列「整數標記 ID」的串列。

```
def pack_input(input_data, embeddings, device="cpu"):
    input_v = torch.LongTensor([input_data]).to(device)
    r = embeddings(input_v)
    return rnn_utils.pack_padded_sequence(r, [len(input_data)],
batch_first=True)
```

上面這個函數用來將「編碼短句」（「標記 ID」串列）轉換為適合傳遞給 RNN 的「打包序列」。

```
def pack_batch(batch, embeddings, device="cpu"):
    emb_input_seq, input_idx, output_idx = pack_batch_no_out
(batch, embeddings, device)
    output_seq_list = []
    for out in output_idx:
        output_seq_list.append(pack_input(out[:-1],
embeddings, device))
        return emb_input_seq, output_seq_list, input_idx, output_idx
```

下一個函數使用 pack_batch_no_out() 方法，但是除此之外，還會將輸出索引轉換為要在「導師強迫」訓練模式中使用的「打包序列」串列。這些序列已經移除了 #END「標記」。

```
def seq_bleu(model_out, ref_seq):
    model_seq = torch.max(model_out.data, dim=1)[1]
    model_seq = model_seq.cpu().numpy()
    return utils.calc_bleu(model_seq, ref_seq)
```

最後來介紹 model.py 中最後一個函數，它會使用「解碼器在導師強迫模式下所產生的 logits 張量」，來計算出 BLEU 分數。它的邏輯很簡單：叫用 argmax 來取得序列索引，然後使用 utils.py 模組中的函數計算出 BLEU。

訓練：交叉熵

我們使用「交叉熵法」訓練出模型的第一個近似值，程式碼在 train_crossent.py 中。在訓練期間，我們在「導師強迫模式」（當我們以「解碼器」的輸入，給出目標序列）和「argmax 鏈解碼」之間隨機切換（當我們一次一步地解碼序列時，選擇輸出分佈中具有最高機率的「標記」）。這兩種訓練模式是隨機選取的，機率固定為 50%。這樣能結合這兩種方法的特徵：「導師強迫法」的快速收斂性和「課程學習法」的解碼穩定性。

```
SAVES_DIR = "saves"

BATCH_SIZE = 32
LEARNING_RATE = 1e-3
MAX_EPOCHES = 100

log = logging.getLogger("train")

TEACHER_PROB = 0.5
```

首先，我們定義特別用在以「交叉熵法」來訓練的「超參數」。TEACHER_PROB 的值定義每個訓練樣本隨機選擇「導師強迫法」訓練的機率。

```
def run_test(test_data, net, end_token, device="cpu"):
    bleu_sum = 0.0
    bleu_count = 0
    for p1, p2 in test_data:
        input_seq = model.pack_input(p1, net.emb, device)
        enc = net.encode(input_seq)
        _, tokens = net.decode_chain_argmax(enc, input_seq.data[0:1],
                                            seq_len=data.MAX_TOKENS,
                                            stop_at_token=end_token)
        bleu_sum += utils.calc_bleu(tokens, p2[1:])
        bleu_count += 1
    return bleu_sum / bleu_count
```

每「輪」（epoch）都會叫用 run_test 方法，計算預先保留下來「測試數據集」的平均 BLEU 得分，預設情況下會保留載入數據的 5% 當作「測試數據集」。

```
if __name__ == "__main__":
    logging.basicConfig(format="%(asctime)-15s %(levelname)s
%(message)s", level=logging.INFO)
    parser = argparse.ArgumentParser()
    parser.add_argument("--data", required=True, help="Category to use
for training. "
                                                      "Empty string to
train on full dataset")
    parser.add_argument("--cuda", action='store_true', default=False,
                        help="Enable cuda")
    parser.add_argument("-n", "--name", required=True, help="Name of
the run")
    args = parser.parse_args()
    device = torch.device("cuda" if args.cuda else "cpu")

    saves_path = os.path.join(SAVES_DIR, args.name)
    os.makedirs(saves_path, exist_ok=True)
```

該程式允許我們指定想要訓練的電影類型和目前訓練的名稱，這個名稱會在 TensorBoard 註釋中被使用，同時做為模型週期性檢查點的目錄名稱。

```
    phrase_pairs, emb_dict = data.load_data(genre_filter=args.data)
    log.info("Obtained %d phrase pairs with %d uniq words",
             len(phrase_pairs), len(emb_dict))
    data.save_emb_dict(saves_path, emb_dict)
    end_token = emb_dict[data.END_TOKEN]
    train_data = data.encode_phrase_pairs(phrase_pairs, emb_dict)
```

解析參數之後，我們載入指定類型的數據集，儲存「嵌入字典」（它從「標記字串」對應到「整數標記 ID」）並對「短句對」進行編碼。在這個時候，我們的數據是一個「包含兩個項目的常數串列」所形成的串列，每個項目都是一個「整數標記 ID」的串列。

```
rand = np.random.RandomState(data.SHUFFLE_SEED)
rand.shuffle(train_data)
log.info("Training data converted, got %d samples", len
(train_data))
train_data, test_data = data.split_train_test(train_data)
log.info("Train set has %d phrases, test %d", len(train_data),
len(test_data))
```

載入數據之後，我們先將它拆分為訓練部分與測試部分，然後使用固定的亂數種子對數據進行攪亂（使用固定的亂數種子，才能夠在「強化學習」訓練階段重複相同的攪亂程序）。

```
net = model.PhraseModel(emb_size=model.EMBEDDING_DIM,
dict_size=len(emb_dict),
                        hid_size=model.HIDDEN_STATE_SIZE).
to(device)
log.info("Model: %s", net)
writer = SummaryWriter(comment="-" + args.name)
optimiser = optim.Adam(net.parameters(), lr=LEARNING_RATE)
best_bleu = None
```

然後我們建立模型，傳遞「嵌入的維度」、「字典的大小」以及「編碼器」和「解碼器」的「隱藏狀態大小」。

```
for epoch in range(MAX_EPOCHES):
    losses = []
    bleu_sum = 0.0
    bleu_count = 0
    for batch in data.iterate_batches(train_data, BATCH_SIZE):
        optimiser.zero_grad()
        input_seq, out_seq_list, _, out_idx = model.pack_
batch(batch, net.emb, device)
        enc = net.encode(input_seq)
```

我們的訓練迴圈會執行固定數目的「輪」，每「輪」都是迭代一批的編碼短句。我們使用 model.pack_batch() 打包每個「批次」，它會回傳「打包後的輸入序列」、「打包後的輸出序列」、「批次的輸入標記索引串列」和「批次的輸出標記索引串列」。為了取得批次中每個輸入序列的編碼表示，我們叫用 net.encod() 函數，它只是用我們的

「編碼器」傳遞輸入序列，並回傳最後一個 RNN 應用的「隱藏狀態」。這個「隱藏狀態」的形狀為 [batch_size, model.HIDDEN_STATE_SIZE]，預設值是 [16,512]。

```
net_results = []
net_targets = []
for idx, out_seq in enumerate(out_seq_list):
    ref_indices = out_idx[idx][1:]
    enc_item = net.get_encoded_item(enc, idx)
```

然後，我們單獨解碼批次中的每個序列。當然也可以用某種方式平行化這個迴圈，但這會讓這個範例的可讀性降低許多。對於批次中的每個序列，我們取得「標記 ID」的參考序列（其中沒有 #BEG「標記」）和「編碼器」所建立的輸入序列編碼表示。

```
if random.random() < TEACHER_PROB:
    r = net.decode_teacher(enc_item, out_seq)
    bleu_sum += model.seq_bleu(r, ref_indices)
else:
    r, seq = net.decode_chain_argmax(enc_item,
out_seq.data[0:1],
                                     len(ref_indices))
    bleu_sum += utils.calc_bleu(seq, ref_indices)
```

在前面的程式碼中，我們隨機選用解碼方法：「導師強迫法」或是「課程學習法」。它們的差別僅僅在於模型所叫用的方法和計算 BLEU 分數的方式。在選用「導師強迫模式」時，decode_teacher() 方法會回傳大小為 [out_seq_len, dict_size] 的「logits 張量」，因此，為了計算 BLEU 分數，我們需要使用 model.py 模組中的函數。在選用「課程學習模式」時，我們是以 decode_chain_argmax() 方法來實作，它回傳「logits 張量」和輸出序列的「標記 ID」串列。這讓我們可以直接計算 BLEU 分數。

```
net_results.append(r)
net_targets.extend(ref_indices)
bleu_count += 1
```

在序列處理結束時，我們會將回傳的「logits 張量」和參考索引記錄起來，以便稍後用來計算損失。

```
results_v = torch.cat(net_results)
targets_v = torch.LongTensor(net_targets).to(device)
loss_v = F.cross_entropy(results_v, targets_v)
loss_v.backward()
optimiser.step()
losses.append(loss_v.item())
```

為了計算「交叉熵損失」，我們將「logits 張量」串列轉換為單一張量，並將帶有「參考標記 ID」的串列轉換為 PyTorch「張量」，將它放進 GPU 記憶體中。現在我們需要做的只是計算「交叉熵損失」，執行反傳遞並要求優化器來調整模型。一個批次的處理，這樣就算是結束了。

```
            bleu = bleu_sum / bleu_count
            bleu_test = run_test(test_data, net, end_token, device)
            log.info("Epoch %d: mean loss %.3f, mean BLEU %.3f,
test BLEU %.3f",
                        epoch, np.mean(losses), bleu, bleu_test)
            writer.add_scalar("loss", np.mean(losses), epoch)
            writer.add_scalar("bleu", bleu, epoch)
            writer.add_scalar("bleu_test", bleu_test, epoch)
```

處理完所有批次之後，我們會根據訓練程序取得的結果，來計算平均 BLEU 分數，然後用事先保留下來的數據集進行測試，並回報我們的測試結果指標。

```
            if best_bleu is None or best_bleu < bleu_test:
                if best_bleu is not None:
                    out_name = os.path.join(saves_path, "pre_
bleu_%.3f_%02d.dat" %
                                        (bleu_test, epoch))
                    torch.save(net.state_dict(), out_name)
                    log.info("Best BLEU updated %.3f", bleu_test)
                best_bleu = bleu_test

            if epoch % 10 == 0:
                out_name = os.path.join(saves_path, "epoch_%03d_%.3f_%.3f.
dat" %
                                        (epoch, bleu, bleu_test))
                torch.save(net.state_dict(), out_name)
```

為了能夠微調模型，我們將目前為止所看到的最佳「測試 BLEU 分數」的模型加權儲存起來。另外，每 10 次迭代之後，我們也會儲存檢查點的相關資料到檔案之中。

執行訓練

以上是我們的訓練程式碼。您只要在命令列中傳入這次的執行名稱，並提供「類型渦濾器」（genre filter）來執行它。完整的數據集非常大（總共有 617 部電影），即使在 GPU 上也可能需要大量的時間來進行訓練。例如，在 GTX 1080Ti 上，每「輪」大約需要 16 分鐘，執行 100「輪」的話，所需時間要 18 小時。

透過應用「類型過濾器」，您可以訓練完整電影數據集的子集合，例如，「**喜劇**電影」有 159 部，可以提供 22k 的訓練「短句對」，這遠遠小於完整數據集的 150k「短句對」。「**喜劇**電影」的字典大小也小得多（只有 4905 個單字，而完整數據中有 11131 個單字）。這能將每「輪」的訓練時間從 16 分鐘減少至 3 分鐘。

為了使訓練數據集更小一點，您可以使用「**家庭**類型電影」，這類電影只有 16 部，包含 3000 個短句和 772 個單字。在這種情況下，訓練 100「輪」只需要 30 分鐘。下面顯示如何開始訓練「**喜劇**電影」。訓練過程將「檢查點」寫入目錄 save/crossent-comedy 之中，而 TensorBoard 效能指標則會寫入 runs 目錄之中。

```
rl_book_samples/Chapter12$ ./train_crossent.py --cuda --data comedy -n
crossent-comedy
2018-01-15 12:35:35,072 INFO Loaded 159 movies with genre comedy
2018-01-15 12:35:35,073 INFO Read and tokenise phrases...
2018-01-15 12:35:39,785 INFO Loaded 93039 phrases
2018-01-15 12:35:40,057 INFO Loaded 24716 dialogues with 93039
phrases, generating training pairs
2018-01-15 12:35:40,118 INFO Counting freq of words...
2018-01-15 12:35:40,469 INFO Data has 31774 uniq words, 4913 of them
occur more than 10
2018-01-15 12:35:40,660 INFO Obtained 47644 phrase pairs with 4905
uniq words
2018-01-15 12:35:40,992 INFO Training data converted, got 26491
samples
2018-01-15 12:35:40,992 INFO Train set has 25166 phrases, test 1325
2018-01-15 12:35:43,320 INFO Model: PhraseModel (
  (emb): Embedding(4905, 50)
  (encoder): LSTM(50, 512, batch_first=True)
  (decoder): LSTM(50, 512, batch_first=True)
  (output): Sequential (
    (0): Linear (512 -> 4905)
  )
)
2018-01-15 12:39:17,656 INFO Epoch 0: mean loss 5.000, mean BLEU
0.164, test BLEU 0.122
2018-01-15 12:42:49,997 INFO Epoch 1: mean loss 4.671, mean BLEU
0.178, test BLEU 0.078
2018-01-15 12:46:23,016 INFO Epoch 2: mean loss 4.537, mean BLEU
0.179, test BLEU 0.088
```

對於「交叉熵」訓練，TensorBoard 顯示了三個指標：「損失」、「訓練 BLEU 分數」和「測試 BLEU 分數」。下面是「**喜劇**電影」的效能圖表，訓練過程花了大約六個小時。

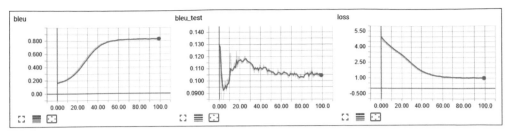

圖 12.7：喜劇電影的交叉熵訓練

如您所見，訓練數據的 BLEU 分數會持續增加，約在 0.83 的時候達到飽和，但測試數據集的 BLEU 分數在「第 25 輪」之後停止改進，而這是遠低於訓練數據的 BLEU 分數。造成這個現象有兩個原因。首先，我們的數據集不夠大、亦不具有足夠的代表性，於是我們訓練過的回覆短句，無法推廣到測試數據集上並獲得夠好的分數。在「**喜劇**電影」中，我們有 25,166 個「訓練短句對」和 1325 個「測試對」，因此，「測試對」當中很有可能包含了全新、且與「訓練短句對」完全不相關的短句。這是因為我們要處理的對話具有高度的變動性，我們會在下一節中檢視我們的數據。

第二個造成測試數據 BLEU 分數偏低的可能原因是：「交叉熵訓練」並沒有考慮到一個短句可以有許多個可能的回覆。正如我們將在下一節中所看到的，我們的數據包含了帶有多個備選方案的短句，它們都可以被當作回覆。「交叉熵訓練」試圖找到這樣一個模型的加權，這將會產生與「理想輸出」匹配的輸出序列，但是如果您想要的是「隨機輸出」，那麼該模型就不能滿足您的需求。

「測試 BLEU 分數」偏低的另一個原因可能是：模型中缺乏適當的正規化（regularization），這應該有助於防止「過度適合」（overfitting）。這部份留給讀者當作練習。

檢查數據

從不同的角度「查看數據集」總是一件好事，例如：統計數據、數據各種特徵的圖表，或是目測數據，以便能夠更清楚地了解您的問題與潛在的問題。工具程式 cor_reader.py 支援簡單的數據分析功能。以參數 --show-genres 來執行這個程式，您可以得到數據集中的所有類型，每個類型包含許多電影，以大小降冪的順序排列。其中前 10 名如下所示：

```
rl_book_samples/Chapter12$ ./cor_reader.py --show-genres
Genres:
drama: 320
```

```
thriller: 269
action: 168
comedy: 162
crime: 147
romance: 132
sci-fi: 120
adventure: 116
mystery: 102
horror: 99
```

如果使用了 --show-dials 選項，則會按照電影在數據庫中出現的順序，顯示電影中的對話，不做任何預處理。由於對話的數量龐大，因此可以傳遞 -g 選項來按電影類型過濾（filter by genre）。讓我們看看「喜劇電影」中的兩個對話吧。

```
rl_book_samples/Chapter12$ ./cor_reader.py -g comedy --show-dials |
head -n 10
Dialog 0 with 4 phrases:
can we make this quick? roxanne korrine and andrew barrett are having
an incredibly horrendous public break - up on the quad . again .
well , i thought we'd start with pronunciation , if that's okay with
you .
not the hacking and gagging and spitting part . please .
okay ... then how ' bout we try out some french cuisine . saturday ?
night ?

Dialog 1 with two phrases:
you're asking me out . that's so cute . what's your name again ?
forget it .
```

使用 --show-train 選項，您可以檢視「訓練對」，按第一個短句分群（grouped by the first phrase），並按回覆計數來降冪排序。此數據已經套用了單字的頻率（至少 10 次出現的字）和短句長度（最多 20 個「標記」）過濾器。以下是「家庭類型電影」的一部分輸出。

```
rl_book_samples/Chapter12$ ./cor_reader.py -g family --show-train |
head -n 20
Training pairs (558 total)
0: #BEG yes . #END
 : #BEG but you will not ... be safe ... #END
 : #BEG oh ... oh well then , one more won't matter . #END
 : #BEG vada you've gotta stop this , there's absolutely nothing wrong
with you ! #END
 : #BEG good . #END
 : #BEG he's getting big . vada , come here and sit down for a minute
. #END
```

```
  : #BEG who's that with your dad ? #END
  : #BEG for this . #END
  : #BEG didn't i tell you ? i'm always right , you know , my dear ...
aren't i ? #END
  : #BEG oh , i hope we got them in time . #END
  : #BEG oh - - now look at him ! this is terrible ! #END
 1: #BEG no . #END
  : #BEG were they pretty ? #END
  : #BEG it's there . #END
  : #BEG why do you think she says that ? #END
  : #BEG come here , sit down . #END
  : #BEG what's wrong with your eyes ? #END
  : #BEG maybe we should , just to see what's the big deal . #END
  : #BEG why not ? #END
```

正如您所看到的，即使在極小一部分的數據中，也存在具有多個回覆可能的短句。cor_reader.py 支援的最後一個參數選項是 --show-dict-freq，它計算單字的頻率，並按照出現計數排序及顯示它們。

```
rl_book_samples/Chapter12$ ./cor_reader.py -g family --show-dict-freq
| head -n 10
Frequency stats for 772 tokens in the dict
.: 1907
,: 1175
?: 1148
you: 840
!: 758
i: 653
-: 578
the: 506
a: 414
```

測試訓練好的模型

好的，我們對數據的討論已經夠詳細了，現在讓我們來玩玩訓練好的模型吧。在訓練期間，有兩個可以使用的工具（train_crossent.py 和 train_scst.py）可以定期儲存模型，這可以在兩種不同的情境下完成：「對測試數據集更新 BLEU 分數最大值的時候」和「每 10 輪的時候」。兩種模型都用相同的格式輸出（由 torch.save() 方法產生）並包含模型的加權。除了加權以外，我還將「標記」以「整數標記 ID」儲存起來，它會在預處理短句時被其他工具使用。

我們有兩個工具可以用來試驗訓練好的模型。第一個是 data_test.py，它載入模型並將它應用在「給定的電影類型的所有短句」，並回報「平均 BLEU 分數」。在測試之前，會按「短句對」中第一個短句分群。例如，以下是用「喜劇電影」來訓練的兩個模型。第一個是用「交叉熵法」訓練，第二個則是用「強化學習法」微調的結果。

```
rl_book_samples/Chapter12$ ./data_test.py --data comedy -m saves/
xe-comedy/epoch_030_0.567_0.114.dat
2018-01-15 15:25:43,097 INFO Loaded 159 movies with genre comedy
2018-01-15 15:25:43,097 INFO Read and tokenise phrases...
2018-01-15 15:25:47,814 INFO Loaded 93039 phrases
2018-01-15 15:25:48,084 INFO Loaded 24716 dialogues with 93039
phrases, generating training pairs
2018-01-15 15:25:48,144 INFO Counting freq of words...
2018-01-15 15:25:48,497 INFO Data has 31774 uniq words, 4913 of them
occur more than 10
2018-01-15 15:25:48,688 INFO Obtained 47644 phrase pairs with 4905
uniq words
2018-01-15 15:29:54,990 INFO Processed 22767 phrases, mean BLEU =
0.5283

rl_book_samples/Chapter12$ ./data_test.py --data comedy -m saves/
sc-comedy-e40-no-skip/epoch_080_0.841_0.124.dat
2018-01-15 15:31:47,931 INFO Loaded 159 movies with genre comedy
2018-01-15 15:31:47,931 INFO Read and tokenise phrases...
2018-01-15 15:31:52,617 INFO Loaded 93039 phrases
2018-01-15 15:31:52,887 INFO Loaded 24716 dialogues with 93039
phrases, generating training pairs
2018-01-15 15:31:52,947 INFO Counting freq of words...
2018-01-15 15:31:53,299 INFO Data has 31774 uniq words, 4913 of them
occur more than 10
2018-01-15 15:31:53,492 INFO Obtained 47644 phrase pairs with 4905
uniq words
2018-01-15 15:36:11,085 INFO Processed 22767 phrases, mean BLEU =
0.8066
```

試驗模型的第二種方法是使用 use_model.py 腳本，它允許您將字串傳遞給模型，並要求它產生回覆。

```
rl_book_samples/Chapter12$ ./use_model.py -m saves/sc-comedy-e40-
no-skip/epoch_080_0.841_0.124.dat -s 'how are you?'
very well. thank you.
```

使用 --self 選項並傳遞一個數字，您可以要求模型以它自己的回覆作為輸入來處理，換句話說，產生這個數目的對話。

```
rl_book_samples/Chapter12$ ./use_model.py -m saves/sc-comedy-e40-
noskip/
epoch_080_0.841_0.124.dat -s 'how are you?' --self 10
very well. thank you.
okay ... it's fine.
hey ...
shut up.
fair enough.
so?
so, i saw my draw.
what are you talking about?
just one.
i have a car.
```

預設情況下，會使用 argmax 來完成對話的產出，因此模型的輸出始終是由輸入「標記」所定義的。但這不一定是我們想要的，我們可以使用 --sample 選項傳遞，將輸出加入隨機性。在這種情況下，每個「解碼器」步驟中的下一個「標記」，是從回傳的機率分佈中採樣而來的。

```
rl_book_samples/Chapter12$ ./use_model.py -m saves/sc-comedy-e40-
noskip/
epoch_080_0.841_0.124.dat -s 'how are you?' --self 2 --sample
very well.
very well.
rl_book_samples/Chapter12$ ./use_model.py -m saves/sc-comedy-e40-
noskip/
epoch_080_0.841_0.124.dat -s 'how are you?' --self 2 --sample
very well. thank you.
ok.
```

訓練：SCST

正如我們前面討論過的，使用「強化學習法」來訓練，可能可以改進 seq2seq 問題的最終模型。主要的原因是：

- 它能更好地處理多個目標序列。例如，hi! 可以用 hi!、hello、not interested 或其他短句來回答。「強化學習法」的觀點是：當我們的「行動」是即將要產生的「標記」時，我們會將「解碼器」視為是選擇「行動」的一個過程，這種觀點更適合這個問題。
- 直接最佳化「BLEU 分數」而不是最佳化「交叉熵損失」。使用「BLEU 分數」當作所產生序列的「梯度縮放規模」，我們可以將模型推向成功序列，並降低不成功序列的機率。

- 重複這個解碼過程，我們可以產生更多「回合」來做訓練，這讓我們能訓練出更好的梯度估計。

- 此外，使用「自我批判序列」（self-critical sequence）訓練方法，我們幾乎可以免費取得「基線」，而不會增加模型的複雜性，這可以進一步提高收斂性。

這讓我們的前途看起來一片光明，那麼就讓我們實地檢查一下吧。「強化學習訓練」被實作成工具程式 train_scst.py 當中「一個單獨的訓練步驟」。它會使用 train_crossentropy.py 模組所儲存的模型，並將模型從命令列中傳入。

```
SAVES_DIR = "saves"

BATCH_SIZE = 16
LEARNING_RATE = 1e-4
MAX_EPOCHES = 10000
```

像往常一樣，我們從設定「超參數」開始（省略匯入部份）。這個訓練腳本有跟之前腳本一樣的「超參數」集，唯一的差別是的「批次大小」比較小，因為「自我批判序列訓練法」（SCST）的 GPU 記憶體需求較高，而且學習速率較低。

```
log = logging.getLogger("train")



def run_test(test_data, net, end_token, device="cpu"):
    bleu_sum = 0.0
    bleu_count = 0
    for p1, p2 in test_data:
        input_seq = model.pack_input(p1, net.emb, device)
        enc = net.encode(input_seq)
        _, tokens = net.decode_chain_argmax(enc, input_seq.data[0:1],
seq_len=data.MAX_TOKENS,
                                            stop_at_token=end_token)
        ref_indices = [
            indices[1:]
            for indices in p2
        ]
        bleu_sum += utils.calc_bleu_many(tokens, ref_indices)
        bleu_count += 1
    return bleu_sum / bleu_count
```

上面是每「輪」都會呼叫的函數，用來計算「測試數據集」的 BLEU 分數。它與 train_crossent.py 幾乎相同，唯一的區別是它的「測試數據集」，現在是用第一個短句來做分群。所以，現在數據的形狀是：[(first_phrase, [second_phrases])]。和以前一樣，我

們需要將 #BEG「標記」從所有第二個短句中移除，而 BLEU 分數現在則是由另一個函數來計算，這個函數接受多個參考序列，並回傳它們的最佳分數。

```
if __name__ == "__main__":
    logging.basicConfig(format="%(asctime)-15s %(levelname)s
%(message)s", level=logging.INFO)
    parser = argparse.ArgumentParser()
    parser.add_argument("--data", required=True, help="Category to use
for training. Empty string to train on full dataset")
    parser.add_argument("--cuda", action='store_true', default=False,
help="Enable cuda")
    parser.add_argument("-n", "--name", required=True, help="Name of
the run")
    parser.add_argument("-l", "--load", required=True, help="Load
model and continue in RL mode")
    parser.add_argument("--samples", type=int, default=4, help="Count
of samples in prob mode")
    parser.add_argument("--disable-skip", default=False,
action='store_true', help="Disable skipping of samples with high
argmax BLEU")
    args = parser.parse_args()
    device = torch.device("cuda" if args.cuda else "cpu")
```

這個工具接受三個新的命令列參數：選項 -1 指定要載入模型的檔案名稱；參數 --samples 用來設定每個訓練樣本需要執行的「解碼迭代次數」。使用更多樣本來訓練，可以獲得更準確的「策略梯度」估計，但是會增加 GPU 記憶體的需求。最後一個新參數是 --disable-skip，它可以用來「禁用跳過具有高 BLEU 分數的訓練樣本」（預設門檻值為 0.99）。這種「跳過樣本」功能可以顯著地提高訓練速度，因為我們只會針對那些產生不良序列的訓練樣本，在 argmax 模式下進行訓練；以我個人的實驗顯示，「禁用跳過」（disabling this skipping）可以產生更高品質的模型。

```
    saves_path = os.path.join(SAVES_DIR, args.name)
    os.makedirs(saves_path, exist_ok=True)

    phrase_pairs, emb_dict = data.load_data(genre_filter=args.data)
    log.info("Obtained %d phrase pairs with %d uniq words",
len(phrase_pairs), len(emb_dict))
    data.save_emb_dict(saves_path, emb_dict)
    end_token = emb_dict[data.END_TOKEN]
    train_data = data.encode_phrase_pairs(phrase_pairs, emb_dict)
    rand = np.random.RandomState(data.SHUFFLE_SEED)
    rand.shuffle(train_data)
    train_data, test_data = data.split_train_test(train_data)
    log.info("Training data converted, got %d samples", len
(train_data))
```

然後，我們使用跟「交叉熵訓練」相同的方式載入「訓練數據集」。這裡有兩行額外的指令，如下所示，它們用來將「訓練數據集」以第一個短句來進行分群。

```
train_data = data.group_train_data(train_data)
test_data = data.group_train_data(test_data)
log.info("Train set has %d phrases, test %d", len(train_data),
len(test_data))

rev_emb_dict = {idx: word for word, idx in emb_dict.items()}

net = model.PhraseModel(emb_size=model.EMBEDDING_DIM, dict_
size=len(emb_dict), hid_size=model.HIDDEN_STATE_SIZE).to(device)
log.info("Model: %s", net)

writer = SummaryWriter(comment="-" + args.name)
net.load_state_dict(torch.load(args.load))
log.info("Model loaded from %s, continue training in RL mode...",
args.load)
```

載入數據時，我們建立模型，並從給定的檔案中，載入模型的加權。

```
beg_token = torch.LongTensor([emb_dict[data.BEGIN_TOKEN]]).
to(device)
```

在我們開始訓練之前，我們需要一個「#BEG 標記」ID 的特殊「張量」。它會被用來搜尋「嵌入」，並將搜尋結果傳遞給「解碼器」。

```
with ptan.common.utils.TBMeanTracker(writer, batch_size=100)
as tb_tracker:
    optimiser = optim.Adam(net.parameters(), lr=LEARNING_RATE,
eps=1e-3)
    batch_idx = 0
    best_bleu = None
    for epoch in range(MAX_EPOCHES):
        random.shuffle(train_data)
        dial_shown = False

        total_samples = 0
        skipped_samples = 0
        bleus_argmax = []
        bleus_sample = []
```

對於每一「輪」，我們計算樣本的總數，並計算被跳過的樣本（由於它們的 BLEU 分數過高）。為了在訓練期間追蹤 BLEU 分數的變化，我們會將「argmax 產生序列」以及「採樣產生序列」的 BLEU 分數記錄在陣列之中。

```
for batch in data.iterate_batches(train_data, BATCH_SIZE):
    batch_idx += 1
    optimiser.zero_grad()
    input_seq, input_batch, output_batch = model.pack_
batch_no_out(batch, net.emb, device)
    enc = net.encode(input_seq)

    net_policies = []
    net_actions = []
    net_advantages = []
    beg_embedding = net.emb(beg_token)
```

在每個批次開始的地方，我們打包批次，並叫用 net.encode() 對批次中「所有第一個序列」進行編碼。然後我們產生幾個串列，在處理批次中個別元素的時候，相關的值會被加到這些串列之中。

```
for idx, inp_idx in enumerate(input_batch):
    total_samples += 1
    ref_indices = [
        indices[1:]
        for indices in output_batch[idx]
    ]
    item_enc = net.get_encoded_item(enc, idx)
```

在上面的迴圈中，我們開始處理批次中的各個元素：從參考序列中移除「#BEG 標記」，並取得編碼批次中的一個元素。

```
r_argmax, actions = net.decode_chain_argmax
(item_enc, beg_embedding, data.MAX_TOKENS,stop_at_token=end_token)
    argmax_bleu = utils.calc_bleu_many
(actions, ref_indices)
    bleus_argmax.append(argmax_bleu)
```

下一步，我們在 argmax 模式下解碼批次元素，並計算它的 BLEU 分數。這個分數將會在稍後的 REINFORCE PG 估計中被當作「基線」來使用。

```
if not args.disable_skip and argmax_bleu > 0.99:
    skipped_samples += 1
    continue
```

如果我們啟用了「跳過樣本」，且 argmax 的 BLEU 分數高過了門檻值的話（門檻值 0.99 表示幾乎完全匹配的序列），我們會中止這個批次元素的處理，並開始處理下一個元素。

```
if not dial_shown:
        log.info("Input: %s", utils.untokenize
(data.decode_words(inp_idx, rev_emb_dict)))
        ref_words = [utils.untokenize
(data.decode_words(ref, rev_emb_dict)) for ref in ref_indices]
        log.info("Refer: %s", " ~~|~~ ".join
(ref_words))
        log.info("Argmax: %s, bleu=%.4f",
utils.untokenize(data.decode_words(actions, rev_emb_dict)),
                    argmax_bleu)
```

前面這段程式碼在每一「輪」中會執行一次，它會產生「輸入序列」、「參考序列」和「解碼器的處理結果」（序列和 BLEU 分數）的隨機樣本。它對訓練過程毫無幫助，僅僅是在訓練期間提供資訊給我們。

然後我們對「批次元素」進行幾次的隨機採樣與解碼。在預設情況下，隨機採樣與解碼的次數是 4，但是這個數字可以用命令列參數來調整。

```
for _ in range(args.samples):
        r_sample, actions = net.decode_chain_
sampling(item_enc, beg_embedding,

data.MAX_TOKENS, stop_at_token=end_token)
        sample_bleu = utils.calc_bleu_many
(actions, ref_indices)
```

叫用採樣解碼函數與 argmax 解碼函數有相同的參數集，然後叫用 calc_bleu_many() 函數來取得 BLEU 分數。

```
if not dial_shown:
        log.info("Sample: %s, bleu=%.4f",
utils.untokenize(data.decode_words(actions, rev_emb_dict)),
                    sample_bleu)

net_policies.append(r_sample)
net_actions.extend(actions)
net_advantages.extend([sample_bleu - argmax_
bleu] * len(actions))
bleus_sample.append(sample_bleu)
```

在解碼迴圈的其餘部分，我們會顯示已解碼的序列（如果需要的話），並填滿串列。為了取得解碼資料的「優勢」（advantage），我們從隨機採樣並解碼後的結果當中，減去由 argmax 方法計算出來的 BLEU 分數。

```
                dial_shown = True

        if not net_policies:
            continue
```

當我們完成一個批次的處理時，我們會得到幾個串列：解碼器每一個步驟的 logits 的串列、這些步驟所執行「行動」的串列（事實上是選擇的「標記」），以及所有步驟「優勢」的串列。

```
                policies_v = torch.cat(net_policies)
                actions_t = torch.LongTensor(net_actions).to(device)
                adv_v = torch.FloatTensor(net_advantages).to(device)
```

回傳的 logits 已經存在 GPU 記憶體之中，因此我們可以叫用 torch.cat() 函數，將它們組合成一個「張量」。其它兩個串列則需要在 GPU 上進行轉換和複製。

```
                log_prob_v = F.log_softmax(policies_v, dim=1)
                log_prob_actions_v = adv_v * log_prob_v[range
    (len(net_actions)), actions_t]
                loss_policy_v = -log_prob_actions_v.mean()

                loss_v = loss_policy_v
                loss_v.backward()
                optimiser.step()
```

當一切都準備就緒的時候，我們就可以叫用 log(softmax()) 來計算「策略梯度」，並從選出來的許多「行動」中選擇「值」，並依據它們的「優勢」進行縮放。這些縮放後的「對數負平均值」將會是我們要求「優化器」嘗試去做的「最小化損失」。

```
                tb_tracker.track("advantage", adv_v, batch_idx)
                tb_tracker.track("loss_policy", loss_policy_v,
    batch_idx)
```

批次迴圈處理的最後一個步驟是將「優勢」和「損失」傳送給 TensorBoard。

```
                bleu_test = run_test(test_data, net, end_token, device)
                bleu = np.mean(bleus_argmax)
                writer.add_scalar("bleu_test", bleu_test, batch_idx)
                writer.add_scalar("bleu_argmax", bleu, batch_idx)
                writer.add_scalar("bleu_sample", np.mean(bleus_sample),
```

```
batch_idx)
            writer.add_scalar("skipped_samples", skipped_samples /
total_samples, batch_idx)
            writer.add_scalar("epoch", batch_idx, epoch)
            log.info("Epoch %d, test BLEU: %.3f", epoch, bleu_test)
```

上面的程式碼在每「輪」結束時執行、計算測試數據集的 BLEU 分數，並將它與訓練期間取得的 BLEU 分數一起回報給 TensorBoard。

```
            if best_bleu is None or best_bleu < bleu_test:
                best_bleu = bleu_test
                log.info("Best bleu updated: %.4f", bleu_test)
                torch.save(net.state_dict(), os.path.join(saves_path,
"bleu_%.3f_%02d.dat" % (bleu_test, epoch)))
            if epoch % 10 == 0:
                torch.save(net.state_dict(), os.path.join(saves_path,
"epoch_%03d_%.3f_%.3f.dat" % (epoch, bleu, bleu_test)))
```

和之前一樣，在每次做「測試 BLEU 分數」更新的時候、或是「每 10 輪」的時候，我們都會視為「檢查點」來儲存模型。

執行 SCST 訓練

要執行訓練，您需要以 -l 參數傳入「交叉熵訓練所儲存的模型」。「您訓練模型的電影類型」必須與「傳遞給 SCST 訓練的類型」相同。

```
rl_book_samples/Chapter12$ ./train_scst.py --cuda --data comedy -l
saves/xe-comedy/epoch_040_0.720_0.111.dat -n sc-comedy-test
2018-01-16 11:09:40,942 INFO Loaded 159 movies with genre comedy
2018-01-16 11:09:40,942 INFO Read and tokenise phrases...
2018-01-16 11:09:45,640 INFO Loaded 93039 phrases
2018-01-16 11:09:45,913 INFO Loaded 24716 dialogues with 93039
phrases, generating training pairs
2018-01-16 11:09:45,975 INFO Counting freq of words...
2018-01-16 11:09:46,327 INFO Data has 31774 uniq words, 4913 of them
occur more than 10
2018-01-16 11:09:46,519 INFO Obtained 47644 phrase pairs with 4905
uniq words
2018-01-16 11:09:46,855 INFO Training data converted, got 25166
samples
2018-01-16 11:09:46,957 INFO Train set has 21672 phrases, test 1253
2018-01-16 11:09:49,272 INFO Model: PhraseModel (
  (emb): Embedding(4905, 50)
  (encoder): LSTM(50, 512, batch_first=True)
```

```
(decoder): LSTM(50, 512, batch_first=True)
(output): Sequential (
  (0): Linear (512 -> 4905)
)
)
2018-01-16 11:09:49,458 INFO Model loaded from saves/xe-comedy/
epoch_040_0.720_0.111.dat, continue training in RL mode...
2018-01-16 11:09:49,989 INFO Input: #BEG like i said, it's a business
deal ... #END
2018-01-16 11:09:49,989 INFO Refer: damn, you are the real thing ...
#END
2018-01-16 11:09:49,989 INFO Argmax: yeah ... #END, bleu=0.0781
2018-01-16 11:09:49,996 INFO Sample: yeah. #END, bleu=0.0175
2018-01-16 11:09:50,006 INFO Sample: yeah said ... #END, bleu=0.1170
2018-01-16 11:09:50,038 INFO Sample: yeah,! what about show show ...?
... where? #END, bleu=0.0439
2018-01-16 11:09:50,048 INFO Sample: yeah white ... #END, bleu=0.1170
```

結果

根據我個人的實驗,「強化學習」微調可以改善「測試 BLEU 分數」和「訓練 BLEU 分數」。例如,下圖是「喜劇電影」的「交叉熵訓練」。

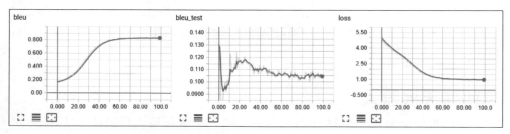

圖 12.8:交叉熵訓練動態(Cross-entropy training dynamics)

從這些圖表中,您可以看到最佳「測試 BLEU 分數」是 0.124,而「訓練 BLEU 分數」在 0.83 左右就不再改進。而微調過、被儲存在 40「輪」的模型(「訓練 BLEU 分數」0.72 和「測試 BLEU 分數 0.111」),它的「訓練 BLEU 分數」能達到 0.88。從「訓練 BLEU 分數」的動態來看,它看起來可以進一步增長,但是需要更長的時間來訓練。我比較沒有耐性,因為即便達到這樣的結果也需要 200「輪」,即超過一天的訓練。動態圖如下所示:

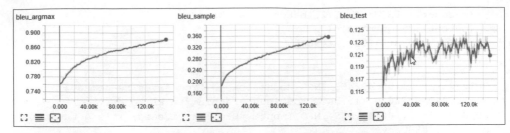

圖 12.9：SCST 訓練

從同一個模型中分離訓練過程，但是在 argmax 解碼「高 BLEU 分數」的情況下，不做「跳過樣本」的話（--disable-skip 參數），我在「測試數據集」上得到 0.127 的 BLEU 分數；這不是令人印象深刻的分數，但是從前面已經解釋過的內容來看，我們很難在「這麼少的對話樣本」情況下，訓練出一個很好的通用結果。

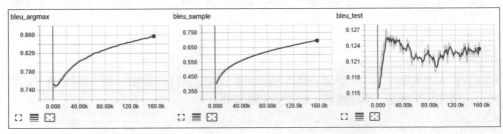

圖 12.10：SCST 不啟用「跳過樣本」的動態

電報聊天機器人

最後我們實作一個使用訓練好的模型來建置的「電報聊天機器人」（Telegram chatbot）。為了能夠執行它，您需要使用 pip install 將額外的 python-telegram-bot 套件包安裝到您的虛擬環境之中。

啟動機器人之前還有一項工作需要完成：註冊一個新機器人來取得 API「標記」。完整的過程儲存在檔案 https://core.telegram.org/bots#6-botfather 之中。取得的標記會以如下形式的字串來表示：110201543:AAHdqTcvCH1vGWJxfSeofSAs0K5PALDsaw。機器人要求這個字串被放在組態檔案 ~/.config/rl_Chapter12_bot.ini 之中，這個檔案的結構在「電報聊天機器人」的開源程式碼中可以找到，如下所示。

「這個機器人的邏輯」與「之前用來試驗模型的其他兩個工具」相比，並沒有太大的不同：它從使用者端接收短句，並用「解碼器」所產生的序列進行回覆。

```
#!/usr/bin/env python3
# This module requires python-telegram-bot
import os
import sys
import logging
import configparser
import argparse

try:
    import telegram.ext
except ImportError:
    print("You need python-telegram-bot package installed to start the
bot")
    sys.exit()

from libbots import data, model, utils

import torch

# Configuration file with the following contents
# [telegram]
# api=API_KEY
CONFIG_DEFAULT = "~/.config/rl_ch12_bot.ini"

log = logging.getLogger("telegram")


if __name__ == "__main__":
    logging.basicConfig(format="%(asctime)-15s %(levelname)
s %(message)s", level=logging.INFO)
    parser = argparse.ArgumentParser()
    parser.add_argument("--config", default=CONFIG_DEFAULT,
                        help="Configuration file for the bot,
default=" + CONFIG_DEFAULT)
    parser.add_argument("-m", "--model", required=True, help=
"Model to load")
    parser.add_argument("--sample", default=False, action='store_
true', help="Enable sampling mode")
    prog_args = parser.parse_args()
```

機器人支援兩種操作模式:「argmax 解碼」(預設使用),以及「採樣模式」。在 argmax 模式中,機器人對「同一句短句」永遠會回覆一樣的短句。選用「採樣模式」的話,在解碼期間,我們會從每個步驟回傳的機率分佈中進行採樣,這可以增加機器人回覆的「可變性」。

```
    conf = configparser.ConfigParser()
    if not conf.read(os.path.expanduser(prog_args.config)):
```

```
        log.error("Configuration file %s not found", prog_args.config)
        sys.exit()

    emb_dict = data.load_emb_dict(os.path.dirname(prog_args.model))
    log.info("Loaded embedded dict with %d entries", len(emb_dict))
    rev_emb_dict = {idx: word for word, idx in emb_dict.items()}
    end_token = emb_dict[data.END_TOKEN]

    net = model.PhraseModel(emb_size=model.EMBEDDING_DIM, dict_
size=len(emb_dict), hid_size=model.HIDDEN_STATE_SIZE)
    net.load_state_dict(torch.load(prog_args.model))
```

在上面的程式碼中，我們解析組態檔來取得 Telegram API「標記」、載入「嵌入」，並使用加權初始化模型。我們不需要載入數據集，因為不需要重複訓練過程。

```
    def bot_func(bot, update, args):
        text = " ".join(args)
        words = utils.tokenize(text)
        seq_1 = data.encode_words(words, emb_dict)
        input_seq = model.pack_input(seq_1, net.emb)
        enc = net.encode(input_seq)
```

當使用者向機器人發送了一句短句的時候，python-telegram-bot 函式庫會叫用上面這個函數。在這裡，我們取得短句、「標記化」它，並轉換為適合模型的形式。然後，使用「編碼器」來取得「初始隱藏狀態」，以便讓「解碼器」使用。

```
        if prog_args.sample:
            _, tokens = net.decode_chain_sampling(enc, input_seq.
data[0:1], seq_len=data.MAX_TOKENS, stop_at_token=end_token)
        else:
            _, tokens = net.decode_chain_argmax(enc, input_seq.
data[0:1], seq_len=data.MAX_TOKENS, stop_at_token=end_token)
```

接下來，我們依據「執行程式時，所傳入的命令列參數」來叫用「其中一種的解碼方法」。而無論是哪一種解碼方法都會得到相同的結果：解碼序列的「整數標記 ID 序列」。

```
        if tokens[-1] == end_token:
            tokens = tokens[:-1]
        reply = data.decode_words(tokens, rev_emb_dict)
        if reply:
            reply_text = utils.untokenize(reply)
            bot.send_message(chat_id=update.message.chat_id,
text=reply_text)
```

在得到解碼序列之後，接下來，唯一要做的就是使用我們的字典將它解碼回「文本形式」（text form），並將這個解碼的回覆傳回給使用者。

```
updater = telegram.ext.Updater(conf['telegram']['api'])
updater.dispatcher.add_handler(telegram.ext.CommandHandler
('bot', bot_func, pass_args=True))

log.info("Bot initialized, started serving")
updater.start_polling()
updater.idle()
```

最後一段程式碼是 python-telegram-bot 用來註冊我們機器人的函數。您只需要使用「命令／機器人短句」（command/bot phrase）就可以啟動它。以下是訓練模型所產生的一個對話範例。

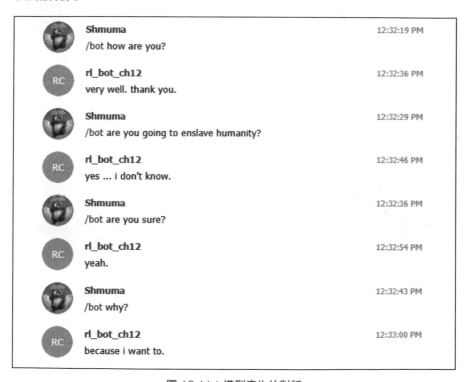

圖 12.11：模型產生的對話

小結

儘管本章介紹的 seq2seq 很簡單，本章的範例也像是個玩具，seq2seq 仍然是 NLP 和其他領域當中使用非常廣泛的模型，因此這個「強化學習」的替代方法也可能適用於其他廣泛的問題之上。在本章中，我們簡單介紹了「深度自然語言處理模型」和它的底層想法，詳細說明則超出了本書的範圍。我們介紹了「自然語言處理模型」的基本知識，例如：RNN 和 seq2seq 模型，以及可以訓練的不同方式。

在下一章中，我們將會看一下「強化學習方法」的另一個應用例子：Web 自動導航工作。

13

Web導航

本章將為您介紹「**強化學習**」的另一個實際應用：Web 導航（web navigation）和瀏覽器自動化（browser automation）。我們將討論 Web 導航的重要性，以及如何使用「強化學習法」來解決它。接下來，我們將深入研究一個由 OpenAI 實作的「強化學習測試基準」（RL benchmark）：它非常有趣，但卻長期被忽視，甚至有點被遺棄了，它就是 **Mini World of Bits**。

Web 導航

當網際網路剛被發明的時候，它只是一群利用「超連結」（hyperlink）所連接的純文字網頁。如果你很好奇世界上第一個網頁的長相是什麼，可以拜訪一下這個網址：http://info.cern.ch/，它只包含純文字和連結。你唯一能做的事就是閱讀文字，並點擊連結，在頁面之間互相切換。過了幾年之後，約在 1995 年左右，IETF 公布了 HTML 2.0 規範，它對 Tim Berners-Lee 所發明的原始版本做了大量的擴充。在這些擴充之中，可以讓網頁作者在網頁中加入「表單」（form），以及一些支援網頁活動的「表單元素」。使用者可以輸入或是修改「文字」、切換「核取方塊」（checkbox）、選擇「下拉式選單」，以及按「按鈕」。網頁中可以使用的「控制元件」可以說是「圖形化使用者介面（GUI）應用程式」當中「控制元件」的子集合。而它們之間只有一個區別：網頁中控制元件的事件都是發生在瀏覽器視窗之中，使用者可以做的「資料互動」和「介面互動」都是由網頁伺服器所定義的，而不是由安裝在本機的應用程式所定義的。

時間快轉 22 年，現在我們在瀏覽器中可以執行 JavaScript、HTML5 畫布和許多辦公應用程式。本機桌面和網際網路之間的差異與界限變得非常薄，而且模糊，你甚至可能不知道你現在使用的應用程式是 HTML 頁面，還是本機的應用程式。然而，瀏覽器仍然是

瀏覽器，它能理解 HTML 並以 HTTP 與外界溝通。

而「**Web 導航**」（**web navigation**）被定義為：使用者與一個網站或許多網站的互動過程。使用者可以點擊連結、可以鍵入文本，或執行其他操作，以達到某個目標，例如：發送電子郵件、搜尋法國大革命確切的發生年份，或是查看最近的 Facebook 通知。所有這些操作都將使用「Web 導航」來完成。那麼現在的問題是：我們的程式可以學習如何完成同樣的工作嗎？

瀏覽器自動化與強化學習

從另一個角度來看，「自動化地與網站互動」是一個長期存在的問題，它嘗試去解決「**網站測試**」（**website testing**）和「**網路爬取**」（**web scraping**）這一類非常實際的問題。如果您有一些自己（或其他人）開發的複雜網站，而且希望它們能夠正常地完成它們應該完成的工作，那麼我們就需要對網站進行測試。例如，如果您有一個重新設計的登入頁面，準備要部署在真實的網站上，那麼您可能需要確認這個新頁面能夠聰明地處理「輸入了錯誤的密碼」這樣的情況，像是要使用者點擊「**I forgot my password**」按鈕等等。一個複雜的網站可能包含數百個甚至數千個「使用者案例」（use case），在每一個新版本發佈之前，它們都應該被測試，而這個過程理應被自動化來完成。

「網路爬取」解決另一種問題：如何大規模地從網站中擷取數據。例如，如果您想建置一個系統，它能加總您住家城市中所有披薩店「所有披薩的價格」，您可能需要造訪數百個不同的網站，這可能會造成系統建置與維護上的問題。「網路爬取」工具就是試圖去解決與網站互動的問題。它們的功能可以從簡單的 HTTP 請求和 HTML 解析，到使用者移動滑鼠、點擊按鈕、使用者的思維…等等的完全模擬。

瀏覽器自動化的標準方法通常是使用程式去控制真實的瀏覽器，例如：Chrome 或FireFox；程式可以觀察網頁中的數據，例如：DOM 樹狀結構和物件在螢幕上的位置，也可以發出操作命令，例如：移動滑鼠、按鍵盤上的某些鍵、按「後退」按鈕，或是執行一些 JavaScript 程式碼。這些問題與「強化學習」的關聯是顯而易見的：我們的「代理人」藉由發出的「行動」和所「觀察」到的一些「狀態」來與網頁和瀏覽器進行互動。「獎勵」多半不會明確，也不是很符合直覺，它們大多數都是任務導向的，不同的任務會有定義不同的「獎勵」，比如說，成功地填寫某個網頁中的表格，或是抵達一個包含有所需資訊的頁面。

實務應用上，一個系統在處理上面說明的那些「使用者案例」時，都可能與學習瀏覽器行為相關。例如，在測試一個超大型網站的時候，使用低階的瀏覽器操作來定義測試過

程是極為繁瑣的工作，像是「將滑鼠游標向左移動五個像素點，然後按下左按鈕」。您想做的，應該只是給系統做一些操作示範，讓系統可以在所有類似的情況下，將這些操作一般化，並在需要的時候重複這些操作；或是在系統重新設計使用者介面、更改按鈕文本等等修正的情境下，系統是足夠強固的，至少不會因為這些修改而出錯。此外，很多時候，您事先不會知道問題是什麼，例如：您希望軟體系統能夠找出網站的弱點（安全漏洞）。在這種情況下，「強化學習代理人」可以非常迅速地嘗試許多奇怪的操作，它比人類來做要快得多。當然，安全測試的行動空間非常巨大，因此隨機點擊的效能不能與經驗豐富的人類測試工程師相比。在這種情況下，一個「強化學習系統」可以結合人類先前的知識與經驗，基於這種探勘的能力，系統可以持續探索和學習。

以「強化學習方法」製作的瀏覽器自動化系統，在其他如網路資料「爬取」的領域中，也可能獲得利益。例如，您可能希望從數十萬個不同的網站中擷取數據，像所有旅館的網站、出租車公司網站或是世界各地的企業網站。在取得數據之前，通常需要填寫包含參數的表單，而考慮到網站不同的設計、不同的呈現方式和自然語言本身的靈活性，「網路爬取」其實是一項相對艱鉅的工作。為了處理這樣的工作，我們可以利用「強化學習代理人」可靠又大規模地提取數據，藉此節省大量的時間和精力。

Mini World of Bits 測試基準

使用「強化學習」來製作的「瀏覽器自動化系統」，它們潛在的實際應用非常具有吸引力，但是它們有一個非常嚴重的缺點：它們規模實在太大了，不可能用它來比較不同的方法。事實上，實作一個完整的「網路爬取系統」可能需要一整個團隊，化費數月的努力才能完成，而製作這樣的系統會面臨的大多數問題卻都與「強化學習」沒有直接的關係，例如：數據收集、瀏覽器引擎通訊、輸入和輸出的表示法，以及其他完成一個真正的軟體系統會遇到的成千上萬個問題。

為了解決所有這些成千上萬個問題，我們很容易見樹不見林。這也就是為什麼研究人員喜歡使用「測試基準數據集」（benchmark datasets），像是 MNIST、ImageNet、Atari 套件以及許多其他數據集等等。但是，並不是每一個問題的數據都能成為一個很好的「基準」。一方面，它應該夠簡單，可以快速的完成實驗並比較不同的方法。另一方面，「基準」必須具有足夠的挑戰性，且還有改進的空間。比如說，「Atari 基準測試」包括了各式各樣的遊戲，從非常簡單的遊戲、可以在半小時內解決的乒乓遊戲，到非常複雜、還沒有被完全解決的遊戲（像 Montezuma's Revenge 就需要複雜的行動計劃才能解決）。

據我所知，在瀏覽器自動化這個領域當中，只有一個像這樣的「基準」，很遺憾的是「強化學習社群」很無情、也很不應該地將它遺忘了。為了讓「強化學習社群」再次重視這個「基準」，我們將在本章中介紹這個「測試基準」。讓我們先來談談它的發展歷史吧。

2016 年 12 月，OpenAI 公佈了一個名為 **Mini World of Bits（MiniWoB）** 的數據集，其中包含 80 個「基於瀏覽器」的任務。這些任務是在像素層級上的觀察（嚴格來說，除了像素以外，任務的文本描述也會提供給「代理人」），且客戶端應該使用 VNC（https://en.wikipedia.org/wiki/Virtual_Network_Computing），來和滑鼠與鍵盤事件做溝通。VNC 是標準的遠端桌面控制協定，VNC 伺服器允許使用者透過「網路」使用「本機的滑鼠與鍵盤」來連接與控制一個「GUI 應用程式」。這 80 個任務在「複雜性」和「代理人需要完成的行動」這個兩方面來說，有很大差異。有些任務非常簡單，例如：「單擊對話框的關閉按鈕」或「按下那個單一按鈕」；有些任務則需要多個步驟，例如：「展開收縮的群組並單擊包含某些文本的連結」或「使用日期選擇器來選定特定日期」（這個日期在每「回合」中都不一樣，是隨機產生的）。某些任務對人類來說很簡單，但需要字元識別（character recognition），例如：「選取包含此文本的核取方塊」（而這個文本是隨機產生的）。一些 MiniWoB 問題的「螢幕截圖」如下圖所示：

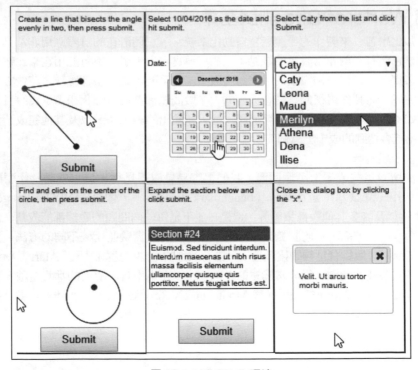

圖 13.1：MiniWoB 環境

不幸的是，儘管 MiniWoB 很有創意也具有挑戰性，但是在公布之後沒有多久，它就幾乎被 OpenAI 放棄了。為了糾正這個錯誤，我們將在本章中仔細研究這個「基準」，並學習如何製作「代理人」來解決某些任務。我們還會討論如何提取、預處理，及如何將人類的示範納入訓練過程之中，並檢查它們對「代理人」最終性能的影響。在正式進入「代理人」中「強化學習」的部分之前，我們要先了解一下 MiniWoB 的工作原理。要做到這一點，我們需要仔細研究一下一個名為 OpenAI Universe 的 OpenAI Gym 擴充。

OpenAI Universe

OpenAI Universe 可以從 OpenAI 的 GitHub 儲存庫下載，網址是：https://github.com/openai/universe，其核心想法是：使用 Gym 所提供的核心類別，將一般的 GUI 應用程式包裝在「強化學習」環境之中。為了完成這個想法，它使用 VNC 協定，連接在 docker 容器內執行的 VNC 伺服器，將滑鼠和鍵盤操作傳遞給「強化學習代理人」，並提供 GUI 應用程式的影像作為「觀察」。「獎勵」則是由一個在相同 docker 容器內執行的背景程式「rewarder」所提供，並根據「rewarder」的判斷來提供一個獎勵值給「代理人」。我們可以在本機啟動多個容器，或是透過網路平行地收集「回合」數據，正如我們在「第 11 章」中所介紹的「**行動－評論者**」（Actor-Critic，A2C）方法一樣，一次啟動多個 Atari 模擬器來加快收斂的速度。這個架構如下圖所示：

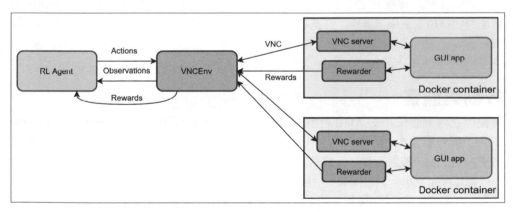

圖 13.2：OpenAI Universe 架構

這種架構允許第三方應用程式可以快速地加到「強化學習」框架之中，因為您不需要對應用程式本身做任何更改，只需要將它打包成 docker 容器，並製作相對來說，大小很小的「rewarder 背景程式」（rewarder daemon），它使用一個簡單文本協定（text protocol）來進行通訊。另一方面，與 Atari 遊戲這樣的模擬器相比，這種方法需要更多的資源，因為遊戲的模擬器相對來說比較輕量（lightweight），而且可以完全在「強

化學習代理人」程式的內部之中運作。VNC 方法要求 VNC 伺服器與應用程式要同時啟動，而「強化學習代理人」與應用程式的通訊速率則是由 VNC 伺服器速度和網路頻寬（在使用遠端 docker 容器的情況下）所定義。

安裝

開始使用 OpenAI Universe 之前，您需要安裝它的 Python 套件到工作環境之中。**請注意您所要安裝的版本。** 在撰寫本文的時候，指令 `pip install universe` 會安裝舊版套件 0.21.3，它會用到舊版的 Gym 0.7.2。為了防止這個降級（downgrade），您需要使用指令 `pip install git+https://github.com/openai/universe` 從 GitHub 安裝最新的版本 0.21.5。為了方便起見，我為 Anaconda 提供了 `environment.yml` 環境定義檔案，因此，要快速地建立包含所需的環境 `rl_book_ch13`，只要執行指令 `conda env create -f Chapter13/environment.yml`。完成這個指令之後，還是要執行前面的 `pip install` 命令，從 GitHub 安裝 OpenAI Universe。

Universe 需要的另一個元件是 Docker 引擎，它是執行輕量級容器的標準方法，可在大多數現代的作業系統上執行。請參閱 **Docker 的官方網站** 來安裝它：https://www.docker.com。OpenAI Universe 允許您在任何位置，以自己需要的方式來啟動容器，因此您的「代理人」可以連接到遠端安裝了 Docker 引擎的一台或多台電腦。要檢查 Docker 引擎是否已經啟動並正常運作，請試著執行 `docker ps` 這個指令，它會顯示正在執行的容器。

行動與觀察

與我們迄今為止使用的 Atari 遊戲、或是與其他的 Gym 環境相比，OpenAI Universe 提供了更一般化的「行動空間」（a much more generic action space）。Atari 遊戲使用了六到七個「離散行動」，它們對應於控制器上的按鈕和操縱桿的方向。CartPole 的「行動空間」更小，只有兩個「行動」可以使用。VNC 提供更高的靈活性給我們的「代理人」。首先，全部鍵盤上的鍵，包含控制鍵（Ctrl）和上、下、左、右等都會被包含在「行動空間」之中。因此，您的「代理人」可以決定同時按下 10 個鍵盤上的鍵，從 VNC 的角度來看，這完全沒問題。「行動空間」中的第二部分是滑鼠，您可以將滑鼠游標移動到任何坐標位置，並控制滑鼠的按鈕。這大幅增加了「行動空間」的維度，我們的「代理人程式」需要從中學習如何來處理問題。

除了有更大的「行動空間」之外，OpenAI Universe 環境與 Gym 環境相比，它的環境語意（environment semantics）有些微的不同。它們的差別在可以分成兩個方面來解釋。

第一個是「觀察」、「行動」和「獎勵」的「**向量化**」（**vectorized**）表示法。如之前的
圖 13.2 所示，一個「環境」可以連接到多個執行相同應用程式的 Docker 容器，並平行
地從它們收集經驗。這種平行通訊允許「**策略梯度法**」獲得更具多樣性的訓練樣本，但
現在我們要先明確地指定，在呼叫 env.step() 時，「行動」應該傳送給哪個應用程式。
為了解決這個問題，OpenAI Universe 環境的 step() 方法需要的輸入參數不再是一個
「單一行動」，而是所有連接容器的一個「行動串列」。這個函數回傳也是向量化的結
果，現在包含一個串列所形成的常數串列：(observations, rewards, done_ flags,
infos)。

第二個區別是因為 VNC 協定本質上是非同步的（asynchronous），即「觀察」與「行
動」都是非同步的。在 Atari 環境中，每次叫用 step()，模擬器都會觸發一個「向前移
動一個時步」的請求（每個時步是 1/25 秒），因此我們的「代理人」可以**暫停**模擬器一
小段時間，在這段期間內，它將完全透明於正在執行的遊戲。對於 VNC 而言，情況就
不是這樣了。由於 GUI 應用程式與我們的客戶端程式是平行運作，因此我們無法暫停
它。如果我們的「代理人」決定停下來思考一段時間，那它就有可能會**錯過**那段時間所
發生的「觀察」。

「觀察」這種非同步的本質還有另一種意義：當容器尚未準備就緒，或是正在重置等情
境。在這些情境下，具體的「觀察」可以是 None，而這種情況需要由「代理人」自己來
處理。

建立環境

要建立一個 OpenAI Universe「環境」，您需要像以前一樣叫用 gym.make()，
並輸入「環境 ID」。例如，MiniWoB 集中的一個非常簡單的任務是 wob.mini.
ClickDialog-v0，它要求您單擊「**X 按鈕**」來關閉對話框。但是，在使用這個「環境」
之前，您需要先設定它的組態：指定所需 Docker 物件的位置和數量。針對這個「環
境」，有一個名為 configure() 的特殊方法。在使用「環境」的其他方法之前，必須先
叫用這個方法，並輸入多個參數。最重要的參數說明如下：

- remotes：這個參數可以是數字（number），也可以是字串（string）。如果它是數
  字的話，則會設定「啟動環境時，本機容器的數量」。若是字串，則它必須是一個
  URL 字串，滿足以下格式 vnc://host1:port1+port2,host2:port1+port2，它表
  示「環境」所要連接（正在執行中）的容器。第一個埠口是 VNC 協定埠口（預設
  值是 5900）。第二個埠口是 rewarder 背景程式的埠口，預設值是 15900。在重新啟
  動 Docker 容器引擎的時候，可以重新定義這兩個埠口。

- fps：設定「代理人觀察」的「每秒幀數」（frames per second）。
- vnc_kwargs：一個字典物件參數，包含 VNC 協定相關的額外參數，定義「壓縮等級」（compression level）和傳給「代理人」的影像品質。這些參數對性能來說非常重要，尤其是在雲端中執行的容器。

為了說明這些觀念，讓我們考慮一個非常簡單的程式，它用 ClickDialog 問題啟動一個容器，並將其第一個「觀察結果」當作取得的影像。完整的程式碼在 Chapter13/adhoc/wob_create.py 之中。

```python
#!/usr/bin/env python3
import gym
import universe
import time

from PIL import Image
```

這個例子很簡單，所以我們只需要簡單幾個模組。儘管沒有使用到 universe 套件，但仍需要將它匯入，因為匯入的時候，它會註冊 Gym 中的「環境」。

```python
if __name__ == "__main__":
    env = gym.make("wob.mini.ClickDialog-v0")

    env.configure(remotes=1, fps=5, vnc_kwargs={
        'encoding': 'tight', 'compress_level': 0,
        'fine_quality_level': 100, 'subsample_level': 0
    })
    obs = env.reset()
```

接下來，我們建立「環境」並要求它自己設定組態。傳入的參數會設定一個 VNC 連接，並啟動一個容器，每秒五幀，它不做影像壓縮。不做壓縮的話，可以保證影像不會發生壓縮失真（compression artefacts），副作用則是 VNC 伺服器和 VNC 客戶端之間的「數據傳輸流量」會非常大。對於使用了相對較小字體來顯示文本的 MiniWoB 問題，可能需要以「不壓縮影像的方式」來處理。

```python
    while obs[0] is None:
        a = env.action_space.sample()
        obs, reward, is_done, info = env.step([a])
        print("Env is still resetting...")
        time.sleep(1)
```

雖然我們的單次觀察結果是 None（我們希望在回傳的串列中只有一個「觀察」，因為我們只連結了一個遠端容器），我們還是將「隨機行動」傳送給「環境」，並等待影像的出現：

```
print(obs[0].keys())
im = Image.fromarray(obs[0]['vision'])
im.save("image.png")
env.close()
```

最後，當我們將從伺服器端取得影像時，以 **PNG** 格式存檔，如下所示。在 MiniWoB 問題中，影像不是我們得到的唯一「觀察」。事實上，「觀察」是一個包含兩個元素的字典物件：vision，它包含「螢幕像素的 NumPy 陣列」，與「text」，它包含「描述問題的文本」。某些問題，只需要影像（image）就可以解決，但是 MiniWoB 套件中的某些任務，文本（text）包含了解決問題的基本資訊，例如：「需要點擊的顏色區域」或「需要選擇的日期」。

下圖是裁剪過的影像，因為「觀察」的原始解析度是 1024 × 768。

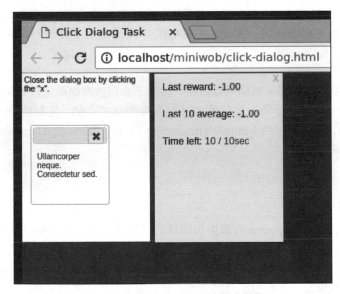

圖 13.3：部分 MiniWoB 的觀察影像

MiniWoB 穩定性

我對 OpenAI 所公布的原始 MiniWoB Docker 影像做了一些實驗，並發現了一個嚴重的問題：有時候伺服器端用來「控制容器中瀏覽器」的 Python 腳本程式會**當掉**。這會引起訓練問題，因為我們的「環境」與容器會失去聯繫，並且會停止訓練。解決這個問題只需要修改一行程式碼，但是由於 OpenAI 不支援 MiniWoB，且不接受修正，因此要解決這個問題事實上有點複雜，我必須在容器內部套用修正補丁（patch）。另外還有一個與人類示範相關的小補丁，它解決了「回合」與「回合」之間記錄檔案被覆蓋的問題。包含這兩個修正的影像檔已被推送至我的 Docker Hub 儲存庫，標籤是 shmuma/miniwob:v2，因此您可以直接使用它，而不要用原始的 quay.io/openai/universe.world-of-bits:0.20.0 影像。如果您很好奇，我到底改了什麼，如何運用那些修正等，可以在程式碼儲存庫 Chapter13/wob_fixes 中，找到相關的說明。

簡單點擊法

我們實作了一個簡單的「**非同步優勢行動－評論者**」（Asynchronous Advantage Actor-Critic，**A3C**）「代理人」，當作第一個示範，在給定一個「觀察」影像後，這個「代理人」會決定應該點擊的位置。這種方法只能解決 MiniWoB 套件的一小部分任務，我們稍後也會討論這種方法的限制。它能夠幫助我們更清楚地了解問題。

由於完整的程式碼太大了，與前一章一樣，我們不會在這裡提供完整的開源程式碼。我們將重心放在最重要的函數，其餘的部分只會做簡單的介紹。完整的開源程式碼可以在 GitHub 儲存庫之中找到：https://github.com/PacktPublishing/Deep-Reinforcement-Learning-Hands-On。

網格行動

當我們談到 OpenAI Universe 的架構和組織的時候，有提到「行動空間」的豐富性和靈活性會給「強化學習代理人」帶來很多挑戰。MiniWoB 在瀏覽器中的活動區域只有 160 x 210（與 Atari 模擬器完全相同），但即便在這個很小區域內，我們的「代理人」也很有可能會被要求「移動滑鼠游標」、「執行點擊」、「拖曳物件」…等等。光是掌握滑鼠的行為就已經很困難了，在極端情況下，「代理人」會有近乎無限多種不同的「行動」可以執行，例如：在某個位置按下滑鼠按鈕，並將滑鼠游標拖曳到其他位置。在我們的範例中，我們僅會考慮「在活動網頁區域之中、一些固定網格點（fixed grid points）的點擊（clicks）」，這個方法可以大大地簡化我們的問題。我們的「行動空間」草圖如下：

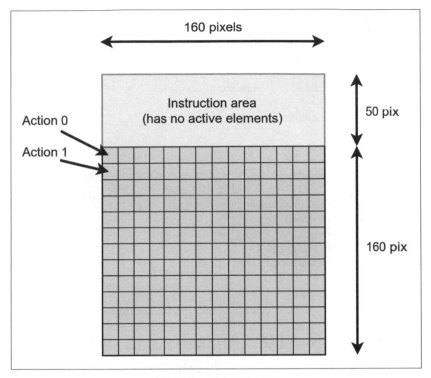

圖 13.4：網格行動空間

這種做法在 OpenAI Universe 中已經被實作成「行動包裝器」了：`universe.wrappers.experimental.action_space.SoftmaxClickMouse`。它有配合 MiniWoB 環境特別預先設計的預設值，即一個向右移動 10 個像素、向下移動 75 個像素的 160 × 210 區域（以避開瀏覽器的外框）。「行動」網格的大小是 10 × 10，一共有 256 個「行動」可以選擇。

除了「行動」預處理器之外，我們一定還需要一個「觀察」預處理器，因為來自 VNC「環境」的輸入影像是 1024 × 768 × 3 的張量，但 MiniWoB 的有效區域只有 210 × 160。由於沒有合適的裁剪器（cropper），所以我自己實作了一個裁剪器，它在 Chapter13/lib/wob_vnc.py 模組中的 `lib.wob_vnc.MiniWoBCropper` 類別。它的程式碼非常簡單，如下所示：

```
WIDTH = 160
HEIGHT = 210
X_OFS = 10
Y_OFS = 75
```

```
class MiniWoBCropper(vectorized.ObservationWrapper):
    def __init__(self, env, keep_text=False):
        super(MiniWoBCropper, self).__init__(env)
        self.keep_text = keep_text

    def _observation(self, observation_n):
        res = []
        for obs in observation_n:
            if obs is None:
                res.append(obs)
                continue
            img = obs['vision'][Y_OFS:Y_OFS+HEIGHT, X_OFS:X_OFS+WIDTH,
:]
            img = np.transpose(img, (2, 0, 1))
            if self.keep_text:
                text = " ".join(map(lambda d: d.get('instruction',
''), obs.get('text', [{}])))
                res.append((img, text))
            else:
                res.append(img)
        return res
```

建構函數中的可選用參數 keep_text 能儲存問題的文本描述。我們目前不需要它，因此我們的第一個「代理人」版本會禁用它。在這個模式下，MiniWoBCropper 回傳形狀是 (3, 210, 160) 的 NumPy 陣列。

範例概述

有了基於「觀察」所做的「行動」決定，接下來的步驟就很簡單了。我們將使用 A3C 方法訓練「代理人」，這個「代理人」應根據 160 × 210 的「觀察空間」，決定點擊哪一個網格單元（grid cell）。除了「策略」以外（「策略」就是 256 個網格單元的機率分佈），我們的「代理人」會估計「狀態值」，這個「狀態值」將會被用來當作「策略梯度」估計中的「基線」。

這個例子中有幾個模組：

- Chapter13/lib/common.py：本章範例所共用的方法，包括大家已經很熟悉的 RewardTracker 和 unpack_batch 函數

- Chapter13/lib/model_vnc.py：包含模型的定義，將在下一節中說明

- Chapter13/lib/wob_vnc.py：包括專門為 MiniWoB 製作的程式碼，如「觀察裁剪

器」（observation cropper）、「環境組態設定方法」（environment configuration method）和其他工具函數

- Chapter13/wob_click_train.py：用來訓練模型的腳本程式
- Chapter13/wob_click_play.py：用來載入模型加權的腳本程式；將它用在「單一環境」、記錄「獎勵」結果，並計算有關「獎勵」的統計數據

模型

這個模型非常簡單，使用了我們在其他 A3C 範例中看到的相同模式。我沒有花太多時間來微調架構、或是微調「超參數」來做最佳化，因此最後的結果可能還有許多改進的空間。以下的模型定義具有「兩個卷積層」（two convolution layers），「一個單層策略」（a single-layered policy）和「值端」（value heads）。

```python
class Model(nn.Module):
    def __init__(self, input_shape, n_actions):
        super(Model, self).__init__()

        self.conv = nn.Sequential(
            nn.Conv2d(input_shape[0], 64, 5, stride=5),
            nn.ReLU(),
            nn.Conv2d(64, 64, 3, stride=2),
            nn.ReLU(),
        )

        conv_out_size = self._get_conv_out(input_shape)

        self.policy = nn.Sequential(
            nn.Linear(conv_out_size, n_actions),
        )

        self.value = nn.Sequential(
            nn.Linear(conv_out_size, 1),
        )

    def _get_conv_out(self, shape):
        o = self.conv(torch.zeros(1, *shape))
        return int(np.prod(o.size()))

    def forward(self, x):
        fx = x.float() / 256
        conv_out = self.conv(fx).view(fx.size()[0], -1)
        return self.policy(conv_out), self.value(conv_out)
```

訓練程式碼

訓練腳本程式在 Chapter13/wob_click_train.py 之中，您也應該非常熟悉它了，但其中包含了一些特定於 OpenAI Universe 和 MiniWoB 的部分，所以我把它在這裡顯示出來。這個腳本程式可以在兩種模式下運作：**使用**或**不使用**人類示範。目前我們只考慮從頭開始進行訓練的情境；不過，有些程式碼與人類示範相關，現在則應該忽略它們。我們稍後會在相關的章節中介紹它們。

```python
#!/usr/bin/env python3
import os
import gym
import random
import universe
import argparse
import numpy as np
from tensorboardX import SummaryWriter

from lib import wob_vnc, model_vnc, common, vnc_demo

import ptan

import torch
import torch.nn.utils as nn_utils
import torch.nn.functional as F
import torch.optim as optim
```

除了新的 universe 之外，這個您已經使用過的模組沒有什麼可說的。它看起來可能根本沒被用到，但是您仍然需要匯入它，因為在匯入的時後，它會在 Gym 的儲存庫中註冊「新環境」，這樣才能在呼叫 gym.make() 時使用它們。

```python
REMOTES_COUNT = 8
ENV_NAME = "wob.mini.ClickTab-v0"

GAMMA = 0.99
REWARD_STEPS = 2
BATCH_SIZE = 16
LEARNING_RATE = 0.0001
ENTROPY_BETA = 0.001
CLIP_GRAD = 0.05

DEMO_PROB = 0.5

SAVES_DIR = "saves"
```

「超參數」部分大致也相同，只有一些「超參數」是全新的。首先，REMOTES_COUNT 指定了我們將嘗試連接的 Docker 容器數量。在預設情況下，我們的訓練腳本假設這些容器已經在某一台機器上啟動了，我們可以在預先定義的埠口上連接它們（5900..5907 用於連接 VNC；15900..15907 用於 rewarder 背景程式）。我們將在下一節中介紹啟動容器的細節。

參數 ENV_NAME 指定了我們試圖解決的問題名稱，可以使用命令列參數重新定義這個參數。問題 ClickDialog 非常簡單，在點擊了對話框的關閉按鈕時，將「獎勵」會被提供給「代理人」。

```
if __name__ == "__main__":
    parser = argparse.ArgumentParser()
    parser.add_argument("-n", "--name", required=True, help="Name of
the run")
    parser.add_argument("--cuda", default=False, action='store_true',
help="CUDA mode")
    parser.add_argument("--port-ofs", type=int, default=0,
help="Offset for container's ports, default=0")
    parser.add_argument("--env", default=ENV_NAME, help="Environment
name to solve, default=" + ENV_NAME)
    parser.add_argument("--demo", help="Demo dir to load. Default=No
demo")
    parser.add_argument("--host", default='localhost', help="Host with
docker containers")
    args = parser.parse_args()
    device = torch.device("cuda" if args.cuda else "cpu")
```

我們有相當多的命令列選項，可以使用它們來調整訓練行為。只有一個選項是必需的，它用來傳遞本次執行的名稱，而這個名字則會被 TensorBoard 使用，並用它來儲存模型的加權。現在應該忽略參數 --demo，因為它與人類示範（human demonstrations）相關。

```
env_name = args.env
if not env_name.startswith('wob.mini.'):
    env_name = "wob.mini." + env_name

name = env_name.split('.')[-1] + "_" + args.name
writer = SummaryWriter(comment="-wob_click_mm_" + name)
saves_path = os.path.join(SAVES_DIR, name)
os.makedirs(saves_path, exist_ok=True)
```

在參數被解析之後,我們正規化環境名稱(所有 MiniWoB 環境都以 wob.mini. 當作字首,因此我們不需要在命令列中指明它)、啟動 TensorBoard 輸出器,並為模型建立目錄。

```
demo_samples = None
if args.demo:
    demo_samples = vnc_demo.load_demo(args.demo, env_name)
    if not demo_samples:
        demo_samples = None
    else:
        print("Loaded %d demo samples, will use them during
training" % len(demo_samples))
```

上面的程式碼與人類示範相關,現在應該忽略它。

```
env = gym.make(env_name)
env = universe.wrappers.experimental.SoftmaxClickMouse(env)
env = wob_vnc.MiniWoBCropper(env, keep_text=True)
wob_vnc.configure(env, wob_vnc.remotes_url(port_ofs=args.port_ofs,
hostname=args.host, count=REMOTES_COUNT))
```

為了準備「環境」,我們先要求 Gym 建立一個物件,將它包裝到前面描述的 SoftmaxClickMouse 包裝器之中,然後叫用我們的剪裁器。但是,這個「環境」在初始化之前,還不能被使用。要完成初始化,我們需要使用定義在 wob_vnc 模塊中的工具函數,對它進行配置。它們會使用 VNC 相關的連接參數,例如:「影像品質」、「壓縮等級」以及「我們要連接 Docker 容器的位址」,來叫用 env.configure() 方法。這些連接端點(connection endpoints)以特殊形式的 URL 來表示,由函數 wob_vnc.remotes_url() 來產生。這個 URL 的格式如後所示:vnc://host:port1+port2,host:port1+port2,它允許一個「環境」與在多個主機上執行的「任意數量的 Docker 容器」進行通訊。

```
net = model_vnc.Model(input_shape=wob_vnc.WOB_SHAPE,
n_actions=env.action_space.n).to(device)
print(net)
optimizer = optim.Adam(net.parameters(), lr=LEARNING_RATE,
eps=1e-3)
```

```
agent = ptan.agent.PolicyAgent(lambda x: net(x)[0], device=device,
apply_softmax=True)
exp_source = ptan.experience.ExperienceSourceFirstLast(
    [env], agent, gamma=GAMMA, steps_count=REWARD_STEPS,
vectorized=True)
```

在開始訓練之前，我們從 PTAN 函式庫建立模型、「代理人」和「經驗來源」。這裡唯一的新東西是參數 `vectorized=True`，它告訴「經驗來源」我們的「環境」是向量化的，且叫用一次會回傳多個值。

```
best_reward = None
with common.RewardTracker(writer) as tracker:
    with ptan.common.utils.TBMeanTracker(writer, batch_size=10) as tb_tracker:
        batch = []
        for step_idx, exp in enumerate(exp_source):
            rewards_steps = exp_source.pop_rewards_steps()
            if rewards_steps:
                rewards, steps = zip(*rewards_steps)
                tb_tracker.track("episode_steps", np.mean(steps), step_idx)

                mean_reward = tracker.reward(np.mean(rewards), step_idx)
                if mean_reward is not None:
                    if best_reward is None or mean_reward > best_reward:
                        if best_reward is not None:
                            name = "best_%.3f_%d" % (mean_reward, step_idx)
                            fname = os.path.join(saves_path, name)
                            torch.save(net.state_dict(), fname)
                            print("Best reward updated: %.3f -> %.3f" % (best_reward, mean_reward))
                        best_reward = mean_reward
            batch.append(exp)
            if len(batch) < BATCH_SIZE:
                continue
```

在訓練迴圈開始的時候，我們會從「經驗來源」取得一個新經驗物件，並將其打包到批次中。在這個期間，我們追蹤「平均未折扣獎勵」，而如果更新了最大值，我們就儲存模型的加權。

```
if demo_samples and random.random() < DEMO_PROB:
    random.shuffle(demo_samples)
    demo_batch = demo_samples[:BATCH_SIZE]
    model_vnc.train_demo(net, optimizer, demo_batch, writer, step_idx,
                         preprocessor=ptan.agent.
default_states_preprocessor,
                         device=device)
```

上面的程式碼與人類示範相關，現在應該忽略它。

```
                states_v, actions_t, vals_ref_v = \
                    common.unpack_batch(batch, net, last_val_
gamma=GAMMA ** REWARD_STEPS,
                                        device=device)
                batch.clear()
```

當批次處理完成之後，我們將這個包裝拆開至單一的「張量」之中，並執行 A2C 訓練程序：計算「值損失」以改進「值端」估計，並以「值」計算「策略梯度」來當作「優勢」的「基線」。

```
                optimizer.zero_grad()
                logits_v, value_v = net(states_v)

                loss_value_v = F.mse_loss(value_v, vals_ref_v)

                log_prob_v = F.log_softmax(logits_v, dim=1)
                adv_v = vals_ref_v - value_v.detach()
                log_prob_actions_v = adv_v * log_prob_v[range
(BATCH_SIZE), actions_t]
                loss_policy_v = -log_prob_actions_v.mean()

                prob_v = F.softmax(logits_v, dim=1)
                entropy_loss_v = ENTROPY_BETA * (prob_v * log_prob_v).
sum(dim=1).mean()
```

為了改善「探索」，我們將計算的「熵損失」視為「策略」的「縮放負熵」（a scaled negative entropy）。

```
                loss_v = entropy_loss_v + loss_value_v + loss_policy_v
                loss_v.backward()
                nn_utils.clip_grad_norm_(net.parameters(), CLIP_GRAD)
                optimizer.step()

                tb_tracker.track("advantage", adv_v, step_idx)
                tb_tracker.track("values", value_v, step_idx)
                tb_tracker.track("batch_rewards", vals_ref_v, step_
idx)
                tb_tracker.track("loss_entropy", entropy_loss_v, step_
idx)
                tb_tracker.track("loss_policy", loss_policy_v, step_
idx)
                tb_tracker.track("loss_value", loss_value_v, step_idx)
                tb_tracker.track("loss_total", loss_v, step_idx)
```

然後我們使用 TensorBoard 追蹤關鍵數字，以便在訓練期間監控它們。

啟動容器

在開始訓練之前，您需要啟動 MiniWoB 的 docker 容器。OpenAI Universe 提供了一個選項可以自動啟動它們，為了完成這個工作，您需要將一個整數值傳給 env. configure()，例如：env.configure(remotes = 4) 將以 MiniWoB 在本機啟動四個 docker 容器。

儘管這種啟動模式相當簡單，但它有幾個缺點：

- 您無法控制容器的位置，所有容器都會在本機啟動。如果希望在遠端電腦或是多台電腦上啟動它們，會變得很不方便。

- 在預設情況下，OpenAI Universe 會啟動在 quay.io 中所發佈的容器（在撰寫本文時，它的影像是 quay.io/openai/universe.world-of-bits，版本為 0.20.0），它在計算獎勵的程式碼中有嚴重的錯誤（bug）。因此，您的訓練程序可能常常會當掉，而且可能需要好多天才能完成一次訓練。env.configure() 有一個名為 docker_image 的選項，它允許您重新定義啟動影像，但您需要將影像寫死到程式碼中。

- 啟動常數串列中的許多容器要花一些時間，所以訓練必須等到所有容器起始化都完成之後才能開始。

有一個替代方案可以加快啟動速度，我們可以靈活地提前啟動 Docker 容器。在這種情況下，您需要向 env.configure() 傳遞一個 URL，這個 URL 將「環境」指向它必須連接的機器和埠口。要啟動容器，需要執行如下命令：docker run -d -p 5900:5900 -p 15900:15900 --privileged --ipc host --cap-add SYS_ADMIN <CONTAINER_ID> <ARGS>。參數的含義如下：

1. -d：以 detach（分離）模式啟動容器。如果要查看容器的日誌，可以將這個選項替換為 -t。在這種情況下，容器會以互動的方式啟動，並且可以使用 *Ctrl + C* 來停止。

2. -p SRC_PORT:TGT_PORT：將容器主機 SRC 來源埠口轉發到容器內的 TGT 目標埠口。這個選項允許您在一台電腦上啟動多個 MiniWoB 容器。每個容器啟動 VNC 伺服器監聽埠口 5900，並在埠口 15900 上重新啟動背景程式。參數 -p 5900:5900 會啟用 VNC 伺服器主機（執行容器的電腦）上的埠口 5900。如果有第二個容器，您

應該傳遞像 `-p 5901:5900` 的參數，這讓它在可以在埠口 5901 上使用，而不是已經被使用的 5900。而 rewarder 背景程式也是一樣的：使用 `-p` 選項，在容器內部監聽埠口 15900，您可以將本機的連接轉發到容器的埠口。

3. `--privileged`：這個選項允許容器存取主機的裝置。至於為什麼 MiniWoB 要有這個選項，可能是因為 VNC 伺服器的一些要求。

4. `--ipc host`：使容器能與主機共享 IPC（InterProcess Communications，程序間通訊）命名空間。

5. `--cap-add SYS_ADMIN`：擴充容器的功能，以便執行主機設定的擴充配置。

6. `<CONTAINER_ID>`：容器的識別碼。應該是 `shmuma/miniwob:v2`，這是原始 `quay.io/openai/universe.world-of-bits:0.20.0` 的修補版本。在前面的「MiniWoB 穩定性」小節中有詳細的說明。

7. `<ARGS>`：您可以將額外的參數傳遞給容器，藉此更改它的操作模式。我們以後需要這些參數來記錄人類示範。現在它可以是空的。

就是這樣而已了！我們的訓練腳本期待有八個容器在執行，它們位在埠口 5900-5907 和 15900-15907。我們可以使用以下的命令來啟動它們（也可以使用腳本程式 `Chapter13/adhoc/start_docker.sh`）：

```
docker run -d -p 5900:5900 -p 15900:15900 --privileged --ipc host --cap-
add SYS_ADMIN shmuma/miniwob:v2
docker run -d -p 5901:5900 -p 15901:15900 --privileged --ipc host --cap-
add SYS_ADMIN shmuma/miniwob:v2
docker run -d -p 5902:5900 -p 15902:15900 --privileged --ipc host --cap-
add SYS_ADMIN shmuma/miniwob:v2
docker run -d -p 5903:5900 -p 15903:15900 --privileged --ipc host --cap-
add SYS_ADMIN shmuma/miniwob:v2
docker run -d -p 5904:5900 -p 15904:15900 --privileged --ipc host --cap-
add SYS_ADMIN shmuma/miniwob:v2
docker run -d -p 5905:5900 -p 15905:15900 --privileged --ipc host --cap-
add SYS_ADMIN shmuma/miniwob:v2
docker run -d -p 5906:5900 -p 15906:15900 --privileged --ipc host --cap-
add SYS_ADMIN shmuma/miniwob:v2
docker run -d -p 5907:5900 -p 15907:15900 --privileged --ipc host --cap-
add SYS_ADMIN shmuma/miniwob:v2
```

所有這些程序都會在背景啟動，可以使用 docker ps 指令來查看這些背景程式：

```
CONTAINER ID     IMAGE          COMMAND
CREATED          STATUS         PORTS
NAMES

ecf5d17c5419    92756d1f08ac   "/app/universe-envs/w"    23 hours
ago    Up 23 hours    0.0.0.0:5907->5900/tcp, 0.0.0.0:15907-
>15900/tcp    elegant_bohr
8aaaeeb28e11    92756d1f08ac   "/app/universe-envs/w"    23 hours
ago    Up 23 hours    0.0.0.0:5906->5900/tcp, 0.0.0.0:15906-
>15900/tcp    tiny_shirley
e8028af83bb2    92756d1f08ac   "/app/universe-envs/w"    23 hours
ago    Up 23 hours    0.0.0.0:5905->5900/tcp, 0.0.0.0:15905-
>15900/tcp    gloomy_chandrasekhar
9164b9dd4449    92756d1f08ac   "/app/universe-envs/w"    23 hours
ago    Up 23 hours    0.0.0.0:5904->5900/tcp, 0.0.0.0:15904-
>15900/tcp    sad_minsky
bb6817065e82    92756d1f08ac   "/app/universe-envs/w"    23 hours
ago    Up 23 hours    0.0.0.0:5903->5900/tcp, 0.0.0.0:15903-
>15900/tcp    sleepy_pasteur
5dfb6a4e784c    92756d1f08ac   "/app/universe-envs/w"    23 hours
ago    Up 23 hours    0.0.0.0:5902->5900/tcp, 0.0.0.0:15902-
>15900/tcp    gloomy_thompson .
bacb19a24647    92756d1f08ac   "/app/universe-envs/w"    23 hours
ago    Up 23 hours    0.0.0.0:5901->5900/tcp, 0.0.0.0:15901-
>15900/tcp    goofy_dubinsky
34861292023d    92756d1f08ac   "/app/universe-envs/w"    23 hours
ago    Up 23 hours    0.0.0.0:5900->5900/tcp, 0.0.0.0:15900-
>15900/tcp    backstabbing_lamport
```

訓練程序

當容器啟動完成，準備好可以使用時，您就可以開始訓練工作了。在一開始的時候，它會先顯示連接狀態的資訊，然後它應該會開始回報「回合」的統計資訊。

```
rl_book_samples/Chapter13$ ./wob_click_train.py -n t2 --cuda
[2018-01-29 14:27:48,545] Making new env: wob.mini.ClickDialog-v0
[2018-01-29 14:27:48,547] Using SoftmaxClickMouse with action_region=
(10, 125, 170, 285), noclick_regions=[]
[2018-01-29 14:27:48,547] SoftmaxClickMouse noclick regions removed
0 of 256 actions
[2018-01-29 14:27:48,548] Writing logs to file: /tmp/universe-9018.log
[2018-01-29 14:27:48,548] Using the golang VNC implementation
[2018-01-29 14:27:48,548] Using VNCSession arguments: {'compress_
level':
```

```
0, 'subsample_level': 0, 'encoding': 'tight', 'start_timeout': 21,
'fine_quality_level': 100}. (Customize by running "env.configure
(vnc_kwargs={...})"
[2018-01-29 14:27:48,579] [0] Connecting to environment: vnc://
localhost:5900 password=openai.
```

如果需要，您可以使用 VNC 客戶端軟體（例如：TurboVNC）手動連接到容器的 VNC
伺服器。大多數的環境都有提供一個非常方便的「瀏覽器內 VNC 客戶端使用方式」：

```
http://localhost:15900/viewer/?password=openai
```

```
...
[2018-01-29 14:27:52,218] Throttle fell behind by 1.06s; lost 5.32
frames
[2018-01-29 14:27:52,955] [1:localhost:5901] Initial reset complete:
episode_id=17803
37: done 1 games, mean reward 0.686, speed 11.77 f/s
52: done 2 games, mean reward 0.447, speed 28.29 f/s
72: done 3 games, mean reward -0.035, speed 33.24 f/s
98: done 4 games, mean reward -0.130, speed 25.92 f/s
125: done 5 games, mean reward -0.015, speed 33.64 f/s
146: done 6 games, mean reward 0.137, speed 26.18 f/s
```

預設情況下，訓練程序會啟動「ClickDialog-v0 環境」，這個「環境」應該需要 100k
到 200k 個時步，「平均獎勵」才能達到 0.8 到 0.99。收斂動態如下圖所示：

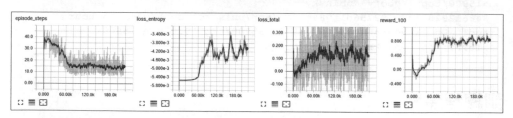

圖 13.5: ClickDialog 環境的收斂動態

（上圖中的）圖表 **episode_steps** 顯示了「代理人」在「回合」結束之前所執行的平均
「行動」個數。對這個問題，理想情況下，計數應該為 **1**，因為「代理人」需要採取的
唯一「行動」就是「單擊對話框的關閉按鈕」。然而，事實上，「代理人」在「回合」
結束之前會看到 7 到 9 幀。出現這種情況有兩個原因：「對話框關閉按鈕」上的叉叉可
能會出現一些延遲現象；而「容器內的瀏覽器」在「代理人點擊之前」與「rewarder 注
意到這個時間遲滯之前」，會加進一些時間來做區隔。無論如何，在大約 100k 幀的時候
（8 個容器大約用了半小時），訓練程序會收斂到相當不錯的「策略」，在大多數情況
下，可以關閉對話框。

檢查所學的策略

有一個工具可以讓我們從檔案中載入模型加權、執行幾「回合」，並儲存「代理人」依據「觀察」所選用「行動」的螢幕截圖，以此來查看「代理人」的內部行為。這個工具名為 Chapter13/wob_click_play.py，它會連接到第一個容器（埠口 5900 和 15900），在本機上執行並接受以下的參數：

- -m：包含要載入模型的檔案名稱。

- --save <IMG_PREFIX>：如果指定這個參數，它會將每個「觀察」儲存在單獨的檔案中。參數是路徑的字首（path prefix）。

- --count：設定要執行的「回合」數。

- --env：設定要使用的「環境」名稱，預設值是 ClickDialog-v0。

- --verbose：顯示每一步的「獎勵」、完成次數和內部資訊。

這對於在訓練過程中檢查「代理人」對不同「狀態」的行為（或者是在除錯的時候），是非常有用的。例如，檢查在 ClickDialog 上訓練的最佳模型，顯示如下：

```
rl_book_samples/Chapter13$ ./wob_click_play.py -m saves/ClickDialog-v0_
t1/best_1.047_209563.dat --count 5
[2018-01-29 15:43:57,188] [0:localhost:5900] Sending reset for env_
id=wob.mini.ClickDialog-v0 fps=60 episode_id=0
[2018-01-29 15:44:01,223] [0:localhost:5900] Initial reset complete:
episode_id=288
Round 0 done
Round 1 done
Round 2 done
Round 3 done
Round 4 done
Done 5 rounds, mean steps 6.40, mean reward 0.734
```

要檢查「代理人」的「行動」，可以啟用 --save 選項，並一併傳入要寫入圖片的字首。「代理人」所執行的「行動」會在單擊的地方以「藍色圓圈」來顯示。右側區域包含了關於「上次獎勵」（last reward）與「在逾時之前的剩餘時間」（time left before timeout）等技術資訊。例如，其中一個儲存的圖片顯示如下：

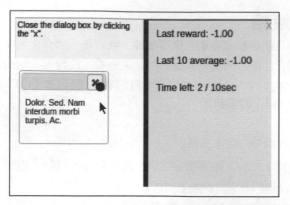

圖 13.6：一個「正在執行中的代理人」的螢幕截圖

簡單點擊的問題

不幸的是，示範的方法只能用來解決相對簡單的問題，例如：ClickDialog。如果您用它來處理更複雜的任務，則不太可能會收斂。這可能有許多原因。首先，我們的「代理人」是「無狀態」（stateless）的，這表示它基本上會只根據「觀察」就做出「行動」的決定，而不會去考慮之前的「行動」。您應該還記得在「第 1 章」中，我們討論了「**馬可夫決策過程**」（MDP）中的「馬可夫性質」，而且這個「馬可夫性質」允許我們丟掉以前所有的歷史資料，只保留當前的「觀察」。即使在 MiniWoB 這個相對簡單的問題中，也可能違反「馬可夫性質」。例如，有一個名為 ClickButtonSequence-v0 的任務（螢幕截圖如下所示），它需要我們的「代理人」先點擊「按鈕 **ONE**」，然後點擊「按鈕 **TWO**」。即使我們的「代理人」非常幸運地、隨機地以所需的順序完成了點擊，它也無法從單一圖片中，區分出下一個需要點擊的按鈕是什麼。

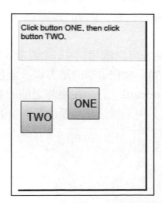

圖 13.7：「無狀態」的「代理人」可能難以解決的一個環境範例

儘管這個問題很簡單，但我們仍然不能使用我們的「強化學習」方法來解決它，因為「馬可夫決策過程」形式不再適用。這些問題被稱為「**部分可觀察馬可夫決策過程**」（Partially-Observable MDP 或 **POMDP**），它們一般的做法是允許「代理人」保持某種「狀態」。這裡的挑戰是：如何在「僅保持最少的相關資訊」與「將所有無關的資訊加入觀察中，用資訊壓垮代理人」之間找到平衡。

我們的範例會面臨的另一個問題是，解決問題所需的數據可能在影像中並不存在，或者可能是以一種很不符合直覺的形式呈現出來。例如，ClickTab 和 ClickCheckboxes 這兩個問題。在第一個問題中，您需要單擊三個分頁選項中的其中一個，但是每次要點擊的分頁選項都是隨機的。要點擊哪一個分頁選項會顯示在文本描述之中（問題會提供一個「觀察」中的文本字串，它顯示在「環境」頁面的頂部），但是我們的「代理人」只能看到像素（pixels），這使得將「頁面頂部的數字像素」與「隨機點擊的結果」連接在一起變得非常複雜。而像 ClickCheckboxes 這種問題，當它需要點選多個「隨機產生的文本」的「複選核取方塊」時，情況會更糟糕。防止「過度適合」問題的可能選擇之一，是使用「**光學字元辨識**」系統（Optical Character Recognition，**OCR**）將觀察中的像素轉換成文字形式。

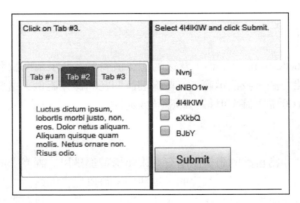

圖 13.8：在這個環境範例當中，文本的描述（text description）對「正確的行動」而言，是非常關鍵的

另一個問題可能與「代理人」需要探索的「行動空間維度」有關。即使一個單擊問題，「行動空間」的大小也可能非常可觀，因此「代理人」需要很長的時間才能發現如何操作。這個問題可能的解決方案之一是將示範結合到訓練之中。 例如，下圖顯示了一個名為 CountSides-v0 的問題。它的目標是找出所顯示形狀的邊數之後，單擊這個數字的按鈕。

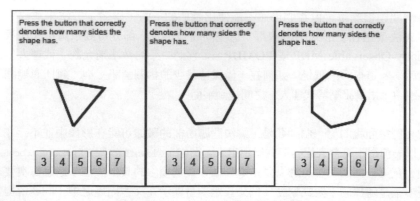

圖 13.9：CountSides 環境的螢幕截圖

我試圖從頭開始訓練「代理人」，經過一天的訓練之後，它幾乎沒有什麼進展。 但是，在增加了幾十個正確點擊的示範之後，它就能在 15 分鐘的訓練中成功地解決這個問題。當然，也許是我的「超參數」設得很糟糕，但是，人類示範的效果仍然是令人印象深刻的。在本章的下一個例子中，我們將會看看如何記錄和加入人類示範來改善收斂速度。

人類示範

人類示範（human demonstrations）背後的想法很簡單：為了幫助我們的「代理人」找到解決任務的最佳方法，我們示範了一些處理該問題的操作範例。這些範例可能不是最好的解決方案或 100% 正確，但是它們應該要夠好，足以向「代理人」顯示有希望的探索方向。

事實上，這是一件非常自然的事情：所有的人類學習都是以「課堂上的老師、你的父母或是其他人教你的一些範例」為基礎的。這些例子可以是書面的形式（如食譜）或者是實際的示範，你可能需要重複很多次，才能正確學習（例如：舞蹈動作）。這種形式的訓練比隨機搜尋更有效率。請想像一下，若只使用反覆嘗試（trial-and-error）來學習如何清潔自己的牙齒，是多麼複雜和冗長的過程。當然，以遵循示範的方法來學習，是有一定程度的風險的，因為這可能是錯誤的、或者不是最有效率的問題解決方式，但是總體來說，它會比隨機搜尋更有效率。

之前的所有範例都沒有使用先驗知識（prior knowledge），都是從隨機加權初始化開始訓練過程，這會導致在訓練開始的時候，執行的都是「隨機行動」。經過一些迭代之後，「代理人」才會開始發現某些「狀態」的某些「行動」會產生更令人期待的結果（透過更高「優勢」的「Q 值」或「策略」），並開始學會選用某些「行動」。最後，

這個程序或多或少會產生「最優策略」，最終提供「代理人」最高的「獎勵」。而在我們的「行動空間維度」較低、而且「環境行為」不是那麼複雜的時候，它工作的很好，但是只要將「行動」個數加倍，就會導致至少兩倍的「觀察」。對於「單擊代理人」，我們有 256 個不同的「行動」對應於活動區域中的 10 × 10 網格，這比之前 CartPole 環境中的「行動」多了 128 倍。訓練過程變得冗長，就算根本無法收斂也不足為奇了。

這個維度問題可以用許多種方式來解決，例如：更聰明的探索方法、以更具效率的好樣本來訓練（一次性訓練，one-shot training）、結合先驗知識（轉移學習，transfer learning）或其他的方法。有許多研究工作的重心都放在使「強化學習」更好、更快，我們可以肯定的說，未來一定會有很多突破。在本節中，我們將嘗試一些傳統的方法，將人類示範的記錄結合到培訓的過程之中。

你應該還記得我們關於「同境策略」與「異境策略」方法的討論（在「第 4 章，交叉熵法」和「第 7 章，DQN 擴充」中討論過）。這與我們的人類示範息息相關，因為嚴格來說，我們不能對「異境策略」數據（人類觀察－行動對）使用「同境策略」方法（在我們的範例中是 A3C 方法）。這是因為「同境策略」方法的本質：它們會使用從當前策略所收集的樣本來計算「策略梯度」。如果我們只是將記錄下來的人類示範樣本加入訓練程序，估計的「梯度」將與「人類策略」相關，而不是與**「類神經網路」（NN）**所提出的「當前策略」相關。要解決這個問題，我們需要作個小弊，從「監督式學習」的角度看這個問題。具體來說，我們將基於人類示範，使用「對數概似目標」（log-likelihood objective）來推移我們的網路。

在我們開始介紹實作細節之前，我們需要解決一個非常重要的問題：我們如何以最簡單、最方便的方法取得人類示範？

記錄示範

沒有一種通用的規範可以定義如何記錄人示範，因為示範是由「觀察」和「行動空間」的細節來決定的。然而，從更高的觀點來看，我們應該儲存「可供人類或其他代理人使用的資訊」、「我們想要記錄的行動」，以及「這個代理人所採取的行動」。例如，如果我們想獲得某人玩 Atari 遊戲的整個過程的話，我們需要儲存「螢幕截圖」，以及「在這個螢幕上所按下的按鈕」。

在我們的 OpenAI Universe 環境中，有一個非常漂亮的解決方案，以 VNC 協定當作一個通用傳送方式。為了儲存示範，我們需要擷取「伺服器發送到 VNC 客戶端的螢幕」，以及「客戶端發送到伺服器端的滑鼠游標與鍵盤操作」。MiniWoB 內建有提供這個功

能，它是基於「VNC 協定代理」（VNC protocol proxy）來完成的，架構如下圖所示：

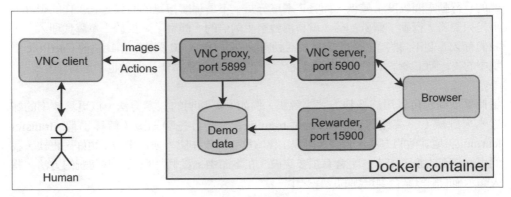

圖 13.10：記錄示範的架構

預設情況下，「VNC 代理」不會在容器啟動時啟動，因為它在設計時，有提供一個單獨的「示範模式」（demo mode）。要在容器啟動時啟用「VNC 代理」，您需要傳遞 demonstration -e ENV_NAME 參數給容器。您還要傳遞埠口轉發選項（port forwarding options），以便讓外部程式可以存取埠口 5899（「VNC 代理」會監聽這個埠口）。在儲存模式下啟動「環境 ClickTest2」容器的完整命令列如下所示（也可執行這個腳本程式 Chapter13/adhoc/start_docker_demo.sh）：

```
docker run -e TURK_DB='' -p 5899:5899 --privileged --ipc host --cap-add
SYS_ADMIN shmuma/miniwob:v2 demonstration -e wob.mini.ClickTest2-v0
```

參數 TURK_DB 是必要的，這可能與 OpenAI 用來「為內部實驗收集人類示範」的「**機械土耳其人**」（Mechanical Turk）機制相關。不幸的是，OpenAI 並沒有公佈這些示範，儘管 OpenAI 承諾它們會公佈。因此，取得示範的唯一方法是自己來錄製。

一旦啟動容器之後，您可以使用任何您喜歡的 VNC 客戶端軟體，連接到該容器。對於所有的 linux/windows/mac 機器，有幾種替代選擇。您應該連接到容器的主機埠口 5899。連接密碼是 **openai**。連接成功之後，您應該會看到瀏覽器視窗，其中包含您啟動容器時，所指定的「環境」。

現在我們可以開始來解決問題了，但是**不要忘記**，您的所有動作都會被記錄下來，並在之後的訓練程序中使用。因此，您的示範動作應該是「高效率的行動」，不包含任何不相關的操作，例如：點擊錯誤的位置等。當然，您可以隨時對這類包含雜訊的示範進行檢驗，來檢查訓練的強固性。解決問題的時間也是有限制的，因為大多數「環境」的時間限制都是 10 秒。時間用完的時候，問題會重新開始，您會得到 **-1** 的「獎勵」。如果

沒有看到滑鼠游標，則應該在 VNC 客戶端中啟用 **Local mouse render mode**（本地滑鼠游標渲染模式）。

錄製完一些示範之後，您就可以切斷與伺服器的連線並複製所錄製的數據。請記住，只有在容器處於「存活狀態」（alive）時才能儲存錄製的內容。錄製的數據會被放在容器檔案系統中的 /tmp/demo 目錄中，但是您可以使用 docker exec 命令從外部查看容器內的檔案（下面的 80daf4b8f257 是在「示範模式」下所啟動容器的 ID）：

```
$ docker exec -t 80daf4b8f257 ls -laR /tmp/demo
/tmp/demo:
total 20
drwxr-xr-x 3 root root 4096 Jan 30 17:06 .
drwxrwxrwt 19 root root 4096 Jan 30 17:07 ..
drwxr-xr-x 2 root root 4096 Jan 30 17:07
1517332006-fprnte8qiy3af3-0
-rw-r--r-- 1 nobody nogroup 20 Jan 30 17:09 env_id.txt
-rw-r--r-- 1 root root 531 Jan 30 17:09 rewards.demo


/tmp/demo/1517332006-fprnte8qiy3af3-0:
total 35132
drwxr-xr-x 2 root root 4096 Jan 30 17:07 .
drwxr-xr-x 3 root root 4096 Jan 30 17:06 ..
-rw-r--r-- 1 root root 51187 Jan 30 17:07 client.fbs
-rw-r--r-- 1 root root 20 Jan 30 17:07 env_id.txt
-rw-r--r-- 1 root root 5888 Jan 30 17:07 rewards.demo
-rw-r--r-- 1 root root 35900918 Jan 30 17:07 server.fbs
```

單一個別的 VNC「工作」（session）會被儲存在 /tmp/demo 目錄中「個別的子目錄」中，因此您可以用同一個容器來處理多個示範錄製的工作。要複製錄製的數據，可以使用 docker cp 命令來完成：

```
docker cp 80daf4b8f257:/tmp/demo .
```

一旦取得了原始數據檔案，就可以拿它們來作訓練；但是，在開始訓練程序之前，先讓我們討論一下紀錄的格式。

紀錄的格式

對於每個客戶端的連接，「VNC 代理」記錄了四個檔案：

- `env_id.txt`：一個文本檔案，其中包含用來記錄人類示範的「環境」與它的 ID。當您有許多個示範數據的目錄時，這可以非常方便地過濾出想要的資訊。

- `rewards.demo`：一個 JSON 檔案，其中包含由 rewarder 背景程式所記錄的事件。這包括來自「環境」且具有時間戳記的事件，例如：文本描述的修改、所獲得的「獎勵」及其他的資訊。

- `client.fbs`：一個二進位格式檔，其中包含客戶端發送到 VNC 伺服器的事件。事件中包含了原始 VNC 協定訊息的時間戳記，這被稱為「**遠端框緩衝協定**」（Remote Framebuffer Protocol，**RFP**）。

- `server.fbs`：一個二進位格式檔，包含 VNC 伺服器傳給客戶端的數據。它的格式與 `client.fbs` 相同，但訊息集則不同。

這裡面最複雜的檔案是 `client.fbs` 和 `server.fbs`，因為它們是二進位檔，而且沒有方便讀者閱讀的格式（至少我不知道有這樣的函式庫存在）。VNC 協定在 RFC6143 中被標準化了，就被稱為「遠端框緩衝協定」（Remote Framebuffer Protocol，RFP），可在 IETF 的網站找到它：https://tools.ietf.org/html/rfc6143。這個協定定義了 VNC 客戶端和伺服器端可以交換的訊息集合，這些訊息可以提供給遠端桌面的使用者。客戶端可以發送鍵盤或滑鼠事件，伺服器端則負責發送桌面截圖，以便讓客戶端查看應用程式的最新圖示。為了改進使用「低速網路連線」使用者的使用經驗，伺服器端可以啟用「壓縮截圖」選項，並僅傳送相關的（有修改的）GUI 桌面部分，藉此來加快傳輸速度。

為了使錄製的示範可以用來訓練「強化學習代理人」，我們要將這個 VNC 格式轉換為一組截圖，以及在某截圖上使用者發出的事件。為了實作這一點，我使用 KaiTai 二進位解析器語言實作了一個小型的 VNC 協定解析器（該專案的官方網站是 http://kaitai.io/），它提供了一種方便的方法，可以使用宣告式的 Yaml 格式語言來解析複雜的二進位檔案。如果您很好奇，客戶端和伺服器之間傳送訊息的原始檔案位於 `Chapter13/ksy` 目錄之中。

與示範紀錄格式相關的 Python 程式碼放在模組 `Chapter13/lib/vnc_demo.py` 中，這個模組包含高階函數，可以載入示範目錄中的資料，也有用來解釋內部二進位格式資料的低階函數。載入函數 `vnc_demo.load_demo()` 會回傳一個常數串列所形成的串列。每個常數串列都包含一個 NumPy 陣列，陣列中包含「MiniWoB 模型會使用到的觀察」以及「所執行的滑鼠操作的索引」。

有一個小工具程式可以檢查示範數據：`Chapter13/ahdoc/demo_dump.py`，它會使用 `client.fbs` 和 `server.fbs` 載入示範目錄，並將示範案例轉存為圖片檔案。底下的範例是將「我所儲存的示範」轉換為「圖片」的命令列指令：

```
rl_book_samples/Chapter13$ ./adhoc/demo_dump.py -d data/demo-CountSides/
-e wob.mini.CountSides-v0 -o count
[2018-01-30 12:44:11,794] Making new env: wob.mini.CountSides-v0
[2018-01-30 12:44:11,796] Using SoftmaxClickMouse with action_region=
(10, 125, 170, 285), noclick_regions=[]
[2018-01-30 12:44:11,797] SoftmaxClickMouse noclick regions removed
0 of 256 actions
Loaded 64 demo samples
[2018-01-30 12:44:12,191] Making new env: wob.mini.CountSides-v0
[2018-01-30 12:44:12,192] Using SoftmaxClickMouse with action_region=
(10, 125, 170, 285), noclick_regions=[]
[2018-01-30 12:44:12,192] SoftmaxClickMouse noclick regions removed
0 of 256 actions
```

這個命令會產生 64 個帶有 count 字首的圖片檔案。

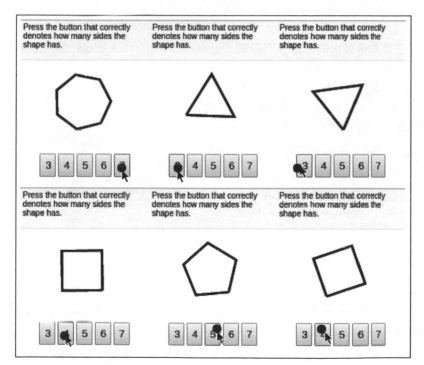

圖 13.11：在每張圖片上，點擊位置以「藍色圓圈」來顯示

這個紀錄的二進位資料可以在 Chapter13/demos/demo-CountSides.tar.gz 之中找到，您只需要將它解壓縮後就能使用。還需要額外說明的是，我對 VNC 協定讀取的實作是一個**實驗性質**的成品，僅能用來處理由 MiniWoB 映像 0.20.0 中使用「VNC 代理」所產生的檔案，它並不完全滿足 VNC 協定的 RFC。此外，讀取過程將我們「行動空間轉換」的邏輯，寫死在程式碼之中，而且不會產生滑鼠游標移動、按鍵盤或其他事件的樣本。如果您認為這段程式碼應該擴充成更通用的版本，我們誠心地歡迎您的貢獻。

使用示範來訓練

上一小節介紹如何儲存和載入示範數據，現在只剩下一個問題還沒有得到解答：如何才能將人類的示範融入到訓練程序之中？最簡單的解決方案（但它是一個好到令人驚訝的方法）是使用「對數概似目標」，我們在「第 12 章」中使用它對「強化學習法」製作的「聊天機器人」進行訓練。為了完成這個工作，我們需要將我們的 A2C 模型視為一個分類問題，在「策略端」會產生輸入觀察的分類。在這個簡單的形式中，「值端」不會被訓練，但事實上，要訓練它也不難：我們知道在示範期間所獲得的「獎勵」，所以額外要做的只是計算每次「觀察」的「折扣獎勵」，直到「回合」結束。

為了檢查它是如何實作的，讓我們回到 Chapter13/wob_click_train.py 說明中我們所跳過的程式片段。首先，我們可以在執行命令列時傳遞 --demo <DIR> 參數，這個選項指定包含了示範數據的目錄。這會啟用下面的分支，我們從指定的目錄中載入示範樣本。函數 vnc_demo.load_demo() 夠聰明，可以從任何層級的子目錄中自動載入示範，因此您只需要傳入「存放示範的目錄」就夠了。

```
demo_samples = None
if args.demo:
    demo_samples = vnc_demo.load_demo(args.demo, env_name)
    if not demo_samples:
        demo_samples = None
    else:
        print("Loaded %d demo samples, will use them during
training" % len(demo_samples))
```

與示範訓練相關的第二段程式碼在訓練迴圈之中，而且會在處理一般批次之前先執行。以示範來訓練會使用一個「固定的機率」來進行（預設情況下是 0.5），您可以用「超參數」DEMO_PROB 設定這個機率值。

```
if demo_samples and random.random() < DEMO_PROB:
    random.shuffle(demo_samples)
    demo_batch = demo_samples[:BATCH_SIZE]
    model_vnc.train_demo(net, optimizer, demo_batch,
```

```
        writer, step_idx,
                                              preprocessor=ptan.agent.
default_states_preprocessor, device=device)
```

這個邏輯很簡單：有了 DEMO_PROB，我們就可以從示範數據中抽取出 BATCH_SIZE 個樣本，並以這批樣本來對我們的網路進行一輪的訓練。實際的訓練工作室由 model_vnc.train_demo() 函數來執行，如下所示：

```
def train_demo(net, optimizer, batch, writer, step_idx, preprocessor,
    device="cpu"):
    batch_obs, batch_act = zip(*batch)
    batch_v = preprocessor(batch_obs).to(device)
    optimizer.zero_grad()
    ref_actions_v = torch.LongTensor(batch_act).to(device)
    policy_v = net(batch_v)[0]
    loss_v = F.cross_entropy(policy_v, ref_actions_v)
    loss_v.backward()
    optimizer.step()
    writer.add_scalar("demo_loss", loss_v.data.cpu().numpy()[0],
step_idx)
```

訓練程式碼也非常簡單直觀。我們將批次中的數據拆分成「觀察」和「行動」串列、預處理「觀察結果」，並將它們轉換為 PyTorch 張量，同時將它們放在 GPU 上，然後程式碼會要求我們的 A2C 網路回傳「策略」，並計算「結果」和「理想行動」之間的「交叉熵損失」。從最佳化的角度來看，我們正將網路推向人類示範中所採取的「行動」。

結果

為了檢查示範的效果，我使用相同的「超參數」來對 CountSides 問題進行兩次訓練：一次不包含示範，另一次則使用了 64 個點擊示範。結果差異性很大。**從頭開始**沒有示範的訓練情況，經過 12 小時的訓練之後，達到 **-0.64** 的最佳「平均獎勵」，訓練動態沒有任何改進。訓練動態圖如下所示：

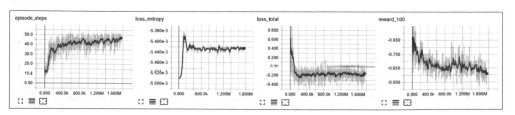

圖 13.12：CountSides 環境的訓練動態圖

在僅加入了「64 個點擊示範樣本」到訓練過程之中的情況下,只要 45k 幀的訓練,就能達到 **1.75** 的「平均獎勵」。如下圖所示。高「交叉熵損失」表示這個「代理人」對它選用的「行動」非常有把握。

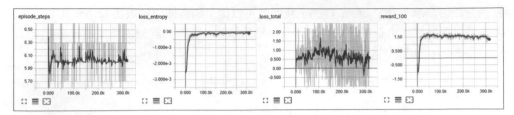

圖 13.13:對相同的環境使用人類示範來訓練

為了能夠更清楚、更正確地分析這兩種做法的差異,我們可以將上面的圖表合併顯示,如下圖所示:

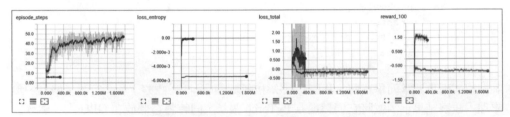

圖 13.14:比較「包含人類示範的訓練」(藍線)與「不包含人類示範的訓練」(棕色線)

TicTacToe 問題

為了檢查示範對訓練的影響,我從 MiniWoB 中選了一個更複雜的問題來做實驗,也就是大家熟悉的 **TicTacToe** 圈叉遊戲。我已經儲存了一些示範(在檔案 Chapter13/demos/demo-TicTacToe.tgz 之中),總共有近 200 個「行動」,其中的一些示範樣本如下所示:

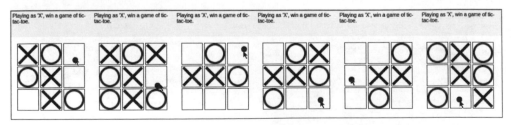

圖 13.15:具有人類示範的 TicTacToe 環境

經過一個小時的訓練之後，「代理人」能夠達到 **-0.05** 的「平均獎勵」，這表示它偶而會獲勝，而剩下的比賽，「代理人」也可以玩成「和局」。訓練動態圖如下所示。為了改善探索，示範訓練機率（demo training probability）在 25k 幀之後，從 0.5 降到了 **0.01**。

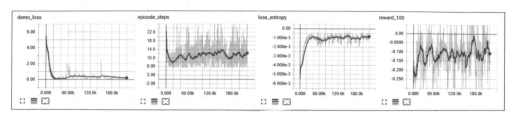

圖 13.16：TicTacToe 代理人的訓練動態

我們可以使用 wob_click_play.py 來逐步檢查「代理人」的「行動」。例如，以下是最佳模型玩遊戲的例子，「平均獎勵」為 **0.187**：

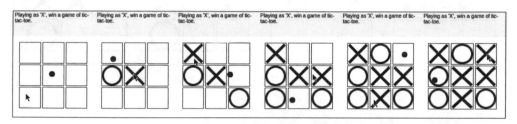

圖 13.17：由代理人玩的遊戲

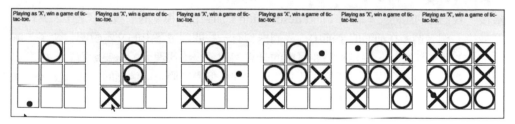

圖 13.18：第二場由代理人玩的遊戲

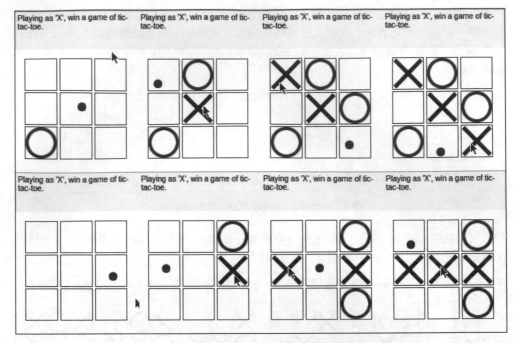

圖 13.19：第三場由代理人玩的遊戲

加入文本說明

最後，我們將問題的文本說明（text description）加到我們模型的「觀察」之中，當作本章最後一個範例。在前面的小節中，我們提到有一些問題螢幕上的文本說明包含了「解決工作的重要訊息」，例如：需要單擊的分頁索引或是「代理人」需要選取的「核取方塊」。相同的資訊會顯示在圖片「觀察」的頂部，但是它們是以像素的方式來呈現，並不是以最理想、簡單的文本方式來表示。

要將這個文本說明考慮進來的話，我們需要將模型的輸入從只有圖片，擴展到圖片與文本數據。我們在上一章中處理過文本，因此「**遞迴類神經網路**」（Recurrent Neural Networks，**RNNs**）可以說是一個非常明顯、直觀的選擇（對於這樣一個簡單的玩具問題來說，可能不是最好的選擇，但是 RNN 具有靈活性和可擴展性）。 我們不打算詳細介紹這個例子，我們只會介紹實作中最重要的幾個地方（完整的程式碼在 Chapter13/wob_click_mm_train.py 中）。與我們的點擊器模型相比，處理文本擴充並不需要增加太多的程式碼。

首先，我們應該要求包裝器 MiniWoBCropper 儲存從觀察中取得的文本。這個類別的完整程式碼已經在本章前面的小節介紹過了。為了儲存文本，我們應該在呼叫包裝器建構函數時，傳入 keep_text = True，這會讓該類別建構物件時，回傳一個帶有 NumPy 陣列與和文本字串的常數串列，而不僅僅是包含圖片的 NumPy 陣列而已。

然後，我們要讓我們的模型能夠處理這樣的常數串列，而不是一批 NumPy 陣列。有兩個地方需要修改：我們的「**代理人程式碼**」（在我們使用模型來選擇「行動」的時候）和「**訓練程式碼**」。為了以模型友善的方式調整「觀察」，我們可以使用 PTAN 函式庫中一個被稱作 preprocessor 的特殊函數。這個函數的想法非常簡單：preprocessor 是一個可被呼叫的函數，它的任務是將「觀察串列」轉換成模型可以使用的格式。在預設情況下，preprocessor 將 NumPy 陣列轉換為「PyTorch 張量」，並依照設定，可以選擇將它複製到 GPU 記憶體中。但是，有時候需要做更複雜的轉換，就像現在的情況一樣，當我們需要將圖片打包到「張量」中時，文本字串需要做特殊處理。在這種情況下，您可以重新定義並替換預設的 preprocessor，並把它傳給 ptan.Agent 類別。理論上，preprocessor 函數可以移入模型本身，這要感謝 PyTorch 的靈活性，但是當「觀察」只是 NumPy 陣列時，直接使用預設的 preprocessor 可以讓我們的日子好過一些。以下是從 Chapter13/lib/model_vnc.py 模組中取得的 preprocessor 類別原始程式碼。

```python
class MultimodalPreprocessor:
    log = logging.getLogger("MulitmodalPreprocessor")

    def __init__(self, max_dict_size=MM_MAX_DICT_SIZE, device="cpu"):
        self.max_dict_size = max_dict_size
        self.token_to_id = {TOKEN_UNK: 0}
        self.next_id = 1
        self.tokenizer = TweetTokenizer(preserve_case=False)
        self.device = device
```

在建構函數中，我們建立一個從「標記」（token）到「識別子」（identifier）的對應（這個對應會動態地擴張），並用 nltk 套件建立 tokenizer 標記化物件。

```python
    def __len__(self):
        return len(self.token_to_id)

    def __call__(self, batch):
        tokens_batch = []
        for img_obs, txt_obs in batch:
            tokens = self.tokenizer.tokenize(txt_obs)
            idx_obs = self.tokens_to_idx(tokens)
            tokens_batch.append((img_obs, idx_obs))
        # sort batch decreasing to seq len
        tokens_batch.sort(key=lambda p: len(p[1]), reverse=True)
```

```
img_batch, seq_batch = zip(*tokens_batch)
lens = list(map(len, seq_batch))
```

我們 preprocessor 的目標是將一批 **(image, text)** 常數串列轉換成兩個物件：第一個物件必須是具有形狀是 **(batch_size, 3, 210, 160)** 的圖片數據「張量」；第二個物件則是包含「標記」的批次，這些「標記」則是從包含文本說明的「**打包序列**」（packed sequence）裡面取出來的。「打包序列」是 PyTorch 資料結構，用於 RNN 的高效率處理，我們在「第 12 章，以強化學習法訓練聊天機器人」中曾經討論過。

做為轉換的第一步，我們將文本字串「標記化」為「標記」，並將每個「標記」轉換成「整數 ID 串列」。然後我們對「標記」數目以降冪的方式排序，這是讓 CuDNN 函式庫能夠高效率地處理 RNN 的必要條件。

```
img_v = torch.FloatTensor(img_batch).to(self.device)
```

在前一行指令中，我們將「觀察圖片」轉換為單一「張量」。

```
seq_arr = np.zeros(shape=(len(seq_batch),
max(len(seq_batch[0]), 1)), dtype=np.int64)
for idx, seq in enumerate(seq_batch):
    seq_arr[idx, :len(seq)] = seq
    # Map empty sequences into single #UNK token
    if len(seq) == 0:
        lens[idx] = 1
```

要建立「打包序列」類別，首先我們需要建立一個「**填補序列**」（padded sequence）「張量」，它是一個大小是 **(batch_size, len_of_longest_seq)** 的矩陣。我們將序列的 ID 複製到這個矩陣之中。

```
seq_v = torch.LongTensor(seq_arr).to(self.device)
seq_p = rnn_utils.pack_padded_sequence(seq_v, lens, batch_
first=True)
return img_v, seq_p
```

最後一步是用 NumPy 矩陣來建立「張量」，並使用 PyTorch 工具函數將它們轉換為「**打包格式**」。轉換的結果是兩個物件：「表示圖片的張量」與「標記化文本的打包序列」。

```
def tokens_to_idx(self, tokens):
    res = []
    for token in tokens:
        idx = self.token_to_id.get(token)
```

```
        if idx is None:
            if self.next_id == self.max_dict_size:
                self.log.warning("Maximum size of dict reached,
 token '%s' converted to #UNK token", token)
                idx = 0
            else:
                idx = self.next_id
                self.next_id += 1
                self.token_to_id[token] = idx
        res.append(idx)
    return res
```

上述的工具函數會將「標記串列」轉換成「整數 ID 串列」。麻煩的是，我們事先不會知道文字說明字典的大小。一個解決方法是在字元等級上處理，並以個別字元輸入 RNN，但是這會讓需要處理的序列太長。另一個替代解決方案是將字典的大小固定成一個合理的大小，如 100 個「標記」，並動態地將「標記 ID」指派給那些我們之前從未見過的「標記」。在這個實作中，我們使用最後一種方法，但它可能不適合用於那些文本說明中，包含了隨機產生字串的問題，如 MiniWoB 問題。

```
    def save(self, file_name):
        with open(file_name, 'wb') as fd:
            pickle.dump(self.token_to_id, fd)
            pickle.dump(self.max_dict_size, fd)
            pickle.dump(self.next_id, fd)

    @classmethod
    def load(cls, file_name):
        with open(file_name, "rb") as fd:
            token_to_id = pickle.load(fd)
            max_dict_size = pickle.load(fd)
            next_id = pickle.load(fd)

            res = MultimodalPreprocessor(max_dict_size)
            res.token_to_id = token_to_id
            res.next_id = next_id
            return res
```

由於我們的「標記到 ID 的對應」（token-to-ID mapping）是動態產生的，所以我們的 preprocessor 必須提供一種將這個「狀態」儲存與載入檔案的方法。前面兩個函數完成儲存與載入的功能。下一個部分是 model 類別本身，它是我們之前使用過的模型的一個擴充。

```
class ModelMultimodal(nn.Module):
    def __init__(self, input_shape, n_actions, max_dict_size=MM_MAX_
```

```
DICT_SIZE):
        super(ModelMultimodal, self).__init__()

        self.conv = nn.Sequential(
            nn.Conv2d(input_shape[0], 64, 5, stride=5),
            nn.ReLU(),
            nn.Conv2d(64, 64, 3, stride=2),
            nn.ReLU(),
        )

        conv_out_size = self._get_conv_out(input_shape)

        self.emb = nn.Embedding(max_dict_size, MM_EMBEDDINGS_DIM)
        self.rnn = nn.LSTM(MM_EMBEDDINGS_DIM, MM_HIDDEN_SIZE, batch_
    first=True)

        self.policy = nn.Sequential(
            nn.Linear(conv_out_size + MM_HIDDEN_SIZE*2, n_actions),
        )

        self.value = nn.Sequential(
            nn.Linear(conv_out_size + MM_HIDDEN_SIZE*2, 1),
        )
```

不同的地方在於新加入的「嵌入層」，它將「整數標記 ID」轉換為「密集標記向量」（dense token vectors）和 LSTM RNN。「卷積層」和「RNN 層」的輸出被連接（concatenated）在一起，然後被餵入「策略端」與「值端」，因此這個輸入的維度是圖片和文本特徵的組合。

```
    def _get_conv_out(self, shape):
        o = self.conv(torch.zeros(1, *shape))
        return int(np.prod(o.size()))

    def _concat_features(self, img_out, rnn_hidden):
        batch_size = img_out.size()[0]
        if isinstance(rnn_hidden, tuple):
            flat_h = list(map(lambda t: t.view(batch_size, -1),
    rnn_hidden))
            rnn_h = torch.cat(flat_h, dim=1)
        else:
            rnn_h = rnn_hidden.view(batch_size, -1)
        return torch.cat((img_out, rnn_h), dim=1)
```

上面這個函數將「圖片和 RNN 特徵的連接」執行為一個單一的正方形「張量」。

```
def forward(self, x):
    x_img, x_text = x
    assert isinstance(x_text, rnn_utils.PackedSequence)

    # deal with text data
    emb_out = self.emb(x_text.data)
    emb_out_seq = rnn_utils.PackedSequence(emb_out, x_text.batch_
sizes)
    rnn_out, rnn_h = self.rnn(emb_out_seq)

    # extract image features
    fx = x_img.float() / 256
    conv_out = self.conv(fx).view(fx.size()[0], -1)

    feats = self._concat_features(conv_out, rnn_h)
    return self.policy(feats), self.value(feats)
```

在上面的 forward 函數中，我們期望 preprocessor 準備兩個物件：一個具有輸入圖片的「張量」和一個批次的「打包序列」。這裡會使用「卷積層」來處理圖片並將文本數據送到「RNN 層」，然後將兩個網路的結果連接在一起，並計算「策略結果」和「值結果」。

這就是大部分新的程式碼。訓練用的 Python 腳本 wob_click_mm_train.py 與 wob_click_train.py 絕大部分都相同，只是 preprocessor 在建立的時候有一些細微的不同：MiniWoBCropper() 在建構的時候，傳入了 keep_text=True 參數，另外還有一些微小的修改。

結果

我在 ClickButton-v0 環境上進行了幾個實驗，目標是在幾個隨機按鈕之間進行選擇。一些錄製的示範如下：

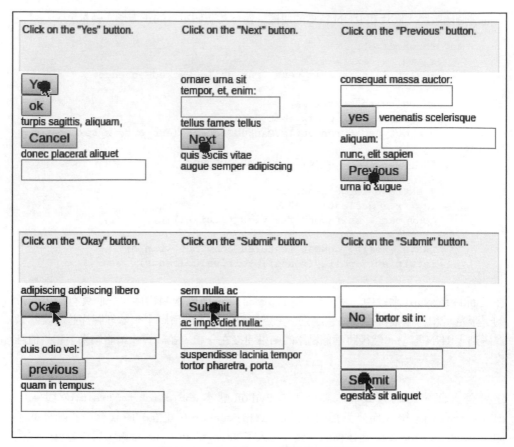

圖 13.20：ClickButton 環境的示範截圖

有了人類示範，即使沒有文字說明的模型也能夠達到 **0.4** 的「平均獎勵」，這個分數比隨機點擊對話框中的任何一個按鈕要好得太多了。

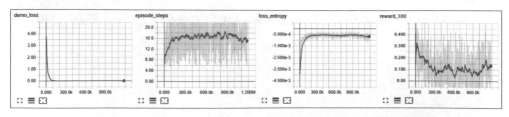

圖 13.21：使用「沒有文本說明的 ClickButton 代理人」來訓練的收斂性

然而，包含文本說明特徵的模型可以表現得更好，100「回合」的最佳「平均獎勵」是 **0.7**。

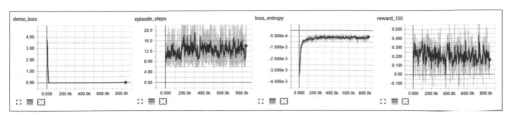

圖 13.22：使用「文本說明」訓練的 ClickButton 環境

這兩種模型的「獎勵動態」的雜訊都非常高，這表示調整「超參數」並／或增加「平行環境」的數量可能有所幫助，可能可以降低雜訊。

要嘗試的事情

在本章中，我們只是開始嘗試解決 MiniWoB 任務，然後從一共有 80 個問題的問題集當中、挑選了「6 個最簡單的環境」並做了一些實驗，這裡事實上還有許多未知的領域。如果你想自己練習一下，你可以嘗試以下幾個項目：

- 測試包含雜訊點擊示範的強固性。
- 以示範數據實作 A2C「值端」的訓練。
- 實作更複雜的滑鼠游標控制行動，例如：向左／向右／向上／向下移動滑鼠游標 N 個像素。
- 使用一些預訓練的 OCR 類神經網路（或是自己訓練一個！）從「觀察」中提取出文本說明。
- 選一些其他的問題來解決它們。這 80 個問題之中有一些非常棘手、也非常有趣，例如：使用拖放操作（drag-n-drop）來將元素排序，或使用「核取方塊」來重複模式。

小結

在本章中，我們看到了「強化學習法」在瀏覽器自動化方面的實務應用，並使用了 OpenAI 的 MiniWoB 測試基準。本章總結了本書的第二部分。下 個部分將學習重心放在更複雜、更新的方法：關於「連續行動空間」的方法、「非梯度方法」及其他更進階的「強化學習法」。

14

連續行動空間

本章開始了本書的「**進階強化學習**」部分，我們會利用之前簡單介紹的問題來學習這些進階主題：如何處理「非離散行動空間」的環境。在本章中，我們將會瞭解在「非離散行動空間」的環境中，它們的挑戰是什麼，並學習該如何解決這些難題。

為什麼是連續空間？

到目前為止，我們在本書中看到的所有例子都有一個離散的「行動空間」，因此您可能會產生一個**錯誤的印象**：在這個領域中，大多數的問題都有「離散行動空間」。這當然是一個非常嚴重的偏見，這純粹只反映了我們挑選出來測試的領域與問題而已。除了 Atari 遊戲和那些簡單、經典的「強化學習」問題之外，還有更多的任務需要我們做更多事情，不是只有從一組很小的離散選項中做出「行動」選擇而已。

舉例來說，想像一下有一個簡單機器人，它只有一個可以控制的關節，這個關節可以在一定的角度範圍內旋轉。要控制一個實體關節，通常您必須明確地指定「理想的移動位置」或是施加「特定的力道」。在這兩種情況下，您都需要決定連續的值。這個值與「離散行動空間」本質上是完全不同的，因為您能選用的「值集」（set of values）可以是無限大的。例如，您可以要求關節移動 13.5°或 13.512°，而結果可能會完全不同。當然，這樣的系統總是存在了一些物理上的限制，而且您無法以完美的精準度來指定「行動」，但是「值集」的大小可能會非常非常大。

實際上，當您需要與真實世界進行溝通時，「連續行動空間」的可能性比一組「離散行動空間」高上許多。例如，不同種類的機器人控制系統（例如：加熱／冷卻控制器）。「強化學習法」可以套用在這個領域，但在使用「**非同步優勢行動－評論**

者」（Asynchronous Advantage Actor-Critic，**A3C**）或是「**深度 Q 網路**」（Deep Q-Network，**DQN**）方法之前，您還需要考慮一些細節。

在本章中，我們將嘗試學習如何處理這一類的問題。在您開始學習「強化學習法」中這個非常有趣、非常重要的領域時，本章會是一個非常好的起點。

行動空間

「連續行動空間」與「離散行動空間」相比，其中最根本、最明顯的差別就在於它的連續性（continuity）。在「離散行動空間」中，「行動」被定義為：可以選用的離散互斥選項集合，而「連續行動」的「行動」則是某個值域。在每一個時步，「代理人」程式需要選擇一個具體的值，並將它傳遞給「環境」。

在 Gym 中，「連續行動空間」是以 gym.spaces.Box 類別來表示，在「第 2 章」討論「觀察空間」的時候，我們曾經討論過這個類別。您可能還記得 Box 包含了一組帶有形狀和邊界的值。例如，Atari 模擬器的每個「觀察」都被表示為 Box(low=0, high=255, shape=(210, 160, 3))，這代表 100,800 個值被組織為一個「3D 張量」，值域的範圍是 **0..255**。

您是不太可能使用這麼大的「行動空間」來工作的。例如，我們使用的「測試環境」之中的機器人有八個「連續行動」，分別對應到八個馬達，機器人的每條腿上則有兩個馬達。對於這個「環境」，「行動空間」被定義為 Box(low=-1, high=1, shape=(8,))，這代表我們必須在每個時間戳記上，選擇八個範圍落在 **-1..1** 的值，來控制機器人。在這種情況下，每一時步傳遞給 env.step() 的「行動」將不再是整數：它是由個別「行動值」所組成，具有某種形狀的 NumPy 向量。當然，當「行動空間」是「離散行動」與「連續行動」的組合時，可能會變得很複雜，這樣的情況可以用 gym.spaces.Tuple 類別來表示。

環境

大多數包含「連續行動空間」的環境都與真實世界相關，因此通常都會使用物理模擬。有許多軟體套件包可以模擬物理程序，從非常簡單的開源工具到可以模擬「多物理場過程」（multiphysics processes）的複雜商用軟體套件，如流體（fluid）、燃燒（burning）和強度模擬（strength simulations）等等。在機器人的情境下，最受歡迎的套件之一是 **MuJoCo**（代表 Multi-Joint Dynamics with Contact 的縮寫），官網：

www.mujoco.org。它是一個物理引擎，您可以用它來定義系統的元件、元件之間的互動方式與屬性。而模擬器的責任則是：將「您的介入」納入考量，並找出元件的參數（通常是位置、速度和加速度），以這種方式來**完成系統**。這使它成為「強化學習」領域中一個理想的工具，因為您可以定義一個複雜的系統（例如：多足機器人、機器手臂或是人形機器人），然後將「觀察結果」餵入「強化學習代理人」，並取得「行動」。

不幸的是，MuJoCo 不是免費的，需要授權才能使用。官方網站上有一個 30 天的免費試用授權，但是在試用過期之後，就需要正式授權才能使用了。對於學生來說，MuJoCo 提供免費的開發者授權，但對於已經離開大學的「強化學習」玩家來說，購買授權可能就沒有必要了。幸運的是，有一個名為 **PyBullet** 的開源替代品，它可以免費提供類似的功能（速度可能會慢一些，準確性可能也會差一點）。

PyBullet 可以在這裡找到：https://github.com/bulletphysics/bullet3，您可以在虛擬環境中執行 pip install pybullet 命令來安裝。下面的程式碼（在 Chapter14/01_check_env.py）允許您檢查 PyBullet 是否正常工作、檢查「行動空間」，並且可以呈現我們將在本章中後面，用來做實驗的白老鼠環境圖片。

```
#!/usr/bin/env python3
import gym
import pybullet_envs

ENV_ID = "MinitaurBulletEnv-v0"
RENDER = True


if __name__ == "__main__":
    spec = gym.envs.registry.spec(ENV_ID)
    spec._kwargs['render'] = RENDER
    env = gym.make(ENV_ID)

    print(env.observation_space)
    print(env.action_space, env.action_space.sample())
    print(env)
    print(env.reset())
    input("Press any key to exit\n")
    env.close()
```

啟動上面的工具程式之後，它應該會為我們的四足機器人開啟一個 GUI 視窗，我們將訓練它該如何移動。

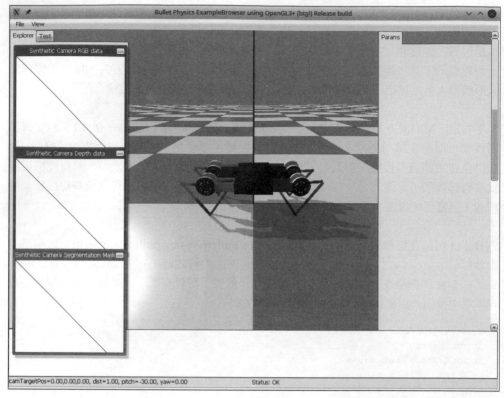

圖 14.1：PyBullet GUI 中的 Minitaur 環境

這個「環境」會提供 **28 個**數字給我們當作「觀察」。它們對應於機器人的物理參數：
速度（velocity）、位置（position）和加速度（acceleration）。（如果您想要瞭解它
的詳細資訊，可以閱讀 MinitaurBulletEnv-v0 的開源程式碼。）「行動空間」是 **8 個**
數字，它們定義馬達的參數。每條腿都有**兩個**馬達（每個膝蓋上有一個）。這個環境的
「獎勵」是「機器人行進的距離」減去「它所消耗的能量」。

```
rl_book_samples/Chapter14$ ./01_check_env.py
[2018-02-05 15:02:14,305] Making new env: MinitaurBulletEnv-v0
pybullet build time: Feb 2 2018 08:30:15
...
Observation space: Box(28,)
Action space: Box(8,)
<TimeLimit<MinitaurBulletEnv<MinitaurBulletEnv-v0>>>
[ 1.47892781e+00 1.47092442e+00 1.47486159e+00 1.46795948e+00
  1.48735227e+00 1.49067837e+00 1.48767487e+00 1.48856073e+00
  1.22760518e+00 1.23364264e+00 1.23980635e+00 1.23808274e+00
  1.23863620e+00 1.20957165e+00 1.22914063e+00 1.21966631e+00
```

```
 5.27463590e-01 5.87924378e-01 5.56949063e-01 6.10125678e-01
 4.58817873e-01 4.37388898e-01 4.57652322e-01 4.52128593e-01
 -3.00935339e-03 1.04264007e-03 -2.26649036e-04 9.99994903e-01]
Press any key to exit
```

非同步優勢行動－評論者（A2C）方法

首先，我們會套用 A2C 方法在這個走路機器人的問題上面；A2C 方法在本書的第三部分中曾經介紹過，並進行過一些實驗。選擇這個方法的原因非常明顯，因為 A2C 方法很容易就能調整成可以處理「連續行動空間」的版本。在此快速復習一下這個方法吧，A2C 的想法是用如後的公式估計我們的「策略梯度」的：

$$\nabla J = \nabla_\theta \log \pi_\theta(a|s)(R - V_\theta(s))。$$

給定一個「觀察狀態」，「策略」 π_θ 應該向我們提供「行動」的機率分佈。$V_\theta(s)$ 這個數字就被稱為「評論者」，即「狀態值」，並會使用「評論者回傳」與「貝爾曼方程式評估值」之間的「**均方誤差**」（Mean Square Error，**MSE**）來進行訓練。為了改善「探索」，熵獎勵 $L_H = \pi_\theta(s) \log \pi_\theta(s)$ 通常會被加到「損失」之中。

很明顯的，對於「連續行動」而言，「行動－評論者」的「值端」沒有任何改變。唯一受影響的是「策略」的表示法。在之前看到的離散情境中，我們只有一個「行動」，這個「行動」具有多個互斥的離散值。對於這種情況，很明顯的，「策略」的表示法是所有「行動」的機率分佈。在「連續行動」的情況下，我們通常會有多個「行動」，每個「行動」都是某個區間中的一個值。考慮到這一點，最簡單的「策略表示法」就是用每個「行動」回傳的值來表示。這些值不應與「狀態值」*V(s)* 相混淆；「狀態值」表示我們可以從該「狀態」獲得多少「獎勵」。為了說明它們不同之處，讓我們考慮一個簡單的例子吧：汽車方向盤，我們轉動它來控制車輪。任何時間點的「行動」都是轉動的角度，轉動角度就是「行動值」，但是「狀態值」則是表示來自「狀態」的潛在「折扣獎勵」，它們兩個當然是完全不同的事情。

回到我們「行動表示法」的選項，你應該還記得「第 9 章」中所說明的，把一個「行動」以一個明確的值來表示的話，有許多缺點，這些缺點主要與「環境」的探索有關。而「隨機值」會比「明確值」來的更好。最簡單的替代方案，就是使用會回傳高斯分佈參數的網路來表示。對 N 個「行動」，它是兩個大小為 N 的向量。第一個向量包含平均值 μ，第二個向量則包含變異數 σ^2。在這種情況下，我們的「策略」將會以一個隨機 N 維向量來表示，它包含互不相關、常態分佈的隨機變數。而我們的網路可以對每個變數隨機選擇平均值和變異數。

根據定義，高斯分佈的機率密度函數是：$f(x|\mu,\sigma^2) = \frac{1}{\sqrt{2\pi\sigma^2}}e^{-\frac{(x-\mu)^2}{2\sigma^2}}$。我們可以直接使用這個公式來算出機率，但是為了提高數值穩定性，值得做一些數學推導並簡化表示式：$\log\pi_\theta(a|s)$。

最後的結果是：$\log\pi_\theta(a|s) = -\frac{(x-\mu)^2}{2\sigma^2} - \log\sqrt{2\pi\sigma^2}$。

高斯分佈的熵可以套用熵微分的定義來取得，它會是：$\ln\sqrt{2\pi e\sigma^2}$。現在我們有了實作 A2C 方法所需的一切元件。讓我們開始動手完成它吧。

實作

完整的開源程式碼在 Chapter14/02_train_a2c.py、Chapter14/lib/model.py 和 Chapter14/lib/common.py 之中。您對大部分的程式碼應該已經非常熟悉了，因此以下的內容僅包含那些不同的部分。讓我們從 Chapter14/lib/model.py 檔案中定義模型類別的部分開始說明。

```
HID_SIZE = 128


class ModelA2C(nn.Module):
    def __init__(self, obs_size, act_size):
        super(ModelA2C, self).__init__()

        self.base = nn.Sequential(
            nn.Linear(obs_size, HID_SIZE),
            nn.ReLU(),
        )
        self.mu = nn.Sequential(
            nn.Linear(HID_SIZE, act_size),
            nn.Tanh(),
        )
        self.var = nn.Sequential(
            nn.Linear(HID_SIZE, act_size),
            nn.Softplus(),
        )
        self.value = nn.Linear(HID_SIZE, 1)
```

正如您所見，我們的網路有三個「端」（heads），而不是一般離散變數 A2C 的兩個「端」。前兩個「端」回傳「行動」的平均值和變異數，而最後一個「端」則是「評論者端」回傳「狀態值」。回傳平均值的「啟動函數」（activation function）是「雙曲正切」函數（hyperbolic tangent），輸出值會被壓縮到 **-1..1** 的範圍。回傳變異數的「啟動

函數」則是 softplus 函數，定義為：$log(1+e^x)$，而它的函數形狀就是平滑的 ReLU 函數的形狀。這個啟動函數能讓我們的變異數轉成正數。像之前一樣，「值端」沒有套用「啟動函數」。

```
def forward(self, x):
    base_out = self.base(x)
    return self.mu(base_out), self.var(base_out),
self.value(base_out)
```

轉換操作非常直觀：我們首先套用共享層，然後計算各別「端」的值。

```
class AgentA2C(ptan.agent.BaseAgent):
    def __init__(self, net, device="cpu"):
        self.net = net
        self.device = device

    def __call__(self, states, agent_states):
        states_v = ptan.agent.float32_preprocessor(states).to(self.
device)

        mu_v, var_v, _ = self.net(states_v)
        mu = mu_v.data.cpu().numpy()
        sigma = torch.sqrt(var_v).data.cpu().numpy()
        actions = np.random.normal(mu, sigma)
        actions = np.clip(actions, -1, 1)
        return actions, agent_states
```

下一步是實作 ptan「代理人」類別，用來將「觀察」轉換為「行動」。在「離散行動」的情況下，我們使用 ptan.agent.DQNAgent 類別和 ptan.agent.PolicyAgent 類別，但是對於現在的「連續行動」問題，則需要我們自己製作程式，這其實也並不複雜：您只需要製作一個繼承自 ptan.agent.BaseAgent 的類別，並「覆寫」__call__ 方法，該方法負責將「觀察」轉換為「行動」。

在前面的類別中，我們從網路中取得平均值和變異數，並使用 NumPy 函數對常態分佈進行採樣。我們叫用 np.clip，防止「行動」超出「環境」的 -1..1 範圍；它將所有**小於 -1** 的值替換為 **-1**，將**大於 1** 的值替換為 **1**。這裡不使用 agent_states 參數，但是需要將選用的「行動」回傳，因為 BaseAgent 支援記錄「代理人狀態」的功能。將「代理人狀態」記錄下來的話，當我們需要使用**「恩斯坦－歐嫩貝過程」**（Ornstein-Uhlenbeck process，**OU process**）來實作隨機探索時，會非常方便，細節會在下一節中說明。

有了模型和「代理人」在手,我們現在可以開始進行訓練了,程式碼定義在檔案
Chapter14/02_train_a2c.py 之中。它是由一個訓練迴圈和兩個函數所組成。當我們
要在獨立的測試環境中,對模型進行定期測試時,則可以使用第一個函數。在測試過程
中,不需要進行任何的探索,只需要直接使用模型回傳的平均值,而不用做任何的隨機
採樣。測試函數如下所示:

```
def test_net(net, env, count=10, device="cpu"):
    rewards = 0.0
    steps = 0
    for _ in range(count):
        obs = env.reset()
        while True:
            obs_v = ptan.agent.float32_preprocessor([obs]).to(device)
            mu_v = net(obs_v)[0]
            action = mu_v.squeeze(dim=0).data.cpu().numpy()
            action = np.clip(action, -1, 1)
            obs, reward, done, _ = env.step(action)
            rewards += reward
            steps += 1
            if done:
                break
    return rewards / count, steps / count
```

訓練模組中定義的第二個函數實作了:計算一個「給定策略所採取的行動」的「對
數」。之前有說明過這個公式,而這個函數只是公式的一個簡單實作。唯一的小差別是
這裡使用了 torch.clamp() 函數,用來防止當回傳的變異數太小時,會發生的「除以
零」的問題。

```
def calc_logprob(mu_v, var_v, actions_v):
    p1 = - ((mu_v - actions_v) ** 2) / (2*var_v.clamp(min=1e-3))
    p2 = - torch.log(torch.sqrt(2 * math.pi * var_v))
    return p1 + p2
```

像之前一樣,訓練迴圈建立網路和「代理人」,然後實例化「兩步經驗來源」和「優化
器」。使用的「超參數」如下所示,這裡並沒有進行太多調整,因此有很大的空間可以
做最佳化。

```
ENV_ID = "MinitaurBulletEnv-v0"
GAMMA = 0.99
REWARD_STEPS = 2
BATCH_SIZE = 32
LEARNING_RATE = 5e-5
ENTROPY_BETA = 1e-4
```

```
TEST_ITERS = 1000
```

對「收集來的批次」做最佳化的程式碼，與我們在「第 10 章」和「第 11 章」實作的
A2C 訓練非常類似。不同之處僅在於這裡使用了 `calc_logprob` 函數，而且「熵紅利」
的表示法並不完全一樣。

```
                states_v, actions_v, vals_ref_v = \
                    common.unpack_batch_a2c(batch, net, last_val_
gamma=GAMMA ** REWARD_STEPS, device=device)
                batch.clear()

                optimizer.zero_grad()
                mu_v, var_v, value_v = net(states_v)

                loss_value_v = F.mse_loss(value_v.squeeze(-1), vals_
ref_v)

                adv_v = vals_ref_v.unsqueeze(dim=-1) -
value_v.detach()
                log_prob_v = adv_v * calc_logprob(mu_v,
var_v, actions_v)
                loss_policy_v = -log_prob_v.mean()
                entropy_loss_v = ENTROPY_BETA * (-(torch.log(2*math.
pi*var_v) + 1)/2).mean()

                loss_v = loss_policy_v + entropy_loss_v + loss_value_v
                loss_v.backward()
                optimizer.step()
```

我們對每 `TEST_ITERS` 幀，執行模型測試，並且在獲得「最佳獎勵」的情況下，儲存模型
加權。

結果

與我們將會在本章中討論的其他方法相比，A2C 的「最佳獎勵」和收斂速度方面都顯
示它的結果是**最差的**。這可能是因為我們用單一的環境來收集經驗，而這是「策略梯度
法」的一個弱點。因此，您可能會想要檢視使用多個（八個或更多）「平行環境」來收
集經驗對 A2C 的影響。

要開始訓練，您需要用 -n 選項來傳遞執行名稱，這個執行名稱會在 TensorBoard 中被使用，並且會用一個新目錄來儲存模型。-cuda 選項支援 GPU，但是由於輸入的維度相對比較小，而且網路規模也不大，因此執行速度只會稍微提升。訓練輸出如下所示：

```
Chapter14$ ./02_train_a2c.py -n test
pybullet build time: Feb 2 2018 08:26:19
ModelA2C (
  (base): Sequential (
    (0): Linear (28 -> 128)
    (1): ReLU ()
  )
  (mu): Sequential (
    (0): Linear (128 -> 8)
    (1): Tanh ()
  )
  (var): Sequential (
    (0): Linear (128 -> 8)
    (1): Softplus (beta=1, threshold=20)
  )
  (value): Linear (128 -> 1)
)
Test done is 20.32 sec, reward -0.786, steps 443
122: done 1 episodes, mean reward -0.473, speed 5.69 f/s
1123: done 2 episodes, mean reward -2.560, speed 27.54 f/s
1209: done 3 episodes, mean reward -1.838, speed 176.22 f/s
1388: done 4 episodes, mean reward -1.549, speed 137.63 f/s
```

經過 13M 幀（差不多花了兩天）之後，訓練程序達到最高分 **1.188**，這不是一個令人印象深刻的結果。一些追蹤參數的輸出結果如下圖所示：

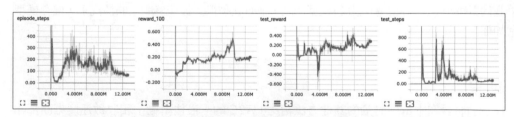

圖 14.2：在 Minitaur 環境中訓練 A2C 代理人

上方的 **episode_steps** 子圖顯示了在「回合」結束前所執行的平均步數。「環境」的時間限制為 1000 步，因此所有小於 1000 步的輸出都是由於「環境」檢查之後，「回合」停止的緣故（對於大多數「環境」而言，這些都是在檢查「自我損壞」（self-damage），它會停止模擬器）。**test_reward** 和 **test_steps** 子圖則顯示了測試期間所獲得的「平均獎勵」和「平均步數」。

使用模型並錄製影片

正如我們在前面所看到的，物理模擬器可以渲染「環境狀態」，這讓我們可以看到訓練模型的行為方式。有一個工具函數 Chapter14/03_play_a2c.py，可以讓我們檢視 A2C 模型的行為方式。它的邏輯與 test_net 函數一樣，因此在這裡就不顯示它的程式碼。您要使用 -m 選項傳入模型檔案來啟動它，同時使用 -r 選項傳入目錄名稱，如此一來，儲存的影片就會記錄在這個新增的目錄之中。PyBullet 需要使用 OpenGL 來渲染圖片，所以為了能夠在無螢幕的伺服器上錄製影片，您要使用 Xvfb: xvfb-run -s "-screen 0 640x480x24 +extension GLX" ./03_play_a2c.py -m model.dat -r dest-dir。您可以用 Chapter14/adhoc/record_a2c.sh 這個腳本程式來完成這個工作。例如，我用 A2C 訓練所取得的最佳模型可以產生如下的結果：

```
Chapter14$ ./adhoc/record_a2c.sh res/a2c-t1-long/a2c-t1/
best_+1.188_203000.dat a2c-res/
pybullet build time: Feb 2 2018 08:26:19
In 738 steps we got 1.261 reward
```

在指定的目錄中，會有一個「代理人」活動的錄製影片。

明確策略梯度

下一個要討論的方法被稱作「明確策略梯度」（deterministic policy gradients），它是 A2C 方法的一個變形，但是具有「異境策略」的良好特性。底下我針對它的嚴格證明，提供了「　個較不正式、非常輕鬆的解釋」。如果您有興趣深入研究這個方法的核心理論，您可以參閱 David Silver 等人在 2014 年所發表的文章：《Deterministic Policy Gradient Algorithms》，也可以參考 Timothy P. Lillicrap 等人在 2015 年所發表的論文：《Continuous Control with Deep Reinforcement Learning》。

說明這個方法的最簡單方式，是與大家已經非常熟悉的 A2C 方法進行比較。在「明確策略梯度法」中，「行動者」估計「隨機策略」，而「策略」會回傳離散行動的機率分佈，或者如前一節中所示，回傳常態分佈的參數。我們的「策略」在這兩個情況下都是**隨機的**，換句話說，所採取的「行動」是從這一個分佈中抽樣而來的。「明確策略梯度法」也屬於 A2C 家族，但是它的「策略」是**明確的**，這表示它從某個「狀態」直接向為我們提供選取的「行動」。這使得我們可以對「Q 值」應用「鏈鎖律」（chain rule），進而最大化 Q，「策略」也將會得到改進。為了理解這一點，讓我們看看如何在「連續行動領域」中，將「行動者」和「評論者」聯繫起來。

我們從「單一行動者」的情境開始介紹，因為它最簡單。我們想要從這個方法取得的是：在某個「狀態」下，應該採取的「行動」。在「連續行動領域」中，每個「行動」都是一個數字，因此「行動者網路」會把「狀態」當作輸入，並回傳 N 個值，即每個「行動」一個值。這種對應是**明確的**，因為只要輸入的「狀態」相同，同一網路一定會回傳相同的輸出（這裡我們不會使用神經元「退出」（DropOut）或其他類似的機制，這裡使用的網路只是普通的前饋網路）。

現在讓我們來看看「評論者」。「評論者」的功用是估計 Q 值，它是在特定「狀態」下，選用「行動」的折扣獎勵。但是，我們的「行動」是一個數字向量，所以我們的「評論者網路」現在會接受兩個輸入：**狀態**和**行動**。「評論者」的輸出則是單一數字，它對應於 Q 值。當我們的「行動空間」是離散的時候，這種架構與 DQN 不同，而為了提高效率，我們一次會回傳所有「行動值」。這種對應也是**明確的**。

那麼我們到底有什麼呢？我們有兩個函數，一個是「**行動者**」（actor），我們把它稱為 $\mu(s)$，它將「狀態」轉換為「行動」；另一個則是「**評論者**」（critic），它會用「狀態」和「行動」提供我們 Q 值：$Q(s, a)$。我們可以將「行動者」函數代入為「評論者」，得到一個新的表示式，它僅輸入一個參數「狀態」，並得到 Q 值：$Q(s, \mu(s))$。那麼到了最後，「**類神經網路**」就只是一個函數。

現在，「評論者」的輸出提供了我們最初想要最大化實體的近似值：折扣總獎勵。這個值不僅取決於輸入「狀態」，還取決於 θ_μ「**行動者網路**」和 θ_Q「**評論者網路**」的參數。在我們最佳化的每一個步驟中，我們都希望改變「行動者」的加權，以提高我們想要獲得的總獎勵。以數學術語來說，就是我們需要的「策略梯度」。

在 David Silver 的「明確策略梯度定理」中，他證明了「隨機策略梯度」等價於「明確策略梯度」。換句話說，我們只需要計算 $Q(s, \mu(s))$ 函數的梯度，就能改進「策略」。套用「鏈鎖律」，可以得到如下梯度：$\nabla_a Q(s, a) \nabla_{\theta_\mu} \mu(s)$。

請注意，儘管 A2C 和「**深度明確策略梯度法**」（Deep Deterministic Policy Gradients，**DDPG**）都屬於 A2C 家族，但「評論者」的使用方式卻不相同。在 A2C 中，我們使用「評論者」做為「經驗獎勵移動軌跡」的基線，因此「評論者」是一個**可選用的部分**（如果沒有它，我們會使用 REINFORCE 法），而且「評論者」是用來提高穩定性的。這只有在當 A2C 中的「策略」是**隨機的**情況下，才會這樣，然而，這也形成了反傳遞的一個障礙（我們無法區分隨機採樣步驟）。在「深度明確策略梯度法」中，「評論者」以一個不同的方式被使用。由於我們的「策略」是**明確的**，我們現在可以計算 Q 的梯度，取得從「評論者」到「行動者」的加權，因此整個系統是可微的（differentiable），並

且可以透過「**隨機梯度下降法**」（SGD）進行端到端的最佳化。為了更新「評論者網路」，我們可以使用「貝爾曼方程式」找到 $Q(s, a)$ 的近似值並最小化 MSE 目標。

所有這些東西看起來有點神奇，但背後的想法卻相當簡單：「評論者」會像我們在 A2C 中所做的那樣來做更新，而「行動者」的更新方式可以最大化「評論者」的輸出。這種方法的優點在於它是「**異境策略**」，這表示我們現在可以擁有一個巨大的「重播緩衝區」，而 DQN 訓練中使用的其他技巧，現在也可以使用了。這樣真的很棒，對吧？

探索

要能得到所有這些好處，我們必須付出的**代價**是：我們的「策略」現在是明確的，所以我們必須以某種新的方式來探索環境。我們可以在「行動者」回傳「行動」給環境之前，將雜訊加入到「行動」之中，以此來實現探索的目的。這裡有幾個選擇。最簡單的方法就是將隨機雜訊加到 $\mu(s) + \epsilon \mathcal{N}$ 「行動」之中。我們會在本章的下一個方法使用這種方式來做探索。更好的探索方式是使用上面介紹的隨機模型，這個模型在「金融界」和「其它處理隨機過程的領域」都非常流行：「恩斯坦－歐嫩貝過程」（OU processes）。

這個過程模擬大量的「布朗粒子」（Brownian particle）在有摩擦力影響下的速度，它是由這個隨機微分方程式來定義的：$\partial x_t = \theta(\mu - x_t)\partial t + \sigma \partial W$（**譯者注**：原文書此處的公式寫錯了，是 W_t 才對，即 W 的後面要加上一個**下標**的小寫 t）。

其中 θ, μ, σ 是過程的參數，而 W_t 是「維納過程」（Wiener process）。在離散時間的情況下，「恩斯坦－歐嫩貝過程」可以寫成 $x_{t+1} = x_t + \theta(\mu - x_t) + \sigma N$。

這個等式表示，該過程會使用「之前的雜訊噪值」所產生的下一個值，以這個方式增加「止常雜訊 N」。在我們的探索中，我們將「恩斯坦－歐嫩貝過程」的值加到「行動者」回傳的「行動」之中。

實作

這個例子包括了三個開源檔案．Chapter14/lib/model.py 包含模型和 ptan「代理人」；而 Chapter14/lib/common.py 包含一個用來解壓縮批次的函數；檔案 Chapter14/04_train_ddpg.py 中則包含啟動程式碼和訓練迴圈。在這裡，我們只顯示程式碼中的重要部分。

這個模型由兩個獨立的網路所組成：「**行動者網路**」和「**評論者網路**」，並使用論文《Continuous Control with Deep Reinforcement Learning》中的架構，以深度強化學習做連續控制。「行動者網路」非常簡單，是一個包含兩個隱藏層的前饋網路。輸入是觀察向量，而輸出則是一個包含 **N** 個數字的向量，每個「行動」有一個數字。它使用「雙曲正切非線性函數」來將輸出「行動值」轉換並壓縮到 **-1..1** 的範圍之間。

「評論者網路」有點不大尋常，因為它包含兩個獨立的路徑：**觀察路徑**和**行動路徑**，這兩個路徑最後會連接在一起（concatenated together），轉換成一個數字的「評論者輸出」（critic output of one number）。以下是這兩個網路結構的圖示：

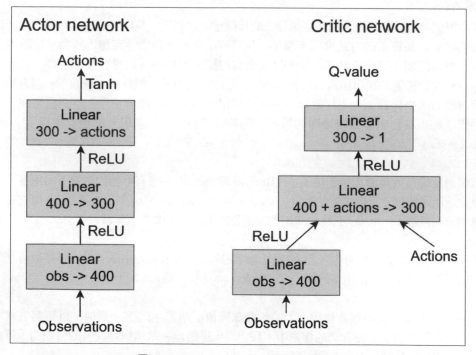

圖 14.3：DDPG 的行動者和評論者網路

這兩個類別的程式碼很簡單、也很直觀：

```
class DDPGActor(nn.Module):
    def __init__(self, obs_size, act_size):
        super(DDPGActor, self).__init__()

        self.net = nn.Sequential(
            nn.Linear(obs_size, 400), nn.ReLU(),
            nn.Linear(400, 300), nn.ReLU(),
```

```
            nn.Linear(300, act_size), nn.Tanh()
        )

    def forward(self, x):
        return self.net(x)


class DDPGCritic(nn.Module):
    def __init__(self, obs_size, act_size):
        super(DDPGCritic, self).__init__()

        self.obs_net = nn.Sequential(
            nn.Linear(obs_size, 400),
            nn.ReLU(),
        )

        self.out_net = nn.Sequential(
            nn.Linear(400 + act_size, 300), nn.ReLU(),
            nn.Linear(300, 1)
        )

    def forward(self, x, a):
        obs = self.obs_net(x)
        return self.out_net(torch.cat([obs, a], dim=1))
```

「評論者」的 forward() 函數首先使用它的小網路來轉換「觀察」，然後連接「輸出」和「給定行動」，以便將「給定行動」轉換為單一的 Q 值。要使用包含 ptan 經驗來源的「行動網路者」，我們要定義代理人類別，它將「觀察結果」轉換為「行動」。這個類別是我們實作「恩斯坦－歐嫩貝探索過程」最方便的地方，但是為了能正確地完成這個實作，我們應該使用迄今為止尚未使用過的 ptan 代理人的功能：可選的「**有狀態**」（statefulness）選項。這個想法很簡單：我們的代理人將「觀察結果」轉換為「行動」，但如果我們需要**記住**「觀察」之間的資訊呢？到目前為止，我們所有的例子都是「無狀態」（stateless）的，但有時候這樣還不夠。「恩斯坦－歐嫩貝過程」的問題是：我們必須追蹤觀察之間的「恩斯坦－歐嫩貝值」。「有狀態代理人」（stateful agents）的另一個非常有用的例子是「**部分可觀察馬可夫決策過程**」（Partially-Observable Markov Decision Process，**POMDP**），我們在「第 13 章，Web 導航」中簡單地說明過。當「代理人」發現：「狀態」不滿足「馬可夫性質」，並且不包含能夠區分「狀態」與「狀態」之間的完整資訊時，POMDP 就是 MDP。在這種情況下，我們的「代理人」需要追蹤軌跡上的「狀態」，以便能夠採取「行動」。

因此，在「代理人」中，用於探索的「恩斯坦－歐嫩貝」實作程式碼如下所示：

```
class AgentDDPG(ptan.agent.BaseAgent):
    def __init__(self, net, device="cpu", ou_enabled=True, ou_mu=0.0,
ou_teta=0.15, ou_sigma=0.2, ou_epsilon=1.0):
        self.net = net
        self.device = device
        self.ou_enabled = ou_enabled
        self.ou_mu = ou_mu
        self.ou_teta = ou_teta
        self.ou_sigma = ou_sigma
        self.ou_epsilon = ou_epsilon
```

建構函數接受大量的參數，其中大部分是從 Timothy P. Lillycrap 和其他人在 2015 年所發表的論文中取得的，當作「恩斯坦－歐嫩貝過程」的預設值。

```
    def initial_state(self):
        return None
```

這個方法是從 BaseAgent 類別繼承而來的，且必須在啟動一個新「回合」的時候，回傳「代理人」的初始狀態。由於我們的初始狀態必須與「行動」具有相同的維度（我們希望「環境」中的每個「行動」都有自己獨立的探索軌跡），我們延遲「狀態」的初始化，直到叫用 __call__ 方法時才做初始化，如下：

```
    def __call__(self, states, agent_states):
        states_v = ptan.agent.float32_preprocessor(states).
to(self.device)
        mu_v = self.net(states_v)
        actions = mu_v.data.cpu().numpy()
```

該方法是「代理人」的核心，它的目的是將「觀察到的狀態」和「內部代理人狀態」轉換為「行動」。在第一步中，我們將觀察結果轉換為適當的格式，並要求「行動者網路」將其轉換為「明確行動」。這個方法的其餘部分是：使用「恩斯坦－歐嫩貝過程」來加入探索雜訊。

```
        if self.ou_enabled and self.ou_epsilon > 0:
            new_a_states = []
            for a_state, action in zip(agent_states, actions):
                if a_state is None:
                    a_state = np.zeros(shape=action.shape,
dtype=np.float32)
                a_state += self.ou_teta * (self.ou_mu - a_state)
                a_state += self.ou_sigma *
np.random.normal(size=action.shape)
```

在這個迴圈中，我們迭代一批觀察結果和上一次呼叫的「代理人」狀態串列，並更新「恩斯坦－歐嫩貝值」，這是前面公式的直觀實作。

```
action += self.ou_epsilon * a_state
new_a_states.append(a_state)
```

迴圈的最後，我們將「恩斯坦－歐嫩貝過程」算出來的雜訊加到我們的「行動」之中，並為下一步儲存雜訊值。

```
else:
    new_a_states = agent_states

actions = np.clip(actions, -1, 1)
return actions, new_a_states
```

最後，我們裁剪「行動」，強迫它們落在 **-1..1** 的範圍之中，否則 PyBullet 會丟出一個例外物件。「深度明確策略梯度法」實作的最後一個部分是 Chapter14/04_train_ddpg.py 檔案中的訓練迴圈。為了提高穩定性，我們使用一個包含 100k 轉換的「**重播緩衝區**」和一個包含「行動者網路」和「評論者網路」的**目標網路**。我們在「第 6 章，深度 Q 網路」中，討論過這兩個網路。

```
act_net = model.DDPGActor(env.observation_space.shape[0],
env.action_space.shape[0]).to(device)
    crt_net = model.DDPGCritic(env.observation_space.shape[0],
env.action_space.shape[0]).to(device)
    tgt_act_net = ptan.agent.TargetNet(act_net)
    tgt_crt_net = ptan.agent.TargetNet(crt_net)
    agent = model.AgentDDPG(act_net, device=device)
    exp_source = ptan.experience.ExperienceSourceFirstLast
(env, agent, gamma=GAMMA, steps_count=1)
    buffer = ptan.experience.ExperienceReplayBuffer
(exp_source, buffer_size=REPLAY_SIZE)
    act_opt = optim.Adam(act_net.parameters(), lr=LEARNING_RATE)
    crt_opt = optim.Adam(crt_net.parameters(), lr=LEARNING_RATE)
```

我們還使用了兩個不同的優化器，來簡化「行動者」和「評論者」訓練步驟中處理梯度的方法。其中最有趣的部分在訓練程式迴圈裡面。每一次的迭代，我們將經驗儲存到「重播緩衝區」之中，並對訓練批次進行採樣。

```
batch = buffer.sample(BATCH_SIZE)
states_v, actions_v, rewards_v, dones_mask,
last_states_v = \
        common.unpack_batch_ddqn(batch, device)
```

然後執行兩個獨立的訓練步驟。為了訓練「評論者」，我們需要以「目標評論者網路」使用「一步貝爾曼方程式」來計算目標 Q 值，以這個值當作下一個「狀態」的近似值。

```
# train critic
crt_opt.zero_grad()
q_v = crt_net(states_v, actions_v)
last_act_v = tgt_act_net.target_model(last_states_v)
q_last_v = tgt_crt_net.target_model(last_states_v,
last_act_v)
q_last_v[dones_mask] = 0.0
q_ref_v = rewards_v.unsqueeze(dim=-1)
+ q_last_v * GAMMA
```

當我們得到參考時，我們就可以計算出 MSE「均方誤差損失」，並要求「評論者」的優化器調整「評論者網路」的加權。整個過程與我們為 DQN 所做的訓練類似，所以這裡其實沒有什麼新東西需要說明。

```
critic_loss_v = F.mse_loss(q_v, q_ref_v.detach())
critic_loss_v.backward()
crt_opt.step()
tb_tracker.track("loss_critic", critic_loss_v,
frame_idx)
tb_tracker.track("critic_ref", q_ref_v.mean(),
frame_idx)
```

在「行動者」的訓練步驟中，我們需要更新「行動者」的加權，以便能夠增加「評論者」的輸出。由於「行動者」和「評論者」都是以可微分函數的方式呈現的，這裡我們需要做的，只是將「行動者」的輸出傳遞給「評論者」，然後最小化「評論者」回傳的負值。

```
# train actor
act_opt.zero_grad()
cur_actions_v = act_net(states_v)
actor_loss_v = -crt_net(states_v, cur_actions_v)
actor_loss_v = actor_loss_v.mean()
```

「評論者」的這種「負輸出」可以被用來當作一種損失，將其反傳遞給「評論者網路」，最後到「行動者」。我們不想觸及「評論者」的加權，因此很重要的是，我們只能要求「行動者」的優化器來進行優化步驟。「評論者」的加權仍會藉由這個函數呼叫來記錄梯度，但它們將在下一個優化步驟中被丟棄。

```
            actor_loss_v.backward()
            act_opt.step()
            tb_tracker.track("loss_actor", actor_loss_v,
  frame_idx)
```

做為訓練迴圈的最後一步，我們以一個很特別的方式來完成目標網路的更新。我們以前每隔 n 步才將最佳化的網路加權同步到目標網路之中。在「連續行動」的問題中，這種同步方式比所謂的「**軟同步**」（soft sync）糟糕很多。「軟同步」會每一步都執行，但是最佳化的網路加權，只有「很小比例的一部分」會被加到目標網路之中。這可以更平穩、更緩慢地完成舊加權到新加權的轉換。

```
            tgt_act_net.alpha_sync(alpha=1 - 1e-3)
            tgt_crt_net.alpha_sync(alpha=1 - 1e-3)
```

結果

程式碼可以像 A2C 範例一樣地來啟動：你需要傳入執行名稱和一個可選用的 --cuda 旗標。我的實驗顯示 GPU 的速度增加了約 30%，所以，如果你很趕時間，使用 CUDA 旗標可能是一個好主意，但效能的增加並不會像在 Atari 遊戲中所看到的那麼戲劇化。

在使用了 5M 的觀察，即大約一天的訓練之後，DDPG 演算法在 10 次的測試「回合」中，能夠獲得 **3.943** 的平均獎勵，這個結果比 A2C 的結果來得好。訓練動態如下圖所示。

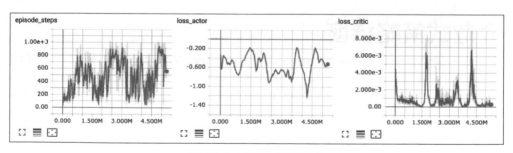

圖 14.4：DDPG 訓練動態

上圖中 **episode_steps** 的值顯示了我的「訓練數據集」的平均長度。我們用「MSE 損失」當作「評論者損失」，它應該要很低；但是你應該還記得，「行動者損失」是被定義為「評論者」輸出的負值，所以當它**越小**，「行動者」就可以（潛在地）完成**更好**的「獎勵」。上面的圖表顯示，訓練不是很穩定，充滿雜訊。

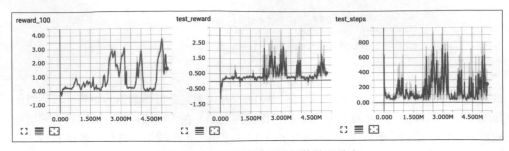

圖 14.5：DDPG 訓練過程的獎勵和測試

同一次執行的最後三個圖表包括來自「訓練數據集」的平均獎勵和測試執行值。這些圖表也充滿了雜訊。

記錄影片

為了檢查訓練好的「代理人」，我們可以像「記錄 A2C 代理人示範影片」那樣來記錄影片。而 DDPG 有一個工具腳本，Chapter14/05_ play_ddpg.py，它與 A2C 方法中對應的腳本幾乎完全相同，只是「行動者」使用了不同的類別。我的模型結果如下：

```
rl_book_samples/Chapter14$ adhoc/record_ddpg.sh saves/ddpg-t5-simpler-
critic/best_+3.933_2484000.dat res/play-ddpg
pybullet build time: Feb 2 2018 08:26:19
In 1000 steps we got 5.346 reward
```

分散式策略梯度

接下來，我們會檢視 Gabriel Barth-Maron、Matthew W. Hoffman 和其他人在 2018 年發表的最新論文《Distributional Policy Gradients》，這也是本章介紹的最後一種方法。在撰寫本文的時候，全文尚未上傳至 ArXiV，因為作者才剛投稿至 ICLR 2018 國際會議，還在審稿中。可以到這裡閱讀這篇論文：https://openreview.net/forum?id=SyZipzbCb。

這個方法的全名是 Distributed Distributional Deep Deterministic Policy Gradients 或簡稱 **D4PG**。作者對我們剛剛所看到的 DDPG 方法提出了幾項改進，以便提高穩定性、收斂性和樣本效率。

首先，作者調整了 Mark G. Bellemare 在 2017 年所發表論文《A Distributional Perspective on Reinforcement Learning》當中，「Q 值」的分佈表示法。我們在「第7 章」中討論過這種方法；關於 DQN 的改進，請參閱它的原始論文來理解細節。核心想法是用「機率分佈」（probability distribution）來替換「評論者的單一 Q 值」（a single Q-value from the critic）。而「貝爾曼方程式」則用「貝爾曼運算子」來替換，這個運算子會以類似的方式轉換這個分佈表示法。

第二個改進是使用「n 步貝爾曼方程式」來展開，以便加速收斂速度。我們在「第7 章」詳細討論了這一點。與原始 DDPG 方法相比，另一個改進則是使用了「優先重播緩衝區」（prioritized replay buffer）而不是「均勻採樣緩衝區」。因此，嚴格來說，作者是從 Matteo Hassel 和其他人在 2017 年所發表的論文《Rainbow: Combining Improvements in Deep Reinforcement Learning》當中，獲得了相關改進的啟發，並將其套用在 DDPG 方法之上。改進的結果令人印象深刻：這種組合，在處理一系列連續控制問題的時候，得到了最好的結果。現在讓我們試著重新實作並檢驗這個方法吧。

架構

最明顯的變化是「評論者的輸出」。它不會回傳「給定狀態」和「行動」的單一 Q 值，而是回傳 N_ATOMS 值，它對應於事先定義的值域中「值的機率」。在我的程式中，我使用了 N_ATOMS = 51 而且分佈範圍是從 *Vmin = -10* 到 *Vmax = 10*，因此「評論者」會回傳 51 個區間，表示「折扣獎勵」的機率會落入 **[-10, -9.6, -9.2, ⋯, 9.6, 10]**。

D4PG 和 DDPG 之間的另一個差別是「探索」。DDPG 使用了「恩斯坦－歐嫩貝過程」進行探索；但是 D4PG 的原創者嘗試了將包含隨機雜訊的「行動」加到「恩斯坦－歐嫩貝過程」，而結果是相同的。因此，他們在論文中使用了另一種更簡單的方法來進行探索。

程式碼中最後一個顯著的差異與「訓練」有關，因為 D4PG 使用「交叉熵損失」來計算兩個機率分佈之間的差異：從「評論者」回傳的機率分佈與「貝爾曼運算子」計算的機率分佈。為了使兩個分佈中相同的「支援原子」（supporting atoms）能夠對齊，這裡使用的分佈投影與 Bellemare 和其他人在 2017 年所寫的原始論文相同。

實作

完整的程式碼在 Chapter14/06_train_d4pg.py、Chapter14/lib/model.py 和 Chapter14/lib/common.py 中。和前面一樣，我們從模型類別開始。「行動者」類別的架構與之前完全相同，在訓練過程中，我們使用了 DDPGActor 類別。「評論者」的「隱藏層」大小和數量與之前完全相同，但是輸出不是單一個數字，而是 N_ATOMS 個數字。

```python
class D4PGCritic(nn.Module):
    def __init__(self, obs_size, act_size, n_atoms, v_min, v_max):
        super(D4PGCritic, self).__init__()

        self.obs_net = nn.Sequential(
            nn.Linear(obs_size, 400),
            nn.ReLU(),
        )

        self.out_net = nn.Sequential(
            nn.Linear(400 + act_size, 300),
            nn.ReLU(),
            nn.Linear(300, n_atoms)
        )

        delta = (v_max - v_min) / (n_atoms - 1)
        self.register_buffer("supports", torch.arange
(v_min, v_max + delta, delta))
```

我們還建立了一個包含「獎勵」的輔助 PyTorch 緩衝區，它能用來將機率分佈對到單一平均值 Q 值。

```python
    def forward(self, x, a):
        obs = self.obs_net(x)
        return self.out_net(torch.cat([obs, a], dim=1))

    def distr_to_q(self, distr):
        weights = F.softmax(distr, dim=1) * self.supports
        res = weights.sum(dim=1)
        return res.unsqueeze(dim=-1)
```

如您所見，softmax 不是網路的一部分，因為我們將在訓練期間使用更穩定的 log_softmax() 函數。因此，當我們想要取得實際機率的時候，需要應用 softmax()。D4PG 代理人類別其實更簡單，並且沒有需要追蹤的「狀態」。

```python
class AgentD4PG(ptan.agent.BaseAgent):
    def __init__(self, net, device="cpu", epsilon=0.3):
        self.net = net
        self.device = device
```

```
        self.epsilon = epsilon

    def __call__(self, states, agent_states):
        states_v = ptan.agent.float32_preprocessor(states).to(device)
        mu_v = self.net(states_v)
        actions = mu_v.data.cpu().numpy()
        actions += self.epsilon * np.random.normal(size=actions.shape)
        actions = np.clip(actions, -1, 1)
        return actions, agent_states
```

對於每個要轉換成「行動」的「狀態」,「代理人」應用「行動者網路」,並將高斯雜訊加到「行動」之中,由 epsilon 值來做縮放。在訓練程式碼中,我們有如下所示的「超參數」。我使用了一個相對較小的 100k「重播緩衝區」,這個小緩衝區可以正常工作(在 D4PG 論文中,作者使用了可以包含 1 百萬個轉換的「重播緩衝區」)。緩衝區會預先填補來自環境中的 10k 樣本,然後才開始訓練。

```
ENV_ID = "MinitaurBulletEnv-v0"
GAMMA = 0.99
BATCH_SIZE = 64
LEARNING_RATE = 1e-4
REPLAY_SIZE = 100000
REPLAY_INITIAL = 10000
REWARD_STEPS = 5

TEST_ITERS = 1000

Vmax = 10
Vmin = -10
N_ATOMS = 51
DELTA_Z = (Vmax - Vmin) / (N_ATOMS - 1)
```

對於每個訓練迴圈,我們執行跟以前一樣的兩個步驟:「訓練評論者」和「訓練行動者」。唯一不同的地方在於「評論者的損失」是如何被計算出來的。

```
                batch = buffer.sample(BATCH_SIZE)
                states_v, actions_v, rewards_v, dones_mask,
last_states_v = \
                        common.unpack_batch_ddqn(batch, device)

                # train critic
                crt_opt.zero_grad()
                crt_distr_v = crt_net(states_v, actions_v)
                last_act_v = tgt_act_net.target_model(last_states_v)
                last_distr_v = F.softmax(tgt_crt_net.target_
model(last_states_v, last_act_v), dim=1)
```

訓練「評論者」的第一步，我們會要求它回傳「狀態」和所選取「行動」的機率分佈。這個機率分佈會被用來當作「交叉熵損失」計算中的輸入。為了取得目標機率分佈，我們需要計算批次中最後一個「狀態」的分佈，然後對該分佈執行「貝爾曼投影」（Bellman projection）。

```
                proj_distr_v = distr_projection(last_distr_v,
  rewards_v, dones_mask, gamma=GAMMA**REWARD_STEPS, device=device)
```

這個投影函數有一點複雜，我們會在看完訓練迴圈程式碼之後，才來解釋它。它會計算 last_states 機率分佈的變換，這個變換會根據「立即獎勵」進行轉換。並以「折扣因子」按比例縮放。結果是我們希望網路回傳的目標機率分佈。由於 PyTorch 中沒有一般的「交叉熵損失」函數，我們會手動完成這個計算：將「輸入機率的對數」乘以「目標機率」。

```
                prob_dist_v = -F.log_softmax(crt_distr_v, dim=1) *
  proj_distr_v
                critic_loss_v = prob_dist_v.sum(dim=1).mean()
                critic_loss_v.backward()
                crt_opt.step()
```

相較之下，訓練「行動者」要簡單多了，與 DDPG 方法的唯一差別是使用了 distr_to_q() 函數，這個函數會使用「支援原子」，將機率分佈轉換為單一平均 Q 值。

```
                # train actor
                act_opt.zero_grad()
                cur_actions_v = act_net(states_v)
                crt_distr_v = crt_net(states_v, cur_actions_v)
                actor_loss_v = -crt_net.distr_to_q(crt_distr_v)
                actor_loss_v = actor_loss_v.mean()
                actor_loss_v.backward()
                act_opt.step()
                tb_tracker.track("loss_actor", actor_loss_v,
  frame_idx)
```

現在要來介紹 D4PG 實作中最複雜的程式碼：使用「貝爾曼運算子」（Bellman operator）來預測機率。其實在「第 7 章」中已經解釋過一遍了，但這個函數相當複雜，所以讓我們再說明一次吧。這個函數的總目標是計算「貝爾曼運算子」的結果，並使用相同的「支援原子」將機率分佈投影到原始分佈。「貝爾曼運算子」的形式是：$Z(x,a) \overset{D}{=} R(x,a) + \gamma Z(x',a')$，並且支援機率分佈的轉換。

```
  def distr_projection(next_distr_v, rewards_v, dones_mask_t,
  gamma, device="cpu"):
```

```
next_distr = next_distr_v.data.cpu().numpy()
rewards = rewards_v.data.cpu().numpy()
dones_mask = dones_mask_t.cpu().numpy().astype(np.bool)
batch_size = len(rewards)
proj_distr = np.zeros((batch_size, N_ATOMS), dtype=np.float32)
```

在一開始的時候，我們將「張量」轉換為 NumPy 陣列，並為未來會產生的預測分佈結果，建立一個空陣列。

```
for atom in range(N_ATOMS):
    tz_j = np.minimum(Vmax, np.maximum(Vmin, rewards +
(Vmin + atom * DELTA_Z) * gamma))
```

在迴圈之中，我們迭代我們的「原子」，而在第一步，對該「原子」計算「貝爾曼運算子」投影的位置，同時要考慮值域 $V_{min}...V_{max}$。

```
b_j = (tz_j - Vmin) / DELTA_Z
```

上面這一行指令會計算這個投影值所屬的「原子」索引。當然，投影值可能落在「原子」與「原子」之間，在這種情況下，我們會按照比例將值投影到兩個「原子」。

```
l = np.floor(b_j).astype(np.int64)
u = np.ceil(b_j).astype(np.int64)
eq_mask = u == l
proj_distr[eq_mask, l[eq_mask]] += next_distr[eq_mask, atom]
```

前面的程式碼處理了「投影值」剛剛好落在「原子」上面的情況。在這種情況下，我們只要將值加到「原子」之上。由於我們是使用批次處理，因此有些樣本可能會滿足這種情況、有些則不滿足。這就是我們需要計算遮罩並使用它來過濾樣本的原因。

```
ne_mask = u != l
proj_distr[ne_mask, l[ne_mask]] += next_distr[ne_mask, atom] *
(u - b_j)[ne_mask]
proj_distr[ne_mask, u[ne_mask]] += next_distr[ne_mask, atom] *
(b_j - l)[ne_mask]
```

迴圈的最後一步是：我們需要處理當投影值介於兩個「原子」之間的這種情況。在這種情況下，我們會按照比例在兩個「原子」之間分配投影值。

```
if dones_mask.any():
    proj_distr[dones_mask] = 0.0
    tz_j = np.minimum(Vmax, np.maximum(Vmin, rewards[dones_mask]))
    b_j = (tz_j - Vmin) / DELTA_Z
```

這個分支指令處理了「回合結束」時的情況；我們的投影分佈只會包含一條資料，它是我們獲得的「獎勵」所對應的「原子」。在這裡，我們選用跟之前相同的「行動」，但是來源分佈是「獎勵」。

```python
l = np.floor(b_j).astype(np.int64)
u = np.ceil(b_j).astype(np.int64)
eq_mask = u == l
eq_dones = dones_mask.copy()
eq_dones[dones_mask] = eq_mask
if eq_dones.any():
    proj_distr[eq_dones, l[eq_mask]] = 1.0
ne_mask = u != l
ne_dones = dones_mask.copy()
ne_dones[dones_mask] = ne_mask
if ne_dones.any():
    proj_distr[ne_dones, l[ne_mask]] = (u - b_j)[ne_mask]
    proj_distr[ne_dones, u[ne_mask]] = (b_j - l)[ne_mask]
```

函數結束的最後，我們將分佈打包到 PyTorch 張量之中，並回傳它。

```python
return torch.FloatTensor(proj_distr).to(device)
```

結果

D4PG 方法的「收斂速度」與「所獲得的獎勵」，這兩個方面都有最佳結果。使用 1M「觀察」與僅僅五個小時的訓練之後，它就能夠達到 **12.799** 的平均測試獎勵，我們可以猜測，它已經接近「環境」中的最大值。下面兩張圖是 2M「觀察」的動態。

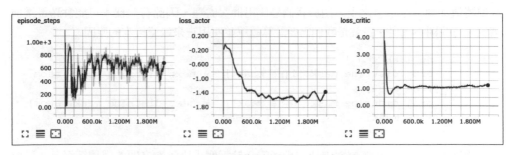

圖 14.6：DDPG 訓練集的平均長度與損失

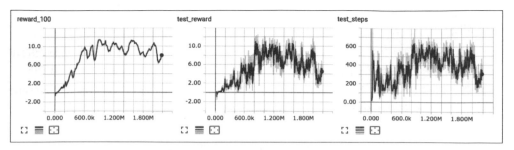

圖 14.7：DDPG 訓練與測試期間的獎勵

從圖表中可以看出，「代理人」找到了最佳策略，並在 1M 幀之後停止收斂。要儲存、記錄模型活動的影片，您可以使用相同的 `Chapter14/05_play_ddpg.py` 工具程序，因為「行動者」的架構完全相同。您可以到這裡觀看「我從訓練好的模型中取得的最佳影片」：https://youtu.be/BMt40odLfyk。

要嘗試的事情

以下是您可以來嘗試的一系列事情，它們可以幫助您更瞭解本章的主題：

1. 在 D4PG 的程式碼中，我使用了一個非常簡單的「重播緩衝區」，這樣就能表現得比 DDPG 更好一些。您可以嘗試使用「優先重播緩衝區」來重複實驗相同的例子，並檢查結果，我們在「第 7 章」中有介紹過。

2. 在「連續行動空間」中還有許多有趣且具有挑戰性的「環境」。例如，您可以從其他 PyBullet「環境」開始；還有「**DeepMind 控制套件**」（DeepMind Control Suite；在 2018 年的一篇論文中說明了這個環境，它比較了 A3C、DDPG 和 D4PG 等方法）、在 Gym 之中的 MuJoCo-based 環境，以及其他許多類似的環境。

3. 您可以申請一個 MuJoCo 的試用權，並與 PyBullet 的穩定性、效能和結果策略做比較。

4. 您可以試著玩一玩 NIPS-2017 中一個非常具有挑戰性的問題：Learning how to run 比賽。您會得到一個人體模擬器，您的「代理人」要弄清楚如何移動它。

小結

在本章中，我們使用「強化學習法」快速地瀏覽了一下「連續控制」這個非常有趣的領域，並以三種不同的演算法檢驗了「四足機器人」這個問題。在訓練過程中，我們使用模擬器，但是 Ghost Robotics 公司真的把這個機器人製作出來了（您可以在 YouTube 上查看它的介紹影片：https://youtu.be/bnKOeMoibLg）。

我們在這個環境中套用了三種訓練方法：A2C、DDPG 和 D4PG（D4PG 它能得到最佳的結果）。在下一章中，我們將繼續研究「連續行動」這個領域，並將檢查另一組不同的改進方法：「信賴域」（trust region）。

15

信賴域策略－TRPO、PPO與ACKTR

在本章中，我們將介紹一些方法，它們可以提高隨機策略梯度法的穩定度。其中一些方法已被證實可以明顯地讓「策略」改進、亦更加穩定；本章將重心放在其中三種方法：「**近端策略最佳化**」（Proximal Policy Optimization，**PPO**）、「**信賴域策略最佳化**」（Trust Region Policy Optimization，**TRPO**）與使用「**克羅內克因子信賴域**」（Kronecker-Factored Trust Region，**ACKTR**）的「**行動－評論者**」（Actor-Critic，**A2C**）法。

為了讓它們與基本的 A2C 基線進行比較，我們將使用 OpenAI 所建立的 roboschool 函式庫當中的一些工作環境來做說明。

簡介

我們接下來要介紹的這些方法，它們的研發動機都是希望能在訓練期間提高**更新策略**的穩定性。直觀地說，這裡存在著一個兩難問題：一方面，我們希望盡可能地快速進行訓練，在訓練期間採取大步幅「**隨機梯度下降**」（SGD）來做更新。另一方面，大步幅更新的策略通常是一個很糟糕的方法，因為一般來說，我們的策略都是非線性的，也就是說，大步幅更新可能會破壞我們剛剛學到的策略。在 RL 之中，大步幅更新會讓事情變得更糟；因為策略的不良更新，在經過了一連串後續的更新之後，將會變得無法恢復。而這些不好的策略會產生糟糕的樣本，並讓我們在後續的訓練過程中使用這些糟糕的樣本，這完全違反了我們策略的原始意義。因此，我們希望盡可能地**避免**進行大步幅更新。其中一個簡單的解決方案就是在 SGD 期間使用較小、如牛步一般的「學習速率」，但是這種解決方案會大大地**減緩**收斂速度。

為了打破這種惡性循環，研究人員試著去估計我們的更新策略到底會對「未來的結果」產生什麼影響。當然，這是一個非常粗略的解釋，但是它可以幫助我們理解這個可能會很有幫助的想法，因為這些方法需要讀者對**數學**有深刻的理解才能夠融會貫通（特別是 **TRPO**）。

Roboschool

為了實驗本章所介紹的方法，我們將使用 roboschool 函式庫，它使用 PyBullet 作為實體引擎，並包含 13 種不同複雜程度的環境。PyBullet 本身也有類似的環境，但在撰寫本文時，由於內部 OpenGL 的問題，它無法在相同的環境中建立多個實例。在本章中，我們將會討論兩個問題：**RoboschoolHalfCheetah-v1** 環境，它模擬了一個**兩隻腳**的生物（HalfCheetah），以及 **RoboschoolAnt-v1** 環境，它模擬了一個**四隻腳**的生物（Ant）。它們的狀態和行動空間與我們在前一章中所看到的 Minitaur 環境非常相似：它們的「狀態」包括關節的特徵，而「行動」則是這些關節是否要啟動。它們的目標是：在消耗最少能源的情況下，盡可能地向前移動。

圖 15.1：兩個 roboschool 環境的螢幕截圖：RoboschoolHalfCheetah 和 RoboschoolAnt

您只需要按照這個網頁上的說明進行操作：https://github.com/openai/roboschool，就可以安裝 roboschool。這個過程需要在系統中安裝額外的元件，並且需要建置和使用修改過的 PyBullet。完成 roboschool 的安裝之後，您應該能夠在程式碼中使用 import roboschool，來存取這個新環境。

安裝的過程可能不是那麼容易、順暢，根據我個人的情況，需要以 `python-3.6.pc` 的目錄名稱來設定 `PKG_CONFIG_PATH` 環境變數。完整的命令如下所示：

```
export PKG_CONFIG_PATH=/home/shmuma/anaconda3/envs/rl_book_
samples-0.4.0/lib/pkgconfig/
```

設定了這個變數之後，roboschool 就能沒有問題地順利安裝完成。

A2C 基線

為了建立基線結果，我們將使用 A2C 方法，產生的方式與前一章的程式碼非常類似。完整的程式碼在 `Chapter15/01_train_a2c.py` 和 `Chapter15/lib/model.py` 這兩個檔案之中。這個基線和我們在前一章中使用過的版本之間存在著一些差異。首先，在訓練期間會使用 16 個平行的環境，用它們來收集經驗。第二個差異是模型的結構和我們的探索方式。為了說明它們，讓我們先來看一下 model 類別和 agent 類別吧。

「行動者」和「評論者」會被放在不同的網路之中，但不會共用加權。「評論者」在計算行動的平均值和變異數時，會使用前一章所用的方法，只是現在變異數不是基礎網路中的單獨端（a separate head），而是模型的單一參數（a single parameter）。SGD 在訓練期間將會調整這個參數，但不會依據觀察來做調整。

```
HID_SIZE = 64


class ModelActor(nn.Module):
    def __init__(self, obs_size, act_size):
        super(ModelActor, self).__init__()

        self.mu = nn.Sequential(
            nn.Linear(obs_size, HID_SIZE),
            nn.Tanh(),
            nn.Linear(HID_SIZE, HID_SIZE),
            nn.Tanh(),
            nn.Linear(HID_SIZE, act_size),
            nn.Tanh(),
        )
        self.logstd = nn.Parameter(torch.zeros(act_size))

    def forward(self, x):
        return self.mu(x)
```

「行動者網路」有兩個「隱藏層」，每層有 64 個神經元，這些神經元都使用 tanh 非線性啟動函數。變異數被建模為單獨的網路參數，並被解釋為標準差的對數。

```
class ModelCritic(nn.Module):
    def __init__(self, obs_size):
        super(ModelCritic, self).__init__()

        self.value = nn.Sequential(
            nn.Linear(obs_size, HID_SIZE),
            nn.ReLU(),
            nn.Linear(HID_SIZE, HID_SIZE),
            nn.ReLU(),
            nn.Linear(HID_SIZE, 1),
        )

    def forward(self, x):
        return self.value(x)
```

「評論者網路」一樣有兩個大小相同的「隱藏層」和一個「輸出值」，它就是 *V(s)* 的值估計，它是狀態的一個「百分值」（discounted value）。

```
class AgentA2C(ptan.agent.BaseAgent):
    def __init__(self, net, device="cpu"):
        self.net = net
        self.device = device

    def __call__(self, states, agent_states):
        states_v = ptan.agent.float32_preprocessor(states).to
(self.device)

        mu_v = self.net(states_v)
        mu = mu_v.data.cpu().numpy()
        logstd = self.net.logstd.data.cpu().numpy()
        actions = mu + np.exp(logstd) * np.random.normal
(size=logstd.shape)
        actions = np.clip(actions, -1, 1)
        return actions, agent_states
```

會將狀態轉換為行動的「代理人」，也是簡單地利用從狀態獲得的預測平均值，並使用包含變異數的雜訊，來完成工作；這個變異數是由 logstd 參數目前的值所決定的。

結果

預設情況下會使用 RoboschoolHalfCheetah-v1 環境，但是您也可以更改它，只要將想要使用的環境 ID 以參數 -e 傳入，就可以了。下圖是在 HalfCheetah 環境之中，從訓練環境中獲得的（平滑後的）總獎勵（下圖左邊的 **reward_100** 子圖）、平均測試分數（來自 10 個測試的數據）以及「回合長度」。

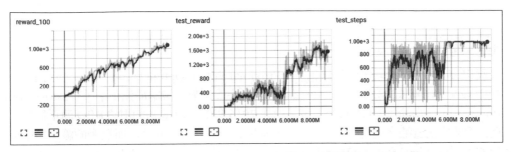

圖 15.2：HalfCheetah 上的 A2C 收斂圖

這個問題在獎勵是 **700** 分左右的時候，有一個策略的區域最小值；而在大約 **1000** 步的時候得到平衡，模型會靜止不動。它需要發現「如果再向前跑，可以獲得更大的獎勵」，而這花了它大約 6M 的觀察才完成。總訓練時間約 15 小時。

由於 RoboschoolAnt-v1 較慢，模擬過程會花較長的時間，因此可能需要花多一天的時間去訓練才能改進策略。但是，這些圖表足以讓讀者了解收斂穩定性和效能。

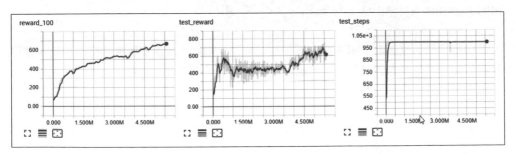

圖 15.3：Ant 上的 A2C 收斂

記錄影片

像之前一樣，有一個工具程式可以記錄模型基線，並且將代理人行動的影片錄製下來。這個工具程式在檔案 Chapter15/02_play.py 之中，本章介紹的方法所製作的模型，都可以使用這個工具程式（因為「行動者網路」在所有演算法中都是相同的）。您甚至還可以使用 -e 選項更改環境的名稱。

近端策略最佳化

從歷史上來看，「近端策略最佳化」（Proximal Policy Optimization，PPO）這個方法是由 OpenAI 團隊所發明的，並且它的發明是在「信賴域策略最佳化」（Trust Region Policy Optimization，TRPO）之後（約在 2015 年）。但是 PPO 比 TRPO 簡單得多，所以我們先介紹它。這個方法是由 John Schulman 等人在 2017 年所發表的論文之中提出的：《Proximal Policy Optimization Algorithms》（arXiv:1707.06347）。

針對經典「非同步優勢行動 – 評論者法」（Asynchronous Advantage Actor-Critic，A3C）改進的核心，是改變用來估計「策略梯度」的表示法。PPO 方法不是使用所選取行動的對數機率梯度，而是一個不一樣的目標：新策略與舊策略以優勢縮放之後，它們之間的比例。

舊的 A3C 目標的數學公式可以被寫成：$J_\theta = \mathbb{E}_t[\nabla_\theta \log \pi_\theta(a_t|s_t)A_t]$。

PPO 所提出的新目標則是：$J_\theta = \mathbb{E}_t[\frac{\pi_\theta(a_t|s_t)}{\pi_{\theta_{old}}(a_t|s_t)}A_t]$。

改變目標背後的原因與「第 4 章」的「交叉熵法」相同：以**重要性**來抽樣。但是，如果我們只是盲目地最大化這個值，可能會導致對策略加權過大的更新。為了限制更新不要過大，可以將目標適度**剪裁**。

如果我們把新、舊策略之間的比例寫成 $r_t(\theta) = \frac{\pi_\theta(a_t|s_t)}{\pi_{\theta_{old}}(a_t|s_t)}$ 的話，剪裁後的目標可以寫成：$J_\theta^{clip} = \mathbb{E}_t[\min(r_t(\theta)A_t, clip(r_t(\theta), 1 - \epsilon, 1 + \epsilon)A_t)]$。

這個目標限制了新、舊策略之間的比例一定會在 $[1 - \epsilon, 1 + \epsilon]$ 區間之中，而使用不同的 ϵ，我們就可以限制更新的大小。

PPO 方法與 A3C 方法的另一個不同之處是估計優勢的方式。在 A3C 論文中，我們是從有限 T 時步估計出優勢，它的公式是：

$$A_t = -V(s_t) + r_t + \gamma r_{t+1} + \ldots + \gamma^{T-t+1} r_{T-1} + \gamma^{T-t} V(s_T)$$

。

而在 PPO 論文中，作者使用了一個更為通用的方式來估計：

$$A_t = \sigma_t + (\gamma\lambda)\sigma_{t+1} + (\gamma\lambda)^2 \sigma_{t+2} + \ldots + (\gamma\lambda)^{T-t+1}\sigma_{T-1} ,$$

而 $\sigma_t = r_t + \gamma V(s_{t+1}) - V(s_t)$。

在這個更通用的公式中，之前的 A3C 估計，則是在 $\lambda = 1$ 情況之下的一個特例。

PPO 方法使用一個稍微不同的訓練程序，當從環境中取得一個長序列樣本之後，在執行幾「輪」訓練之前，會估計整個長序列的優勢。

實作

範例程式碼放在兩個檔案之中：Chapter15/04_train_ppo.py 和 Chapter15/lib/model.py。「行動者」、「評論者」和「代理人」類別與我們在 A2C 基線中定義的類別完全相同。唯一的差異只在於訓練程序和我們計算優勢的方式；讓我們從超參數開始介紹吧。

```
ENV_ID = "RoboschoolHalfCheetah-v1"
GAMMA = 0.99
GAE_LAMBDA = 0.95
```

GAMMA 值大家應該都很熟悉了，但 GAE_LAMBDA 是一個新的常數，它是優勢估計器中的 lambda 因子。在 PPO 的論文中，作者使用的值是 0.95。

```
TRAJECTORY_SIZE = 2049
LEARNING_RATE_ACTOR = 1e-4
LEARNING_RATE_CRITIC = 1e-3
```

這個方法假設每個子迭代會從環境取得大量轉換（如前一節中關於 PPO 的說明，在訓練期間它對採樣的訓練批次進行了幾「輪」的處理）。我們還為「行動者」和「評論者」使用兩種不同的優化器（因為它們沒有共享加權）。

```
PPO_EPS = 0.2
PPO_EPOCHES = 10
PPO_BATCH_SIZE = 64
```

對於每批的 TRAJECTORY_SIZE 個樣本，我們執行 PPO_EPOCHES 迭代來完成 PPO 的目標，其中的小批次數據包含 64 個樣本。超參數 PPO_EPS 是新策略與舊策略裁剪值的比例。

```
TEST_ITERS = 1000
```

對於從環境中獲得的每 1k 觀察值，我們都執行 10「回合」的測試，以取得當前策略的總獎勵和步數。下面的函數輸入步驟的軌跡，然後計算「行動者」訓練的優勢和訓練「評論者」的參考值。我們的軌跡不是單獨一「回合」，而是可以包含連續的幾「回合」。

```
def calc_adv_ref(trajectory, net_crt, states_v, device="cpu"):
    values_v = net_crt(states_v)
    values = values_v.squeeze().data.cpu().numpy()
```

函數的第一個指令要求「評論者」將「狀態」轉為「值」。

```
    last_gae = 0.0
    result_adv = []
    result_ref = []
    for val, next_val, (exp,) in zip(reversed(values[:-1]),
reversed(values[1:]), reversed(trajectory[:-1])):
```

這個迴圈將「取得的值」和「經驗點」連接在一起。對於每個軌跡步驟，我們需要當前的值（從當前狀態取得）和下一個步驟的值（使用「貝爾曼方程式」執行估計）。我們還以相反的順序走訪軌跡，以便能夠在一個步驟中計算更多近期的優勢值。

```
        if exp.done:
            delta = exp.reward - val
            last_gae = delta
        else:
            delta = exp.reward + GAMMA * next_val - val
            last_gae = delta + GAMMA * GAE_LAMBDA * last_gae
```

在每一步中，我們是否要行動，是取決於這個步驟的 done 旗標。如果這是「回合」的最後一步，我們就不會事先得到獎勵（**請注意**，我們是用反方向的順序在處理軌跡）。因此，我們在這個步驟中的 delta 值只是即時獎勵**減去**步驟預測的值。如果當前步驟不是最後一步，則 delta 會等於即時獎勵**加上**後續步驟的折扣獎勵值，**再減去**當前步驟的值。在經典 A3C 方法中，這個 delta 被用來當作優勢估計，但是在這裡，我們會做平滑處理，因此，優勢估計（以 last_gae 變數來追蹤）是具有折扣因子 $\gamma\lambda$ 的 **delta 和**。

```
        result_adv.append(last_gae)
        result_ref.append(last_gae + val)
```

該函數的目標是為「評論者」計算優勢和參考值,因此我們將它們儲存在串列之中。

```
    adv_v = torch.FloatTensor(list(reversed(result_adv))).to(device)
    ref_v = torch.FloatTensor(list(reversed(result_ref))).to(device)
    return adv_v, ref_v
```

在訓練迴圈中,我們使用 PTAN 函式庫中的 ExperienceSource(steps_count=1) 類別來收集所需數量的軌跡。透過這樣的組態配置,它會提供環境中各個步驟的常數串列 (state, action, reward, done) 給我們。

```
            trajectory.append(exp)
            if len(trajectory) < TRAJECTORY_SIZE:
                continue

            traj_states = [t[0].state for t in trajectory]
            traj_actions = [t[0].action for t in trajectory]
            traj_states_v = torch.FloatTensor(traj_states).to(device)
            traj_actions_v = torch.FloatTensor(traj_actions).
 to(device)
            traj_adv_v, traj_ref_v = calc_adv_ref(trajectory,
 net_crt, device=device)
```

當我們獲得足夠多的訓練軌跡時(由前面的 TRAJECTORY_SIZE 超參數來定義),我們就將狀態轉換為張量,並使用前面已經說明過的函數來計算優勢和參考值。儘管我們的軌跡非常長,但測試環境的觀察時間其實很短,因此可以用一步來完成批次處理。在 Atari 幀的情境下,以這樣的批次來處理可能會發生 GPU 記憶體錯誤。

在下一步中,我們計算所選取行動的機率的對數。這個值會在 PPO 的目標中被記作: $\pi_{\theta_{old}}$。另外,我們將優勢的平均值和變異數標準化,以提高訓練的穩定性。

```
            mu_v = net_act(traj_states_v)
            old_logprob_v = calc_logprob(mu_v, net_act.logstd,
 traj_actions_v)
            traj_adv_v = (traj_adv_v - torch.mean(traj_adv_v)) /
 torch.std(traj_adv_v)
```

後面兩個指令會將軌跡中的最後一個項目刪除，以便維持優勢和參考值必須比軌跡長度「少一步」的條件（因為我們移動了 calc_adv_ref 函數迴圈中的值）。

```
trajectory = trajectory[:-1]
old_logprob_v = old_logprob_v[:-1].detach()
```

完成所有準備工作之後，就會對我們的軌跡進行幾「輪」的訓練。對於每一個批次，我們從陣列中提取相對應的部分，並分別進行「評論者」和「行動者」的訓練。

```
for epoch in range(PPO_EPOCHES):
    for batch_ofs in range(0, len(trajectory), PPO_BATCH_
SIZE):
        states_v = traj_states_v[batch_ofs:batch_ofs +
PPO_BATCH_SIZE]
        actions_v = traj_actions_v[batch_ofs:batch_ofs +
PPO_BATCH_SIZE]
        batch_adv_v = traj_adv_v[batch_ofs:batch_ofs +
PPO_BATCH_SIZE].unsqueeze(-1)
        batch_ref_v = traj_ref_v[batch_ofs:batch_ofs +
PPO_BATCH_SIZE]
        batch_old_logprob_v = old_logprob_v[batch_
ofs:batch_ofs + PPO_BATCH_SIZE]
```

為了訓練「評論者」，我們要做的就是用預先計算出來的參考值來計算「**均方誤差**」（MSE）損失。

```
opt_crt.zero_grad()
value_v = net_crt(states_v)
loss_value_v = F.mse_loss(value_v.squeeze(-1),
batch_ref_v)
loss_value_v.backward()
opt_crt.step()
```

在「行動者」訓練中，我們最小化「負的剪裁目標」（the negated clipped objective）：

$$\mathbb{E}_t[\min(r_t(\theta)A_t, clip(r_t(\theta), 1 - \epsilon, 1 + \epsilon)A_t)]，而 \ r_t(\theta) = \frac{\pi_\theta(a_t|s_t)}{\pi_{\theta_{old}}(a_t|s_t)}。$$

以下幾行的指令是這個公式的實作。

```
                    opt_act.zero_grad()
                    mu_v = net_act(states_v)
                    logprob_pi_v = calc_logprob(mu_v, net_act.logstd,
actions_v)
                    ratio_v = torch.exp(logprob_pi_v - batch_old_
logprob_v)
                    surr_obj_v = batch_adv_v * ratio_v
                    clipped_surr_v = batch_adv_v * torch.
clamp(ratio_v, 1.0 - PPO_EPS, 1.0 + PPO_EPS)
                    loss_policy_v = -torch.min(surr_obj_v, clipped_
surr_v).mean()

                    loss_policy_v.backward()
                    opt_act.step()
```

結果

我們對 HalfCheetah 和 Ant 兩個測試環境進行訓練，結果顯示 PPO 方法比 A2C 方法好很多。下面的圖表顯示了 RoboschoolHalfCheetah-v1 環境的訓練進程；PPO 方法在 130 萬次觀察和經過 2 個小時的訓練之後，可以達到 1k 的分數，這比 A2C 的 1 千萬次觀察和 15 小時的訓練才能得到同樣的結果要好得多。在經過 10 個小時的訓練之後，「代理人」能夠得到超過 2600 的最高獎勵，但是看起來它還可以更好，因為只要調整一下「**學習速率**」（Learning Rate，**LR**）的值。

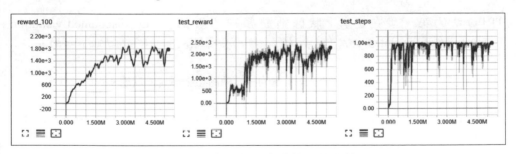

圖 15.4：HalfCheetah 上的 PPO 收斂

在 RobochoolAnt-v1 上，獎勵的增加也幾乎是線性的；在 20 小時內，最大測試獎勵是 1848，相較於 A2C 方法，這也是很大的進步。

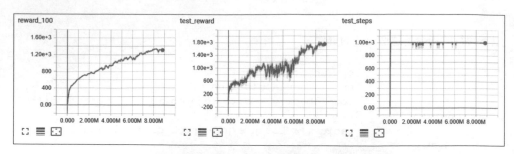

圖 15.5：Ant 環境的 PPO

信賴域策略最佳化

「信賴域策略最佳化」（Trust Region Policy Optimization，TRPO）是由柏克萊的研究人員 John Schulman 等人在 2015 年發表的論文所提出的：《Trust Region Policy Optimization》（arXiv:1502.05477）。這篇論文是第一篇討論「如何提高隨機策略梯度最佳化穩定性和一致性」的研究成果，並且在不同的控制任務上，TRPO 法都得到非常好的結果。

不幸的是，論文和方法都包含了大量的數學，很難以直觀的方式來理解這個方法的細節。而實作也一樣包含許多數學，它使用「共軛梯度法」（conjugate gradients method）來有效地解決「受限制最佳化問題」（constrained optimization problem）。

TRPO 法的第一步在定義「狀態造訪頻率的折扣」（the discounted visitation frequencies of the state）：$\rho_\pi(s) = P(s_0 = s) + \gamma P(s_1 = s) + \gamma^2 P(s_2 = s) + \dots$

在這個方程式中，$P(s_i = s)$ 等於在**第 i 處**的採樣軌跡上要滿足的**狀態 s** 的採樣機率。

然後，TRPO 法將最佳化目標定義為：$L_\pi(\tilde{\pi}) = \eta(\pi) + \sum_s \rho_\pi(s) \sum_a \tilde{\pi}(a|s) A_\pi(s, a)$。

其中 $\eta(\pi) = \mathbb{E}[\sum_{t=0}^\infty \gamma^t r(s_t)]$，它是策略的期望折扣獎勵。

而 $\tilde{\pi} = \arg\max_a A_\pi(s, a)$ 則定義了「明確策略」（deterministic policy）。

為了解決大型策略的更新問題，TRPO 定義了對更新策略的額外限制，這個限制以新、舊策略之間的「**最大化 Kullback-Leibler 散度**」來表示，可以將之寫成：$\bar{D}_{KL}^{\rho_{\theta_{old}}}(\theta_{old}, \theta) \leq \delta$。

實作

大多數 TRPO 法的實作都非常類似，可能是因為這些實作都源自於原創作者 John Schulman 最初的 TRPO 實作：https://github.com/joschu/modular_rl，這些不同的 TRPO 實作可以從 GitHub 或其他開源儲存庫中下載。我個人的 TRPO 實作其實也沒有太大的差異，可以從儲存庫中下載：https://github.com/ikostrikov/pytorch-trpo；一樣使用了核心函數實作「共軛梯度法」（它會被 TRPO 用來解決「限制最佳化問題」）。

完整的程式範例在檔案 Chapter15/03_train_trpo.py 和 Chapter15/lib/trpo.py 之中，訓練迴圈與 PPO 範例非常相似：我們對事先定義長度的轉移軌跡進行採樣，並使前面 PPO 小節中所定義的平滑公式來計算優勢估計（從歷史的角度來看，這個估計器是在 TRPO 論文中，最先被提出來的）。接下來，我們以「計算出來的參考值」和「TRPO 的一步更新」，使用 MSE 損失來完成「評論者」的一個訓練步驟，其中包含使用「共軛梯度法」找出應該前進的方向，並沿著這個方向進行線性搜尋，找出包含著「期望 Kullback-Leibler 散度」的地方。

以下是訓練迴圈中的一部分，它會完成上述兩個步驟：

```
# critic step
opt_crt.zero_grad()
value_v = net_crt(traj_states_v)
loss_value_v = F.mse_loss(value_v.squeeze(-1), traj_ref_v)
loss_value_v.backward()
opt_crt.step()
```

為了執行 TRPO 步驟，我們需要提供兩個函數：第一個函數計算當前「行動者」策略的損失，它使用與新、舊策略 PPO 相同的比例乘上優勢估計。第二個函數則計算舊策略和當前策略之間的「Kullback-Leibler 散度」。

```
# actor step
def get_loss():
    mu_v = net_act(traj_states_v)
    logprob_v = calc_logprob(mu_v, net_act.logstd, traj_
actions_v)
    action_loss_v = -traj_adv_v.unsqueeze(dim=-1) * torch.
exp(logprob_v - old_logprob_v)
```

```
            return action_loss_v.mean()

        def get_kl():
            mu_v = net_act(traj_states_v)
            logstd_v = net_act.logstd
            mu0_v = mu_v.detach()
            logstd0_v = logstd_v.detach()
            std_v = torch.exp(logstd_v)
            std0_v = std_v.detach()
            kl = logstd_v - logstd0_v + (std0_v ** 2 +
((mu0_v - mu_v) ** 2) / (2.0 * std_v ** 2) - 0.5
            return kl.sum(1, keepdim=True)

        trpo.trpo_step(net_act, get_loss, get_kl, TRPO_MAX_KL,
    TRPO_DAMPING, device=device)
```

換句話說，PPO 法是「不使用複雜的共軛梯度和線性搜尋，反而採用策略比例的簡單剪裁來限制策略更新」的 TRPO 法。

結果

根據我個人的實驗，TRPO 法的結果比 A2C 基線法來得更好，但是表現卻比 PPO 來得差。這很可能只是因為我使用的是：直接複製貼上、沒有微調過的 TRPO 低階程式碼。

在 HalfCheetah 環境的測試中，TRPO 法在 5M 觀察和 8 小時訓練之後，能獲得 1k 的獎勵。在 13M 的觀察中，獎勵增加了一倍，但是這幾乎花了一整天的時間來訓練。

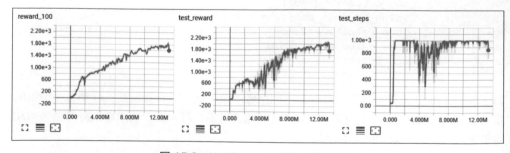

圖 15.6：HalfCheetah 環境上的 TRPO

RoboschoolAnt-v1 環境的訓練不算太成功。經過了 3 個小時和 1.5M 個步驟之後，「代理人」獲得了 700 分的獎勵，但是訓練過程馬上就發散了（diverged）。

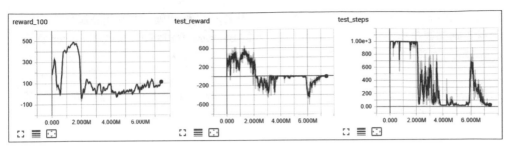

圖 15.7：Ant 環境上的 TRPO

使用 ACKTR 的 A2C

我們接下來要比較的第三種方式，它使用不同的演算法來解決 SGD 穩定性問題。在 Yuhuai Wu 和其他人於 2017 年所發表的論文當中：《Scalable Trust-Region Method for Deep Reinforcement Learning Using Kronecker-Factored Approximation》（arXiv:1708.05144），作者結合了「二階最佳化方法」和「信賴域方法」。

「二階法」（second-order methods）的想法是對最佳化函數套用二階導數（即曲率，curvature），來改進最佳化過程的收斂性，以這個方法來改良傳統的 SGD。為了讓事情變得更複雜一點，使用二階導數通常需要建立一個非常大的 Hessian 矩陣和它的反矩陣，因此，實務上通常是以某種方式來逼近它的近似值。這個領域的研究目前仍然非常活躍，因為開發「強大、可擴展的最佳化方法」對整個機器學習領域來說是非常重要的。

其中一種「二階法」被稱為「**克羅內克因子信賴域**」（Kronecker-Factored Trust Region，通常縮寫成 **ACKTR**；）；它是由 James Martens 和 Roger Grosse 在 2015 年所發表的論文當中提出的：《Optimizing Neural Networks with Kronecker-Factored Approximate Curvature》。但是，這個方法的詳細說明卻超出了本書設定的範圍。

實作

由 於 **KFAC**（Kronecker Factored Approximate Curvature） 是 最 新 的 方 法 之 一，因此 PyTorch 中沒有用實作這個優化器的方法。唯一可用的 PyTorch 原型來自 Ilya Kostrikov，可 以 從 如 後 網 址 取 得：https://github.com/ikostrikov/pytorch-a2c-ppo-acktr。TensorFlow 中還有另一個版本的 KFAC，它包含在 OpenAI 基線之中，但是要將它移到 PyTorch 上來使用，可不是一件簡單的事情。

以我個人的經驗來說，我從上面的網址中取得 KFAC 程式碼，並套用在範例之中，這個程式碼需要替換優化器，並執行一個額外的 backward() 呼叫，來收集 Fisher 資訊。「評論者」的訓練方式則與 A2C 法相同。

完整的範例在 Chapter15/05_train_acktr.py 中，此處並未顯示全部程式碼，因為基本上它與 A2C 法相同。唯一的差別只是**使用了不同的優化器**。

結果

在 RoboschoolAnt-v1 的環境中，ACKTR 方法的結果比 A2C 法更好，但是比 PPO 來的差。當然，這個結果是令人存疑的，因為我並沒有做太多的超參數調校（這部分留給讀者當作練習），結果可能會因實際環境的不同而有所差異，因此，一個比較好的練習方式，就是將手邊所有學習過的不同方法，都套用到任務上去實驗一下。

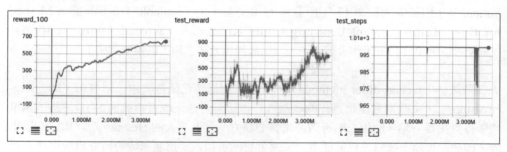

圖 15.8：HalfCheetah 環境上的 ACKTR

在 HalfCheetah 的環境中，ACKTR 表現得更不穩定，只能獲得 1k 的獎勵。

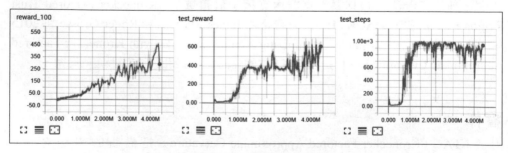

圖 15.9：Ant 環境上的 ACKTR

小結

在本章中，我們檢查了三種不同的方法，它們的目的在於提高隨機策略梯度的穩定性，我們將它們套用在兩個連續控制的問題上，並將結果與 A2C 方法的結果進行比較。合併使用上一章介紹的方法（DDPG 和 D4PG），它們產生了用來處理連續控制域的基本工具。

在下一章中，我們將切換到另一組最近變得非常流行的「強化學習」方法：「黑箱法」（black-box methods），或「無梯度法」（gradient-free methods）。

16

強化學習中的黑箱優化

本章將再一次改變我們對「強化學習」（RL）訓練的看法，並會將重心轉向所謂的「**黑箱優化法**」（black-box optimizations），特別是「**演化策略**」（evolution strategies）和「**基因演算法**」（genetic algorithms）。這些方法至少已經有十年的歷史了，但是最近研究人員對它們進行了幾項研究，研究結果顯示這些方法很適合用來處理大規模的「強化學習」問題，且它們與「值迭代法」和「策略梯度法」一樣具有競爭力。

黑箱法

首先，我們會討論整個方法家族，以及它們與我們到目前為止所看到的其他方法的不同之處。「黑箱優化法」（black-box optimizations）是最佳化問題的一個一般化方法，當你將優化的目標視為一個「黑箱」，且不假設函數是可微的、不假設任何值函數、不假設目標的平滑度…等等。「黑箱優化法」的唯一要求，是它們要有「**適合度函數**」（fitness function），這個函數應該能對我們手邊優化實體的特定實例，計算出一個適合性的度量值。

這個方法家族中最簡單的方法之一就是「隨機搜尋」（random search），即對你正在尋找的東西隨機抽樣（在「強化學習」的情境下，它就是策略 $\pi(a|s)$）；然後檢查這個候選者的「**適合度**」（fitness），如果結果顯示它夠好了（根據一些獎勵標準），那麼就算完工了。否則，你要一次又一次地重複這個過程。儘管這種方法很簡單、甚至很單純，特別是在看過了「前面那些相當複雜的方法」之後，這個方法是一個理想的例子，用來說明「黑箱法」背後的想法。此外，透過一些修改，我們很快就會看到，這個簡單的方法可以在「效率」和「最終策略的品質」等方面，與「深度 Q 網路」（DQN）和「策略梯度法」進行比較。

「黑箱法」有幾個非常吸引人的特性：

1. 它們比「基於梯度的方法」快至少兩倍，因為我們不需要執行反傳遞步驟來獲得梯度。

2. 最佳化目標和最佳化策略會被視為一個黑箱，幾乎沒有什麼前提。當你的獎勵函數不是平滑的（non-smooth），或是策略中包含隨機選擇步驟的時候，傳統方法會遇到一些麻煩。所有這些麻煩對於「黑箱法」來說都不是問題，因為它們對黑箱內部的期待並不高。

3. 這些方法通常可以很方便地平行化。例如，上述的隨機搜尋可以容易地擴展到數千個平行運作的 CPU 或 GPU，而不相互依賴。當你需要累積梯度並將當前策略傳遞給所有平行運作的「工作節點」（worker）時，DQN 或「策略梯度」並不是相互獨立的，這個特性會降低它們的平行程度。

上述特性的缺點是「樣本效率」通常比較**低**。具體來說，對一個包含五十萬個參數的「類神經網路」（NN）使用「單純隨機搜尋」的成功機率是非常低的。在本章中，我們將會討論兩種方法，這些方法能夠大大地提高「黑箱法」在複雜「強化學習問題」領域中的適用性。

演化策略

「**演化策略法**」（Evolution Strategies，**ES**）是「黑箱優化法」家族中的一個子集合，它們是受「演化過程」的啟發所開發出來的方法，也就是說，（演化）最成功的個體對搜尋的整體方向具有最大的影響力。有許多不同的方法都被歸類成「演化策略法」，在本章中，我們會介紹 OpenAI 研究人員 Tim Salimans 和 Jonathan Ho 等人在 2017 年 3 月發表的論文當中所使用的方法：《Evolution Strategies as a Scalable Alternative to Reinforcement Learning》（**[1]**）。

「演化策略法」的基本想法很簡單：在每次的迭代之中，我們對當前策略參數執行隨機擾動（random perturbation），並評估「策略適合度函數」的結果。然後我們用「相關適合度函數」的比例值，來調整策略加權。

上述論文中使用的具體方法被稱為「**自適應共變異數矩陣演化策略**」（Covariance Matrix Adaptation Evolution Strategy，**CMA-ES**），其中所執行的擾動是從「零均值、等變異數常態分佈」中採樣的隨機雜訊。然後我們計算策略的「適合度函數」，其加權等於原始策略的加權加上縮放的雜訊。接下來，根據所取得的值，我們用「雜訊乘

上適合度函數值」來調整原始策略加權，這會將我們的策略推向具有更高的「適合度函數值」的加權。為了提高穩定性，這個方法是「以不同的隨機雜訊多次執行這批步驟，它們的平均值」來更新加權。上述方法可以更正式地表示為**以下一系列的步驟：**

1. 初始化學習速率 α、雜訊標準差 σ 和初始策略參數 θ_0。
2. 迭代 **t = 0, 1, 2, ...**，執行：
   I. 具有加權形狀大小的批次樣本雜訊 $\epsilon_1, \ldots, \epsilon_n \sim \mathcal{N}(0, I)$
   II. 計算並回傳 $F_i = F(\theta_t + \sigma \epsilon_i)$，其中 $i = 1, \ldots, n$
   III. $\theta_{t+1} \leftarrow \theta_t + \alpha \frac{1}{n\sigma} \sum_{i=1}^n F_i \epsilon_i$ 來更新加權

上面的演算法就是該論文方法的核心，但是如往常一樣，在「強化學習」領域中，核心演算法通常不足以讓我們獲得良好的結果；因此，儘管核心是相同的，該論文中還是整合了幾個調整，來改進這個演算法。讓我們用之前看過的 CartPole 環境來實作並測試它吧。

CartPole 上的演化策略

完整的範例在 Chapter16/01_cartpole_es.py 之中。在這個範例中，我們使用單一環境來檢查擾動網路加權的「適合度」。我們的「適合度函數」將是該「回合」的未折扣總獎勵：

```python
#!/usr/bin/env python3
import gym
import time
import numpy as np

import torch
import torch.nn as nn

from tensorboardX import SummaryWriter
```

從上面的 import 指令中，您可以注意到我們的範例本身是自我滿足的。我們沒有使用 PyTorch 優化器，因為我們根本不需要執行反傳播。實際上，我們真的可以完全不使用 PyTorch，僅使用 NumPy 就可以了，因為我們使用唯一的 PyTorch 方法是執行前饋傳遞並計算網路的輸出。

```
MAX_BATCH_EPISODES = 100
MAX_BATCH_STEPS = 10000
NOISE_STD = 0.01
LEARNING_RATE = 0.001
```

超參數的數量也很小，包括以下的值：

- MAX_BATCH_EPISODES 與 MAX_BATCH_STEPS：訓練中「回合」和「步數」的限制

- NOISE_STD：用於擾動加權雜訊的標準差 σ

- LEARNING_RATE：用來調整訓練步驟加權的係數，也就是學習速率

```
class Net(nn.Module):
    def __init__(self, obs_size, action_size):
        super(Net, self).__init__()
        self.net = nn.Sequential(
            nn.Linear(obs_size, 32),
            nn.ReLU(),
            nn.Linear(32, action_size),
            nn.Softmax(dim=1)
        )

    def forward(self, x):
        return self.net(x)
```

我們使用的模型是一個簡單的「單隱藏層類神經網路」，它為我們提供從觀察中取得的行動。為了方便起見，我們在這裡使用 PyTorch NN 類別，由於網路只要做前饋，它其實可以被一群矩陣乘法和非線性運算取代。

```
def evaluate(env, net):
    obs = env.reset()
    reward = 0.0
    steps = 0
    while True:
        obs_v = torch.FloatTensor([obs])
        act_prob = net(obs_v)
        acts = act_prob.max(dim=1)[1]
        obs, r, done, _ = env.step(acts.data.numpy()[0])
        reward += r
        steps += 1
        if done:
            break
    return reward, steps
```

上面的函數會使用給定的策略，執行一個「完整回合」，並回傳總獎勵和步數。獎勵會被用來當作「適合度」的值，而且要計算「步數」來限制我們在組成批次時所花費的時間。我們用網路的輸出來計算 argmax，以「明確性」（deterministic）方式來選擇行動。原則上，可以從分佈中進行隨機抽樣，但是我們已經在網路參數中加入雜訊，以便進行探索，因此，這裡的「明確性」行動選擇並不會造成任何困擾。

```
def sample_noise(net):
    pos = []
    neg = []
    for p in net.parameters():
        noise_t = torch.from_numpy(np.random.normal(size=p.data.
size()).
astype(np.float32))
        pos.append(noise_t)
        neg.append(-noise_t)
    return pos, neg
```

在 sample_noise 函數中，我們產生與網路參數形狀大小相同的「零均值、單位變異數」隨機雜訊。這個函數回傳兩組雜訊張量：一組包含正雜訊，另一組則是相同隨機值的負雜訊。這兩組隨機樣本之後會被當作獨立樣本批次來使用。這種技術被稱為「**鏡像採樣**」（mirrored sampling），用來提高收斂的穩定性。實際上，如果沒有負雜訊，收斂會變得非常不穩定。

```
def eval_with_noise(env, net, noise):
    old_params = net.state_dict()
    for p, p_n in zip(net.parameters(), noise):
        p.data += NOISE_STD * p_n
    r, s = evaluate(env, net)
    net.load_state_dict(old_params)
    return r, s
```

上面的函數輸入了我們之前函數所建立的雜訊陣列，並評估加入雜訊的網路。為了達到這個目的，我們將雜訊加到網路參數之中，並叫用 evaluate 函數來取得獎勵和步數。然後，我們要將網路加權恢復到它的原始狀態，這個工作可以用載入網路的狀態字典來完成。

這個方法的最後一個函數、也是核心函數，是 train_step，它輸入包含雜訊和對應獎勵的批次，以如後的公式計算並更新網路參數：$\theta_{t+1} \leftarrow \theta_t + \alpha \frac{1}{n\sigma} \sum_{i=1}^{n} F_i \epsilon_i$。

```
def train_step(net, batch_noise, batch_reward, writer, step_idx):
    norm_reward = np.array(batch_reward)
    norm_reward -= np.mean(norm_reward)
```

```
s = np.std(norm_reward)
if abs(s) > 1e-6:
    norm_reward /= s
```

在一開始的時候，我們將獎勵正規化為「零均值、單位變異數」，這可以提高方法的穩定性。

```
for noise, reward in zip(batch_noise, norm_reward):
    if weighted_noise is None:
        weighted_noise = [reward * p_n for p_n in noise]
    else:
        for w_n, p_n in zip(weighted_noise, noise):
            w_n += reward * p_n
```

然後我們迭代批次中每一對的 **(雜訊，獎勵)**，將「雜訊值」乘上「正規化的獎勵」，並將我們策略中每個參數的相對應雜訊加在一起。

```
m_updates = []
for p, p_update in zip(net.parameters(), weighted_noise):
    update = p_update / (len(batch_reward) * NOISE_STD)
    p.data += LEARNING_RATE * update
    m_updates.append(torch.norm(update))
writer.add_scalar("update_l2", np.mean(m_updates), step_idx)
```

函數的最後一步使用了「累加的縮放雜訊」來調整網路參數。從技術層面來說，我們在這裡做的是梯度上升（gradient ascent），且梯度不是從「反傳遞法」取得的，而是用「蒙地卡羅採樣法」（Monte-Carlo sampling method）取得的。這一事實也在上面提及的論文 **[1]** 中得到證實；在論文中，作者非常明確地表示「自適應共變異數矩陣演化策略」（Covariance Matrix Adaptation Evolution Strategy，**CMA-ES**）與「**策略梯度法**」非常類似，只是我們取得**梯度估計**的方式不同而已。

```
if __name__ == "__main__":
    writer = SummaryWriter(comment="-cartpole-es")
    env = gym.make("CartPole-v0")

    net = Net(env.observation_space.shape[0], env.action_space.n)
    print(net)
```

訓練迴圈之前的準備非常簡單：我們建立環境與網路。

```
step_idx = 0
while True:
    t_start = time.time()
    batch_noise = []
```

```
batch_reward = []
batch_steps = 0
for _ in range(MAX_BATCH_EPISODES):
    noise, neg_noise = sample_noise(net)
    batch_noise.append(noise)
    batch_noise.append(neg_noise)
    reward, steps = eval_with_noise(env, net, noise)
    batch_reward.append(reward)
    batch_steps += steps
    reward, steps = eval_with_noise(env, net, neg_noise)
    batch_reward.append(reward)
    batch_steps += steps
    if batch_steps > MAX_BATCH_STEPS:
        break
```

訓練迴圈的每次迭代都從建立批次開始，我們對雜訊進行採樣，並取得正雜訊和負雜訊
的獎勵。當我們達到批次中的「回合限制」或「總步數限制」的時候，我們就會停止收
集數據並做訓練更新。

```
step_idx += 1
m_reward = np.mean(batch_reward)
if m_reward > 199:
    print("Solved in %d steps" % step_idx)
    break

train_step(net, batch_noise, batch_reward, writer, step_idx)
```

為了完成網路更新，我們叫用了之前已經看過的函數。它的目的是根據總獎勵來調整雜
訊，然後沿著平均雜訊的方向調整策略加權。

```
writer.add_scalar("reward_mean", m_reward, step_idx)
writer.add_scalar("reward_std", np.std(batch_reward), step_
idx)
writer.add_scalar("reward_max", np.max(batch_reward), step_
idx)
writer.add_scalar("batch_episodes", len(batch_reward), step_
idx)
writer.add_scalar("batch_steps", batch_steps, step_idx)
speed = batch_steps / (time.time() - t_start)
writer.add_scalar("speed", speed, step_idx)
print("%d. reward=%.2f, speed=%.2f f/s" % (step_idx,
m_reward, speed))
```

訓練迴圈中的最後一步會將指標寫入 TensorBoard，並在主控台上顯示訓練進度。

結果

只要不帶任何參數地執行這個程式，就可以開始訓練過程：

```
rl_book_samples/Chapter16$ ./01_cartpole_es.py
Net (
  (net): Sequential (
    (0): Linear (4 -> 32)
    (1): ReLU ()
    (2): Linear (32 -> 2)
    (3): Softmax ()
  )
)
1: reward=9.54, speed=6471.63 f/s
2: reward=9.93, speed=7308.94 f/s
3: reward=11.12, speed=7362.68 f/s
4: reward=18.34, speed=7116.69 f/s
...
20: reward=141.51, speed=8285.36 f/s
21: reward=136.32, speed=8397.67 f/s
22: reward=197.98, speed=8570.06 f/s
23: reward=198.13, speed=8402.74 f/s
Solved in 24 steps
```

從我的實驗結果來看，「**演化策略法**」（ES）通常需要大約 40 到 60 批次，才能解決 CartPole 問題。上面實驗的收斂動態顯示在下面的圖中，結果顯示**穩定性**非常高：

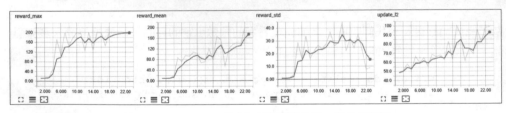

圖 16.1：CartPole 環境上「演化策略法」的收斂動態

HalfCheetah 上的演化策略

在下一個範例中，我們將越過最簡單的「演化策略法」實作，研究如何使用論文 **[1]** 中的「**共享種子策略**」（shared seed strategy），並有效地平行化這個方法。為了示範這種方法，我們將使用在「第 15 章」中已經實驗過的、roboschool 函式庫中的 **HalfCheetah** 環境：這是一個**連續行動**問題，一隻**奇怪的雙腿生物**在不傷害自己的情況下，向前奔跑，以便獲得獎勵。

首先讓我們討論一下「共享種子」的想法。「演化策略演算法」的效能主要是由收集訓練批次的速度來決定,其中包含對雜訊採樣,並檢查擾動雜訊的總獎勵。由於訓練批次處理是相互獨立的,我們可以輕鬆地將這個步驟平行化到大量遠端的「工作節點」上去完成(這跟我們在「第 11 章」中,從 A3C「工作節點」收集梯度的範例有點類似)。但是,這種平行化的簡單實作,需要將大量數據從「工作節點」(worker node)傳送到「**中央主程式**」(central master);「中央主程式」應該結合「工作節點」檢查過的雜訊並執行策略更新。而大部分的傳輸數據是雜訊向量,它們的大小會等於我們策略參數的大小。

為了避免這些額外的成本,論文的作者提出了一個非常漂亮的解決方案。由於在「工作節點」上採樣的雜訊是由「偽亂數產生器」所產生的,這表示我們可以設定「亂數種子」來產生完全一樣的隨機序列,所以「工作節點」只要將用來產生雜訊的亂數種子傳到「中央主程式」,這樣就夠了。然後「中央主程式」就可以使用這個種子,再次產生相同的雜訊向量。當然,每個「工作節點」的種子需要隨機產生,所以此處仍然有隨機優化的過程。這樣可以**顯著地減少**從「工作節點」傳輸到「中央主程式」的數據量,從而提高這個方法的擴展性。例如,論文作者回報了一個實驗:它在雲端中部署 1440 個 CPU,而最佳化的過程滿足線性加速。

我們的範例將使用相同的方法,來完成本機的平行化。程式碼放在 Chapter16/02_cheetah_es.py 之中。由於程式碼與 CartPole 程式版本幾乎相同,我們只會討論它們的差異。

我們將從「工作節點」開始說明,它使用 PyTorch 多元處理包裝器(multiprocessing wrapper)來單獨啟動這個程式。「工作節點」的責任很簡單:在每次迭代中,它會從「中央主程式」取得網路參數,然後再執行固定次數的迭代,而在這個迭代裡面,則會對雜訊進行採樣,並評估獎勵。最後,包含亂數種子的結果,則會使用佇列傳回去給「中央主程式」。

```
RewardsItem = collections.namedtuple('RewardsItem',
field_names=['seed', 'pos_reward', 'neg_reward', 'steps'])
```

「工作節點」是用上面的 namedtuple 來傳送「擾動策略評估」的結果,它包含「亂數種子」、「用正雜訊所取得的獎勵」、「用負雜訊所取得的獎勵」,以及我們在這兩個測試中所執行的「總步數」。

```
def worker_func(worker_id, params_queue, rewards_queue, device,
noise_std):
    env = make_env()
```

```
    net = Net(env.observation_space.shape[0], env.action_space.
shape[0]).to(device)
    net.eval()

    while True:
        params = params_queue.get()
        if params is None:
            break
        net.load_state_dict(params)
```

在每次訓練的迭代過程中,「工作節點」等待接收從「中央主程式」廣播的網路參數。
None 值表示「中央主程式」想要**停止**「工作節點」。

```
        for _ in range(ITERS_PER_UPDATE):
            seed = np.random.randint(low=0, high=65535)
            np.random.seed(seed)
            noise, neg_noise = sample_noise(net, device=device)
            pos_reward, pos_steps = eval_with_noise(env, net, noise,
noise_std, device=device)
            neg_reward, neg_steps = eval_with_noise(env, net,
neg_noise, noise_std, device=device)
            rewards_queue.put(RewardsItem(seed=seed,
pos_reward=pos_reward,
                                          neg_reward=neg_reward,
steps=pos_steps+neg_steps))
```

程式碼的其餘部分與前一個範例幾乎相同,唯一的差別在於雜訊產生之前,要產生並設
定亂數種子。這能讓「中央主程式」利用亂數種子**再一次**產生完全相同的雜訊。另一個
不同之處在於「中央主程式」用來執行訓練步驟的函數。

```
def train_step(optimizer, net, batch_noise, batch_reward, writer,
step_idx, noise_std):
    weighted_noise = None
    norm_reward = compute_centered_ranks(np.array(batch_reward))
```

在前面的例子中,我們減掉平均值並除以標準差,來正規化一批獎勵。根據「演化策略
法」的論文,使用**「等級」**(**rank**)而不使用實際獎勵的話,可以得到更好的結果。由
於「演化策略法」沒有關於「適合度函數」的假設(在我們的情境下,「適合度函數」
是獎勵),我們可以對獎勵「以我們想要的方式」來重新排列,這在 DQN 的情況下,
是不可能做到的。在此處,陣列的**「等級轉換」**(**rank transformation**)代表「用排序
好的陣列索引」替換「陣列」。例如:陣列 **[0.1, 10, 0.5]** 的「等級」陣列是 **[0, 2, 1]**。
函數 compute_centered_ranks 輸入批次總獎勵的陣列,對陣列中的每個元素計算它的
「等級」,然後正規化這些「等級」。例如:輸入陣列是 **[21.0, 5.8, 7.0]**,它的「等級」

是 **[2, 0, 1]**，而最後的「中間對齊等級」是 **[0.5, -0.5, 0.0]**。

```
for noise, reward in zip(batch_noise, norm_reward):
    if weighted_noise is None:
        weighted_noise = [reward * p_n for p_n in noise]
    else:
        for w_n, p_n in zip(weighted_noise, noise):
            w_n += reward * p_n
m_updates = []
optimizer.zero_grad()
for p, p_update in zip(net.parameters(), weighted_noise):
    update = p_update / (len(batch_reward) * noise_std)
    p.grad = -update
    m_updates.append(torch.norm(update))
writer.add_scalar("update_l2", np.mean(m_updates), step_idx)
optimizer.step()
```

訓練函數的另一個主要差別是 PyTorch 優化器的使用。要理解為什麼要使用它們，以及如何在不進行反傳遞的情況下使用它們，需要做一些詳細說明。首先，在「演化策略法」的原始論文中，有說到「演化策略法」所使用的優化方法與「適合度函數」的梯度上升法非常相似，不同之處僅在於如何計算梯度。一般會使用「**隨機梯度下降法**」（SGD），它計算網路參數相對於損失值的導數，從損失函數取得梯度。這表示網路與損失函數必須是可微分的；但是實務上並不是每個案例都能滿足，例如：「演化策略法」中的「等級轉換」就是不可微的。另一方面，「演化策略法」所使用的優化方式是不同的。我們使用「雜訊」對「當前的參數」隨機地向它鄰近的地方進行採樣，並計算「適合度函數」。根據「適合度函數」的變化來調整參數，將參數推向「適合度更高的地方」。這個結果與基於梯度方法的結果非常類似，但我們對「適合度函數」的要求則更加寬鬆：唯一的要求是，它要能夠算得出來。

但是，如果我們是用隨機抽樣「適合度函數」的結果來估計梯度，事實上可以使用 PyTorch 的標準優化器。通常優化器會使用參數的 grad 欄位來累積梯度，用梯度來調整網路的參數。這些梯度是在反傳遞步驟之後累積出來的；但歸功於 PyTorch 的靈活性，優化器不需要知道這些梯度的來源。因此，我們唯一需要做的就是：複製 grad 欄位的更新，並要求優化器更新它們。**請注意**，更新是套用了**負號**的結果來複製的，因為優化器通常是在執行**梯度下降**（正如在一般的操作中，我們會**最小化**損失函數一樣）；但是在這種情況下，我們希望執行**梯度上升**。它與「**行動－評論者法**」（A2C）非常相似，使用 A2C 時，估計的「策略梯度」會被**變號**，因為它顯示的是**改進**策略的方向。

程式碼中最後一個不一樣的地方在於「中央主程式」所執行的訓練迴圈。它的責任是等待接收「工作節點」的數據、執行參數的訓練更新，並將結果廣播給「工作節點」。

「中央主程式」和「工作節點」之間的通訊是由兩組佇列來執行。第一組佇列在每個「工作節點」中都有一個，「中央主程式」會用它來傳送要被使用的當前策略參數。第二個佇列由「工作節點」共享，用來傳送之前說明的 RewardItem 結構，這個結構中包含亂數種子與獎勵。

```
    params_queues = [mp.Queue(maxsize=1) for _ in range
(PROCESSES_COUNT)]
    rewards_queue = mp.Queue(maxsize=ITERS_PER_UPDATE)
    workers = []

    for idx, params_queue in enumerate(params_queues):
        proc = mp.Process(target=worker_func, args=(idx, params_queue,
rewards_queue, device, args.noise_std))
        proc.start()
        workers.append(proc)

    print("All started!")
    optimizer = optim.Adam(net.parameters(), lr=args.lr)
```

在「中央主程式」的開頭，我們建立所有佇列，啟動「工作節點」程式和優化器。

```
    for step_idx in range(args.iters):
        # broadcasting network params
        params = net.state_dict()
        for q in params_queues:
            q.put(params)
```

每次訓練迭代開始的時候，都會將網路參數廣播給所有的「工作節點」。

```
            t_start = time.time()
            batch_noise = []
            batch_reward = []
            results = 0
            batch_steps = 0
            batch_steps_data = []
            while True:
                while not rewards_queue.empty():
                    reward = rewards_queue.get_nowait()
                    np.random.seed(reward.seed)
                    noise, neg_noise = sample_noise(net)
                    batch_noise.append(noise)
                    batch_reward.append(reward.pos_reward)
                    batch_noise.append(neg_noise)
                    batch_reward.append(reward.neg_reward)
                    results += 1
                    batch_steps += reward.steps
```

```
        batch_steps_data.append(reward.steps)

    if results == PROCESSES_COUNT * ITERS_PER_UPDATE:
        break
    time.sleep(0.01)
```

然後在迴圈之中,「中央主程式」等待從「工作節點」取得足夠的數據。每當新結果回傳的時候,我們使用亂數種子重製雜訊。

```
        train_step(optimizer, net, batch_noise, batch_reward, writer,
    step_idx, args.noise_std)
```

訓練迴圈的最後一步會叫用我們之前已經看過的函數,它根據雜訊和獎勵計算更新,並叫用優化器來調整加權。

結果

程式碼支援可選用的 --cuda 旗標;但在我的實驗中,使用 GPU 完全沒有加速,因為網路**不夠深**,而且每個參數的評估只有一批次數據可以使用。這代表「增加批次數據的大小」可能可以改進評估期間的「速度」,而這可以在「工作節點」中使用多個環境來完成,同時也要仔細地處理網路內的雜訊數據。每次迭代顯示的值是所獲得的平均獎勵;訓練速度(每秒的觀察數)顯示收集數據和執行訓練步驟所花費時間的兩個計時器的值(以秒為單位);然後是有關「回合」長度的三個值,即「回合」中的平均、最小和最大步數:

```
rl_book_samples/Chapter16$ ./02_cheetah_es.py
Net (
  (mu): Sequential (
    (0): Linear (26 -> 64)
    (1): Tanh ()
    (2): Linear (64 -> 64)
    (3): Tanh ()
    (4): Linear (64 -> 6)
    (5): Tanh ()
  )
)
All started!
0: reward=10.06, speed=1486.01 f/s, data_gather=0.903, train=0.008,
steps_mean=45.10, min=32.00, max=133.00, steps_std=17.62
1: reward=11.39, speed=4648.11 f/s, data_gather=0.269, train=0.005,
steps_mean=42.53, min=33.00, max=65.00, steps_std=8.15
2: reward=14.25, speed=4662.10 f/s, data_gather=0.270, train=0.006,
steps_mean=42.90, min=36.00, max=59.00, steps_std=5.65
```

```
3: reward=14.33, speed=4901.02 f/s, data_gather=0.257, train=0.006,
steps_mean=43.00, min=35.00, max=56.00, steps_std=5.01
4: reward=14.95, speed=4566.68 f/s, data_gather=0.281, train=0.005,
steps_mean=43.60, min=37.00, max=54.00, steps_std=4.41
...
```

訓練動態圖中顯示，策略很快就有了改進（只用了 100 次更新、7 分鐘的訓練，代理人就能夠得到 700 到 800 分）；但是之後就**被卡住了**，沒有辦法從「繼續保持平衡」（同一時間 Cheetah 可以達到 900 到 1000 的總獎勵）切換到「執行模式」，以獲得高達 2.5k 或是更高的獎勵：

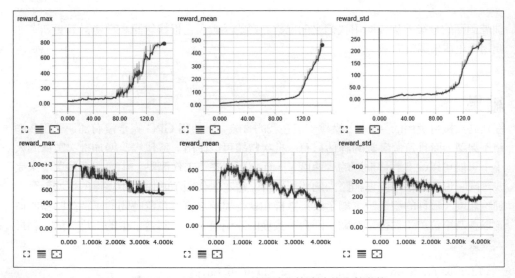

圖 16.2：HalfCheetah 使用演化策略法的收斂動態

基因演算法

相較於「基於值法」和「策略梯度法」，最近流行著另一類「黑箱法」的替代方法，它就是「**基因演算法**」（Genetic Algorithms 或 **GA**）。它是指一整大類的最佳化方法，背後有二十多年的歷史。它的核心想法很簡單：產生 **N 個個體**的群體，每個**個體**都用「適合度函數」進行評估。而每個**個體**都代表模型參數的某種組合。然後，一些**表現最好的個體子集**則會被用來產生下一代的群體（稱之為突變，mutation）。重複這個過程，直到我們對群體的表現感到滿意為止。

「基因演算法」家族中有許多不同的方法，例如，如何完成下一代個體的突變或如何對個體的表現進行排名。在這裡，我們僅會考慮 Felipe Petroski Such、Vashisht Madhavan 和其他人共同發表的論文《Deep Neuroevolution: Genetic Algorithms are a Competitive Alternative for Training Deep Neural Networks for Reinforcement Learning》當中所介紹的「簡單基因演算法」和它的一些擴展（**[2]**）。

在這篇論文中，作者分析了「簡單基因演算法」，這個方法會對上一代的加權做「高斯雜訊擾動」（Gaussian noise perturbation），來完成突變。在每次迭代中，表現最好的個體都只會被「複製」，而不會做修改。若是以演算法的方式來表示，「簡單基因演算法」可以寫作如下的步驟：

1. 初始化「突變強度」（mutation power）σ、群體大小 N、選用個體的數目 T、具有 N 個隨機初始化策略的「初始群體 P^0」及其適合度 $F^0 = \{F(P_i^0)|i = 1 \ldots N\}$
2. 對每一個世代 $g = 1 \ldots G$：
   I. 按「適合度函數值」F^{g-1} 的降冪方式對世代 P^{g-1} 進行排序
   II. 複製世代中最好的菁英：$P_1^g = P_1^{g-1}, F_1^g = F_1^{g-1}$
   III. 對每一個個體 $i = 2 \ldots N$：
       - k = 從 $1 \ldots T$ 中隨機選出的上一代
       - 樣本 $\epsilon \sim \mathcal{N}(0, I)$
       - 突變上一代 $P_i^g = P_k^{g-1} + \sigma\varepsilon$
       - 取得它的適合度 $F_i^g = F(P_i^q)$

這篇論本中所提出的這種「基本基因演算法」，已經有許多學者提出了一些改進，我們將在後面討論它們。現在，讓我們說明一下這個演算法的核心是如何實作的。

CartPole 上的基因演算法

程式碼在 `Chapter16/03_cartpole_ga.py` 中，它與我們的「演化策略」範例有很多共同之處。不同之處在它沒有梯度上升的程式碼，它被網路「突變函數」（mutation function）所取代，如下所示：

```
def mutate_parent(net):
    new_net = copy.deepcopy(net)
    for p in new_net.parameters():
        noise_t = torch.tensor(np.random.normal(size=p.data.
```

```
size()).astype(np.float32))
        p.data += NOISE_STD * noise_t
    return new_net
```

「突變函數」的目標是：對所有加權加入「隨機雜訊」，以這個方式來建立給定策略的
突變副本。上一代的加權（parent's weights）維持不變，因為隨機選擇上一代時，是會
執行替換的，因此，這個「維持不變的加權」以後可以被再次使用。

```
NOISE_STD = 0.01
POPULATION_SIZE = 50
PARENTS_COUNT = 10
```

「演化策略法」超參數的數目甚至更少，包括附加突變雜訊的標準差、群體大小以及用
於產生後代的「表現最好個體」的數量。

```
if __name__ == "__main__":
    writer = SummaryWriter(comment="-cartpole-ga")
    env = gym.make("CartPole-v0")

    gen_idx = 0
    nets = [
        Net(env.observation_space.shape[0], env.action_space.n)
        for _ in range(POPULATION_SIZE)
    ]
    population = [
        (net, evaluate(env, net))
        for net in nets
    ]
```

執行訓練迴圈之前，我們會建立隨機初始化網路的群體，並取得它們的適合度。

```
    while True:
        population.sort(key=lambda p: p[1], reverse=True)
        rewards = [p[1] for p in population[:PARENTS_COUNT]]
        reward_mean = np.mean(rewards)
        reward_max = np.max(rewards)
        reward_std = np.std(rewards)

        writer.add_scalar("reward_mean", reward_mean, gen_idx)
        writer.add_scalar("reward_std", reward_std, gen_idx)
        writer.add_scalar("reward_max", reward_max, gen_idx)
        print("%d: reward_mean=%.2f, reward_max=%.2f,
reward_std=%.2f" % (
```

```
        gen_idx, reward_mean, reward_max, reward_std))
    if reward_mean > 199:
        print("Solved in %d steps" % gen_idx)
        break
```

在每一代開始的時候，我們根據上一代的適合度來對它們做排序，並對記錄未來上一代的統計數據。

```
prev_population = population
population = [population[0]]
for _ in range(POPULATION_SIZE-1):
    parent_idx = np.random.randint(0, PARENTS_COUNT)
    parent = prev_population[parent_idx][0]
    net = mutate_parent(parent)
    fitness = evaluate(env, net)
    population.append((net, fitness))
gen_idx += 1
```

在每一個迴圈中，對於要產生的新個體，我們隨機抽樣一個「上一代」，對其進行突變，並評估其適合度。

結果

儘管該方法很簡單，但是它的執行效果甚至優於「演化策略法」，只需幾代就可以解決 CartPole 問題。在我使用上面程式碼所作的實驗中，解決這個環境只需要五到十代就能完成：

```
rl_book_samples/Chapter16$ ./03_cartpole_ga.py
0: reward_mean=20.60, reward_max=25.00, reward_std=2.76
1: reward_mean=44.40, reward_max=55.00, reward_std=6.70
2: reward_mean=73.30, reward_max=105.00, reward_std=16.66
3: reward_mean=100.40, reward_max=167.00, reward_std=30.75
4: reward_mean=140.20, reward_max=172.00, reward_std=21.99
5: reward_mean=137.50, reward_max=172.00, reward_std=14.63
6: reward_mean=157.70, reward_max=200.00, reward_std=22.07
7: reward_mean=198.20, reward_max=200.00, reward_std=4.24
8: reward_mean=200.00, reward_max=200.00, reward_std=0.00
Solved in 8 steps
```

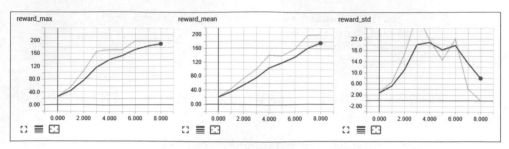

圖 16.3：CartPole 上「基因演算法」的收斂

基因演算法的改進

在《Deep Neuroevolution》的論文中（**[2]**），作者檢查了「基本基因演算法」的兩個改進。第一個改進被稱為**「深度基因演算法」**（**Deep GA**），它的目的在於提高實作的可擴展性；第二個改進被稱作**「新奇搜尋」**（**Novelty Search**），它嘗試用「回合的不同度量」（a different metric of the episode）來取代「獎勵目標」（reward objective）。在下面的範例中，我們將實作第一個改進；第二個改進則留給讀者當作練習。

深度基因演算法

做為一種無梯度方法，「基因演算法」在速度方面可能比「演化策略法」更具有可擴展性，優化過程中需要使用更多的 CPU。但是，我們看到的「基本基因演算法」與「演化策略法」有類似的瓶頸：必須在「工作節點」之間交換策略參數。在上述論文中，作者提出了一種類似於「共享種子」的技巧，但是它卻使用了極端方法。他們稱它為「深度基因演算法」（Deep GA），其核心想法是用亂數種子所形成的串列來表示策略參數，這個串列會被用來建立特定策略的加權。

實際上，網路的初始加權是從第一個群體中隨機採樣產生的，因此串列中的第一個種子定義了這個初始化。在每個群體中，每個突變完全是由亂數種子所產生的。因此，要重建加權，我們唯一需要的數據就是**亂數種子**。在這種方法中，我們需要重建每個「工作節點」的加權；不過，通常這個計算所需的資源，是遠遠小於「透過網路傳輸全部加權」的系統負擔的。

新奇搜尋

在《Deep Neuroevolution》的論文中，作者還對「基本基因演算法」的另一種改進做了檢驗，即 Lehman 和 Stanley 在 2011 年所發表的論文《Abandoning Objectives: Evolution Through the Search for Novelty Alone》（[3]），當中所提出的「**新奇搜尋法**」（Novelty Search，**NS**）。

「新奇搜尋」的想法是**不再追隨獎勵**，不再將它視為是推動最佳化過程的主要目標，而用不同的目標來取代，而且在「代理人」探索從未檢視過的行為時（即「**新奇的，novel**」），給予**額外的獎勵**。根據他們處理「迷宮問題」的實驗結果顯示（那是一個對「代理人」來說包含很多陷阱的環境），「新奇搜尋」比其他獎勵驅動的方法好很多。

為了實作「新奇搜尋」，我們定義了所謂的「**行為特徵**」（Behavior Characteristic，**BC，π**），它被用來描述了策略的行為和兩個「行為特徵」之間的距離。然後使用「**k－最近鄰法**」（k-nearest neighbor approach）來檢查新策略的「新奇性」，並根據這個距離來驅動「基因演算法」。《Deep Neuroevolution》的論文顯示「代理人」需要進行充分的探索。「新奇搜尋法」明顯優於「演化策略法」、「基因演算法」和其他更傳統的「強化學習法」。

Cheetah 上的基因演算法

在本章的最後一個例子中，我們將在 HalfCheetah 環境中實作平行化的「深度基因演算法」。完整的程式碼在 `Chapter16/04_cheetah_ga.py` 中。這個架構非常接近平行化的「演化策略法」，亦具有一個「中央主程式」和多個「工作節點」。每個「工作節點」的目標是評估一批網路，並將結果回傳給「中央主程式」；主程式將部分結果合併成一個完整群體，根據所獲得的獎勵對個體進行排名，並產生將會被「工作節點」評估的下一個群體。

每個**個體**都是用**亂數種子串列**做編碼，而這個串列則會被用來初始化網路加權以及所有後續的突變。即使策略中的參數個數不是很多，這個表示法也可以有非常緊密的網路編碼。例如，在一個包含 64 個神經元、兩個隱藏層的網路中，我們會有 **6278** 個浮點數值（輸入有 **26** 個值，行動則是 **6** 個浮點數）。每個浮點數用 **4** 個位元組來表示，與亂數種子使用的空間大小相同。該論文中所提出的「深度基因演算法」，其表示法的最佳化可以小於（至多到）**6278 代**。

在我們的範例中，我們在本機 CPU 上執行平行化，因此數據的來回傳輸並不會是一個問題；但是如果要使用幾百顆核心，則表示法可能會成為一個關鍵問題。

```
NOISE_STD = 0.01
POPULATION_SIZE = 2000
PARENTS_COUNT = 10
WORKERS_COUNT = 6
SEEDS_PER_WORKER = POPULATION_SIZE // WORKERS_COUNT
MAX_SEED = 2**32 - 1
```

超參數與 CartPole 範例中的超參數大致相同，其中包含一個值很大的超參數：「群體大小」。

```
def mutate_net(net, seed, copy_net=True):
    new_net = copy.deepcopy(net) if copy_net else net
    np.random.seed(seed)
    for p in new_net.parameters():
        noise_t = torch.tensor(np.random.normal(size=p.data.
size()).astype(np.float32))
        p.data += NOISE_STD * noise_t
    return new_net
```

另有兩個函數會根據給定的種子來建立網路。第一個函數會在已經建立好的策略網路上執行一個突變，函數可以在合適的地方執行突變，或者根據參數複製目標網路（第一代需要使用複製）。

```
def build_net(env, seeds):
    torch.manual_seed(seeds[0])
    net = Net(env.observation_space.shape[0], env.action_space.
shape[0])
    for seed in seeds[1:]:
        net = mutate_net(net, seed, copy_net=False)
    return net
```

第二個函數使用亂數種子串列從頭開始建立的網路。第一個種子傳遞給 PyTorch，以便初始化網路，之後的種子則用來做網路突變。

「工作節點」函數取得亂數種子串列做計算，並對每個結果，回傳個別 OutputItem 常數串列。這個函數維護網路「快取」（cache），最大限度地減少「使用亂數種子串列來重新建立參數」所花的時間。這個「快取」在每一代處理後都會被清除掉，因為每一代都是由「目前這一代中表現最好的獲勝者」所建立的，幾乎不大可能會有機會要從「快取」中重用（reuse）舊網路。

```
OutputItem = collections.namedtuple('OutputItem', field_
names=['seeds', 'reward', 'steps'])


def worker_func(input_queue, output_queue):
    env = gym.make("RoboschoolHalfCheetah-v1")
    cache = {}

    while True:
        parents = input_queue.get()
        if parents is None:
            break
        new_cache = {}
        for net_seeds in parents:
            if len(net_seeds) > 1:
                net = cache.get(net_seeds[:-1])
                if net is not None:
                    net = mutate_net(net, net_seeds[-1])
                else:
                    net = build_net(env, net_seeds)
            else:
                net = build_net(env, net_seeds)
            new_cache[net_seeds] = net
            reward, steps = evaluate(env, net)
            output_queue.put(OutputItem(seeds=net_seeds,
reward=reward, steps=steps))
        cache = new_cache
```

「中央主程式」的程式碼也很簡單。對於每一代，我們將當前群體的亂數種子傳送給
「工作節點」進行評估，並等待結果。然後我們對回傳的結果進行排序，並根據表現最
好的個體產生成下一個群體。在「中央主程式」這一邊，突變只是隨機產生的種子，並
會被加到上一代的亂數種子的串列之中。

```
        batch_steps = 0
        population = []
        while len(population) < SEEDS_PER_WORKER * WORKERS_COUNT:
            out_item = output_queue.get()
            population.append((out_item.seeds, out_item.reward))
            batch_steps += out_item.steps
        if elite is not None:
            population.append(elite)
        population.sort(key=lambda p: p[1], reverse=True)

        elite = population[0]
        for worker_queue in input_queues:
            seeds = []
```

```
                for _ in range(SEEDS_PER_WORKER):
                    parent = np.random.randint(PARENTS_COUNT)
                    next_seed = np.random.randint(MAX_SEED)
                    seeds.append(tuple(list(population[parent][0]) +
[next_seed]))
                worker_queue.put(seeds)
```

結果

要開始訓練程序,只需啟動程式碼檔案就可以了。而每一代的結果,都會在控制台上顯示:

```
rl_book_samples/Chapter16$ ./04_cheetah_ga.py
0: reward_mean=31.28, reward_max=34.37, reward_std=1.46,
speed=5495.65 f/s
1: reward_mean=45.41, reward_max=54.74, reward_std=3.86,
speed=6748.35 f/s
2: reward_mean=60.74, reward_max=69.25, reward_std=5.33, speed=6749.70
f/s
3: reward_mean=67.70, reward_max=84.29, reward_std=8.21, speed=6070.31
f/s
4: reward_mean=69.85, reward_max=86.38, reward_std=9.37, speed=6612.48
f/s
5: reward_mean=65.59, reward_max=86.38, reward_std=7.95, speed=6542.46
f/s
6: reward_mean=77.29, reward_max=98.53, reward_std=11.13,
speed=6949.59 f/s
```

「總體收斂動態圖」與在同一個環境下「演化策略法」的實驗結果類似;同樣的問題可以得到區域最佳的 **1010** 分獎勵。

經過 **4** 個小時和 **250** 代的訓練,代理人能夠學會如何完美地**站立**,但卻無法弄清楚**跑步**可以帶來更多的獎勵。而「新奇搜尋法」可能可以克服這個問題:

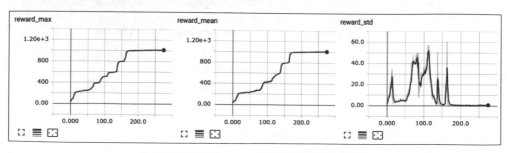

圖 16.4:HalfCheetah 上的基因演算法收斂圖

小結

在本章中，我們看到了兩個「黑箱優化法」的例子：「演化策略法」和「基因演算法」，它們對獎勵系統的假設相對比較少，但是跟其他許多分析梯度的方法相比，它們仍然具有相當的競爭性。它們的優勢在於：可以對大量資源做「良好的平行化」，以及它們對獎勵函數的假設相對較少。

在下一章中，我們將會看一下現代「強化學習法」發展出的不同領域：「基於模型」（model-based）的方法群。

參考文獻

- [1] Tim Salimans, Jonathan Ho, Xi Chen, Szymon Sidor, Ilya Sutskever, **Evolution Strategies as a Scalable Alternative to Reinforcement Learning**, arXiv:1703.03864

- [2] Felipe Petroski Such, Vashisht Madhavan, and others, **Deep Neuroevolution: Genetic Algorithms are a Competitive Alternative for Training Deep Neural Networks for Reinforcement Learning** arXiv:1712.06567

- [3] Lehman and Stanley, **Abandoning Objectives: Evolution Through the Search for Novelty Alone,** Journal Evolutionary Computation archive Volume 19 Issue 2, Summer 2011 Pages 189-223

17

超越無模型方法－想像

在本章中，我們將簡單介紹「**強化學習法**」中「**基於模型**」（model-based）的方法，並重新實作 DeepMind 模型，它可以將「**想像**」（imagination）加到代理人中。「基於模型法」會對環境建立一個模型，並在訓練期間使用這個模型，來減少與環境的通訊量。

基於模型與無模型

在「第 4 章，交叉熵法」的「強化學習法的分類」小節當中，我們介紹了以不同的角度來對「強化學習法」進行分類。我們主要以如下三個面向來做區分：

- 「基於值」或是「基於策略」（Value-based or policy-based）
- 「同境策略」或是「異境策略」（On-policy or off-policy）
- 「無模型」或是「基於模型」（Model-free or model-based）

在前面的章節中，我們已經學習了許多關於第一個面向和第二個面向的範例；然而到目前為止，我們看到的所有方法都是 100%「無模型」的。這並不代表「無模型法」會比「基於模型法」更重要或是更好。從方法發展歷史的角度來看，由於「基於模型法」的高樣本效率，它已經被大量地使用於機器人和其他工業控制的領域之中。這是由於「硬體的成本限制」，和可以從真實機器人上取得的「樣本的物理限制」。一般的研究人員目前還無法方便地使用具有大量自由度的機器人，因此「強化學習」的研究人員將研究重心放在「可以相對便宜地取得樣本」的電腦遊戲和其他環境。然而從機器人學中發展出來的想法正逐漸擴散出來，「基於模型法」可能很快就會成為焦點，誰又知道這會不會發生呢？現在，讓我們從頭開始，說明它與其它方法的差異吧。

在這兩類的名稱中，「**模型**」（model）代表的是「**環境模型**」（model of the environment），它可以有具有各種形式，例如：以當前的狀態和行動向我們提供新狀態和獎勵。截至目前為止，我們看到的所有方法，都沒有花任何精力去做預測、理解或是模擬環境。我們所感興趣的是依據給定的觀察，**直接**指定（策略）或**間接**指定（值）**適當的行為**（根據最終的獎勵）。觀察和獎勵的來源是環境本身，在某些情況下可能非常慢，而效率可能會非常低。

在「基於模型法」中，我們試圖從「環境模型」中學習，以便減少對「真實環境」的依賴性。如果我們有一個精準的「環境模型」，我們的代理人就可以產生它所需的（任意數目的）軌跡，而且只需要使用這個「環境模型」、而不是在真實世界中完成行動。在某種程度上，常見的「強化學習」研究領域就是現實世界的模型，例如：Mujoco 或 PyBullet 是物理模擬器（simulators of physics），使用它們可以避免真的去做出一個具有真實「致動器」（actuators）、感應器和照相機的「真實機器人」，避免使用「真實的機器人」來收集數據去訓練我們的代理人。與 Atari 遊戲或 TORCS 賽車模擬器相同：我們使用電腦程式來模擬某些過程，這些模型可以快速及在不消耗太多資源的情況下執行。即便是我們的 CartPole 範例，也是「真實台車」附加了「一根棍子」的極度簡化形式（順便提一下，在 PyBullet 和 Mujoco 當中，有比 CartPole 更逼真的 3D 行動和更精確的模擬版本）。

選用「基於模型法」而不選用「無模型法」，主要有兩種動機。第一個、也是最重要的原因是**樣本效率**（Sample-efficiency），這是因為「基於模型法」對真實環境的依賴性較小。在理想情況下，使用可以準確描述環境的模型，我們可以避免接觸現實世界，並僅使用經過訓練的模型。在實際應用中，幾乎不可能擁有如此**精確**的「環境模型」，但即使是不完美的模型也可以顯著地減少所需的樣本數量。例如，在現實生活中，你不需要對某些行動建立絕對精確的心理描述（例如：綁鞋帶或過馬路），但是心理層面可以幫你做計劃和預測結果。使用「基於模型法」的第二個原因是「環境模型」跨目標的**可轉移性**（transferability）。如果你有一個很好的機器人操控模型，你可以在各種不同的目標中使用它，而不需要從頭開始重新訓練。

這類方法其實還有很多細節需要說明，但是本章的目的是在提供一個概述（overview），並仔細研究特定的一篇研究論文；這篇論文試著將「無模型法」和「基於模型法」結合起來，成為一個**精緻的處理方法**。

模型缺陷

「基於模型法」存在一個嚴重的問題：當我們的「環境模型」發生錯誤時，或者在某些環境中「**狀態**」（regime）不準確時，從這個「環境模型」學到的策略，在現實世界中可能會是完全錯誤的。為了解決這個問題，我們有幾種選擇。最好的解法當然是「讓環境模型更完美一點」。很不幸的是，這表示我們需要更多來自環境的觀察，但那正是我們試圖避免發生的事情。環境行為若是越複雜或者是非線性的，要正確地塑模就越有可能得到「糟糕的環境模型」。

目前已經開發出幾種方法，來解決這個問題，例如：「**區域模型法**」（local models）家族：我們使用一組「基於狀態（regime-based）的小型模型」，來取代一個大型環境模型，然後，使用與「**信賴域策略最佳化**」（Trust Region Policy Optimization，**TRPO**）當中相同的「信賴域（trust-region）技巧」來訓練它們。檢查「環境模型」的另一種有趣方式，是使用「**基於模型路徑**」（model- based paths）來增強「無模型策略」。在這種情況下，我們不會嘗試去建立最佳的「環境模型」，而是只提供我們的代理人額外的資訊，讓它自己決定資訊在訓練期間是否有幫助。

第一個以這個方向解決上述問題的嘗試，是由 DeepMind 團隊在他們的 **UNREAL** 系統之中完成的；細節可以在 Max Jaderberg、Volodymyr Mnih 和其他人在 2016 年所發表論文中看到：《Reinforcement Learning with Unsupervised Auxiliary Tasks》（arXiv:1611.05397）（[1]）。該論文的作者在正常的訓練過程中，將額外的「**非監督式學習**」加到「**非同步優勢行動－評論者**」（Asynchronous Advantage Actor-Critic，**A3C**）代理人裡面。當代理人需要探索類似「Doom 迷宮」的問題，以便取得想要收集的事物，或執行其他行動以獲得獎勵，這時候，代理人的主要測試方式是以「第一人稱」的角度（部分）觀察「迷宮導航問題」的。論文中提出的新方法是：人為地加入額外的輔助任務，而這些額外的任務通常與「強化學習法」中的「值目標」或「折扣獎勵」是無關的。這些任務是：從觀察中以「非監督式學習」的方式進行訓練，它包括以下內容：

- **即時獎勵預測**（An immediate reward prediction）：根據觀察歷史，要求代理人預測當前步驟的即時獎勵
- **像素控制**（Pixel control）：要求代理人與環境溝通，以便最大化其視野中的改變
- **特徵控制**（Feature control）：代理人學習如何更改特定特徵的內部表示

這些任務與代理人的主要目標（**最大化總獎勵**）沒有直接關係，但是他們讓代理人可以更好地表示低階的特徵，並讓 UNREAL 獲得更好的結果。「即時獎勵預測」的第一個工作可以被視為一個微小的「環境模型」，它的目的是預測獎勵。我不打算詳細介紹 UNREAL 架構，建議有興趣的讀者可以閱讀原始論文。

本章將詳細介紹由 DeepMind 研究人員 Theophane Weber、Sebastien Racantiere 和其他人所共同發表的論文：《Imagination-Augmented Agents for Deep Reinforcement Learning》（arXiv:1707.06203）（**[2]**）。在這篇論文中，作者使用了所謂的「**想像模組**」（imagination module），增強了標準 A3C 代理人的「無模型路徑」（model-free path），為代理人提供額外的協助，來做出關於行動的決策。

以想像來增強的代理人

新架構被稱為「**想像增強代理人**」（Imagination-Augmented Agent，**I2A**），它的想法是：讓代理人運用當前的觀察，來「想像」未來的軌跡，並將這些「想像出來的路徑」結合到它的決策過程之中。系統高階架構圖如下所示：

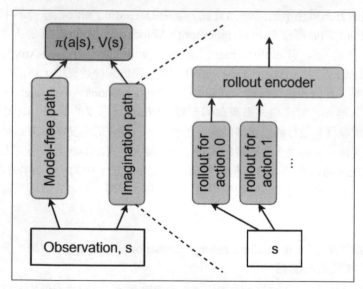

圖 17.1：I2A 架構

代理人是由兩個不同的路徑所組成的,用來轉換輸入觀察,這兩個路徑分別是:「**無模型路徑**」和「**想像路徑**」。「無模型路徑」(Model-free)是一組標準的卷積層,用來轉換高階特徵中的輸入圖像。另一條路徑被稱為「想像路徑」(imagination),它是由一組從當前觀察中「想像出來的軌跡」所組成的。軌跡被稱作「**展示**」(rollouts),而環境中的每個可選用行動,都會產生軌跡。每個「展示」都包含固定數量的未來步驟。在每一步中,一個被稱為「**環境模型**」(Environment Model,**EM**)的特殊模型(請不要與**期望最大化方法**搞混)會產生下一個觀察,並預測當前觀察和要選取行動的即時獎勵。

每個行動的每一個「展示」,都是經由當前觀察的結果匯入「環境模型」,然後將預測的觀察結果再一次輸入「環境模型」**N 次**所產生的。在「展示」的第一步,我們只知道行動(因為它就是「展示」所產生的行動);但是在後續的步驟中,是使用一個小的「展示策略網路」來選擇行動,而這個網路會跟主代理人一起訓練。「展示」的輸出是從給定行動開始的 **N 步想像軌跡**,並根據學習的「展示」策略繼續下去。「展示」的每一步都是「想像出來的觀察」和「預測的即時獎勵」。單一「展示」中的所有步驟都會被傳到另一個稱之為「**展示編碼器**」(rollout encoder)的網路,這個網路會將它們編碼為固定大小的向量。

對於每個「展示」,我們取得這些向量,將它們連接在一起,並將它們提供給代理人的前端(head);代理人會產生「一般的策略」與 A2C 演算法的「值估計」。如您所見,這裡有一些移動元件,因此我嘗試在下圖中視覺化地呈現所有這些元件,以便了解環境中的「兩個展示步驟」和「兩個行動」。在接下來的小節中,我們將詳細描述這個方法所執行的每一個網路和每一個步驟。

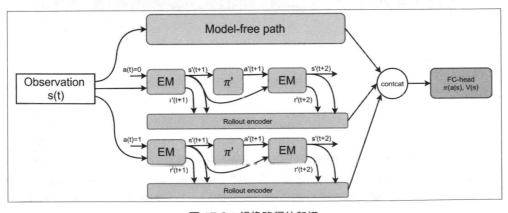

圖 17.2:想像路徑的架構

環境模型

「環境模型」的責任是將當前的觀察和行動，轉換為下一個觀察和即時獎勵。在論文 [2] 中，作者在兩種環境下測試了 I2A 模型：「Sokoban 迷宮推箱子」（the Sokoban puzzle）和「迷你小精靈街機遊戲」（MiniPacman arcade game）。這兩種情況的觀察都是像素（pixels），因此「環境模型」也會回傳像素，加上浮點數的獎勵值。為了把行動合併到卷積層中，我們對行動做「獨熱編碼」（one-hot encode），並以每個行動一個顏色平面的方式（one color plane per action），廣播行動並比對觀察像素。這個轉換如下圖所示：

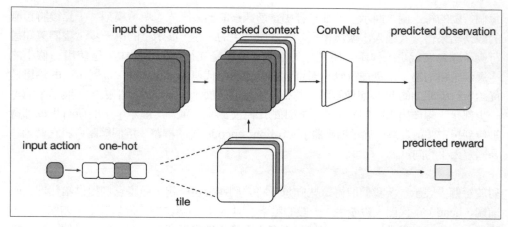

圖 17.3：環境模型的結構

訓練這種「環境模型」有幾種可能的方式。論文作者發現，使用另一個「部分訓練的基線代理人」作為環境樣本來源，來預訓練「環境模型」，這樣的收斂速度是最快的。

展示策略

在「展示」步驟中，我們需要在想像的軌跡中決定要採取的行動。第一步的行動有明確的設定，因為我們為每個行動產生單獨的「展示」軌跡，而後續步驟則需要有人做出這個決定。在理想的情況下，我們希望這些行動與代理人的策略相似，但是我們不能只要求代理人產生機率，因為它需要在「想像路徑」中建立「展示」。為了打破這種關係，我們會對一個單獨的「**展示策略**」（rollout policy）網路進行訓練，以便為我們的主代理人策略提供類似的產出。「展示策略」是一個小型網路，與 A3C 有類似的架構，它使用「展示策略網路的輸出」和「主網路輸出」之間的「交叉熵損失」，來平行地訓練主 I2A 網路。在論文中，這種訓練程序被稱為「**策略昇華**」（**policy distillation**）。

展示解碼器

I2A 模型的最後一個組成元件是「展示編碼器」（rollout encoder），它將「展示」步驟（成對的觀察和獎勵）當作輸入，並產生固定大小的向量，該向量嵌入有關「展示」的資訊。在這個網路中，每個「展示」步驟都使用「小型卷積網路」進行預處理，以便從觀察中提取出特徵，而且這些特徵會由 **LSTM**（Long Short-Term Memory）網路轉換為固定大小的向量。

「每個展示的輸出」與「來自無模型路徑的特徵」會連接在一起，且會被用於產生策略和值估計，就像在 A2C 方法之中一樣。

論文結果

如上所述，為了檢查「想像」在強化學習問題中的影響，論文作者使用了兩個需要有所規劃、才能決定該怎麼行動的環境：隨機產生的「Sokoban 迷宮推箱子」和「迷你小精靈街機遊戲」。在這兩種環境中，「想像結構」的結果比「基線 A2C 代理人」更好。

在本章的其餘部分，我們將模型應用於 Atari 打磚塊遊戲（the Atari Breakout game），並檢查執行效果。

Atari 打磚塊上的 I2A

I2A 的程式碼和訓練路徑有些複雜，其中包括大量的程式碼和許多步驟。為了能更清楚地理解它，讓我們從簡單的概述開始吧。在這個例子中，我們將實作論文內描述的 **I2A 架構**、使用 Atari 打磚塊遊戲環境，並在這個環境上進行測試。總目標是檢查訓練動態，以及檢視使用了想像來增強之後，對最終策略的影響。

我們的範例包含了三個部分，分別對應到訓練中的三個不同步驟：

1. 基線 A2C 代理人的程式碼在 Chapter17/01_a2c.py 中。產生的策略會被用於取得「環境模型」的觀察結果。

2. 「環境模型」的訓練在 Chapter17/02_imag.py 中。它使用從「前一個步驟」中取得的模型，以「非監督的方式」訓練「環境模型」。訓練結果是「環境模型」的加權。

3. 最後，I2A 代理人的訓練在 Chapter17/03_i2a.py 中。在這個步驟中，我們使用 **步驟 2** 中的「環境模型」來訓練完整的 I2A 代理人，這個代理人結合了「無模型路徑」和「展示路徑」。

由於程式碼的大小，我們不會在這裡介紹全部的程式碼，我們只會重點檢視「重要的程式片段」。

A2C 代理人基線

訓練的第一步有兩個目標：建立「用來評估 I2A 代理人的基線」，與取得「環境模型步驟的策略」。我們從環境中取得常數串列 (s, a, s', r)，以非監督的方式訓練「環境模型」。因此「環境模型」的最終品質，在很大的程度上是取決於**訓練它的數據**。「觀察的結果」與「實際行動期間、代理人所經歷的數據」越接近，最終的結果就會越好。

程式碼在 Chapter17/01_a2c.py 和 Chapter17/lib/common.py 之中，它們是我們已經看過很多次的標準 A2C 演算法。為了使產生訓練數據的程序在 I2A 代理人的訓練中可以重複使用，我沒有使用 PTAN 函式庫類別，而是從頭開始「重新實作」產生數據的程式碼，它是函數 common.iterate_batches()，它負責從環境中收集觀測值，並計算經驗軌跡的折扣獎勵。這個代理人所有的超參數設定與 OpenAI Baseline A2C 實作非常類似，我在除錯和實作代理人時使用了這個設定。唯一的差別是**初始加權**不同（我使用標準的 PyTorch 初始化加權），及「學習速率」從 **7e-4** 降低到 **1e-4**，以便提高訓練過程的穩定性。

每 1000 批的訓練之後，會對當前的策略進行測試，其中包括三個「完整回合」和將由代理人來玩遊戲的五次生命。平均獎勵和步數會被記錄下來，並在每次獲得更好的最佳訓練獎勵時，儲存這個模型。「測試環境的組態配置」與「訓練過程中使用的環境」有兩個不同之處：首先，測試環境會播放「完整回合」，而不是每次主角性命的一個「回合」，因此測試「回合」的最終獎勵會**高過**訓練過程的獎勵。第二個差別是測試環境中使用「未剪裁的獎勵」，讓這些測試數字可以被解釋。剪裁是為了提高 Atari 訓練穩定性的標準方法，因為在某些遊戲中，原始得分數字可能非常大，這會讓我們在計算「優勢變異數」的時候，產生負面的影響。

與「經典 Atari A2C 代理人」的另一個差別是「當作觀察的幀數」。通常會使用連續四幀作為觀察；但是在我的實驗中，我發現在打磚塊遊戲上使用**兩幀**的收斂動態與使用**四幀**非常類似。而使用**兩幀**速度會更快，因此這個範例中觀察張量的維度是 `(2, 84, 84)`。

為了讓訓練可以重複，基線代理人使用了固定的亂數種子。這是用函數 `common.set_seed` 來設定的，這個函數會替 NumPy、Torch（CPU 和 CUDA）以及環境池中的每個環境設定亂數種子。

環境模型的訓練

「環境模型」以基線代理人所產生的數據來進行訓練，您可以指定使用上一步儲存的加權檔案。它不一定是最佳的模型，因為它只需要「足夠好」（good enough）、能夠產生相關的觀察結果，就可以了。

「環境模型」的定義在 `Chapter17/lib/i2a.py` 之中，也就是 `EnvironmentModel` 類別，它的架構主要遵守論文 [2] 中「Sokoban 迷宮推箱子」環境的模型。模型的輸入是所要採取行動的觀察張量，以**整數值**來傳入。這個行動經過了「獨熱編碼」之後，廣播到觀察張量的維度之中。然後，廣播的行動和觀察都會沿著「通道」（channels）維度連接，給出輸入張量 `(6, 84, 84)`，因為打磚塊有四個行動。

這個張量會用 4 × 4 和 3 × 3 的兩個卷積層來處理，而且當輸出是由 3 × 3 卷積來處理時，會另外套用「**殘差層**」（residual layer），其結果會被加到輸入之中。結果張量已被送入兩條路徑：一條是**反卷積**（**deconvolution**），用來產生輸出觀察，另一條是**獎勵預測路徑**（**reward predicting path**），它是由兩個卷積層和兩個完全連接層所組成。

「環境模型」有兩個輸出：**立即獎勵值**，它是一個浮點數值，以及**下一個觀察值**。為了降低觀察的維數，我們僅預測與最後一個觀察之間的差異。因此，輸出是張量的維度 `(1, 84, 84)`。除了降低我們需要預測值的數目之外，僅預測差異也有很大的幫助，尤其是在沒有任何變化的情況下，這將在打磚塊遊戲過程中，占了主要地位，因為在大部分情況下，幀之間變化只有幾個像素的差異（球、擊球板和被擊中的磚塊）。「環境模型」的體系架構與程式碼如下圖所示：

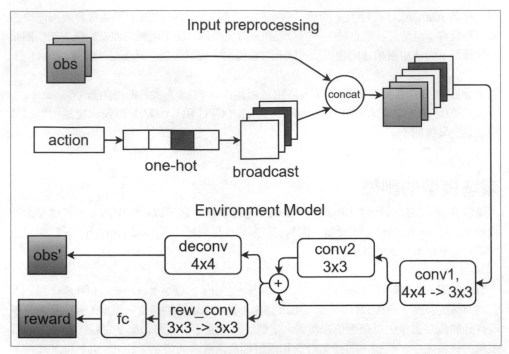

圖 17.4：環境模型的架構與它的輸入預處理

```
EM_OUT_SHAPE = (1, ) + common.IMG_SHAPE[1:]


class EnvironmentModel(nn.Module):
    def __init__(self, input_shape, n_actions):
        super(EnvironmentModel, self).__init__()

        self.input_shape = input_shape
        self.n_actions = n_actions

        # input color planes will be equal to frames plus one-hot
encoded actions
        n_planes = input_shape[0] + n_actions
        self.conv1 = nn.Sequential(
            nn.Conv2d(n_planes, 64, kernel_size=4, stride=4,
padding=1),
            nn.ReLU(),
            nn.Conv2d(64, 64, kernel_size=3, padding=1),
            nn.ReLU(),
        )
        self.conv2 = nn.Sequential(
```

```
            nn.Conv2d(64, 64, kernel_size=3, padding=1),
            nn.ReLU()
        )
        # output is one single frame with delta from the current
frame
        self.deconv = nn.ConvTranspose2d(64, 1, kernel_size=4,
stride=4, padding=0)

        self.reward_conv = nn.Sequential(
            nn.Conv2d(64, 64, kernel_size=3),
            nn.MaxPool2d(2),
            nn.ReLU(),
            nn.Conv2d(64, 64, kernel_size=3),
            nn.MaxPool2d(2),
            nn.ReLU()
        )

        rw_conv_out = self._get_reward_conv_out((n_planes, ) +
input_shape[1:])
        self.reward_fc = nn.Sequential(
            nn.Linear(rw_conv_out, 128),
            nn.ReLU(),
            nn.Linear(128, 1)
        )

    def _get_reward_conv_out(self, shape):
        o = self.conv1(torch.zeros(1, *shape))
        o = self.reward_conv(o)
        return int(np.prod(o.size()))

    def forward(self, imgs, actions):
        batch_size = actions.size()[0]
        act_planes_v = torch.FloatTensor(batch_size,
self.n_actions, *self.input_shape[1:]).zero_()
        act_planes_v = act_planes_v.to(actions.device)
        act_planes_v[range(batch_size), actions] = 1.0
        comb_input_v = torch.cat((imgs, act_planes_v), dim=1)
        c1_out = self.conv1(comb_input_v)
        c2_out = self.conv2(c1_out)
        c2_out += c1_out
        img_out = self.deconv(c2_out)
        rew_conv = self.reward_conv(c2_out).view(batch_size, -1)
        rew_out = self.reward_fc(rew_conv)
        return img_out, rew_out
```

「環境模型」的訓練過程很簡單、直觀。環境池中有 **16** 個平行環境，用於提供 64 個樣本的批次。批次中的每個項目都包括：當前觀察、立即的下一個觀察、選取的行動以及獲得的即時獎勵。最後要做最佳化的損失是「觀察損失」和「獎勵損失」的**和**。「觀察損失」是「下一次觀察的預測增量」與「當前和下一次觀察之間的實際增量」之間的「**均方誤差**」（MSE）損失。「獎勵損失」則是獎勵之間的「**均方誤差**」。為了強調觀察的重要性，「觀察損失」的縮放因子設為 **10**。

想像代理人

訓練過程中的最後一步是**訓練 I2A 代理人**，它將「無模型路徑」與「環境模型」所產生「展示」結合起來，在前一步中進行了訓練。

I2A 模型

代理人程式實作在 Chapter17/lib/i2a.py 模組中的 I2A 類別：

```
class I2A(nn.Module):
    def __init__(self, input_shape, n_actions, net_em, net_policy,
rollout_steps):
        super(I2A, self).__init__()
```

建構函數的參數包含了：觀察的形狀、環境中的行動數目、在「展示」期間所使用的兩個網路，即「環境模型網路」和「展示策略網路」，以及最後一個是在「展示」期間所執行的步數。「環境模型網路」和「展示策略網路」都以一個特殊方式儲存，以便防止它的加權被包含在 I2A 網路參數之中。

```
        self.n_actions = n_actions
        self.rollout_steps = rollout_steps

        self.conv = nn.Sequential(
            nn.Conv2d(input_shape[0], 32, kernel_size=8,
stride=4),
            nn.ReLU(),
            nn.Conv2d(32, 64, kernel_size=4, stride=2),
            nn.ReLU(),
            nn.Conv2d(64, 64, kernel_size=3, stride=1),
            nn.ReLU(),
        )
```

上面的程式碼指定了「無模型路徑」，它從觀察中產生特徵。這個架構是大家熟悉的 Atari 卷積。

```
        conv_out_size = self._get_conv_out(input_shape)
        fc_input = conv_out_size + ROLLOUT_HIDDEN * n_actions

        self.fc = nn.Sequential(
            nn.Linear(fc_input, 512),
            nn.ReLU()
        )
        self.policy = nn.Linear(512, n_actions)
        self.value = nn.Linear(512, 1)
```

系統會將從「無模型路徑」和「編碼的展示」中所取得的特徵結合起來，當作網路層的輸入，而這個網路層將會被用來產生策略和代理人的值。每個「展示」都使用了 ROLLOUT_HIDDEN 常數（值是 **256**）來表示，這個常數是 RolloutEncoder 類別中 LSTM 層的維度。

```
        self.encoder = RolloutEncoder(EM_OUT_SHAPE)
        self.action_selector =
  ptan.actions.ProbabilityActionSelector()
        object.__setattr__(self, "net_em", net_em)
        object.__setattr__(self, "net_policy", net_policy)
```

建構函數的其餘部分建立了 RolloutEncoder 類別（本節後面會詳細介紹它），並儲存「環境模型網路」和「展示策略網路」。這兩個網路都**不應該**與 I2A 代理人一起訓練，因為「環境模型」根本就沒有接受過訓練（它是在前一步中預先訓練，而且保持固定不變）；另外，「展示策略」則是透過單獨的「策略昇華」過程來完成訓練的。但是 PyTorch 的 Module 類別會自動「註冊」並「連接」分派給該類別的所有欄位。為了防止「環境模型網路」和「展示策略網路」被合併到 I2A 代理人之中，我們呼叫 __setattr__ 來儲存它們的參考，這樣的做法有點 hacky（**編輯注**：which is a bit hacky，指能快速達到目的但卻不是很完美的解法），但確實能完全符合我們的需求。

```
    def _get_conv_out(self, shape):
        o = self.conv(torch.zeros(1, *shape))
        return int(np.prod(o.size()))

    def forward(self, x):
        fx = x.float() / 255
        enc_rollouts = self.rollouts_batch(fx)
        conv_out = self.conv(fx).view(fx.size()[0], -1)
        fc_in = torch.cat((conv_out, enc_rollouts), dim=1)
        fc_out = self.fc(fc_in)
        return self.policy(fc_out), self.value(fc_out)
```

函數 forward() 看起來很簡單，因為這裡的大部分工作都在 rollouts_batch() 方法中完成。I2A 類別的下一個、也是最後一個方法就有一點複雜了。這個函數一開始的版本是以循序的方式執行所有的「展示」，但是這樣做會非常非常的緩慢。新版本的程式碼則是一步一步地一次執行所有的「展示」，這將速度提高了幾乎五倍，但是程式碼則變得稍微複雜一些：

```
def rollouts_batch(self, batch):
    batch_size = batch.size()[0]
    batch_rest = batch.size()[1:]
    if batch_size == 1:
        obs_batch_v = batch.expand(batch_size *
self.n_actions, *batch_rest)
    else:
        obs_batch_v = batch.unsqueeze(1)
        obs_batch_v = obs_batch_v.expand(batch_size,
self.n_actions, *batch_rest)
        obs_batch_v = obs_batch_v.contiguous().view(-1,
*batch_rest)
```

在函數一開始的地方，我們使用一批觀察結果，並且希望對這個批次中的每個觀察執行 n_actions 次「展示」。因此，我們需要展開一批的觀察，每個觀察重複 n_actions 次。完成這個工作最有效的方法是使用 PyTorch 的 expand() 方法，它可以對任何一維張量做迭代，並沿著這個維度重複任何次數的處理。如果批次中僅包含一個單一樣本，我們就使用這個批次的維度，不然的話，我們需要在批次維度之後加入額外的單位維度，然後沿著它來展開。無論如何，張量 obs_batch_v 的最終維度是 (batch_size * n_actions, 2, 84, 84)。

```
    actions = np.tile(np.arange(0, self.n_actions,
dtype=np.int64), batch_size)
    step_obs, step_rewards = [], []
```

然後這裡需要準備一個陣列，其中包含我們希望「環境模型」對每次觀察所採取的行動。當我們對每個觀察重複 n_actions 次時，我們的行動陣列也會具有如後的形式 [0, 1, 2, 3, 0, 1, 2, 3, ...]（打磚塊總共有四個行動）。在 step_obs 和 step_rewards 串列中，我們會儲存「環境模型」為每個「展示」所產生的觀察和即時獎勵。而這個數據將會被傳遞給 RolloutEncoder，以便嵌入成固定向量的形式。

```
    for step_idx in range(self.rollout_steps):
        actions_t = torch.tensor(actions).to(batch.device)
        obs_next_v, reward_v = self.net_em(obs_batch_v,
actions_t)
```

然後我們為每個「展示步驟」啟動迴圈。對於每一步,我們會要求「環境模型網路」預測下一次觀察(回傳它與當前觀察的差異)和即時獎勵。後續步驟將使用「展示策略網路」來選擇行動。

```
step_obs.append(obs_next_v.detach())
step_rewards.append(reward_v.detach())
# don't need actions for the last step
if step_idx == self.rollout_steps-1:
    break
```

我們在 RolloutEncoder 的串列中儲存觀察差異和即時獎勵,如果這是最後一個「展示步驟」,則停止迴圈。提早停止迴圈是有可能會發生的,因為在迴圈中的其餘程式碼應該要去選擇行動;但是對於最後一步,我們根本不需要做行動。

```
# combine the delta from EM into new observation
cur_plane_v = obs_batch_v[:, 1:2]
new_plane_v = cur_plane_v + obs_next_v
obs_batch_v = torch.cat((cur_plane_v, new_plane_v),
    dim=1)
```

我們需要從「環境模型網路」回傳的增量中建立一個正常的觀察張量,才能夠使用「展示策略網路」。為了完成這個工作,我們從當前的觀察中取出最後一個通道,將「環境模型」中的增量加進去,建立一個預測幀,然後將它們結合到正常的觀察張量中,它的形狀是:(batch_size * n_actions, 2, 84, 84)。

```
# select actions
logits_v, _ = self.net_policy(obs_batch_v)
probs_v = F.softmax(logits_v, dim=1)
probs = probs_v.data.cpu().numpy()
actions = self.action_selector(probs)
```

在迴圈的剩餘部分中,我們使用「所建立的觀察批次」與「展示策略網路」來選擇行動,並將回傳的機率分佈轉換為行動索引。然後迴圈會繼續預測下一個「展示」步驟。

```
step_obs_v = torch.stack(step_obs)
step_rewards_v = torch.stack(step_rewards)
flat_enc_v = self.encoder(step_obs_v, step_rewards_v)
return flat_enc_v.view(batch_size, -1)
```

當我們完成所有步驟之後,step_obs 和 step_rewards 這兩個串列中,會包含每個步驟的張量。然後使用 torch.stack() 函數,可以將它們連接到新維度上。所產生張量中的第一維是「展示步驟」,而第二維大小則是 batch_size * n_actions。這兩個張量會被

傳給 RolloutEncoder，它會為第二維中的每個元素產生一個編碼向量。編碼器的輸出是一個張量，大小為 (batch_size*n_actions, encoded_len)，我們希望將同一批次樣本中不同行動的編碼，連接在一起。為了完成這個工作，我們只要重新設定輸出張量，將 batch_size 作為第一個維度，因此，這個函數的輸出張量，其形狀是：(batch_size, encoded_len*n_actions)。

展示編碼器

RolloutEncoder 類別輸入了兩個張量：觀察 (rollout_steps, batch_size, 1, 84, 84) 和獎勵 (rollout_steps, batch_size)。這個類別會沿著「展示步驟」套用「**遞迴類神經網路**」（Recurrent Neural Network，**RNN**），將每個批次系列轉換為編碼向量。在套用「遞迴類神經網路」之前，類別中有一個預處理器，它會從「環境模型」提供的觀察差異中提取特徵，然後將「獎勵值」附加到「特徵向量」之中。

```
class RolloutEncoder(nn.Module):
    def __init__(self, input_shape, hidden_size=ROLLOUT_HIDDEN):
        super(RolloutEncoder, self).__init__()

        self.conv = nn.Sequential(
            nn.Conv2d(input_shape[0], 32, kernel_size=8,
stride=4),
            nn.ReLU(),
            nn.Conv2d(32, 64, kernel_size=4, stride=2),
            nn.ReLU(),
            nn.Conv2d(64, 64, kernel_size=3, stride=1),
            nn.ReLU(),
        )
```

「觀察預處理器」（observation preprocessor）具有與 Atari 相同的卷積層；除了輸入張量是單一通道，它是「環境模型」所產生的連續觀察之間的差異。

```
        conv_out_size = self._get_conv_out(input_shape)

        self.rnn = nn.LSTM(input_size=conv_out_size+1,
hidden_size=hidden_size, batch_first=False)
```

編碼器的 RNN 是一個 LSTM 層。參數 batch_first=False 其實不是必要的（因為它的預設值就是 False），但在這裡再一次明確地設定它，可以提醒我們輸入張量的順序，也就是 (rollout_steps, batch_ size, conv_features+1)，所以時間維度的索引是零。

```
    def _get_conv_out(self, shape):
        o = self.conv(torch.zeros(1, *shape))
```

```
        return int(np.prod(o.size()))

    def forward(self, obs_v, reward_v):
        """
        Input is in (time, batch, *) order
        """
        n_time = obs_v.size()[0]
        n_batch = obs_v.size()[1]
        n_items = n_time * n_batch
        obs_flat_v = obs_v.view(n_items, *obs_v.size()[2:])
        conv_out = self.conv(obs_flat_v)
        conv_out = conv_out.view(n_time, n_batch, -1)
        rnn_in = torch.cat((conv_out, reward_v), dim=2)
        _, (rnn_hid, _) = self.rnn(rnn_in)
        return rnn_hid.view(-1)
```

函數 `forward()` 在編碼器的架構中很明顯；首先它會從所有的 `rollout_steps` * `batch_size` 觀察中提取出特徵，然後將 LSTM 套用在序列上。做為「展示」的一個編碼向量，我們採用 RNN 中最後一步回傳的隱藏狀態。

I2A 的訓練

訓練過程包含了兩個步驟：我們用一般的 A2C 方式訓練 I2A 模型，且我們使用另外的損失對「展示策略」進行「策略昇華」。在「展示」步驟中，想要使用一個較小的策略近似 I2A 行為來選擇行動，「昇華訓練」是必要的。在「想像軌跡」中選擇的行動，就應該會類似於代理人在實際情況中選擇的行動。但是在「展示」期間，不能只使用我們主要的 I2A 模型來做行動選擇；主要的 I2A 模型需要再次進行「展示」。我們使用「策略昇華」來克服這個矛盾，它是「訓練期間主要的 I2A 模型的策略」與「展示策略網路回傳的策略」之間，一個非常簡單的**交叉熵損失**。這個訓練步驟有一個單獨的優化器，它僅負責「展示策略」參數的最佳化。

下面的程式碼是訓練迴圈中負責「策略昇華」的部分。陣列 `mb_probs` 包含 I2A 模型「為了觀察 `obs_v`」所選擇的行動機率。

```
        probs_v = torch.FloatTensor(mb_probs).to(device)
        policy_opt.zero_grad()
        logits_v, _ = net_policy(obs_v)
        policy_loss_v = -F.log_softmax(logits_v, dim=1) *
 probs_v.view_as(logits_v)
        policy_loss_v = policy_loss_v.sum(dim=1).mean()
        policy_loss_v.backward()
        policy_opt.step()
```

訓練過程中的另一個步驟是 I2A 模型的訓練，它與我們一般訓練 A2C 的方法完全相同，並忽略 I2A 模型所有的內部結構：值損失是「預測獎勵」和「貝爾曼方程式近似出的折扣獎勵」之間的 MSE，而「**策略梯度**」（Policy Gradient，**PG**）則是「優勢」乘上「所選行動的對數機率」來表示。其實這裡沒有什麼新東西。

實驗結果

在本節中，我們將會檢視多步驟訓練流程的結果。

基線代理人

訓練代理人時，使用可選用的 `--cuda` 旗標來啟用 GPU，執行 `Chapter17/01_a2c.py`，並輸入必要參數 `-n`；參數值是這個實驗的名稱，也是儲存模型的目錄名稱，它會被 TensorBoard 使用。

```
Chapter17$ ./01_a2c.py --cuda -n tt
AtariA2C (
  (conv): Sequential (
    (0): Conv2d(2, 32, kernel_size=(8, 8), stride=(4, 4))
    (1): ReLU ()
    (2): Conv2d(32, 64, kernel_size=(4, 4), stride=(2, 2))
    (3): ReLU ()
    (4): Conv2d(64, 64, kernel_size=(3, 3), stride=(1, 1))
    (5): ReLU ()
  )
  (fc): Sequential (
    (0): Linear (3136 -> 512)
    (1): ReLU ()
  )
  (policy): Linear (512 -> 4)
  (value): Linear (512 -> 1)
)
4: done 13 episodes, mean_reward=0.00, best_reward=0.00,
speed=99.96
9: done 11 episodes, mean_reward=0.00, best_reward=0.00,
speed=133.25
10: done 1 episodes, mean_reward=1.00, best_reward=1.00,
speed=136.62
13: done 9 episodes, mean_reward=0.00, best_reward=1.00,
speed=153.99
...
```

在經過 500k 訓練迭代之後，對測試數據集，A2C 能夠達到 **450** 的平均獎勵，其中的設定是：每次遊戲有**五條命**並使用**未剪裁的獎勵**。三個「完整回合」的最高測試獎勵是 **650**。

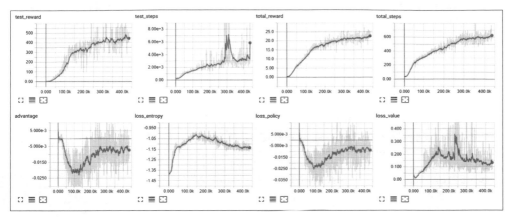

圖 17.5：基線收斂動態

訓練環境模型加權

要訓練「環境模型」，您需要指定基線代理人在訓練過程中所產生的策略。在我的實驗中，我採用了經過「部分訓練的代理人」的策略，來增加「環境模型」訓練數據的潛在多樣性。

```
Chapter17$ ./02_imag.py --cuda -m
res/best/01_a2c_clip/best_0342.333_119000.dat -n tt
EnvironmentModel (
  (conv1): Sequential (
    (0): Conv2d(6, 64, kernel_size=(4, 4), stride=(4, 4),
padding=(1, 1))
    (1): ReLU ()
    (2): Conv2d(64, 64, kernel_size=(3, 3), stride=(1, 1),
padding=(1, 1))
    (3): ReLU ()
  )
  (conv2): Sequential (
    (0): Conv2d(64, 64, kernel_size=(3, 3), stride=(1, 1),
padding=(1, 1))
    (1): ReLU ()
  )
  (deconv): ConvTranspose2d(64, 1, kernel_size=(4, 4), stride=(4, 4))
  (reward_conv): Sequential (
```

```
    (0): Conv2d(64, 64, kernel_size=(3, 3), stride=(1, 1))
    (1): MaxPool2d (size=(2, 2), stride=(2, 2), dilation=(1, 1))
    (2): ReLU ()
    (3): Conv2d(64, 64, kernel_size=(3, 3), stride=(1, 1))
    (4): MaxPool2d (size=(2, 2), stride=(2, 2), dilation=(1, 1))
    (5): ReLU ()
  )
  (reward_fc): Sequential (
    (0): Linear (576 -> 128)
    (1): ReLU ()
    (2): Linear (128 -> 1)
  )
)
Best loss updated: inf -> 1.7988e-02
Best loss updated: 1.7988e-02 -> 1.1621e-02
Best loss updated: 1.1621e-02 -> 9.8923e-03
Best loss updated: 9.8923e-03 -> 8.6424e-03
...
```

在 100k 訓練迭代中，損失停止減少，而具有最小損失的「環境模型」則可以用於 I2A 模型的最終訓練。

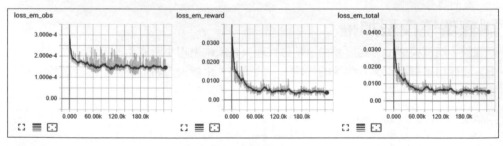

圖 17.6：環境模型的訓練

以 I2A 模型來訓練

「想像路徑」的計算成本非常高，其與「所執行的展示步驟的數目」成正比。我為這個超參數做了幾個嘗試，而對於打磚塊來說，三個到五個步驟之間，結果並沒有太大的區別，但是速度幾乎快了兩倍。

```
Chapter17$ ./03_i2a.py --cuda --em res/best/02_env_largerbatch\=
64/best_6.9029e-04_106904.dat -n tt
I2A (
  (conv): Sequential (
    (0): Conv2d(2, 32, kernel_size=(8, 8), stride=(4, 4))
```

```
        (1): ReLU ()
        (2): Conv2d(32, 64, kernel_size=(4, 4), stride=(2, 2))
        (3): ReLU ()
        (4): Conv2d(64, 64, kernel_size=(3, 3), stride=(1, 1))
        (5): ReLU ()
    )
    (fc): Sequential (
        (0): Linear (4160 -> 512)
        (1): ReLU ()
    )
    (policy): Linear (512 -> 4)
    (value): Linear (512 -> 1)
    (encoder): RolloutEncoder (
        (conv): Sequential (
            (0): Conv2d(1, 32, kernel_size=(8, 8), stride=(4, 4))
            (1): ReLU ()
            (2): Conv2d(32, 64, kernel_size=(4, 4), stride=(2, 2))
            (3): ReLU ()
            (4): Conv2d(64, 64, kernel_size=(3, 3), stride=(1, 1))
            (5): ReLU ()
        )
        (rnn): LSTM(3137, 256)
    )
)
2: done 1 episodes, mean_reward=0.00, best_reward=0.00, speed=6.41 f/s
4: done 12 episodes, mean_reward=0.00, best_reward=0.00, speed=90.84 f/s
7: done 1 episodes, mean_reward=0.00, best_reward=0.00, speed=69.94 f/s
...
```

經過 200k 個訓練步驟，I2A 能夠在測試中達到 **400** 的平均獎勵，它顯示出比基線 A2C 更好的動態。三個「完整回合」的最高測試獎勵為 **750**，這也比基線 A2C 的 **650** 來得更好。

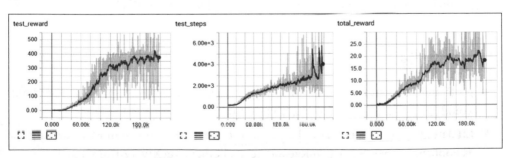

圖 17.7：I2A 收斂動態（獎勵和步數）

I2A（藍色）和**基線 A2C**（橘色）的測試獎勵動態如下圖所示：

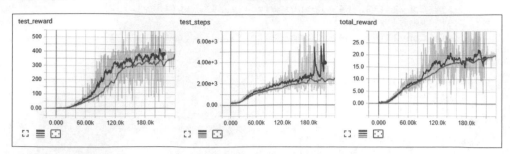

圖 17.8：I2A 與基線 A2C 的比較

我還在「展示」過程中進行了一項實驗，令人驚訝的是，一步到三步之間的訓練動態並沒有太大的差別，這可能表示「在打磚塊遊戲中，代理人不需要太長的想像軌跡」，長時間的想像並無法從「環境模型」中獲益。這個結果很吸引人，因為如果是一**步**的話，我們根本就不需要「展示策略」了（因為第一步總是會在所有行動上執行），並且也不需要 RNN，這樣代理人可以明顯地加速，讓它的性能在速度上能更接近基線 A2C。

小結

在本章中，我們討論了「基於模型」的強化學習方法，並實作了 DeepMind 研究團隊最近發表的一種架構，這個架構將「環境模型」擴展到「無模型」代理人之中。這個模型嘗試將「無模型」和「基於模型」的路徑合併成一個，來讓代理人自己決定要使用那些知識。

在下一個章節中（也是本書的最後一章），我們將介紹最近 DeepMind 在「全資訊遊戲」（full-information games）領域上的突破：AlphaGo Zero 演算法。

參考文獻

- **[1] Reinforcement Learning with Unsupervised Auxiliary Tasks** by Max Jaderberg, Volodymyr Mnih, and others, (arXiv:1611.05397)

- **[2] Imagination-Augmented Agents for Deep Reinforcement Learning** by Theophane Weber, Sebastien Racantiere, and others, (arXiv:1707.06203)

18

AlphaGo Zero

在本書的最後一章中，我們將繼續討論基於模型的方法，並檢視當我們擁有環境模型時的案例，而這個環境模型同時被**兩個競爭方**所使用。這種情況在棋盤對局遊戲中非常普遍；遊戲規則是固定不變的，亦可以觀察完整的盤面，但是我們有一個對手，它的主要目標就是阻止我們贏得比賽。

最近，DeepMind 針對沒有先驗知識的領域，提出了一種非常優雅的解決方法：代理人能經由「**自我對弈**」（**self-play**）的方式來改進它的策略。這個方法就是 **AlphaGo Zero**，它是本章的重心，而且我們會實作這個方法來玩 **Connect4** 這個遊戲。

棋盤遊戲

多數棋盤遊戲所提供的設定與街機大不相同。Atari 遊戲套件假設一個玩家在某些包含複雜動態的環境之中做出行動決策。分析、學習玩家的行動結果，玩家可以提高他們的技巧，並且增加最終的分數。

在棋盤遊戲的設定中，遊戲規則通常非常簡單、簡潔。遊戲會複雜的原因，在於遊戲中棋盤上不同「**盤面**」（position）的數量，和一個試圖在比賽中擊敗我方的**對手**（opponent），而且我方不知道這個對手的對局策略是什麼。在棋盤遊戲中，「允許觀察遊戲狀態」和「固定明確的規則」讓我們有了「分析」當前盤面的可能性，而 Atari 街機則並非如此。「分析」代表我們可以取得遊戲的當前盤面狀態，並評估可以使用的「所有可能的移動」，然後選擇「最佳的移動方式」作為我們的行動。

最簡單的評估方法是迭代可能的移動操作，並在採取行動之後遞迴地評估「盤面」。最後，當沒有更多的移動可能時，這個過程就會引導我們進入最終「盤面」。透過回傳的遊戲結果，我們可以估計任何「盤面」上的任何行動的期望值。這種方法的一種可能的變形是被稱為「**極小極大**」（**minimax**）的樹狀資料結構，這個結構嘗試描述當我方會做出最好的行動、而對手也會做出讓我方最為難的行動，所以我們不斷向下處理**遊戲狀態樹**，反覆「極小極大」最終遊戲的目標（我們將會在稍後的小節中詳細說明）。

如果不同「盤面」的數目很小，我們可以完全分析全部可能，就像「圈叉遊戲」（TicTacToe）那樣（一共只有 138 個終端狀態）；我們可以從任何一個盤面狀態繼續向下搜尋這顆遊戲樹，並找出最好的行動方式。這完全不會造成任何問題。

但是不幸的是，這種「**暴力法**」（brute-force approach）連「中等複雜度的遊戲」也沒有辦法處理，因為需要配置的節點數目是以指數倍數增加的。例如：在**西洋跳棋**（draughts 或 checkers）中，完整的遊戲樹有 $5 * 10^{20}$ 個節點，即使對於現在先進的電腦硬體來說，這也是一個不小的挑戰。更不用說更複雜的遊戲了，像是**西洋棋**或**圍棋**，它們的遊戲樹比上面的例子要大得多，所以根本不可能分析從所有狀態出發的「所有可以到達的盤面狀態」。為了處理這樣的問題，當我們在分析一些深度很深的樹時，通常會使用某種**近似**。常用的一個處理方式稱為「**樹剪枝**」（tree pruning），它仔細地結合「**停止搜尋準則**」（search stop criteria），搭配使用事先聰明定義的「盤面」，我們可以製作一個「能玩複雜遊戲、且具有相當棋力的電腦程式」。

在 2017 年底，DeepMind 團隊在 Nature 國際期刊上發表了一篇文章，介紹了名為 **AlphaGo Zero** 的新方法，這個方法能夠在**圍棋**和**西洋棋**等複雜的遊戲中，實現超人一般的水平，除了遊戲規則之外，完全不需要任何的先驗知識。代理人能夠經由不斷地**與自己對弈**的結果來改進它的策略。完全不需要關於遊戲的大量訓練數據庫、手工製作的特徵或是預先訓練的模型。這個方法的另一個很不錯的特性是：它的簡潔性和優雅性。

我們將試著說明並理解這個方法，並以它來實作 **Connect4** 這個遊戲（它也被稱為 **four in a row** 或 **four in a line**），來當作本章的範例。

AlphaGo Zero 方法

概述

從比較高的層次上來看，這個方法是由三**個部分**所組成的，這些部分會在後面的小節中詳細解釋，所以如果您覺得本節的說明不是非常詳盡，請不用太擔心：

- 我們使用「**蒙地卡羅樹搜尋**」（Monte-Carlo Tree Search，**MCTS**）演算法，不斷地走訪遊戲樹中的節點；它的核心想法是**半隨機地**向下走訪遊戲樹中的狀態，擴展它們，並收集有關「移動頻率」和遊戲底層結果的「統計數據」。由於遊戲樹非常巨大，深度非常深、寬度也非常寬，我們不可能去建立完整的樹狀結構，只能隨機的抽取**最有希望的路徑**（這就是方法名稱的由來）。

- 在對局進行的任何時刻，我們都有一個「**最佳玩家**」（best player），這是經由「**自我對弈**」（self-play）方法，用來產生數據的模型。這個模型在一開始的時候，包含的是隨機加權，所以它就會隨機移動，就像一個四歲小孩剛開始學習下棋時、**棋子移動的方式**。但是隨著時間的推移，我們會用更好的變形來替換這個「最佳玩家」，它將產生越來越有意義、也更複雜的遊戲情境。「自我對弈」代表在棋盤的兩邊，使用相同的「**當前最佳玩家**」模型（the same current best model）。這看起來似乎不太有用，因為跟自己完全相同的模型做對抗，有大約 50% 的機率會贏（或輸）；但這實際上正是我們所需要的：我們最佳的模型展示了它最佳對弈技巧的遊戲樣本。可以用一個很簡單比喻來說明：觀察「完全不會下棋的人」和「這個遊戲的大師」對弈，通常不會很有趣。大師能輕鬆地贏得比賽。而觀察兩個棋力相當的玩家對局，通常反而更有趣、更吸引人。這就是為什麼任何遊戲的「冠軍賽」通常都會比之前的幾場比賽吸引更多的關注：冠軍賽中的兩支隊伍（或兩位球員），往往都是整場比賽中表現最出色的，而他們也要竭盡所能打出最好的比賽才能獲勝。

- 這個方法的第三個部分是：另一個被稱之為「**學徒模型**」（apprenticeship model）的訓練過程；我們會用「最佳模型」使用「自我對弈」所產生的數據，來訓練「學徒模型」。它可以類比成兩個大人在對局，一個小孩坐在旁邊，不斷分析這兩個大人**下棋的方式**。我們會定期以訓練過的「學徒模型」和我們的「當前最佳模型」對弈；如果「學徒」能夠不斷地持續擊敗「最佳模型」，我們會直接將訓練模型、也就是「學徒」，替換成「最佳模型」，並繼續進行程序。

儘管方法很簡單、甚至有一點天真，但 AlphaGo Zero 擊敗了 AlphaGo 之前的所有版本，並成為了世界上最好的圍棋玩家，而除了遊戲規則之外，並不需要任何先驗知識。在發表論文《Mastering the Game of Go Without Human Knowledge》（[1]）之後，DeepMind 團隊在**西洋棋**上面套用了相同的方法，從零開始訓練模型，並將結果以論文的型式發表：《Mastering Chess and Shogi by Self-Play with a General Reinforcement Learning Algorithm》（[2]）；這個模型擊敗了 **Stockfish**，它是最厲害的西洋棋程式，人類專家花了十多年的時間才將它開發出來。

現在讓我們詳細檢視這個方法的所有三個部分吧。

蒙地卡羅樹搜尋

讓我們使用「圈叉遊戲」（TicTacToe）遊戲樹的一個簡單子樹（a simple subtree），來介紹「蒙地卡羅樹搜尋」的功能吧，如下圖所示。一開始的時候，遊戲區域是空的，「**叉方**」需要決定行動（下）的位置。而第一步有九種不同的選項，因此我們的「**根狀態**」有九個不同的分支，向下連接到相對應的狀態。

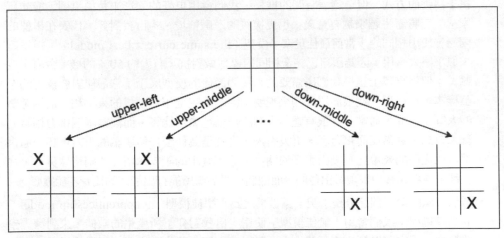

圖 18.1：圈叉遊戲 TicTacToe 的遊戲樹

在遊戲樹的某個特定狀態中，可能的行動量被稱為**「分支因子」（branching factor）**，它顯示遊戲樹繁茂的程度。它當然不是一個常數，在不同的狀態節點中可能會有所不同，因為有些行動可能並不會發生。在 TicTacToe 的情境下，可用行動的數目可以從遊戲一開始時候的**九**，到樹葉節點上的是**零**。「分支因子」可以讓我們估計遊戲樹的增長速度，因為每個可用的行動都會導入「另一個盤面上」可以選用的另一組行動。

對於我們的「圈叉遊戲」範例，在「叉方」下過之後，無論「叉方」下在哪裡，「圈方」都有**八個**地方可以下，這使得遊戲樹的第二層中一共有 9 * 8 個節點。完整的遊戲樹中的節點總數，最多可達到 **9! = 362880** 個，但是實際數字會比這個數字小，因為並不是所有遊戲都需要下到最大深度才能分出勝負。

「圈叉遊戲」盤面很小，但如果我們考慮一個盤面更大、更複雜的遊戲，例如：西洋棋，「白方」在開始對弈時，第一步可以下的方式數目（有 **20** 種下法）；或是在圍棋中，「白子」在開始對弈時，第一步可以下的位置數目（對於一個 19 × 19 盤面的遊戲領域，總共有 **361** 個位置可以下）；完整遊戲樹中的遊戲盤面數目很快地就會變得無比巨大，而往遊戲樹的更下一層分析時，狀態（或稱之為盤面總數）就要將「上一層所有的狀態數目」乘上「我們可以執行的平均行動數目」。

為了處理這種「**組合爆炸**」（combinatorial explosion），隨機抽樣就能夠發揮它的作用。在一般的「蒙地卡羅樹搜尋」中，我們會從目前的遊戲狀態開始，執行「**深度優先搜尋**」（depth-first search）的多次迭代，隨機選擇行動或使用某種策略，策略應該包含足夠的隨機決策。每次搜尋都會持續到遊戲的結束狀態，然後根據遊戲的最終結果，將剛才造訪過的「遊戲樹分支節點中的加權」做更新。這個過程類似於「值迭代法」，當我們完成一「回合」時，「回合」的最後一步會影響前面所有步驟的「值估計」。這就是一般的「蒙地卡羅樹搜尋」，這個方法也有與擴展策略、分支選擇策略和其他細節相關的很多種變型。

在 AlphaGo Zero 中，使用的是「蒙地卡羅樹搜尋」的變型。在每個邊上（表示某個盤面上的移動），會儲存這組統計數據：邊（edge）的先驗機率 $P(s, a)$、造訪次數 $N(s, a)$ 和行動值 $Q(s, a)$。每次搜尋都是從「根節點」開始，並選擇最有獲勝希望的行動；行動選擇的方式是使用被稱作「**工具值**」（utility value）的 $U(s, a)$，它是 $Q(s,a) + \frac{P(s,a)}{1+N(s,a)}$ 的一個比例值。

隨機性（Randomness）被加到選擇過程之中，以確保對遊戲樹能夠充分地探索。每次搜尋最終都會產生兩種結果：達到遊戲的最終狀態，或者我們遇到**從未探索過的狀態**（換句話說，沒有統計數據值）。在遇到「從未探索過的狀態」這種情況下，「**策略類神經網路**」（policy NN）會被用來取得先驗機率和狀態的估計值，以及一個新節點，而節點中：$N(s, a) = 0$、$Q(s, a) = 0$、$P(s, a) = p_{net}$（這是網路回傳的移動機率）。除了先前的行動機率之外，網路還會回傳「當前的玩家方」所看到的遊戲估計結果（或狀態值）。

當我們取得這個值的時候（抵達遊戲的最終狀態，或是使用「類神經網路」擴展節點），會執行一個被稱為「**值備份**」（backup of value）的程序。在這個程序中，我們會從遊戲樹的底部節點回溯到根節點，並更新這條路徑上每個訪問過的中間節點上面的統計資訊，特別是會將造訪次數 $N(s, a)$ 加 1，也會將行動值 $Q(s, a)$ 更新為從「當前的狀態」的角度所看到的比賽結果。由於兩方玩家是交互輪流下棋，所以最終的遊戲結果在每個備份步驟中需要改變符號。

這個搜尋過程會被執行許多次（在 AlphaGo 的情況下，會執行一千到兩千次搜尋），以便收集足夠的行動統計資訊，其中包含造訪計數器 $N(s, a)$，它會被視為行動的選取機率。

自我對弈

在 AlphaGo Zero 中，「類神經網路」是被用來「近似行動的先驗機率」並「評估盤面」，這與 Actor-Critic（**A2C**）方法中的雙端設定（two-headed setup）非常類似。在網路的輸入上，我們傳遞當前遊戲盤面（還會額外加入幾個先前的盤面）並回傳兩個值。「策略端」回傳行動的機率分佈；「值端」從現在玩家的角度，估計遊戲結果。這個值沒有打折，因為圍棋中棋子的下法是具有「明確性」的（deterministic）。當然，如果你的遊戲本身包含隨機性的話，例如：西洋雙陸棋，就應該使用一些折扣。

如前所述，我們會維護一個「**當前最佳網路**」，這個網路不斷地「自我對弈」以便產生訓練「**學徒網路**」的訓練數據。為了收集足夠的遊戲子樹相關統計數據，「自我對弈」中的每一步都會從當前盤面的幾個「蒙地卡羅樹搜尋」開始，使用這些子樹統計數據來選擇最佳行動。具體選擇的準則取決於「移動」和「我們的設置」。對於「自我對弈」的情況，它理論上要產生具有足夠變異的訓練數據，因此第一次的移動都是隨機選擇的。然而，在對弈幾步（確實步數是方法中的一個超參數）之後，行動選擇會變得具有「明確性」，因為我們總是會選擇具有最大造訪次數 $N(s, a)$ 的行動。在評估遊戲之中（當我們檢查「正被訓練的網路」與「當前最佳模型」的對弈時），所有步驟都是具有「明確性」的，一定會選擇那個具有最大造訪計數器的行動。

一旦「自我對弈」結束，並得到最終的對局結果時，遊戲的每一步行動都會被加到訓練數據集中，它是一個常數串列：(s_t, π_t, r_t)；其中 t 代表「在一個特定步驟」，而 s_t 是該步驟的「遊戲狀態」，π_t 是該步驟從「蒙地卡羅樹搜尋」中採樣並計算出來的「行動機率」，r_t 是該步驟從玩家的角度所看到的「遊戲結果」。

訓練與評估

在「當前最佳網路」的兩個複製分身之間的「自我對弈」程序,為我們提供了訓練
數據流,包含了:狀態、行動機率和「自我對弈」中所取得的「盤面值」(position
values)。有了這些資料在手,訓練就變得很簡單:我們從訓練樣本的「重播緩衝區」
中,進行小批採樣,並最小化「值端預測」和「實際盤面值」之間的**均方誤差**(Mean
Squared Error,MSE),以及「預測機率」和「抽樣機率 π」之間的交叉熵損失。

如前所述,一旦經過幾個訓練步驟,就會執行對訓練網路的評估,它包括用「當前最佳
網路」與「正被訓練的網路」做幾次的對弈。一旦「正被訓練的網路」表現明顯地優於
「當前最佳網路」時,我們就將「正被訓練的網路」**複製**到「當前最佳網路」並繼續這
個程序。

Connect4 機器人

為了實際的檢驗這個方法,我們用 AlphaGo Zero 的方法來解決 **Connect4** 遊戲。這個遊
戲有兩位玩家,盤面是一個 6 × 7 的空間。玩家使用不同顏色的棋子,且玩家輪流將棋
子放入七列中的任意一列。棋子會落到底部,以垂直的方式堆疊上去。遊戲目標是讓**相
同顏色的棋子**,可以水平、垂直或對角線地**連成四個**。**圖 18.2** 顯示了兩個遊戲的情況:
左圖中,紅色玩家剛剛贏得比賽;而在**右圖**中,藍色玩家即將形成一個四子連線。

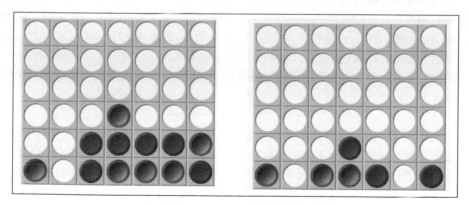

圖 18.2:Connect4 遊戲的兩個盤面

儘管看起來很簡單,但是這個遊戲擁有 $4.5 * 10^{12}$ 種不同的遊戲狀態,若是要用「暴力
法」(brute force)來解決它,將會是一個不小的挑戰。這個例子包含許多工具和函式庫
模組:

- Chapter18/lib/game.py：遊戲的低階表示，包含移動、將遊戲狀態做編碼和解碼的函數，以及其他與遊戲相關的工具程式。

- Chapter18/lib/mcts.py：「蒙地卡羅樹搜尋」的實作，其支援在 GPU 上擴展樹葉節點和節點的備份。核心類別還負責記錄遊戲樹中節點的統計數據，這些統計數據會在搜尋之間被重複使用。

- Chapter18/lib/model.py：「類神經網路」和其他與模型相關的函數，例如：遊戲狀態和模型輸入之間的轉換，以及執行單一遊戲的對弈。

- Chapter18/train.py：主要的訓練工具程式，它會將所有的內容結合在一起，並對新的「最佳網路」產生的「模型檢查點」（model checkpoint）。

- Chapter18/play.py：在「模型檢查點」之間，組織自動化競賽的工具。它會接受多個模型檔案與一個數字，並執行「給定數字次數」的相互競賽，以便產生模型的排名。

- Chapter18/telegram-bot.py：Telegram 聊天平台上的機器人，允許使用者跟「任何儲存了統計資訊的模型檔案」進行對弈。這個機器人被用來人工驗證範例的結果。

遊戲模型

這一整個方法都是建構在「我們能夠預測我們行動的結果」的能力之上，換句話說，我們需要能夠在執行一些特定的遊戲行動之後，取得最終的遊戲狀態。一般來說，這樣的要求比 Atari 環境和 Gym 嚴格許多；在 Atari 與 Gym 的環境之中，您無法指定一個你想要開始行動的起始狀態。因此，我們需要一個遊戲模型，它封裝了這個遊戲的遊戲規則和動態。幸運的是，大多數的棋盤遊戲都有一組簡單、簡潔的規則，使得模型實作相對簡單許多。

在我們的例子中，Connect4 遊戲的完整狀態是由 6×7 的「遊戲盤面」狀態和「現在輪到誰下」的一個指示器來表示的。對我們的例子來說，最重要的是讓「遊戲狀態表示法」盡可能地佔用最少的主記憶體，但仍然能夠有效地工作。主記憶體的需求是由於「蒙地卡羅樹搜尋」過程中需要儲存大量的遊戲狀態。因為我們的遊戲樹很大，在「蒙地卡羅樹搜尋」的過程中，記錄越多的節點，我們最終的移動機率近似值就會越好；因此，我們希望能夠在主記憶體中儲存數百萬甚至數十億的遊戲狀態。

有了這些資訊，遊戲狀態表示法的精簡程度，可能會對主記憶體的需求量產生巨大的影響，也會巨幅地影響訓練過程的速度。然而，遊戲狀態表示法也要能夠方便使用，例如：檢查棋盤盤面是否有輸贏、進行移動，或是從某個狀態中找出所有的有效移動方式。

為了在記憶體跟速度之間保持平衡，在 Chapter18/lib/game.py 中，實作了兩個處理遊戲盤面的表示法。第一種被稱為「**編碼形式**」（encoded form），它非常節省記憶體空間，只需要 63 個位元就能夠編碼整個欄位；這讓它的速度非常快，而且記憶體用量非常少，因為它可以非常有效率地在 64 位元的電腦中呈現。另一種是「**解碼形式**」（decoded form），它將遊戲盤面以串列的方式呈現，串列長度為 7，而串列中的每個元素都是整數串列，代表盤面上特定行（particular column）上的棋子狀態。這個表示法比較佔記憶體空間，但是使用起來會很方便。

我不打算在這裡顯示 Chapter18/lib/game.py 中全部的程式碼，但是如果您需要它，可以從儲存庫中取得。在這裡，我們只會檢視檔案中所定義的常數和它所提供的函數：

```
GAME_ROWS = 6
GAME_COLS = 7
BITS_IN_LEN = 3
PLAYER_BLACK = 1
PLAYER_WHITE = 0
COUNT_TO_WIN = 4
# INITIAL_STATE = encode_lists([[]] * GAME_COLS)
```

上面程式片段中的前兩個常數定義了遊戲欄位的維度，可以在程式中任何的地方來使用，如果您在處理一個較大盤面或是較小盤面的遊戲，可以改變這兩個常數來做實驗。狀態編碼函數會使用 BITS_IN_LEN 值，它定義需要使用多少位元，來編碼行的高度（棋子的數目）。在這個 6 × 7 的遊戲中，每一行最多可以有 6 個棋子，因此，3 個位元就足以儲存 0 到 7 的值。如果修改了行的高度，則需要相應地調整 BITS_IN_LEN。

PLAYER_BLACK 和 PLAYER_WHITE 定義了「在**解碼**遊戲表示法當中會使用的值」。最後，COUNT_TO_WIN 設定了「需要形成的群組長度」，才能贏得遊戲。所以從理論上來說，您可以試著修改這個程式碼，用它來處理一個盤面大小是 20 × 40 的遊戲；要訓練出一個代理人，您只需要改變 game.py 檔案中的這四個常數。

INITIAL_STATE 則定義遊戲初始狀態的**編碼**表示，它有 GAME_COLS 個空串列。其餘的程式碼則是一些函數的定義。其中的一些函數只會在內部使用；其他的一些函數則是被當作遊戲的介面，可以在範例中的任何地方來使用。讓我們快速地將它們列出來吧：

- encode_lists(state_lists)：將遊戲狀態從**解碼**表示轉換為**編碼**表示。輸入參數是 GAME_COLS 個串列所形成的串列，單一串列的內容紀錄順序是從下到上（bottom-to-top）。換句話說，要將新棋子放在堆疊的頂端，只需將其加到對應串列的最後就可以了。這個函數回傳一個整數，它是以 **63** 位元表示的遊戲狀態。

- decode_binary(state_int)：將欄位的整數表示轉換回串列表示。

- possible_moves(state_int)：給定一個「編碼遊戲狀態」，這個函數會回傳一個串列，它包含那些可以下棋子的行索引。行是從 **0** 到 **6**，從**左**到**右**來編號。

- move(state_int, col, player)：檔案中的核心函數，提供遊戲移動並檢查是否有輸／贏發生。輸入參數有三個：編碼形式的遊戲狀態、放棋子的行，以及換哪一個玩家下的索引。行索引（column index）必須是有效的（必須存在於 possible_moves(state_int) 的回傳結果之中），否則將會引發例外錯誤。這個函數會回傳一個包含**兩個**元素的常數串組：在玩家下完之後以編碼形式表示的新遊戲狀態，和一個真／偽布林值，它表示經過這步之後，玩家是否獲勝了。由於玩家只會在下過之後才有可能獲勝，因此一個布林值就足夠了。當然，最後有可能會**平手**，獲得和局狀態（沒有人贏，但是已經沒有任何可以下的地方了）。我們必須在使用 move() 函數之後，叫用 possible_moves 函數來檢查這種情況。

- render(state_int)：回傳一個字串形成的串列。這些字串表示欄位狀態。這個函數會被 Telegram bot 使用，將欄位狀態發送給使用者。

實作蒙地卡羅樹搜尋

我們在 Chapter18/lib/mcts.py 中實作了「蒙地卡羅樹搜尋」，由單一的 MCTS 類別來表示，它負責執行一批「蒙地卡羅樹搜尋」，並將過程中所收集的統計資訊儲存起來。程式碼不是很大，但仍然有幾個棘手的部分，所以讓我們仔細地來檢查它吧。

```
class MCTS:
    def __init__(self, c_puct=1.0):
        self.c_puct = c_puct
        # count of visits, state_int -> [N(s, a)]
        self.visit_count = {}
        # total value of the state's action,
        # state_int -> [W(s, a)]
        self.value = {}
        # average value of actions, state_int -> [Q(s, a)]
        self.value_avg = {}
        # prior probability of actions, state_int -> [P(s,a)]
        self.probs = {}
```

建構函數只有一個輸入參數：c_puct 常數，在選擇節點的過程中會被使用到，而在原始的 AlphaGo Zero 論文中 **[1]** 也有提到它，論文中說：「可以調整它來增加探索性」，但是我並沒有使用它，也還沒有對它做過任何實驗。建構函數的主程式碼會建立一個空的容器來儲存與狀態相關的統計資訊。這些字典物件的搜尋鍵是「編碼遊戲狀態」（整數），而值是串列，記錄我們擁有的各種行動參數。每個容器上面都有註釋，說明它們與 AlphaGo Zero 論文中相對的值。

```
def clear(self):
    self.visit_count.clear()
    self.value.clear()
    self.value_avg.clear()
    self.probs.clear()
```

上面的方法能在不破壞 MCTS 物件的情況下**清除**（clear）狀態；當我們從「當前最佳模型」切換至「新模型」時，或是在所收集的統計資訊已經過時的時候，會需要叫用上面這個函數。

```
def find_leaf(self, state_int, player):
    """
    Traverse the tree until the end of game or leaf node
    :param state_int: root node state
    :param player: player to move
    :return: tuple of (value, leaf_state,
    player, states, actions)
    1. value: None if leaf node, otherwise equals
    to the game outcome for the player at leaf
    2. leaf_state: state_int of the last state
    3. player: player at the leaf node
    4. states: list of states traversed
    5. list of actions taken
    """
    states = []
    actions = []
    cur_state = state_int
    cur_player = player
    value = None
```

在對遊戲樹執行一次搜尋時，會叫用上面的方法，搜尋的根節點是給定的參數 state_int，並一直向下走訪，直到下面這兩種情況之一出現時，就會停止：當我們達到**最終遊戲狀態**，或者遇到**從未走訪過的樹葉節點**。在搜尋的過程中，我們會記錄訪問狀態和執行的行動，以便稍後用它們來更新節點的統計資訊。

```
while not self.is_leaf(cur_state):
    states.append(cur_state)

    counts = self.visit_count[cur_state]
    total_sqrt = m.sqrt(sum(counts))
    probs = self.probs[cur_state]
    values_avg = self.value_avg[cur_state]
```

迴圈中的每次迭代都會處理我們當前所處的遊戲狀態。對於這個狀態，我們提取「做出相關行動決策所需要的統計資訊」。

```
if cur_state == state_int:
    noises = np.random.dirichlet([0.03] *
                                 game.GAME_COLS)
    probs = [0.75 * prob + 0.25 * noise for prob,
            noise in zip(probs, noises)]
score = [value + self.c_puct * prob * total_sqrt /
        (1 + count)
            for value, prob, count in zip(values_avg,
                                          probs, counts)]
```

關於行動的決策是基於 action 函數，它是將 $Q(s, a)$ 和先驗機率以「造訪次數」縮放兩者之**和**。搜尋程序的根節點上有一個額外的機率雜訊，被用來增加搜尋程序的探索性。當我們沿著「自我對弈」的軌跡、從不同的遊戲狀態開始執行「蒙地卡羅樹搜尋」時，這個額外的雜訊可以確保我們在搜尋路徑上「有機會嘗試不同的行動」。

```
invalid_actions = set(range(game.GAME_COLS)) -
                  set(game.possible_moves(cur_state))
for invalid in invalid_actions:
    score[invalid] = -np.inf
action = int(np.argmax(score))
actions.append(action)
```

由於我們已經計算了行動的分數，我們需要用遮蓋掉（mask out）這個狀態上的無效行動（例如，當這**行**已經滿了的時候，我們就不能在**頂部**再放一個棋子了）。然後，選擇並記錄具有最大分數的行動。

```
cur_state, won = game.move(cur_state, action,
                           cur_player)
if won:
    # if somebody won the game, the value of the final
    # state is -1 (as it is on opponent's turn)
    value = -1.0
cur_player = 1-cur_player
```

```
        # check for the draw
        if value is None and len(game.possible_moves(cur_state))
== 0:
            value = 0.0

    return value, cur_state, cur_player, states, actions
```

為了完成迴圈，我們要求遊戲引擎進行對局，回傳新狀態以及玩家是否贏得遊戲。最終的遊戲狀態（獲勝、失敗或平手）則永遠不會被加到「蒙地卡羅樹搜尋」統計數據之中，因此它們將永遠都是**樹葉節點**。這個函數回傳：樹葉節點玩家的遊戲值（如果尚未達到最終狀態，則返回 None）、樹葉節點是哪一個玩家、我們在搜尋期間拜訪過的狀態所形成的串列，以及所選用的行動串列。

```
    def is_leaf(self, state_int):
        return state_int not in self.probs

    def search_batch(self, count, batch_size, state_int, player,
                     net, device="cpu"):
        for _ in range(count):
            self.search_minibatch(batch_size, state_int, player,
                                  net, device)
```

MCTS 類別的主要進入點是 search_batch() 函數，它會執行多個批次的搜尋。每次搜尋都包括搜尋遊戲樹的樹葉、選擇性地擴展樹葉，並進行備份。這裡的主要瓶頸是擴展操作（expand operation），它需要使用「類神經網路」來獲得行動的先驗機率和遊戲的估計值。為了使這種擴展操作更有效率，當我們搜尋許多樹葉的時候，我們可以使用「小批次」（minibatches），然後在一個單一的「類神經網路」執行中完成擴展操作。這種方法有一個**缺點**：由於會在一批中執行多次的「蒙地卡羅樹搜尋」，我們循序執行時無法得到相同的結果。

的確，一開始，我們沒有任何節點儲存在 MCTS 類別之中；我們的第一個搜尋擴展從根節點出發，第二個搜尋擴展它的一些子節點，依此類推。但是，一批搜尋在一開始的時候都只能擴展根節點。 當然，後續批次中的單一搜尋可以依循不同的遊戲路徑擴展出更多路徑，但是在一開始的時候，「小批次」擴展在探索方面的效率**遠低於**循序「蒙地卡羅樹搜尋」。

面對這個問題，我仍然選擇使用「小批次」，但是會執行許多個「小批次」。

```
    def search_minibatch(self, count, state_int, player, net,
                         device="cpu"):
        backup_queue = []
```

```
expand_states = []
expand_players = []
expand_queue = []
planned = set()
for _ in range(count):
    value, leaf_state, leaf_player, states, actions =
    self.find_leaf(state_int, player)
    if value is not None:
        backup_queue.append((value, states, actions))
    else:
        if leaf_state not in planned:
            planned.add(leaf_state)
            leaf_state_lists = game.decode_binary(leaf_state)
            expand_states.append(leaf_state_lists)
            expand_players.append(leaf_player)
            expand_queue.append((leaf_state, states,
                                 actions))
```

在「小批次」搜尋中,我們首先從相同的狀態開始執行樹葉搜尋。如果搜尋遇到了遊戲的最終狀態(在這種情況下,回傳的值將不會是 None),則不需要繼續擴展,我們將結果儲存起來作為備份操作。否則,我們儲存樹葉,這樣以後可以繼續做擴展。

```
if expand_queue:
    batch_v = model.state_lists_to_batch(expand_states,
            expand_players, device)
    logits_v, values_v = net(batch_v)
    probs_v = F.softmax(logits_v, dim=1)
    values = values_v.data.cpu().numpy()[:, 0]
    probs = probs_v.data.cpu().numpy()
```

為了擴展,我們將狀態轉換為模型所需的形式(使用 model.py 函式庫中的一個特殊函數),並要求我們的網路回傳一批狀態的先驗機率和狀態值。我們將使用這些機率來建立節點,並且在最終統計資訊更新的時候,備份這些值。

```
# create the nodes
for (leaf_state, states, actions), value, prob in
    zip(expand_queue, values, probs):
    self.visit_count[leaf_state] = [0] *
                                    game.GAME_COLS
    self.value[leaf_state] = [0.0] * game.GAME_COLS
    self.value_avg[leaf_state] = [0.0] *
                                    game.GAME_COLS
    self.probs[leaf_state] = prob
    backup_queue.append((value, states, actions))
```

針對被用來記錄每個行動的造訪次數和行動值（總和與平均值）的欄位，建立節點時都
會設為**零**。先驗機率欄位則是儲存從網路中獲得的值。

```
for value, states, actions in backup_queue:
    # leaf state is not stored in states and
    #actions, so the value of the leaf will be
    #the value of the opponent
    cur_value = -value
    for state_int, action in zip(states[::-1],
                                 actions[::-1]):
        self.visit_count[state_int][action] += 1
        self.value[state_int][action] += cur_value
        self.value_avg[state_int][action] =
            self.value[state_int][action] /
            self.visit_count[state_int][action]
        cur_value = -cur_value
```

備份操作（backup operation）是「蒙地卡羅樹搜尋」中的核心部分，它更新搜尋期間
「所拜訪過的狀態」的統計資訊。所選取行動的「造訪次數計數器」會遞增，完成加
總、算出總和、並且使用造訪次數對「平均值」進行正規化。在備份期間**正確地追蹤遊
戲的值**是非常重要的，因為我們有兩個玩家，在每次換手對弈時，值都會**變號**（因為當
前玩家的**獲勝**盤面是對手的遊戲**失敗**狀態）。

```
def get_policy_value(self, state_int, tau=1):
    """
    Extract policy and action-values by the state
    :param state int: state of the board
    :return: (probs, values)
    """
    counts = self.visit_count[state_int]
    if tau == 0:
        probs = [0.0] * game.GAME_COLS
        probs[np.argmax(counts)] = 1.0
    else:
        counts = [count ** (1.0 / tau) for count in counts]
        total = sum(counts)
        probs = [count / total for count in counts]
    values = self.value_avg[state_int]
    return probs, values
```

這個類別中最後一個函數，會使用在「蒙地卡羅樹搜尋」期間所收集的統計資訊，針對
遊戲狀態回傳它的行動機率和行動值。機率的計算模式有**兩種**，由輸入參數 τ 來決定。
如果它等於零，則會變為「**明確性**」選擇，因為我們會選擇最常造訪的行動。

在其他**非零**的情況下，則是使用 $\frac{N(s,a)^{\frac{1}{\tau}}}{\sum_k N(s,k)^{\frac{1}{\tau}}}$ 分佈，而這當然是為了**增加探索性**。

模型

這裡所使用的網路是一個具有六層的「**殘差卷積網路**」（residual convolution net），這是原始 AlphaGo Zero 方法中所使用的網路的一個簡化版本。我們傳入編碼遊戲狀態當作輸入，它是由兩個 6 × 7 的通道組成。第一個通道在當前玩家下的位置上設 **1.0**，第二個通道則在對手下棋子的位置上設 **1.0**。這種表示法可以保證網路玩家的不變性，並且可以從當前玩家的角度來分析盤面。

網路是一個具有「**殘差卷積濾波器**」（residual convolution filters）的一般網路。它們產生的特徵會被傳到「策略端」和「值端」，它們都是卷積層和完全連接層的組合。「策略端」會回傳每個可能行動（可以放下棋子的行）的**原始分數**（也被稱為 logits）和一個**浮點數**。細節請參見 Chapter18/lib/model.py 檔案。

除了模型之外，這個檔案還包含了**兩個函數**：第一個函數的名稱是 state_lists_to_batch，它會將（以串列表示的）一批遊戲狀態轉換成模型的輸入形式。第二個函數是 play_game，它對訓練程序和測試程序來說都非常重要。它的目的是在模擬兩個「類神經網路」之間的對弈，它也會執行「蒙地卡羅樹搜尋」並（可選擇地）將所選用的移動儲存在重播緩衝區之中。

```
def play_game(mcts_stores, replay_buffer, net1, net2,
              steps_before_tau_0, mcts_searches, mcts_batch_size,
              net1_plays_first=None, device="cpu"):
    if mcts_stores is None:
        mcts_stores = [mcts.MCTS(), mcts.MCTS()]
    elif isinstance(mcts_stores, mcts.MCTS):
        mcts_stores = [mcts_stores, mcts_stores]
```

這個函數有許多的**輸入參數**：

* MCTS 類別物件，可以是單一物件，也可以是兩個物件所形成的串列，或者是 None。由於這個函數要處理許多不同的情況，在這裡需要保留一點靈活性。

* 一個可選用的重播緩衝區。

* 對局過程中會用到的「類神經網路」。

* 在使用計算行動機率的 τ 參數之前（它將從 1 變為 0），所需要的遊戲步數。

* 所執行的「蒙地卡羅樹搜尋」次數。

- 「蒙地卡羅樹搜尋」的批次大小。

- 誰先下（Who plays first）。

```
state = game.INITIAL_STATE
nets = [net1, net2]
if net1_plays_first is None:
    cur_player = np.random.choice(2)
else:
    cur_player = 0 if net1_plays_first else 1
step = 0
tau = 1 if steps_before_tau_0 > 0 else 0
game_history = []
```

在遊戲迴圈開始之前，我們初始化遊戲狀態，並選擇先下的玩家。如果沒有特定指明誰要先下的話，則會隨機選擇一個玩家讓他先下。

```
result = None
net1_result = None

while result is None:
    mcts_stores[cur_player].search_batch(mcts_searches,
                                         mcts_batch_size,
                                         state, cur_player,
                                         nets[cur_player],
                                         device=device)
    probs, _ = mcts_stores[cur_player].get_policy_value(
                                              state,
                                              tau=tau)
    game_history.append((state, cur_player, probs))
    action = np.random.choice(game.GAME_COLS, p=probs)
```

在每次換手下棋的時候，我們都會執行「蒙地卡羅樹搜尋」，並將統計資訊加到資料結構當中，然後取得行動的機率，接著從機率中採樣，來取得確實的行動。

```
    state, won = game.move(state, action, cur_player)
    if won:
        result = 1
        net1_result = 1 if cur_player == 0 else -1
        break
    cur_player = 1-cur_player
    # check the draw case
    if len(game.possible_moves(state)) == 0:
        result = 0
        net1_result = 0
        break
    step += 1
```

```
        if step >= steps_before_tau_0:
            tau = 0
```

然後，使用遊戲引擎模組中的函數來更新遊戲狀態，並執行處理**遊戲結束**情況的指令。

```
    if replay_buffer is not None:
        for state, cur_player, probs in reversed(game_history):
            replay_buffer.append((state, cur_player, probs,
                                           result))
            result = -result

    return net1_result, step
```

在函數結束的時候，我們會從當前玩家的角度，將**行動**和**遊戲結果**加到重播緩衝區之中。這些數據將會被用來訓練網路。

訓練

有了所有這些函數在手，訓練過程就是按照正確的順序，將它們簡單的組合在一起就好了。訓練程式可以在 Chapter18/train.py 之中找到；我們已經在上面描述過它的程式邏輯了：在訓練迴圈之中，我們用「當前最佳模型」不斷地進行「自我對弈」，以此方法節省重播緩衝區中的步驟。另一個網路會用這些數據來進行訓練，並最小化「從蒙地卡羅樹搜尋採樣出來的行動的機率」與「策略端結果」之間的交叉熵。關於遊戲的「值端預測」，以及「實際遊戲結果」之間的均方誤差，也會被加到到總損失之中。

網路會定期地訓練，並和「當前最佳網路」對弈 100 次；如果「訓練網路」能夠贏得超過 60% 的比賽，那麼網路的加權就會被同步化到「當前最佳網路」之中。這個過程理論上可以無限地繼續下去，以便找出棋力越來越精煉的遊戲模型。

測試與比較

在訓練過程中，每當我們用「訓練模型」替換「當前最佳模型」時，都會儲存模型的加權。這樣一來，我們可以取得許多棋力強度不同的代理人。理論上來說，越後期的模型，其棋力應該會優於前面所產生的模型，但我們想檢查、確認一下。

有一個工具：`Chapter18/play.py`，它可以幫我們完成這個確認工作；它可以輸入多個模型檔案並組織一系列的比賽，每個模型都會與其他模型對弈，確切的對弈次數則可以由使用者來指定。結果表格會呈現每個模型所獲得的**勝利**次數，它就代表相對模型的**棋力強度**。

另一種檢查「所產生的代理人性能」的方法，是讓它與人類對弈。這個工作是由我本人、我的孩子（感謝 Julia 和 Fedor！）和我的朋友們一起完成的，他們與「選定的各種棋力模型」進行了多場對弈。這是使用專門為 Telegram messenger 所撰寫的機器人來完成的，它允許使用者選擇要對弈的模型，並紀錄所有對弈的全部分數表格。機器人的相關程式碼在 `Chapter18/telegram-bot.py` 當中，它的環境需求和安裝程序與「第 12 章」中的機器人相同（要啟動並執行程式，您需要建立一個 Telegram bot「**標記**」並將它放到組態檔案之中）。

Connect4 結果

為了使訓練過程能夠更快，訓練過程的超參數被刻意地設得**很小**。例如，在「自我對弈」過程的每個步驟中，僅會執行 **10** 個「蒙地卡羅樹搜尋」，而每個「蒙地卡羅樹搜尋」的「小批次」大小為 **8**。「**小批次蒙地卡羅樹搜尋**」和快速的遊戲引擎相結合，使遊戲訓練的速度變得非常快。基本上，經過一小時的訓練和「自我對弈」模式下的 2500 場比賽之後，所製作出來的模型就已經非常精緻了，使用者可以跟它玩得很開心。當然，它的棋力甚至低於小孩的水準，但是它能做出一些基本的遊戲策略，且不會持續地犯錯，這當然是一個很好的進步。

結束了一天的訓練之後，所得到的最佳模型，一共完成了 **55k** 次的遊戲，經歷了一共 **102** 次的最佳模型替換（rotations）。訓練動態如下圖所示：

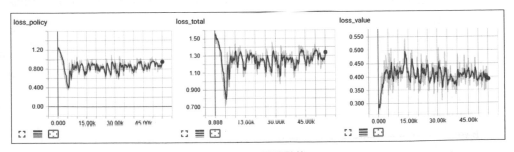

圖 18.3：訓練動態

驗證工作是由不同模型之間的系列競賽來完成的，本身相當複雜，因為每對模型都會需要「對弈許多次」來估計它們的棋力強度。為了解決這個問題，上述的 **102** 個模型會被分成 **10** 組（按照時間來排序）；接下來的 **100** 場比賽，會在每組中的所有模型對之間進行，然後每一組中最厲害的兩個模型會被再次選出來，進行最後一輪比賽。下圖顯示了系統在決賽中所獲得的分數表。x 軸是模型的索引（model's index），而 y 軸是系統獲勝的次數：

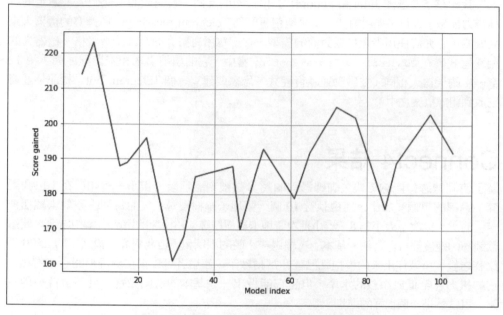

圖 18.4：訓練好的代理人之間的系列競賽結果

從上圖中可以看到，系統很早就找到了最佳策略，但是後來由於某種原因，棋力顯著地降低了。然後系統慢慢開始恢復棋力，但是過程非常緩慢。這個現象可能可以用「超參數調校」來改進（尤其是調整「蒙地卡羅樹搜尋的數目」和「重播緩衝區的大小」）。此外，後續的模型反而具有較差的棋力，這個現象可能代表我們需要玩「更多次遊戲」來訓練網路。

前 10 名模型的最終排行榜如下所示：

1. `best_008_02500.dat: w=223, l=157, d=0`

2. `best_005_01900.dat: w=214, l=166, d=0`

3. `best_072_40500.dat: w=205, l=174, d=1`

4. `best_097_52100.dat`: w=203, l=177, d=0

5. `best_077_42600.dat`: w=202, l=178, d=0

6. `best_022_12200.dat`: w=196, l=184, d=0

7. `best_053_31000.dat`: w=193, l=187, d=0

8. `best_065_36600.dat`: w=192, l=188, d=0

9. `best_103_55700.dat`: w=192, l=188, d=0

10. `best_017_09800.dat`: w=189, l=191, d=0

模型 `best_008_02500.dat` 顯示它是棋力最高的模型，從人工驗證中也能得到類似的結果，這個模型大約能夠贏得 **50%** 的比賽。

圖 18.5：人類驗證的排行榜；我的女兒棋力最高

小結

在本章中，我們實作了由 DeepMind 團隊建立的 AlphaGo Zero 方法，使用它來解決具有完美資訊的棋盤遊戲。這種方法的主要觀點是：在沒有人類提供的先驗知識、或沒有其他數據來源的情況下，讓代理人以「自我對弈」的方式來提高它們的棋力。

參考文獻

- [1] **Mastering the Game of Go Without Human Knowledge**, David Silver, Julian Schrittwieser, Karen Simonyan, and others, doi:10.1038/nature24270
- [2] **Mastering Chess and Shogi by Self-Play with a General Reinforcement Learning Algorithm**, David Silver, Thomas Hubert, Julian Schrittwieser, and others, arXiv:1712.01815

全書總結

我要恭喜你讀完了這本書！我希望這本書對你來說很有幫助，而你會喜歡閱讀它，就像我很享受收集素材和編寫所有章節一樣。最後，我想祝福你，能夠在這個讓人興奮並充滿活力的「強化學習」領域中獲得好運。這個領域的發展非常迅速，經由充分理解本書所介紹的基本知識，你可以更輕鬆地追蹤這個領域的最新發展和研究成果。

當然還有許多非常有趣的主題，沒能在本書中做介紹，例如：部分可觀察的馬可夫決策過程（環境的觀察不滿足馬可夫性質），或是最近發展出來的探索方法，例如：「基於計數」（count-based）的方法。最近有很多關於「多代理人方法」（multi-agent methods）的研究，而「多代理人」則需要學習如何相互協調，以解決共同的問題。我們也沒有討論「基於記憶體」（memory-based）的強化學習方法，在這個方法中，你的代理人可以「維護某種記憶體」，以便記錄它的知識與經驗。許多研究工作都在設法提高強化學習的樣本效率，在理想的情況下，這樣可以更接近人類的學習成效，但這仍是一個影響深遠、尚未完成的目標。當然，我們不可能在這本薄薄的書中涵蓋整個研究領域，而且幾乎每天都會有新的想法出現。然而，本書的目標是為你在這個領域中，提供實作的基礎，幫助你學習一些常用的方法。

最後，我想引用 Volodymir Mnih 在 2017 年時，於「深度強化學習訓練營」（Deep RL Bootcamp）中的演講《Recent Advances and Frontiers in Deep RL》：

深度強化學習這個領域是非常新穎的，一切仍然令人興奮。然而，什麼都還沒有得到解決！

索引

MEMO

MEMO

博碩文化

博碩文化